石松类和蕨类植物
Lycopodiophyta and Pteridophyta

垂穗石松

Palhinhaea cernua (L.) Vasc. et Franco

石松科 垂穗石松属

多年生常绿草本。主茎直立，多回不等位二叉分枝。主茎上的叶螺旋状排列，稀疏，钻形至线形；侧枝及小枝上的叶螺旋状排列，密集，略上弯，钻形至线形。孢子囊穗单生于小枝顶端，短圆柱形，成熟时通常下垂，淡黄色，无柄。孢子叶卵状菱形，覆瓦状排列，边缘膜质，具不规则锯齿。孢子囊生于孢子叶腋，圆肾形，黄色。

产浙江、江西、福建、台湾、湖南、广东、香港、广西、海南、四川、重庆、贵州、云南等地，生于林下、林缘及灌丛下阴处或岩石上。亚洲其他热带地区及亚热带地区、大洋洲、中南美洲有分布。

全草用药，有祛风散热、舒筋活血等功效，也可做盆栽、切花。

云勇分布：一工区。

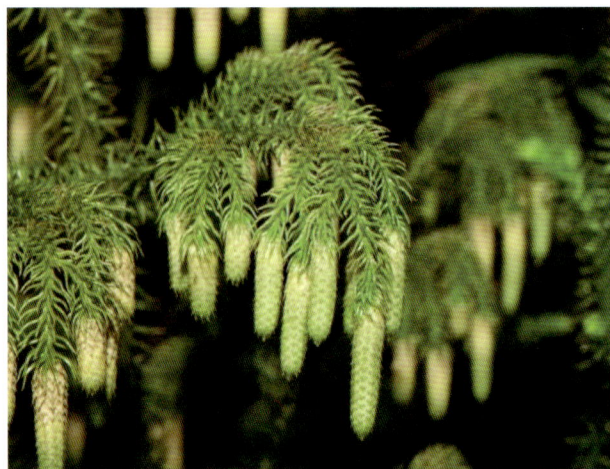

二形卷柏

Selaginella biformis A. Braun et Kuhn

卷柏科 卷柏属

常绿草本，直立或匍匐。主茎长，不分枝，上部羽状，复叶状，或匍匐生长，茎禾秆色，具沿地面匍匐的根茎和游走茎，茎具棱或近四棱柱形。叶除不分枝的主茎长交互排列，二型；不分枝主茎的叶远生，一型，带红色或绿色，卵形，伏贴；分枝的腋叶略不对称，卵状披针形，下部边缘具睫毛；中叶不对称，叶尖具芒，基部偏斜心形，边缘具极短睫毛；侧叶不对称。孢子叶穗紧密，四棱柱形；孢子叶一型。大孢子白色或深棕色，小孢子橙色。

产云南、广东、广西、贵州、海南、香港、云南，生于林下阴湿地或岩石上。日本、斯里兰卡及东南亚等地也有分布。

云勇分布：一工区。

薄叶卷柏

Selaginella delicatula (Desv.) Alston

卷柏科 卷柏属

多年生常绿草本。主茎自中下部羽状分枝，禾秆色，茎卵圆柱状或近四棱柱形或具沟槽；侧枝5~8 对，一回羽状分枝，或基部二回。叶（不分枝主茎上的除外）交互排列，二型，边缘全缘，具狭窄的白边；不分枝主茎上的叶排列稀疏，一型，绿色、卵形，背腹压扁，边缘全缘。孢子叶穗紧密，四棱柱形；孢子叶宽卵形，具白边。大孢子白色或褐色；小孢子橘红色或淡黄色。

产云南、安徽、云南、重庆、贵州、四川、湖北、湖南、广东、海南、浙江等地，生于林下或阴处岩石上。越南、柬埔寨、菲律宾等东南亚地区也有分布。

全草用药，有清热解毒、活血、祛风等功效。

云勇分布：十二沥。

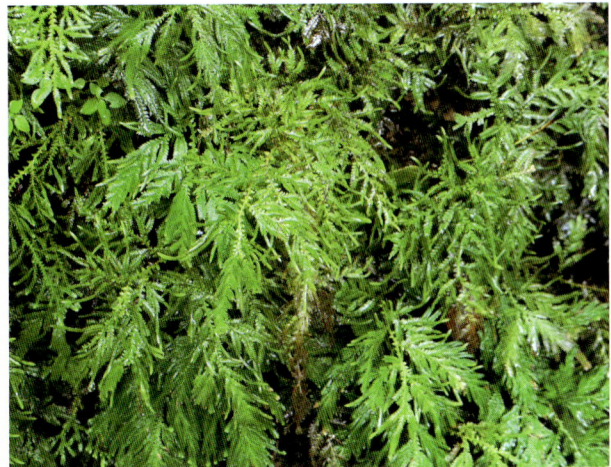

深绿卷柏

Selaginella doederleinii Hieron.

卷柏科 卷柏属

多年生常绿草本。根托达植株中部，根少分叉，被毛。主茎自下部开始羽状分枝，不呈"之"字形。叶全部交互排列，二型，表面光滑，中叶边缘有细齿，覆瓦状排列，侧叶不对称，上侧基部扩大。孢子叶穗紧密，四棱柱形；孢子叶卵状三角形，边缘有细齿。大孢子白色，小孢子橘黄色。

产安徽、重庆、福建、广东、贵州、广西、湖南、海南、江西、四川、台湾、香港、云南、浙江，林下土生。日本、印度、越南、泰国、马来西亚也有分布。

盆栽观赏，全草入药，有消炎解毒、祛风消肿、止血生肌之功效。

云勇分布：十二沥。

江南卷柏

Selaginella moellendorffii Hieron.

卷柏科 卷柏属

多年生常绿草本。根多分叉,密被毛。主茎直立,圆柱状,中上部羽状分枝,不呈"之"字形;侧枝5~8对,2~3回羽状分枝。叶(除不分枝主茎上的外)交互排列,二型,边缘具白边;不分枝主茎上的叶排列较疏,一型,边缘有细齿,中叶、侧叶不对称。孢子叶穗紧密,四棱形,生于小枝顶端;孢子叶卵状三角形,龙骨状,边缘有齿。大孢子浅黄色,小孢子橘黄色。

产广东、香港、广西、湖北、湖南、福建、台湾、四川、云南、安徽、重庆、甘肃、贵州、海南、河南、江苏、江西、陕西、浙江等地。越南、柬埔寨、菲律宾也有分布。

全草用药,有清热解毒、止血消肿等功效。

云勇分布:十二沥。

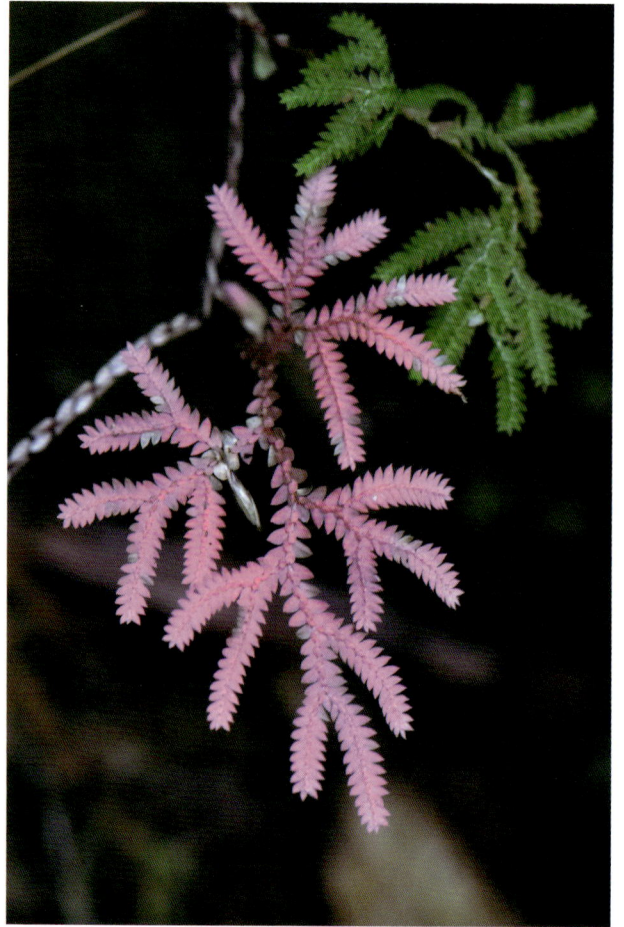

节节草

Equisetum ramosissimum Desf.

木贼科 木贼属

多年生草本。根茎直立,黑棕色。枝一型,绿色;主枝多在下部分枝,常形成簇生状,主枝有脊5~14条,鞘筒下部灰绿色,上部灰棕色,鞘齿5~12枚,三角形,常灰白色;侧枝较硬,圆柱状,有脊、鞘齿5~8个,鞘齿披针形,革质但边缘膜质,上部棕色,宿存。孢子囊穗顶生,短棒状或椭圆形,顶端有小尖突,无柄。

产湖北、湖南、广东、广西、海南、四川、重庆、贵州等地。日本、蒙古国、俄罗斯、朝鲜半岛、喜马拉雅(印度等)、非洲、欧洲、北美洲有分布。

具有清热解毒、祛痰止咳之功效。

云勇分布:一工区。

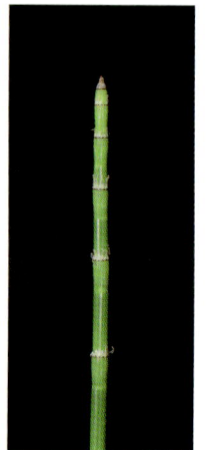

瓶尔小草

Ophioglossum vulgatum L.

瓶尔小草科 瓶尔小草属

多年生草本。根状茎短而直立，具一簇肉质粗根，如匍匐茎一样向四面横走，生出新植物。叶通常单生，下半部为灰白色；营养叶无柄，卵状长圆形或狭卵形，基部急剧变狭并稍下延，微肉质到草质，全缘，网状脉明显；孢子叶有柄，较粗健，自营养叶基部生出。孢子囊穗先端尖，远超出于营养叶之上。

产长江下游各地、湖北、四川、陕西南部、贵州、云南、台湾及西藏。欧洲、亚洲、美洲等地广泛分布。

可供药用。

云勇分布：桃花谷。

福建观音座莲

Angiopteris fokiensis Hieron.

观音座莲科 观音座莲属

植株高大。根状茎块状，直立，下面簇生有圆柱状的粗根。叶柄粗壮，叶片宽广，宽卵形；羽片5~7对，互生，奇数羽状；小羽片35~40对，叶缘全部具有规则的浅三角形锯齿。叶为草质，上面绿色，下面淡绿色，两面光滑。叶轴光滑，腹部具纵沟。孢子囊群棕色，长圆形，由8~10个孢子囊组成。

产福建、湖北、贵州、广东、广西、香港，生于林下溪沟边。

国家二级保护野生植物。块茎含淀粉，可药用，有祛风解毒、止血清热消肿之功效。

云勇分布：十二沥。

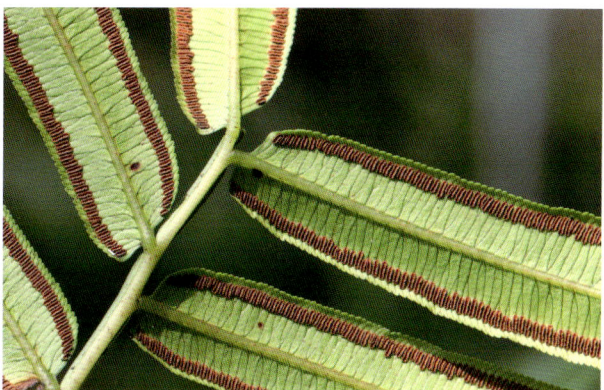

芒萁

Dicranopteris pedata (Houtt.) Nakai.

里白科 芒萁属

草本。根状茎横走，密被暗锈色长毛。叶远生；叶轴1~3（5）回二叉分枝；叶轴第一回分叉处无侧生托叶状羽片，其余各回分叉处两侧均有一对托叶状羽片；叶纸质，上面绿色，下面有白霜，灰白色。孢子囊群圆形，一列，着生于基部上侧或上下两侧小脉的弯弓处，由5~8个孢子囊组成。

产甘肃、河南、山东及我国南部各地，生于强酸性土壤荒坡或林缘。日本、印度、越南等有分布。

亚热带酸性土指示植物。可做插花材料；也可药用，治外伤出血、烫伤、尿路感染等。

云勇分布：一工区。

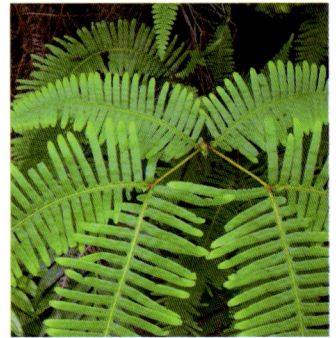

中华里白

Diplopterygium chinense (Rosenst.) De Vol

里白科 里白属

根状茎横走，深棕色，密被棕色鳞片。叶片巨大，二回羽状；叶柄深棕色，密被红棕色鳞片，后几变光滑；羽片长圆形；小羽片互生，具极短柄，羽状深裂；裂片互生，50~60对。叶坚纸质，上面绿色，沿小羽轴被分叉的毛，下面灰绿色，沿中脉、侧脉及边缘密被星状柔毛，后脱落。孢子囊群圆形，一列，位于中脉和叶缘之间，由3~4个孢子囊组成。

产福建、广东、广西、贵州、四川，生于山谷、溪边或林中。越南北部有分布。

可做大型观叶植物。

云勇分布：场部、一工区、三工区。

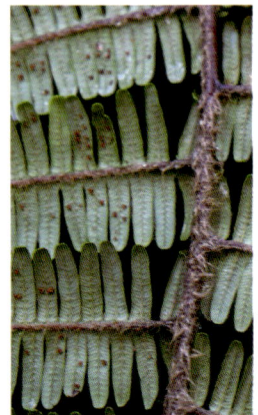

海南海金沙

Lygodium circinnatum (Burm. f.) Sw.

海金沙科 海金沙属

攀缘草本。羽片二型，对生于叶轴的短距上；不育羽片生于叶轴下部，掌状深裂几达基部，裂片6个，披针形；能育羽片常为二叉掌状深裂，边缘生有流苏状的孢子囊穗。叶缘全缘，有一条软骨质狭边；叶厚近革质，两面光滑。孢子囊穗由两行并生的孢子囊组成，排列较紧密，线形，褐棕色或绿褐色。

产广东、海南、广西、云南。越南北部也有分布。

云勇分布：十二沥、一工区。

曲轴海金沙

Lygodium flexuosum (L.) Sw.

海金沙科 海金沙属

攀缘草本。三回羽状；羽片多数，对生于叶轴上的短距上，距端有一丛淡棕色柔毛。羽片长圆三角形，奇数二回羽状，一回小羽片 3~5 对，基部一对最大；自第二对或第三对的一回小羽片起不分裂，披针形，基部耳状。叶片草质，下面光滑，小羽轴两侧有狭翅和棕色短毛，叶面沿中脉及小脉略被刚毛。孢子囊穗线形，棕褐色，无毛。

产广东、海南、广西、贵州、云南等地南部。越南、泰国、印度、马来西亚、菲律宾、澳大利亚东北部（昆斯兰特）都有分布。

全草用药，有舒筋活络、清热利尿、止血消肿等功效。

云勇分布：一工区。

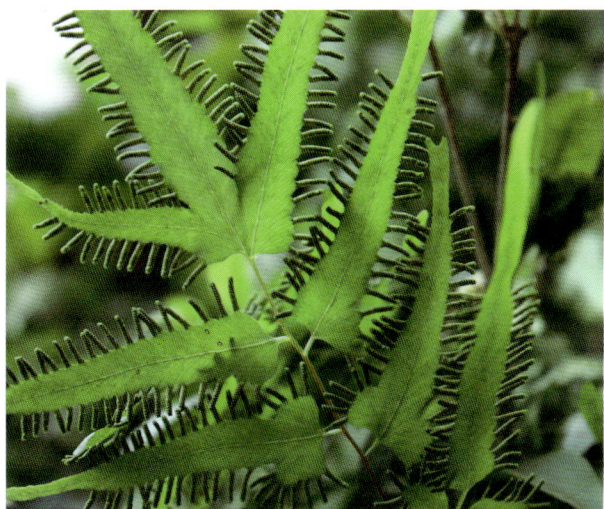

小叶海金沙

Lygodium microphyllum (Cav.) R. Br.

海金沙科 海金沙属

攀缘草本。叶轴纤细如铜丝，二回羽状，羽片长圆形；不育羽片生于叶轴下部，小羽片卵状三角形、阔披针形或长圆形；能育羽片的小羽片三角形或卵状三角形。叶薄革质，无毛。孢子囊穗条形，生于叶缘。

产福建、台湾、广东、香港、海南、广西、云南，生于溪边灌木丛中。也分布于印度南部、缅甸、菲律宾及南太平洋群岛。

全株入药，有止血通淋、舒筋活络等功效。

云勇分布：十二沥。

金毛狗

Cibotium barometz (L.) J. Sm.

蚌壳蕨科 金毛狗属

草本。根状茎卧生，粗大，顶端生出一丛大叶，叶柄棕褐色，基部被有一大丛垫状的金黄色茸毛，有光泽。叶片大，广卵状三角形，三回羽状分裂；叶几为革质或厚纸质，有光泽，两面常光滑。孢子囊群在每一末回能育裂片1~5对，生于下部的小脉顶端，囊群盖棕褐色，两瓣状；孢子为三角状的四面体形，透明。

产云南、贵州、四川、两广、福建、台湾、海南、浙江、江西和湖南，生于山麓沟边及林下阴处酸性土上。印度、缅甸、泰国、马来西亚、日本、印度尼西亚及中南半岛都有分布。

国家二级保护野生植物。根状茎顶端的长软毛作为止血剂。

云勇分布：一工区。

桫椤

Alsophila spinulosa (Wall. ex Hook.) R. M. Tryon

桫椤科 桫椤属

植株为乔木状或灌木状。茎干高达 6 m 或更高，上部有残存的叶柄，向下密被交织的不定根。叶螺旋状排列于茎顶端；茎段端和拳卷叶以及叶柄的基部密被鳞片和糠秕状鳞毛，鳞片暗棕色；叶柄连同叶轴和羽轴有刺状突起，背面两侧各有一条不连续的皮孔线，向上延至叶轴；叶片大，三回羽状深裂；羽片 17~20 对；小羽片 18~20 对；裂片 18~20 对；叶纸质。孢子囊群孢生于侧脉分叉处，靠近中脉，囊群盖球形。

产福建、台湾、广东、海南、香港、广西、贵州、云南、四川、重庆、江西，生于山地溪旁或疏林中。也分布于日本、越南、柬埔寨、泰国北部等东南亚地区。

国家二级保护野生植物。

云勇分布：三工区、四工区。

华南鳞盖蕨

Microlepia hancei Prantl.

碗蕨科 鳞盖蕨属

草本。根状茎横走，灰棕色，密被灰棕色透明节状长茸毛。叶远生，叶柄棕禾秆色或棕黄色，除基部外无毛。叶片三回羽状深裂，羽片 10~16 对，互生；一回小羽片 14~18 对；小裂片 5~7 对。叶草质，两面沿叶脉有刚毛疏生；叶轴、羽轴和叶柄粗糙，有灰色细毛。孢子囊群圆形，生于小裂片基部上侧近缺刻处；囊群盖近肾形，灰棕色。

产福建、台湾、广东、香港、海南，生于林中或溪边湿地。日本、印度均有分布。

全草可入药，有清热除湿的功效。

云勇分布：四工区。

边缘鳞盖蕨

Microlepia marginata (Houtt.) C. Chr.

碗蕨科 鳞盖蕨属

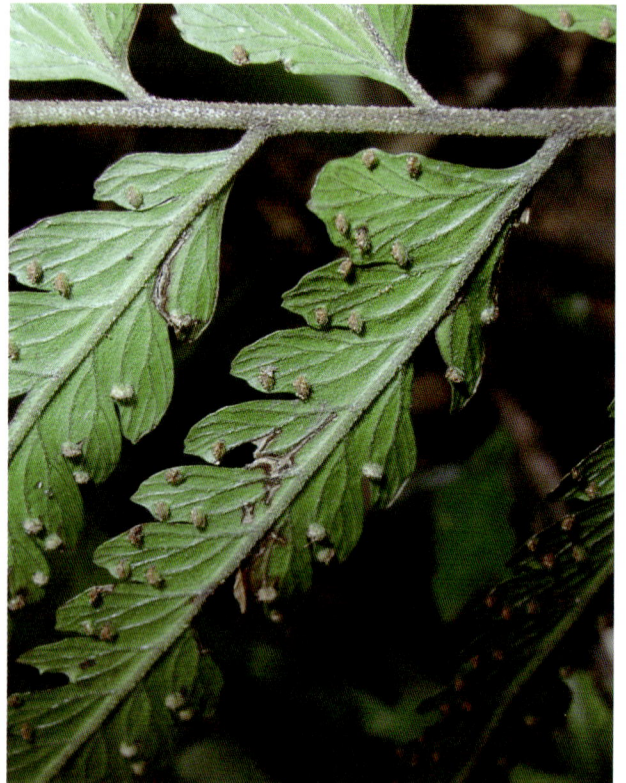

草本。根状茎长而横走，密被锈色长柔毛。叶远生；叶柄深禾秆色，上面有纵沟；叶片长圆三角形，一回羽状；羽片20~25对，基部对生，上部互生，平展，近镰刀状，基部不等，上侧钝耳状，下侧楔形，边缘缺裂至浅裂；小裂片三角形，偏斜。叶纸质，叶下面灰绿色，叶轴密被锈色硬毛。孢子囊群圆形，每小裂片上1~6个；囊群盖杯形。

产江苏、安徽、江西、浙江、台湾、福建、广东、海南、广西、湖南、湖北、贵州、四川至云南东南部，生于林下或溪边。日本、巴布亚新几内亚、越南、斯里兰卡至印度及尼泊尔也有分布。

全草可入药，有解毒消肿的功效。

云勇分布：四工区。

钱氏鳞始蕨

Lindsaea chienii Ching

鳞始蕨科 鳞始蕨属

草本。根状茎横走，密被红棕色的钻形小鳞片。叶几近生；叶柄圆形，栗红色，有光泽，基部疏被鳞片；叶片三角形，二回羽状，上部1/4~1/2为一回羽片；下部羽片4~6对，小羽片7~8对。叶薄草质，叶轴上面有浅沟；叶脉细，二叉分枝。孢子囊群长圆线形，每小羽片有5~7个，短，生于1~2条细脉顶端；囊群盖膜质，灰绿色，离边缘近。

产广东、广西及云南东南部，生于林中。越南北部也产。

云勇分布：十二沥。

异叶双唇蕨（异叶鳞始蕨）

Lindsaea heterophylla Dryand.

鳞始蕨科 鳞始蕨属

草本。根状茎短而横走，密被赤褐色的钻形鳞片。叶近生；叶柄有四棱，暗栗色；叶片阔披针形或长圆三角形，一回羽状或下部常为二回羽状；羽片约 11 对，基部近对生，上部互生。叶草质，两面光滑；叶轴有四棱；叶脉可见，侧脉羽状二叉分枝。孢子囊群线形，从顶端至基部连续不断，囊群盖线形，棕灰色，连续不断，全缘。

产台湾、福建、广东、海南、香港、广西及云南，生于林下溪边湿地。日本、菲律宾、马来西亚、越南、缅甸至斯里兰卡及印度等地也有分布。

全草可入药，有活血止血、祛瘀定痛的功效。

云勇分布：四工区 – 乌坑。

团叶鳞始蕨

Lindsaea orbiculata (Lam.) Mett. ex Kuhn.

鳞始蕨科 鳞始蕨属

根状茎短而横走，先端密被红棕色的狭小鳞片。叶近生；叶柄上面有沟，下面稍圆，光滑；叶轴有四棱；叶片线状披针形，一回羽状，下部往往二回羽状；羽片 20~28 对，下部各对羽片对生，中上部的互生而接近；叶脉二叉分枝，小脉约 20 条，下面稍明显，上面不显。孢子囊群连续不断成长线形，或偶为缺刻所中断；囊群盖线形，棕色，膜质，有细齿牙。

产台湾、福建、广东、海南、广西、贵州、四川、云南。热带亚洲各地及澳洲都有分布。

云勇分布：六工区。

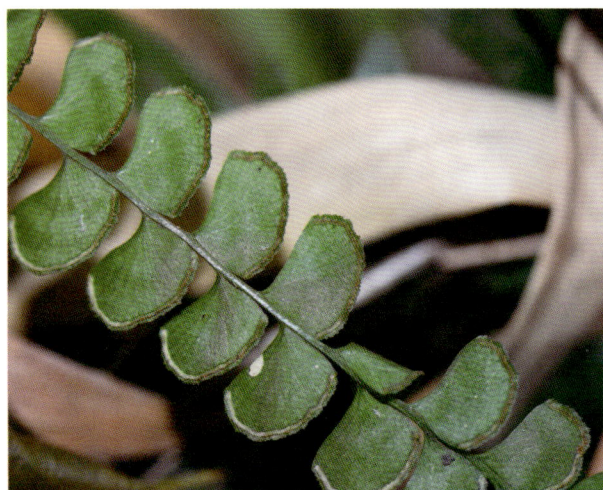

乌蕨

Odontosoria chinensis (L.) J. Sm.

鳞始蕨科 乌蕨属

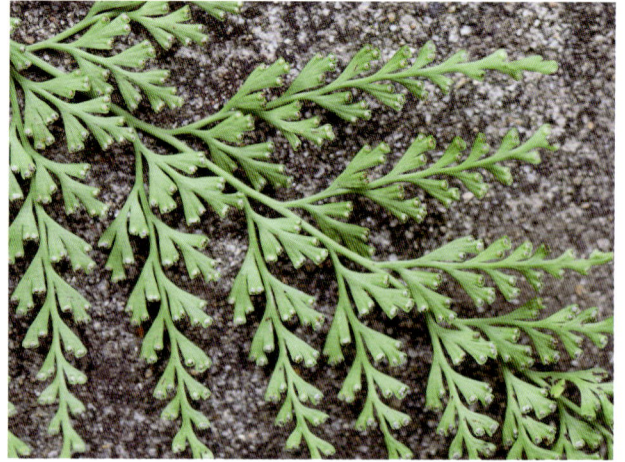

草本。根状茎短而横走，粗壮，密被赤褐色的钻状鳞片。叶近生，叶柄长，圆，上面有沟；叶片披针形，四回羽状；羽片 15~20 对，互生；叶坚草质，通体光滑。孢子囊群边缘着生，每裂片上一枚或二枚，顶生 1~2 条细脉上；囊群盖灰棕色，革质，半杯形。

产浙江、福建、台湾、安徽、江西、广东、海南、香港、广西、湖南、湖北、四川、贵州及云南，生于林下或灌丛中阴湿地。热带亚洲各地如日本、菲律宾、波利尼西亚，向南至马达加斯加等地也有分布。

全草药用，治感冒发热、肝炎、痢疾、毒蛇咬伤、烫火伤等。

云勇分布：一工区。

剑叶凤尾蕨

Pteris ensiformis Burm.

凤尾蕨科 凤尾蕨属

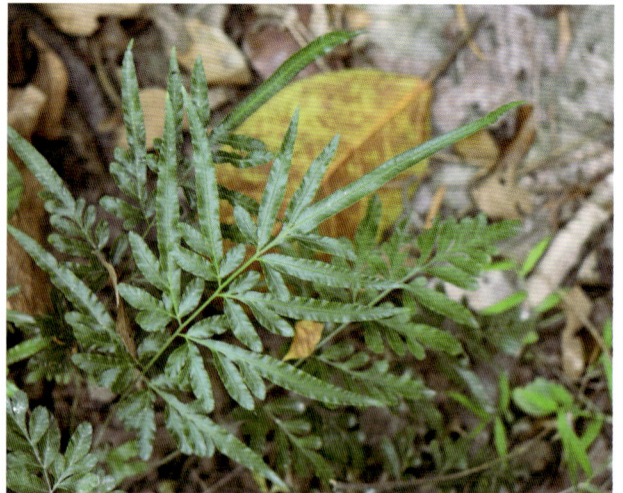

草本。根状茎细长，斜升或横卧，被黑褐色鳞片。叶密生，二型；叶柄与叶轴同为禾秆色，光滑；叶片长圆状卵形，羽片 3~6 对，对生，上部的无柄，下部的有短柄；不育叶的下部羽片三角形，常为羽状，小羽片 2~3，对生；能育叶的羽片疏离，通常为 2~3 叉。叶干后草质，灰绿色至褐绿色，无毛。孢子囊群线形，沿叶缘连续延伸，囊群盖由反卷的膜质叶缘形成。

产浙江、江西、福建、台湾、广东、广西、四川等地，生于林下或溪边潮湿的酸性土壤上。日本、越南、老挝、柬埔寨、斯里兰卡、马来西亚及澳大利亚等地也有分布。

全草入药，有止痢的功效。

云勇分布：三工区 – 深坑。

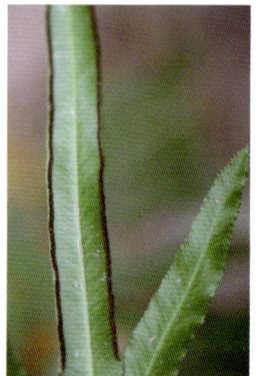

傅氏凤尾蕨

Pteris fauriei Hieron.

凤尾蕨科 凤尾蕨属

草本。根状茎短，先端密被鳞片；鳞片线状披针形。叶簇生；叶柄暗褐色并被鳞片，光滑；叶片卵形至卵状三角形，二回深羽裂；侧生羽片3~6（9）对，镰刀状披针形，篦齿状深羽裂达到羽轴两侧的狭翅。羽轴下面隆起，上面有狭纵沟两旁有针状扁刺。叶干后纸质，无毛。孢子囊群线形，沿裂片边缘延伸；囊群盖线形，灰棕色，膜质，全缘，宿存。

产台湾、浙江、福建、江西、湖南、广东、广西、云南，生于林下沟旁的酸性土壤上。越南北部及日本均有分布。

云勇分布：各工区。

林下凤尾蕨

Pteris grevilleana Wall. ex J. Agardh.

凤尾蕨科 凤尾蕨属

草本。根状茎短而直立，先端被黑褐色鳞片。叶簇生（10~15片），同型；能育叶的柄比不育叶的柄长2倍以上，栗褐色，有光泽，顶部有狭翅；叶片阔卵状三角形，二回深羽裂；顶生羽片阔披针形，先端尾状，两侧篦齿状羽裂几达羽轴，裂片镰刀状线形至披针形，斜展，彼此密接，边缘有短尖锯齿。叶干后坚草质，无毛；叶轴栗褐色，上面有纵沟，上部两侧有狭翅。

产台湾、广东、海南、广西、云南，生于林下岩石旁。也分布于日本、越南、泰国、印度、尼泊尔、不丹、马来西亚、菲律宾及印度尼西亚。

云勇分布：四工区。

13

井栏边草

Pteris multifida Poir.

凤尾蕨科 凤尾蕨属

根状茎短而直立，先端被黑褐色鳞片。叶多数，密而簇生，明显二型，无毛；不育叶卵状长圆形，一回羽状，羽片通常3对，对生，无柄，线状披针形，叶缘有不整齐的尖锯齿并有软骨质的边；能育叶有较长的柄，羽片4~6对，狭线形，仅不育部分具锯齿，余均全缘，基部一对有时近羽状。主脉两面均隆起，侧脉明显，单一或分叉。

产河北、山东、河南、陕西、四川、贵州、广西、广东、福建、台湾、浙江、江苏、安徽、江西、湖南、湖北，生于墙壁、井边及石灰岩缝隙或灌丛下。越南、菲律宾、日本也有分布。

全草入药，味淡，性凉，能清热利湿、解毒、凉血、收敛、止血、止痢。

云勇分布：一工区。

半边旗

Pteris semipinnata L.

凤尾蕨科 凤尾蕨属

草本。根状茎长而横走，叶簇生，近一型；叶柄连同叶轴均为栗红色，有光泽，光滑；叶片长圆披针形，二回半边深裂；顶生羽片阔披针形至长三角形，先端尾状，篦齿状，深羽裂几达叶轴，裂片6~12对，对生；侧生羽片4~7对，两侧极不对称，上侧仅有一条阔翅，下侧篦齿状深羽裂几达羽轴；不育裂片的叶有尖锯齿，能育裂片仅顶端有一尖刺或具2~3个尖锯齿。

产台湾、福建、江西、广东、广西、湖南、贵州、四川、云南，生于疏林下阴处、溪边或岩石旁的酸性土壤上。也分布于日本、菲律宾、越南、老挝、泰国、缅甸、马来西亚、斯里兰卡及印度北部。

全草药用，具有清热解毒、化湿消肿功效等功效；可作盆栽观赏及酸性土指示植物。

云勇分布：一工区。

西南凤尾蕨

Pteris wallichiana C. Agardh.

凤尾蕨科 凤尾蕨属

　　草本。根状茎粗短，直立，先端被褐色鳞片。叶簇生；叶柄基部稍膨大，坚硬，栗红色；叶片五角状阔卵形，三回深羽裂，自叶柄顶端分为三大枝；小羽片 20 对以上，互生，披针形，先端具线状尖尾；裂片 23~30 对，互生。小羽轴无毛，上面有浅纵沟，沟两旁有短刺。叶干后坚草质，暗绿色或灰绿色。

　　产台湾、广东、海南、广西、贵州、四川、云南、西藏，生于林下沟谷中。也分布于日本、菲律宾、印度、不丹、尼泊尔、马来西亚、印度尼西亚等地。

　　全草可入药，主治痢疾、惊风、外伤出血。

　　云勇分布：六工区－白鹤守滩。

扇叶铁线蕨

Adiantum flabellulatum L.

铁线蕨科 铁线蕨属

　　根状茎短而直立，密被棕色、有光泽的钻状披针形鳞片。叶簇生；叶柄紫黑色，上面有纵沟 1 条，沟内有棕色短硬毛；叶片扇形，二至三回不对称的二叉分枝；小羽片 8~15 对，互生；叶脉多回二歧分叉，直达边缘，两面均明显。各回羽轴及小羽柄均为紫黑色，上面密被红棕色短刚毛，下面光滑。孢子囊群每羽片 2~5 枚；囊群盖半圆形或长圆形，革质，褐黑色，全缘，宿存。

　　产台湾、福建、江西、广东、海南、湖南、浙江、广西、贵州、四川、云南，生于阳光充足的酸性红、黄壤上。日本、越南、缅甸、印度、斯里兰卡及马来群岛均有分布。

　　酸性土的指示植物。全草入药，清热解毒、舒筋活络、利尿、化痰、消肿、止血、止痛，治跌打内伤。外敷治烫火伤，毒蛇、蜈蚣咬伤及疮痛初起。

　　云勇分布：场部。

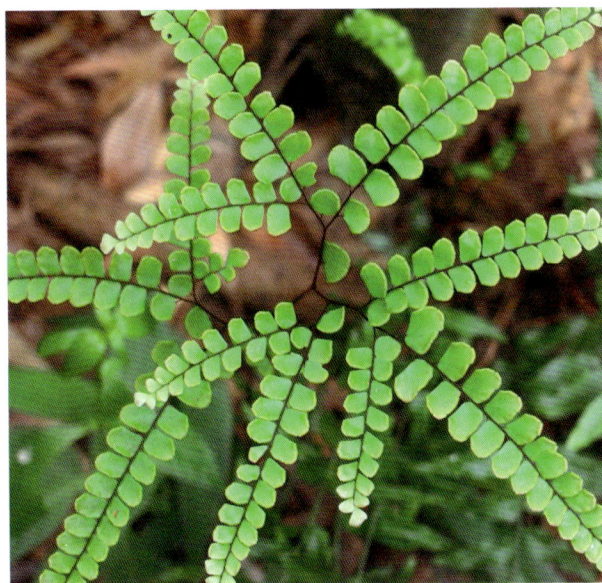

水蕨

Ceratopteris thalictroides (L.) Brongn.

水蕨科 水蕨属

一年生的多汁水生（或沼生）植物。根茎短而直立。叶簇生，二型；不育叶二至四回羽状深裂；裂片 5~8 对，互生，下部 1~2 对羽片，一至三回羽状深裂；小裂片 2~5 对，互生，具短柄，两侧具翅沿羽轴下延，深裂。能育叶二至三回羽状深裂；羽片 3~8 对，互生。孢子囊沿主脉两侧网眼着生，稀疏，棕色，幼时被反卷叶缘覆盖，成熟后多少张开。

产广东、台湾、福建、江西、浙江、山东、江苏、安徽、湖北、四川、广西、云南等地，生于池沼、水田或水沟的淤泥中。也广布于世界热带及亚热带各地。

国家二级保护野生植物。可供药用，茎叶入药可治胎毒，消痰积；嫩叶可做蔬菜。

云勇分布：一工区。

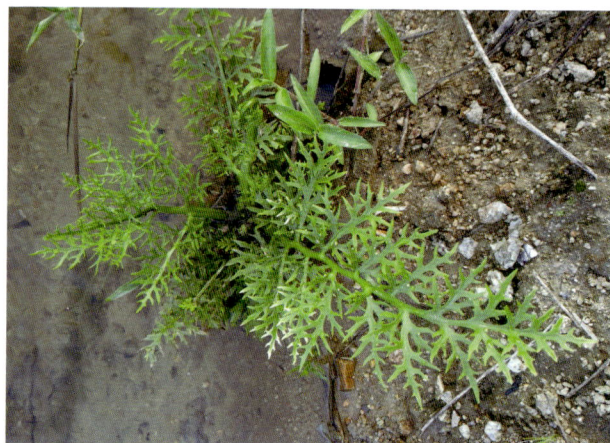

单叶双盖蕨 （单叶对囊蕨）

Deparia lancea (Thunb.) Fraser-Jenk.

蹄盖蕨科 对囊蕨属

根状茎细长，横走，被黑色或褐色披针形鳞片。叶远生；叶柄淡灰色，基部被褐色鳞片；叶片披针形或线状披针形，边缘全缘或稍呈波状；中脉两面均明显；叶干后纸质或近革质。孢子囊群线形，通常多分布于叶片上半部，沿小脉斜展；囊群盖线形，膜质，浅褐色。

广布于我国南部多地，通常生于溪旁林下酸性土或岩石上。也分布于日本、菲律宾、越南、缅甸、尼泊尔、印度、斯里兰卡等。

全草药用，可清热凉血、利尿通淋。

云勇分布：十二沥。

阔片短肠蕨

Diplazium matthewii (Copel.) C. Chr.

蹄盖蕨科 双盖蕨属

草本。根状茎横生。叶近生，柄长 40cm，叶片三角形，一至二回羽状；侧生羽片约 8 对，互生，斜展，阔披针形；叶脉羽状，不明显。孢子囊群线性，单生或互生。

分布于福建、广东、广西。越南北部也有。模式标本采自香港。

云勇分布：一工区。

华南毛蕨

Cyclosorus parasiticus (L.) Farw.

金星蕨科 毛蕨属

草本。根状径连同叶柄基部有深棕色鳞片。叶近生，叶柄有柔毛，叶片长圆披针形，二回羽裂；羽片 12~16 对，无柄，中部以下的对生，向上的互生，彼此接近；裂片 20~25 对，彼此接近，基部上侧一片特长。叶脉两面可见，侧脉 6~8 对，仅基部一对连接成一钝三角形网眼，下面沿叶脉密生橙红色腺体；叶两面被毛。孢子囊群圆形，生于侧脉中部以上；囊群盖膜质，棕色，上面密生柔毛，宿存。

分布于我国华南、华中、华东和西南地区，生于山谷密林下或溪边湿地。也分布于亚洲热带、亚热带地区。

全草药用，治外伤出血。

云勇分布：后山场部。

单叶新月蕨

Pronephrium simplex (Hook.) Holtt.

金星蕨科 新月蕨属

　　草本。根状茎细长横走，先端疏被深棕色的披针形鳞片和钩状短毛。单叶，远生，二型；叶干后厚纸质，两面均被钩状短毛；不育叶柄被钩状毛以及针状毛，椭圆状披针形，基部对称，两侧呈圆耳状，边缘全缘或浅波状；能育叶远高过不育叶，披针形，全缘。孢子囊群生于小脉上，初为圆形，无盖，成熟时布满整个羽片下面。

　　分布于广东、广西、台湾等华南地区，生于溪边林下或山谷林下。越南、日本也有分布。

　　全草药用，治疗蛇伤、痢疾等。

　　云勇分布：十二沥。

三羽新月蕨

Pronephrium triphyllum (Sw.) Holtt.

金星蕨科 新月蕨属

　　根状茎细长横走，密被灰白色钩状短毛及鳞片。叶疏生，一型或近二型；叶柄基部疏被鳞片，通体密被钩状短毛；叶片卵状三角形，三出；侧生羽片一对对生，长圆披针形，顶生羽片较大，披针形；叶干后坚纸质，叶脉下面较明显，被钩状毛。孢子囊群生于小脉上，初为圆形，后变长形并成双汇合，无盖。

　　产台湾、福建、广东、香港、广西、云南。泰国、缅甸、印度、斯里兰卡、马来西亚、印度尼西亚、日本、韩国、澳大利亚均有分布。

　　云勇分布：一工区、三工区、四工区。

乌毛蕨

Blechnopsis orientalis (L.) C. Presl.

乌毛蕨科 乌毛蕨属

根状茎直立，粗短，木质。叶簇生于根状茎顶端；叶片卵状披针形，一回羽状；羽片多数，互生，无柄，下部羽片不育，极度缩小为圆耳形，上部羽片能育，线形或线状披针形，全缘或呈微波状。叶近革质，无毛；叶轴粗壮，棕禾秆色，无毛；主脉两面均隆起。孢子囊群线形，连续，紧靠主脉两侧，与主脉平行。

产广东、广西、海南、台湾、福建、西藏、四川、重庆、云南、贵州、湖南、江西、浙江，为我国热带和亚热带的酸性土指示植物。也分布于印度、斯里兰卡、东南亚、日本至波利尼西亚。

云勇分布：二工区。

狗脊

Woodwardia japonica (L. f.) Sm.

乌毛蕨科 狗脊属

草本。根状茎短粗，与叶柄基部密被鳞片。叶近生，叶柄基部常宿存；叶片长卵形，二回羽裂，侧生羽片 (4) 7~16 对，裂片 11~16 对，羽片基部不对称，裂片边缘具细密锯齿。叶近革质，两面无毛或下面疏被短柔毛；叶脉明显，两面均隆起。孢子囊群线形，生于主脉两侧的网脉上，囊群盖线形。

广布于长江流域以南各地，生于疏林下。也分布于朝鲜南部和日本。

为酸性土指示植物。有镇痛、利尿及强壮之功效，为我国应用已久的中药。根状茎富含淀粉，可酿酒，亦可作土农药，防治蚜虫及红蜘蛛。

云勇分布：一工区。

羽裂鳞毛蕨

Dryopteris integriloba C. Chr.

鳞毛蕨科 鳞毛蕨属

草本。根状茎顶端及叶柄基部密被鳞片。叶簇生；叶片卵状披针形，二回羽状，羽片 10~12 对；叶片基部的羽片对生或近对生，上部的羽片互生，羽片卵状披针形，基部具短柄，顶端羽裂渐尖并弯向叶尖；小羽片 10~12 对，披针形，边缘羽状半裂或基部达深裂。叶纸质，上面近光滑，下面叶轴和羽轴基部密被鳞片。孢子囊群圆形，囊群盖圆肾形，全缘。

产广东、海南、广西、云南。越南也有分布。

云勇分布：三工区 – 深坑。

下延三叉蕨

Tectaria decurrens (C. Presl) Copel.

三叉蕨科 叉蕨属

草本。根状茎直立，顶部及叶柄基部密被鳞片。叶簇生，叶柄两侧有阔翅；叶二型，奇数一回羽裂，能育叶各部明显狭缩；侧生裂片 3~8 对，对生；基部一对裂片通常分叉。叶坚纸质，两面均光滑；叶脉联结成近六角形网眼，内藏小脉。孢子囊群生于联结小脉上，囊群盖圆盾形。

分布于华南地区、云南以及台湾，生于山谷林下阴湿处或岩石旁。南亚、东南亚及日本也有分布。

云勇分布：一工区、四工区。

三叉蕨

Tectaria subtriphylla (Hook. et Arn.) Copel.

三叉蕨科 叉蕨属

草本。根状茎长而横走，顶部及叶柄基部均密被鳞片。叶二型：不育叶三角状五角形，一回羽状，能育叶与不育叶形状相似但各部均缩狭；顶生羽片三角形，两侧羽裂，基部一对裂片最长；侧生羽片1~2对，对生；基部一对羽片最大，三角披针形至三角形。叶纸质，叶柄、羽轴、叶脉被淡棕色短毛。孢子囊群圆形，囊群盖圆肾形。

产云贵、华南地区及台湾，生于山地或河边密林下阴湿处或岩石上。东南亚亦产。

叶可入药，有祛风除湿、收敛止血的功效。

云勇分布：三工区 – 深坑。

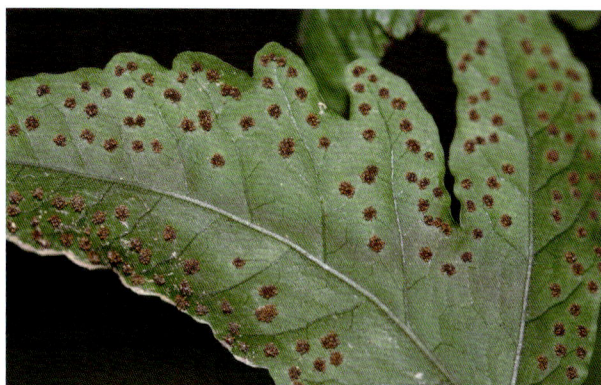

肾蕨

Nephrolepis cordifolia (L.) C. Presl.

肾蕨科 肾蕨属

草本。根状茎被钻形鳞片，匍匐茎生有近圆形的块茎。叶簇生，叶柄、叶轴被鳞片；叶片线状披针形或狭披针形，一回羽状，羽片互生，披针形，基部通常不对称，叶缘有钝锯齿。叶脉明显，小脉顶端具纺锤形水囊。叶片坚草质或草质，光滑。孢子囊群成1行位于主脉两侧，肾形；囊群盖肾形，无毛。

产浙江、福建、台湾、湖南、广东、海南、广西、贵州、云南和西藏，生于溪边林下。广布于全世界热带及亚热带地区。

世界各地普遍栽培的观赏蕨类。块茎富含淀粉，可食，亦可供药用。

云勇分布：一工区 – 云龙瀑布。

鳞果星蕨（攀援星蕨）

Lepisorus buergerianus (Miq.) C.F.Zhao, R.Wei et X.C.Zhang

水龙骨科 瓦韦属

　　根状茎细长，攀缘，密被深棕色披针形鳞片。叶疏生，二型；叶柄粗壮；能育叶披针形或三角状披针形，两侧通常扩大成戟形，全缘；不育叶卵状披针形，干后纸质，褐绿色，全缘；主脉两面隆起。孢子囊群小，星散分布于主脉下面两侧，有时被盾状隔丝覆盖。

　　产广东、广西、海南、香港、浙江、江西、湖南、湖北、甘肃、四川、贵州、云南，林下攀缘树干和岩石上。日本也产。

　　云勇分布：三工区－深坑。

褐叶线蕨

Leptochilus wrightii (Hook.) X. C. Zhang

水龙骨科 薄唇蕨属

　　草本。根状茎长而横走，密生鳞片。叶远生，叶柄短，基部疏生鳞片；叶片倒披针形，向基部渐变狭并以狭翅长下延，边缘浅波状。叶薄草质，干后褐棕色，叶背疏生小鳞片；叶脉明显，在每对侧脉间有2行网眼。孢子囊群线形，在每对侧脉间排列成一行，无囊群盖。

　　产江西、福建、台湾、广东、广西、香港和云南等地，土生或附生于阴湿岩石上。日本、越南也有分布。

　　云勇分布：十二沥。

贴生石韦

Pyrrosia adnascens (Sw.) Ching

水龙骨科　石韦属

草本。根状茎细长，攀缘附生于树干和岩石上，密生鳞片；鳞片披针形，淡棕色。叶远生、二型、肉质，以关节与根状茎相连；不育叶片小，倒卵状椭圆形，或椭圆形，上面疏被星状毛，下面密被星状毛；能育叶条状至狭被针形，全缘。孢子囊群着生于内藏小脉顶端，聚生于能育叶片中部以上，成熟后扩散，无囊群盖，幼时被星状毛覆盖，淡棕色，成熟时汇合，砖红色。

产台湾、福建、广东、海南、广西和云南。亚洲热带其他地区也有分布。

全草有清热解毒作用，治腮腺炎、瘰疬。

云勇分布：一工区。

崖姜

Drynaria coronans (Wall. ex Mett.) J. Sm.

槲蕨科 槲蕨属

　　根状茎横卧，粗大，肉质，密被蓬松长鳞片，并被毛茸的线状根；弯曲的根状茎盘结成垫状物，由此生出一丛无柄的叶，形成一个圆而中空的高冠，形体极似巢蕨。叶一型，硬革质，长圆状倒披针形，两面均无毛，基部以上叶片羽状深裂；裂片多数，被圆形缺刻分开，披针形；叶脉隆起，横脉与侧脉直角相交。孢子囊群生于小脉交叉处，圆球形或长圆形。

　　产福建、台湾、广东、广西、海南、贵州、云南，附生雨林或季雨林中生树干上或石上。越南、缅甸、印度、尼泊尔、马来西亚也有分布。

　　庭院观赏，根状茎入药，补肾、活血止痛。

　　云勇分布：一工区。

裸子植物
Gymnospermae

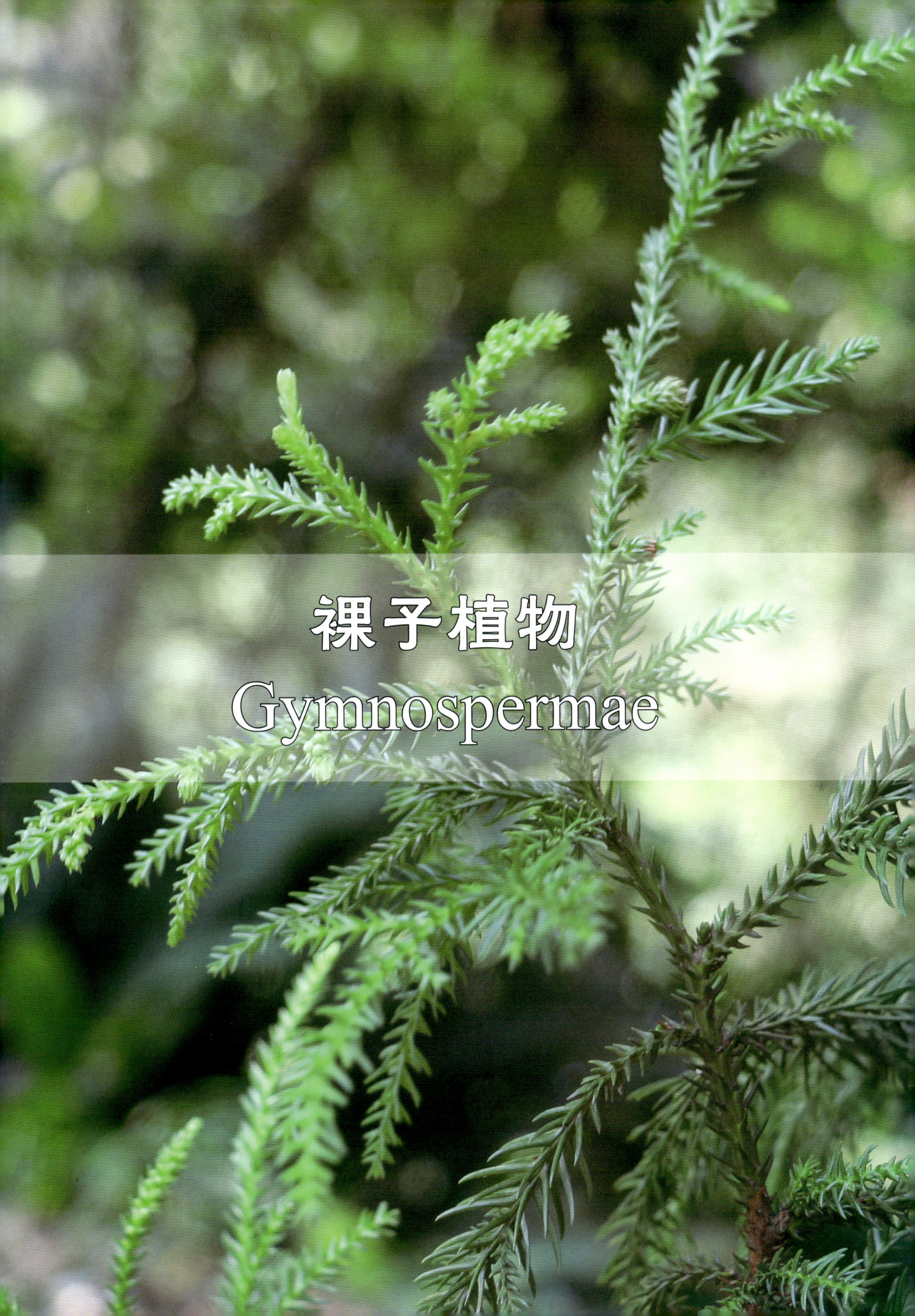

苏铁
Cycas revoluta Thunb.
苏铁科 苏铁属

常绿灌木或小乔木。树干圆柱形，灰黑色，具宿存菱形叶柄残痕。单叶互生，叶一回羽状深裂；叶轴两侧有齿状刺；裂片条形，厚革质，坚硬，边缘显著地向下反卷，先端有刺状尖头，基部两侧不对称，下侧下延生长。雄球花圆柱形，小孢子叶窄楔形，下面密生花药；雌球花圆形，大孢子叶密生茸毛，边缘羽状分裂。种子核果状，红褐色或橘红色。花期6~7月，种子10月成熟。

产福建、台湾、广东，各地常有栽培。日本南部、菲律宾和印度尼西亚也有分布。

观赏树种，茎内含淀粉，可供食用；种子含油和丰富的淀粉，微有毒，供食用和药用，有治痢疾、止咳和止血之效。

云勇分布：一工区 – 场部。

异叶南洋杉
Araucaria heterophylla (Salilsb.) Franco
南洋杉科 南洋杉属

乔木。树干通直，树皮成薄片状脱落，侧枝常成羽状排列。叶二型：幼树和侧枝的叶排列疏松，钻形；大枝及花果枝上的叶排列紧密，宽卵形或三角状卵形。雄球花单生枝顶，圆柱形。球果近圆球形或椭圆状球形；苞鳞边缘具锐脊，先端具扁平的三角状尖头。种子椭圆形，两侧具膜质翅。

原产大洋洲。

园林观赏。

云勇分布：旧松香厂。

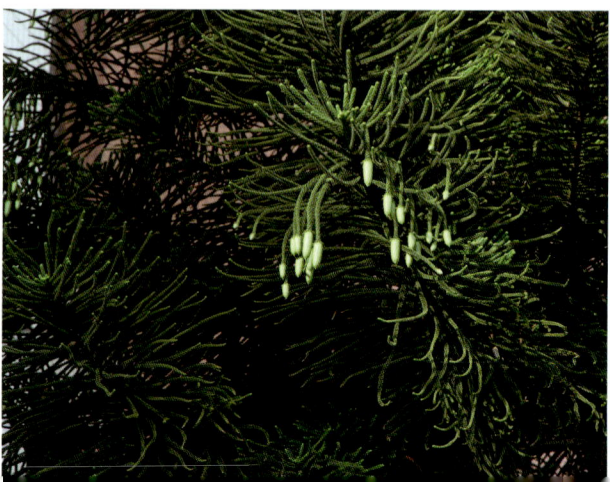

加勒比松

Pinus caribaea More.

松科 松属

常绿大乔木。树冠广圆形或不规则形状；树皮灰色或淡红褐色，裂成扁平的大片脱落；幼枝有白粉。针叶 3(4~5) 针一束，稀 2 针一束，每边均有气孔线，边缘有细锯齿；树脂道内生，2~8 个；叶鞘宿存。雄球花圆柱形，无梗，雄蕊的药隔淡紫色，花药黄色。球果近顶生，弯垂，卵状圆柱形；种子有翅。

我国于 1964 年引种，广东、海南有引种栽培。原产中美洲。

为速生用材树种，可做建筑木材和工业原料。

云勇分布：白石岗、一工区 – 核桃山。

湿地松

Pinus elliottii Engelm.

松科 松属

常绿大乔木。树皮灰褐色或暗红褐色，纵裂成鳞状块片剥落。针叶 2~3 针一束并存，刚硬，深绿色，有气孔线，边缘有锯齿。球果圆锥形或窄卵圆形，成熟后至第二年夏季脱落；种鳞的鳞盾近斜方形，肥厚，有锐横脊，鳞脐瘤状，先端急尖；种子卵圆形，微具 3 棱，黑色，有灰色斑点，有翅。

我国长江以南引种栽培，适生于低山丘陵地带，耐水湿。原产美国东南部。

为速生用材树种、树脂植物和药用植物。

云勇分布：四工区云 – 益山塘。

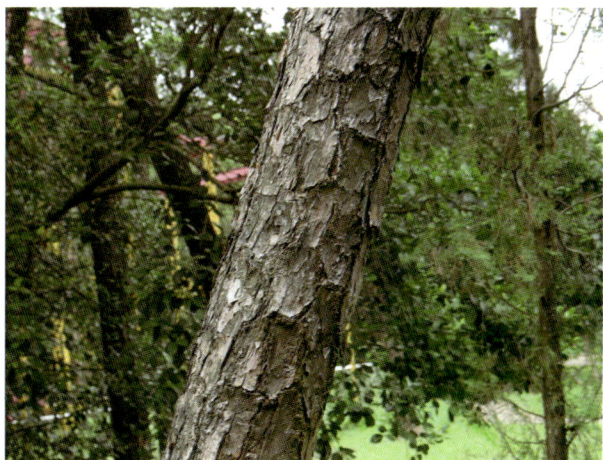

湿加松

Pinus elliottii × P. caribaea

松科 松属

常绿大乔木。树干通直，树皮厚，红褐色或灰色，裂成片状剥落。针叶常3针一束，少为2针一束。花期1月中旬至2月上旬。球果9月成熟。

湿加松是湿地松与加勒比松的杂交后代，具有加勒比松喜热、湿地松耐一定低温的特性，在我国适宜种植范围北至中亚热带中部地区，南至雷州半岛。

具有显著的杂种优势，主要表现出生长快、生长量大、树干通直、材性良好、耐水湿等优点，是我国南方地区的建筑材、纸浆材和脂材树种。

云勇分布：一工区－深坑。

马尾松

Pinus massoniana Lamb.

松科 松属

乔木。树皮红褐色，下部灰褐色，裂成不规则的鳞状块片；枝平展或斜展，树冠宽塔形或伞形。针叶2针一束，稀3针一束，细柔，微扭曲，边缘有细锯齿；叶鞘宿存。雄球花淡红褐色，圆柱形，弯垂；雌球花单生或2~4个聚生于新枝近顶端，淡紫红色。球果卵圆形或圆锥状卵圆形，鳞脐微凹，无刺。花期4~5月，球果翌年10~12月成熟。

我国特产，分布于秦岭以南至台湾。

喜光、深根性树种，为长江流域以南重要的荒山造林树种，江南及华南自然风景区和疗养林的好树种，也是速生用材树种、树脂植物和药用植物。

云勇分布：一工区－深坑。

柳杉

Cryptomeria japonica var. *sinensis* Miq.

杉科 柳杉属

　　乔木。树皮红棕色，纤维状，裂成长条片脱落；大枝近轮生，小枝常下垂。叶钻形略向内弯曲，先端内曲，四边有气孔线。雄球花单生叶腋，长椭圆形，集生于小枝上部，成短穗状花序状；雌球花顶生于短枝上。球果圆球形或扁球形，种鳞20左右，能育的种鳞有2粒种子；种子近椭圆形，扁平，边缘有窄翅。花期4月，球果10月成熟。

　　为我国特有树种，产浙江天目山、福建南屏及江西庐山等地海拔1100 m以下地带。在我国长江以南多地均有栽培。

　　边材黄白色，心材淡红褐色，材质较轻软。木材可供房屋建筑、电杆、器具、家具及造纸原料等用材，又为园林树种。

　　云勇分布：四工区－飞马山。

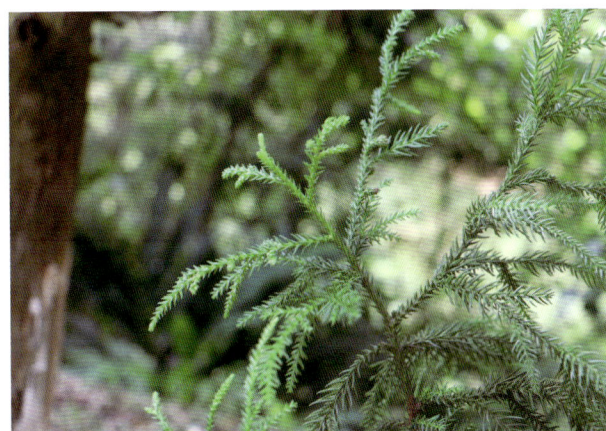

杉木

Cunninghamia lanceolata (Lamb.) Hook.

杉科 杉木属

　　乔木。树皮裂成长条片脱落。叶在主枝上辐射伸展，侧枝的叶基部扭转成二列状，披针形或条状披针形，革质，边缘有细缺齿，叶下面淡绿色，中脉两侧各有1条白粉气孔带。雄球花圆锥状，有短梗；雌球花单生或2~4个集生，绿色。球果卵圆形；熟时苞鳞三角状卵形，种鳞先端三裂；种子扁平，两侧边缘有窄翅。花期4月，球果10月成熟。

　　为我国长江流域、秦岭以南地区栽培最广、生长快、经济价值高的用材树种。越南也有分布。

　　木材黄白色，有香气，供建筑、桥梁、造船、家具及木纤维工业原料等用。

　　云勇分布：一工区。

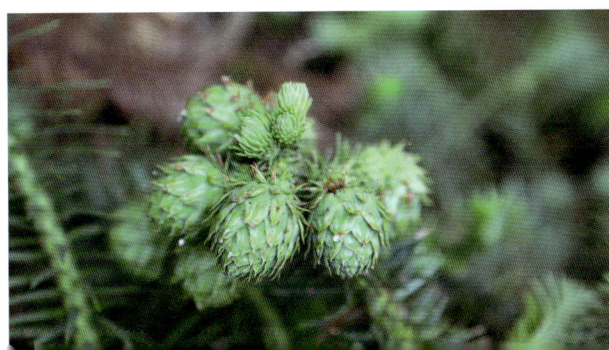

落羽杉

Taxodium distichum (L.) Rich.

杉科 落羽杉属

落叶乔木。干基通常膨大，常有屈膝状的呼吸根；树皮棕色，裂成长条片脱落。叶条形，扁平，基部扭转在小枝上列成二列，羽状，先端尖，叶凋落前变成暗红褐色。雄球花卵圆形，有短梗，在小枝顶端排列成总状花序状或圆锥花序状。球果球形或卵圆形，熟时淡褐黄色，有白粉。球果10月成熟。

我国长江以南多地有引种栽培，生长良好。原产北美东南部。

可供建筑、电杆、家具、造船等用；造林或栽培作庭园树。

云勇分布：一工区。

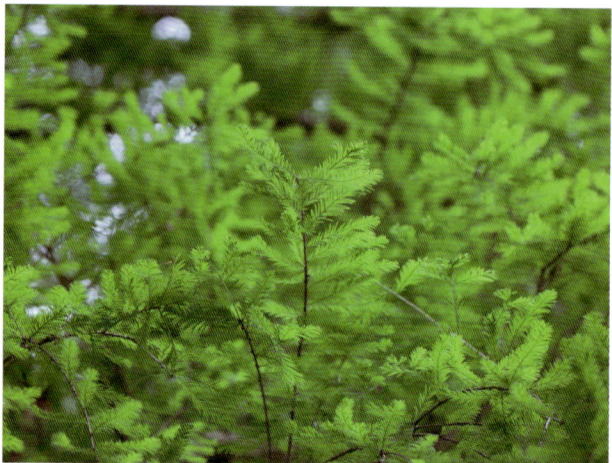

池杉

Taxodium distichum var. *imbricatum* (Nutt.) Croom

杉科 落羽杉属

落叶乔木。树干基部膨大，有屈膝状的呼吸根；树皮褐色，纵裂，呈长条片脱落；枝条向上伸展，树冠尖塔形。叶钻形，在枝上螺旋状伸展。球果圆球形或矩圆状球形；种鳞木质，盾形；种子不规则三角形，微扁，红褐色，边缘有锐脊。花期3~4月，球果10月成熟。

耐水湿，生于沼泽地区及水湿地上。我国长江以南多地有栽培。原产北美东南部。

为低湿地的造林树种或作庭园树，木材用途与落羽杉相同。

云勇分布：一工区。

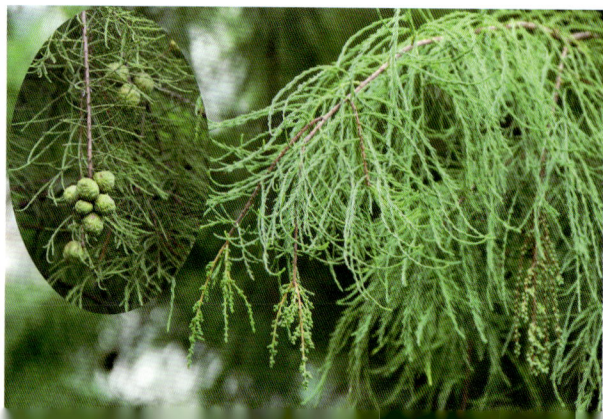

长叶竹柏

Nageia fleuryi (Hickel) de Laub.

罗汉松科 竹柏属

乔木。叶交叉对生，宽披针形，质地厚，无中脉，有多数并列的细脉。雄球花穗腋生，常3~6个簇生于总梗上；雌球花单生叶腋，有梗，梗上具数枚苞片，轴端的苞腋着生1~2（3）枚胚珠，仅一枚发育成熟，上部苞片不发育成肉质种托。种子圆球形，熟时假种皮蓝紫色。

产云南、广西及广东等地。越南、柬埔寨也有分布。

为高级建筑、上等家具、乐器、器具等用材，是庭园绿化树种。

云勇分布：一工区。

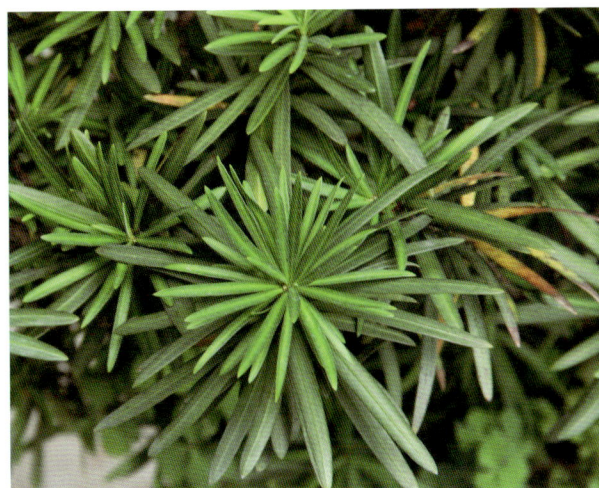

罗汉松

Podocarpus macrophyllus (Thunb.) Sweet.

罗汉松科 罗汉松属

乔木。树皮灰色或灰褐色，浅纵裂，成薄片状脱落。叶螺旋状着生，条状披针形。雄球花穗状、腋生，常3~5个簇生于极短的总梗上，基部有数枚三角状苞片；雌球花单生叶腋，有梗，基部有少数苞片。种子卵圆形，熟时肉质假种皮紫黑色，有白粉，种托肉质圆柱形，红色或紫红色。花期4~5月，种子8~9月成熟。

产江苏、浙江、福建、安徽、江西、湖南、四川、云南、贵州、广西、广东等地。日本也有分布。

作观赏树，其材质细致均匀，可供家具、器具、文具等用。

云勇分布：一工区。

小叶买麻藤

Gnetum parvifolium (Warb.) C. Y. Cheng ex Chun

买麻藤科 买麻藤属

缠绕藤本。茎枝圆形,皮孔常较明显。叶椭圆形、窄长椭圆形或长倒卵形,革质,侧脉细,在叶背隆起。雄球花序不分枝或一次分枝,具5~10轮环状总苞,假花被略成四棱状盾形;雌球花序一次三出分枝,轴较细,每轮总苞内有雌花5~8。成熟种子假种皮红色,先端常有小尖头,种脐近圆形。

产福建、广东、广西及湖南等地。

种子炒后可食,亦可榨油供食用。

云勇分布:一工区。

被子植物
Angiospermae

荷花玉兰

Magnolia grandiflora L.

木兰科 北美木兰属

常绿乔木。树皮薄鳞片状开裂，小枝、芽、叶下面、叶柄均密被褐色或灰褐色短茸毛。叶厚革质，椭圆形，长圆状椭圆形或倒卵状椭圆形，有光泽；叶柄具深沟。花被片9~12，白色，有芳香，厚肉质；花丝紫色，雌蕊群密被长茸毛。聚合蓇葖果密被茸毛；种子外种皮红色。花期5~6月，果期9~10月。

我国长江流域以南有栽培。原产北美洲东南部。

为绿化观赏树种，对有毒气体抗性较强，耐烟尘。木材黄白色，可供装饰材用。叶、幼枝和花可提取芳香油。叶入药治高血压。种子可榨油。

云勇分布：一工区。

灰木莲

Manglietia glauca Blume

木兰科 木莲属

常绿乔木。芽鳞、嫩枝、叶下面及托叶均被淡红褐色平伏毛。单叶互生，薄革质，倒卵形，全缘。花被片9枚，排成3轮，乳白色或乳黄色，肉质。聚合果卵圆形，假种皮红色。花期4~5月，果熟期9~10月。

中国广东、海南和广西有引种栽培。原产越南及印度尼西亚。

木材可供建筑、家具等用。树形整齐美观，可作绿化树种。

云勇分布：场部后山。

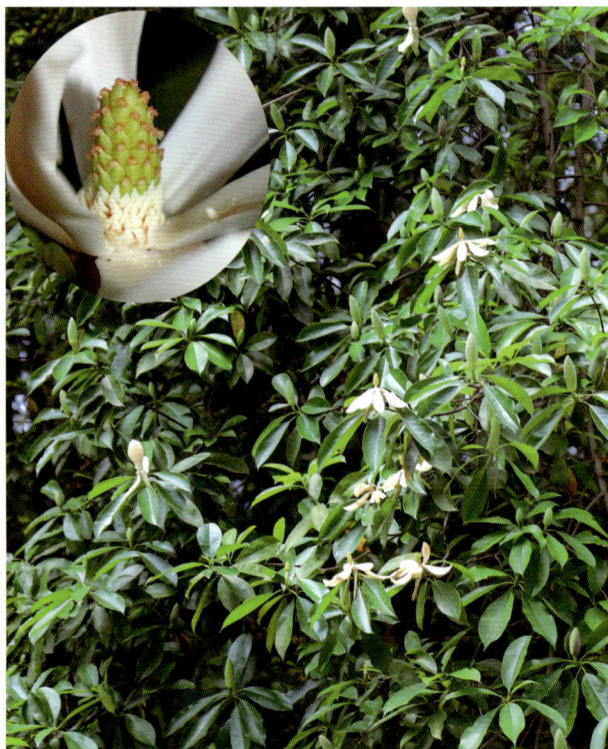

白兰

Michelia × *alba* DC.

木兰科 含笑属

　　常绿乔木。树皮灰色，枝叶有芳香；嫩枝及芽密被淡黄白色微柔毛，老时毛渐脱落。叶薄革质，上面无毛，下面疏生微柔毛；叶柄疏被微柔毛，托叶痕几达叶柄中部。花白色，极香，花被片 10。心皮多数，形成菁葖疏生的聚合果；菁葖熟时鲜红色。花期 4~9 月，夏季盛开，常不结实。

　　我国南方栽培。原产印度尼西亚爪哇，现广植于东南亚。

　　著名的庭园观赏树种和行道树；花和鲜叶可提取香油；根皮入药，治便秘。

　　云勇分布：一工区。

合果木

Michelia baillonii (Pierr.) Finet et Gagn.

木兰科 含笑属

　　大乔木。嫩枝、叶柄、叶背被淡褐色平伏长毛。叶椭圆形、卵状椭圆形或披针形，托叶痕为叶柄长的 1/3 或 1/2 以上。花芳香，黄色，花被片 18~21，6 片 1 轮；心皮密被淡黄色柔毛，花柱红色。聚合果肉质，成熟心皮完全合生。花期 3~5 月，果期8~10 月。

　　产云南，常与龙脑樟科树种混生。印度、缅甸、泰国和越南等地亦有分布。

　　树干通直，生长迅速，能耐短期低温（-2℃）。材质坚硬，抗虫耐腐力强，为制造高级家具、重要建筑物的上等木材。

　　云勇分布：一工区。

黄兰（黄缅桂）

Michelia champaca L.

木兰科 含笑属

常绿乔木。芽、嫩枝、嫩叶和叶柄均被淡黄色的平伏柔毛。叶薄革质，托叶痕长达叶柄中部以上。花黄色，极香，花被片15~20。雌蕊群具毛，聚合蓇葖果有疣状凸起；种子2~4粒，有皱纹。花期6~7月，果期9~10月。

产西藏、云南，福建、台湾、广东、广西和海南有栽培。也分布于东南亚地区。

木材，庭园观赏树种和行道树。

云勇分布：白石岗、飞马山。

乐昌含笑

Michelia chapensis Dandy

木兰科 含笑属

常绿乔木。树皮灰色至深褐色。叶薄革质；叶柄无托叶痕，上面具张开的沟，嫩时被微柔毛，后脱落无毛。花被片6，淡黄色，芳香，2轮；花梗被平伏灰色微柔毛，具2~5苞片脱落痕。雌蕊群柄密被银灰色平伏微柔毛。聚合蓇葖果顶端具短细弯尖头；种子红色。花期3~4月，果期8~9月。

产江西、湖南、广东、广西。越南也有分布。

种子具有开发价值，其木材耐腐性较强，是高级家具、工艺品、室内装饰等用材。树干通直，花既多又芳香，可作为风景树及行道树。

云勇分布：白石岗、飞马山。

紫花含笑
Michelia crassipes Y. W. Law

木兰科 含笑属

　　小乔木或灌木，树皮灰褐色。芽、嫩枝、叶柄、花梗均密被红褐色或黄褐色长茸毛。叶革质，上面深绿色，无毛，下面淡绿色，脉上被长柔毛；托叶痕达叶柄顶端。花极芳香，紫红色或深紫色，花被片6，雌蕊群密被柔毛。聚合蓇葖果。花期4~5月，果期8~9月。

　　产广东、湖南、广西。

　　花可提取香精，是香料和药用植物。

　　云勇分布：缤纷林海。

含笑
Michelia figo (Lour.) Spreng.

木兰科 含笑属

　　常绿灌木。芽、嫩枝、叶柄、花梗均密被黄褐色茸毛。叶革质，狭椭圆形或倒卵状椭圆形，托叶痕长达叶柄顶端。花直立，淡黄色而边缘有时红色或紫色，具甜浓的芳香，花被片6，肉质。雌蕊群无毛，聚合蓇葖果，蓇葖顶端有短尖的喙。花期3~5月，果期7~8月。

　　原产华南南部各地，广东鼎湖山有野生。现广植于全国各地。

　　本种除供观赏外，花有水果甜香，花瓣可拌入茶叶制成花茶，亦可提取芳香油和供药用。

　　云勇分布：场部。

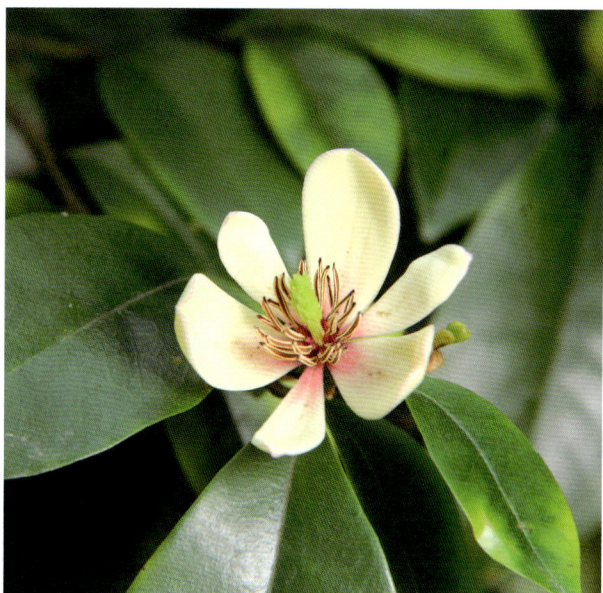

火力楠（醉香含笑）

Michelia macclurei Dandy

木兰科 含笑属

常绿乔木。树皮灰白色，光滑不开裂；芽、嫩枝、叶柄、托叶及花梗均被红褐色短茸毛。叶革质，下面被毛；叶柄上面具狭纵沟，无托叶痕。聚伞花序，花被片白色，通常9片，花丝红色；雌蕊群柄密被褐色短茸毛。聚合蓇葖果，蓇葖顶端圆，疏生白色皮孔，沿腹背二瓣开裂。花期3~4月，果期9~11月。

产广东、海南和广西，湖南已引种栽培。越南北部也有分布。

木材易加工，是建筑、家具的优质用材。花芳香，可提取香精油，是美丽的庭园和行道树种。

云勇分布：场部后山。

深山含笑

Michelia maudiae Dunn

木兰科 含笑属

常绿乔木。各部均无毛，芽、嫩枝、叶下面、苞片均被白粉。叶革质，长圆状椭圆形，叶柄无托叶痕。花梗绿色具3环状苞片脱落痕，佛焰苞状苞片淡褐色，薄革质；花芳香，花被片9片，纯白色，基部稍呈淡红色，外轮的花被基部具长约1 cm的爪；花丝淡紫色。聚合蓇葖果；种子红色。

产浙江、福建、湖南、广东、广西、贵州。

庭园观赏树种，木材可作家具、板料、绘图板、细木工用材。花可提取芳香油，亦供药用。

云勇分布：一工区、十二沥。

观光木

Michelia odora (Chun) Noot. et B. L. Chen

木兰科 含笑属

常绿乔木。小枝、芽、叶柄、叶面中脉、叶背和花梗均被黄棕色糙伏毛。叶片厚膜质，倒卵状椭圆形；叶柄基部膨大，托叶痕达叶柄中部。花蕾的佛焰苞状苞片一侧开裂，被柔毛；花被片9，象牙黄色，有红色小斑点；雌蕊密被平伏柔毛，花柱红色。外种皮肉质，红色。花期3月，果期10~12月。

产江西、福建、广东、海南、广西、云南。

作庭园观赏及行道树种。花可提取芳香油，种子可榨油。

云勇分布：场部后山。

玉兰

Yulania denudata (Desr.) D. L. Fu

木兰科 玉兰属

落叶乔木。树皮深灰色，粗糙开裂；冬芽及花梗密被淡灰黄色长绢毛。叶纸质，倒卵形、宽倒卵形或、倒卵状椭圆形，叶上面深绿色，下面淡绿色；托叶痕为叶柄长的1/4~1/3。花蕾卵圆形，花先叶开放，芳香；花梗显著膨大，密被淡黄色长绢毛；花被片9，白色，基部常带粉红色。聚合果圆柱形；蓇葖厚木质，褐色，具白色皮孔；种子心形，外种皮红色，内种皮黑色。

产江西、浙江、湖南、贵州。

优良木材；花蕾入药与"辛夷"同效；花含芳香油，可提取配制香精或制浸膏；花被片食用或用以熏茶；种子榨油供工业用。庭园观赏树种。

云勇分布：桃花谷。

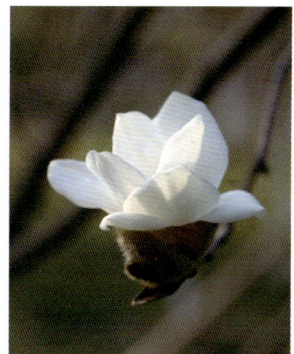

二乔玉兰

Yulania × soulangeana (Soul.-Bod.) D. L. Fu

木兰科 玉兰属

　　落叶小乔木，小枝无毛。叶纸质，倒卵形，下面具柔毛；叶柄被柔毛，托叶痕约为叶柄长的1/3。花先叶开放，花被片 6~9，浅红色至深红色；雌蕊群无毛。聚合果；蓇葖卵圆形或倒卵圆形，具白色皮孔；种子深褐色，宽倒卵圆形或倒卵圆形，侧扁。花期 2~3 月，果期 9~10 月。

　　本种是玉兰与紫玉兰的杂交种，世界各地均有栽培。

　　园林观赏。

　　云勇分布：桃花谷。

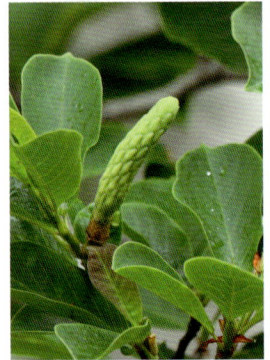

八角

Illicium verum Hook. f.

八角科 八角属

　　乔木。叶不整齐互生，在顶端 3~6 片近轮生或松散簇生，革质或厚革质，在阳光下可见密布透明油点；中脉在叶上面稍凹下，在下面隆起。花单生叶腋或近顶生；花被片 7~12 片，粉红至深红色；雄蕊 11~20 枚。聚合果，蓇葖多为 8，呈八角形。正糙果 3~5 月开花，9~10 月果熟，春糙果 8~10 月开花，翌年 3~4 月果熟。

　　主产广西。福建、广东、云南都有种植。

　　经济树种，果为著名的调味香料，也供药用，有祛风理气、和胃调中的功效；鲜果、种子、叶可提取八角茴香油；木材供细木工、箱板等用。

　　云勇分布：一工区。

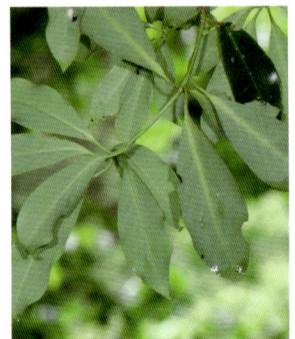

南五味子

Kadsura longipedunculata Finet et Gagn.

五味子科 南五味子属

藤本，各部无毛。叶边缘有疏齿，上面具淡褐色透明腺点。花单生于叶腋，雌雄异株；雄花的花被片白色或淡黄色，8~17片，雄蕊群球形，具雄蕊30~70枚；药隔与花丝连成扁四方形；雌花的花被片与雄花相似，雌蕊群椭圆体形或球形，具雌蕊40~60枚。聚合果球形，小浆果倒卵圆形。花期6~9月，果期9~12月。

产华南、华中、西南等地区。

根、茎、叶、种子均可入药；种子为滋补强壮剂和镇咳药，治神经衰弱、支气管炎等症；茎、叶、果实可提取芳香油；茎皮可作绳索。

云勇分布：十二沥。

刺果番荔枝

Annona muricata L.

番荔枝科 番荔枝属

常绿乔木。叶纸质，叶上面翠绿色，下面淡绿色，两面无毛，侧脉在叶缘前网结。花淡黄色；萼片3，宿存；花瓣6，2轮，内面基部具小凸点，外轮镊合状排列，内轮覆瓦状排列；花丝肉质，药隔膨大；心皮被白色绢质柔毛。聚合浆果，幼时具下弯的刺，果肉白色；种子多粒。花期4~7月，果期7月至翌年3月。

台湾、广东、广西和云南等地栽培。原产热带美洲。现亚洲热带地区也有栽培。

果实酸甜可食用，木材可作造船材，也是紫胶虫寄主树。

云勇分布：场部。

鹰爪花

Artabotrys hexapetalus (L. f.) Bhand.

番荔枝科 鹰爪花属

攀缘灌木。叶纸质，上面无毛，下面中脉疏被柔毛或无毛。花1~2朵，生于钩状花序梗，淡绿色或淡黄色，芳香；萼片3，绿色，两面被稀疏柔毛；花瓣6，2轮，外面基部密被柔毛；雄蕊多数，药隔三角形，无毛。果卵圆状，顶端尖，数个群集于果托上。花期5~8月，果期5~12月。

产浙江、台湾、福建、江西、广东、广西和云南等地，多见于栽培。

绿化植物，鲜花可提制鹰爪花浸膏。根可药用，治疟疾。

云勇分布：六工区。

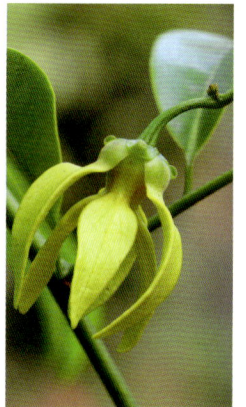

假鹰爪

Desmos chinensis Lour.

番荔枝科 假鹰爪属

直立或攀缘灌木。枝有灰白色凸起的皮孔。叶薄纸质或膜质，上面有光泽，下面粉绿色。花黄白色，单朵与叶对生或互生；萼片3，外面被微柔毛；花瓣6，2轮，两面被微柔毛；花托凸起；雄蕊药隔顶端截形；心皮被长柔毛，顶端2裂。果有柄，念珠状，内有种子1~7粒；种子球状。花期夏至冬季，果期6月至翌年春季。

产广东、广西、云南和贵州。东南亚也有分布。

根、叶可药用，主治风湿骨痛、产后腹痛、跌打、皮癣等；茎皮纤维可作人造棉和造纸原料等；海南民间用其叶制酒饼。

云勇分布：一工区。

香港瓜馥木

Fissistigma uonicum (Dunn) Merr.

番荔枝科 瓜馥木属

攀缘灌木。叶纸质，长圆形，叶背淡黄色，被毛。花黄色，有香气，1~2 朵聚生于叶腋；萼片 3，被毛；花瓣 6 片，2 轮，镊合状排列；药隔三角形；心皮被柔毛，柱头顶端全缘，每心皮有胚珠 9 粒。果圆球状，成熟时黑色，被短柔毛。花期 3~6 月，果期 6~12 月。

产广西、广东、湖南和福建等地，生于丘陵山地林中。

叶可制酒饼药。果味甜，可食。

云勇分布：六工区。

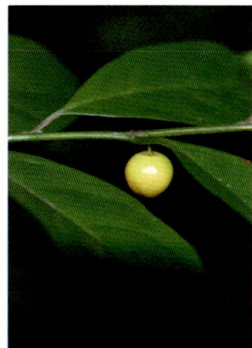

嘉陵花

Popowia pisocarpa (Blume) Endl.

番荔枝科 嘉陵花属

灌木或小乔木。小枝被锈色柔毛。叶膜质，两面除中脉和侧脉被短柔毛外近无毛；叶柄被短柔毛。花白色或淡黄色，1~3 朵与叶对生或腋外生；总花梗与花梗、花萼、花瓣、心皮及果均被柔毛；萼片 3；花瓣 6 片，2 轮；药隔顶端截形，被微毛。果圆球状。花期 1~7 月，果期 9~11 月。

产广东南部，生于低海拔山地林中。缅甸、泰国、越南、马来西亚、菲律宾、印度尼西亚也有分布。

花芳香，可提制芳香油。

云勇分布：六工区。

山椒子（大花紫玉盘）

Uvaria grandiflora Roxb.

番荔枝科 紫玉盘属

攀缘灌木。全株密被黄褐色星状柔毛至茸毛。叶纸质或近革质，长圆状倒卵形，基部浅心形。花单朵，与叶对生，紫红色或深红色，直径达 9 cm；苞片 2；萼片 3，膜质；花瓣 6，两面被微毛；药隔顶端截形，无毛；柱头顶端 2 裂而内卷。果长圆柱状；种子卵圆形，扁平。花期 3~11 月，果期 5~12 月。

产广东。印度、缅甸、泰国、越南、马来西亚、菲律宾和印度尼西亚也有分布。

山椒子是一种优质野果资源。

云勇分布：一工区。

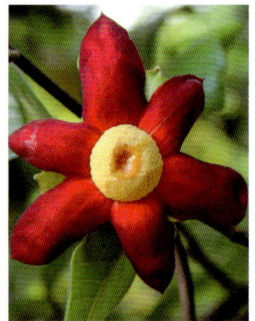

紫玉盘

Uvaria macrophylla Roxb.

番荔枝科 紫玉盘属

攀缘或直立灌木。全株被黄褐色星状柔毛，老渐无毛或几无毛。叶革质。花单朵，与叶对生，暗红色，直径约 2 cm；花瓣 6，2 轮；柱头顶端 2 裂而内卷。果卵圆形，熟时暗紫褐色，顶端有短尖头；种子圆球形。花期 3~8 月，果期 7 月至翌年 3 月。

产广西、广东、云南和台湾。越南和老挝也有分布。

茎皮纤维坚韧；根可药用，治风湿、跌打损伤、腰腿痛等；叶可止痛消肿。

云勇分布：一工区。

无根藤

Cassytha filiformis L.

樟科 无根藤属

寄生缠绕草本，借盘状吸根攀附于寄主植物上。茎线形，绿色，稍木质，幼嫩部分被锈色短柔毛。叶退化为微小的鳞片。穗状花序密被锈色短柔毛；花白色，花被裂片6，排成2轮，被毛；能育雄蕊9，第一轮花丝近花瓣状，其余的为线状。果包藏于肉质果托内，顶端有宿存的花被片。花果期5~12月。

产云南、贵州、广西、广东、湖南、江西、浙江、福建及台湾等地，热带亚洲、非洲和澳大利亚也有分布。

本植物对寄主有害，但全草可供药用，具化湿消肿、通淋利尿之功效，治肾炎水肿、跌打疔肿及湿疹等；亦可作造纸用的糊料。

云勇分布：一工区。

阴香

Cinnamomum burmannii (Nees et T. Nees) Blume

樟科 樟属

乔木。树皮光滑，内皮红色，味似肉桂。叶互生，稀对生，革质，两面无毛，具离基三出脉，中脉及侧脉在上面明显，下面十分凸起。圆锥花序腋生或近顶生，密被灰白微柔毛，最末分枝为3花的聚伞花序；花绿白色，花被裂片6；能育雄蕊9。果卵球形，果托具齿裂。花期主要在秋、冬季，果期主要在冬末及春季。

产广东、广西、云南及福建。印度、缅甸、越南、印度尼西亚和菲律宾也有分布。

为优良的行道树和庭园观赏树；还可作为嫁接肉桂的砧木；木材为良好家具材之一；其皮、叶、根均可提制芳香油；果核可榨油。

云勇分布：一工区。

樟

Cinnamomum camphora (L.) J.Presl.

樟科 樟属

　　常绿大乔木。树皮有不规则的纵裂；枝、叶及木材均有樟脑气味。叶互生，全缘，有时呈微波状，无毛，具离基三出脉，侧脉及支脉脉腋上面明显隆起下面有明显腺窝，窝内常被柔毛。圆锥花序腋生；花绿白色或带黄色，内面被毛；能育雄蕊9，花丝被短柔毛。果卵球形或近球形，紫黑色；果托杯状。花期4~5月，果期8~11月。

　　产南方及西南各地。越南、朝鲜、日本也有分布。

　　为优良的行道树和庭园观赏树；木材及根、枝、叶可提取樟脑和樟油；果核榨油供工业用；根、果、枝和叶入药，有祛风散寒、强心镇痉和杀虫等功效。

　　云勇分布：一工区。

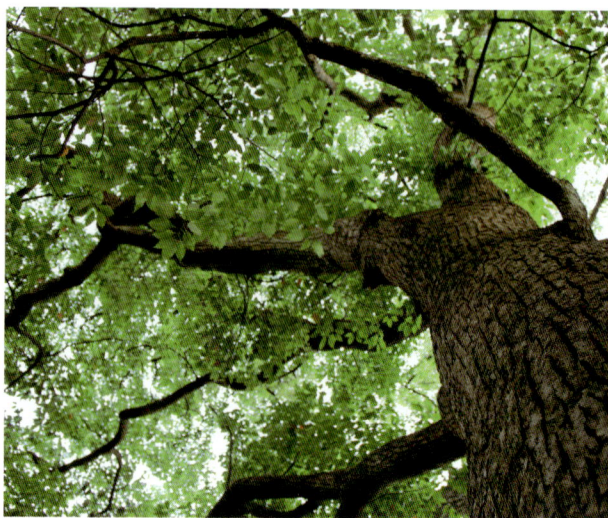

沉水樟

Cinnamomum micranthum (Hayata.) Hayata.

樟科 樟属

　　乔木。树皮黑褐色或红褐灰色，外有不规则纵向裂缝。芽外被褐色绢状短柔毛。枝条圆柱形，疏布有凸起的圆形皮孔，无毛。叶互生，无毛，叶缘呈软骨质而内卷，侧脉脉腋在上面隆起下面具小腺窝，窝穴中有微柔毛。圆锥花序，花白色或紫红色，具香气，花被裂片6，内面密被柔毛，能育雄蕊9。果椭圆形，具斑点，无毛；果托壶形。花期7~8(10)月，果期10月。

　　产广西、广东、湖南、江西、福建及台湾等地。越南北部也有分布。

　　本种精油成分主为葵醛及十五烷醛或松油醇，可提取芳香油。树体含水量高，根系发达，是涵养水源、保持水土的优良树种。

　　云勇分布：六工区。

黄樟

Cinnamomum parthenoxylon (Jack) Meisn.

樟科 樟属

　　乔木。树皮暗灰褐色，深纵裂，小片剥落，内皮带红色，具有樟脑气味；小枝具棱角；芽被绢状毛。叶互生，革质，羽状脉，侧脉每边 4~5 条。圆锥花序，花梗无毛；花被绿带黄色，内面被短柔毛；能育雄蕊 9，花丝被短柔毛。果球形，黑色；果托狭长倒锥形，红色，有纵长的条纹。

　　产广东、广西、福建、江西、湖南、贵州、四川、云南。巴基斯坦、印度经马来西亚至印度尼西亚也有分布。

　　叶可供饲养天蚕；枝叶、根、树皮、木材可蒸樟油和提制樟脑；种子可榨油；木材作造船、水工、桥梁、上等家具等用材尤佳。

　　云勇分布：四工区。

硬壳桂

Cryptocarya chingii W. C. Cheng

樟科 厚壳桂属

　　小乔木。幼枝密被灰黄色短柔毛。叶互生，上面榄绿色，下面粉绿色，两面有伏贴的灰黄色丝状短柔毛，中脉在上面凹陷，下面十分凸起。圆锥花序腋生及顶生，花序各部密被灰黄色丝状短柔毛；花被裂片卵圆形，能育雄蕊 9，花丝被柔毛。果成熟时椭圆球形，瘀红色，无毛，有纵棱 12 条。花期 6~10 月，果期 9 月至翌年 3 月。

　　产广东、广西、江西、福建及浙江等地。越南北部也有分布。

　　本种木材适于作一般家具及器具等用材；此外木材刨片浸水所溶出的黏液可作发胶等用；叶含樟油。

　　云勇分布：一工区。

乌药

Lindera aggregata (Sims) Kost.

樟科 山胡椒属

常绿灌木或小乔木。根有纺锤状膨胀，有香味，微苦，有刺激性清凉感。幼枝密被金黄色绢毛，后渐脱落。叶互生，卵形至近圆形，革质，下面苍白色，幼时密被棕褐色柔毛，后渐脱落，两面有小凹窝，三出脉。伞形花序腋生，每花序一般有花7朵；花被片6，黄绿色，偶有外乳白内紫红色。果卵形。花期3~4月，果期5~11月。

产浙江、江西、福建、安徽、湖南、广东、广西、台湾等地。越南、菲律宾也有分布。

根药用，为散寒理气健胃药；果实、根、叶均可提芳香油制香皂；根、种子磨粉可杀虫。

云勇分布：十二沥。

香叶树

Lindera communis Hemsl.

樟科 山胡椒属

常绿灌木或小乔木。叶互生，通常披针形，革质，下面灰绿色或浅黄色，被黄褐色柔毛，边缘内卷，羽状脉。伞形花序具5~8朵花，单生或2个同生于叶腋，总梗极短。雄花和雌花皆为黄色，花被片6；雄花具雄蕊9，雌花子房椭圆形，柱头盾形。果卵形，成熟时红色。花期3~4月，果期9~10月。

产陕西、甘肃、湖南、湖北、江西、浙江、福建、台湾、广东、广西、云南、贵州、四川等地。中南半岛也有分布。

种仁含油供制皂、润滑油和油墨等原料，也可供食用，作可可豆脂代用品；果皮可提芳香油供香料；枝叶入药，民间用于治疗跌打损伤及牛马癣疥等。

云勇分布：一工区。

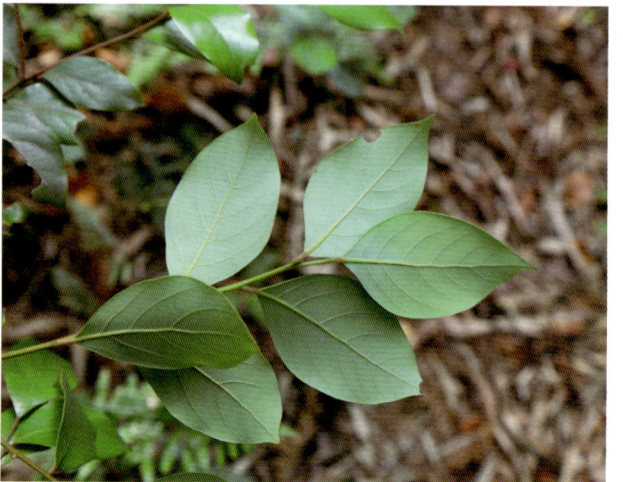

山鸡椒（山苍子）

Litsea cubeba (Lour.) Pers.

樟科 木姜子属

　　落叶灌木或小乔木。枝、叶具芳香味。叶互生，披针形，纸质，羽状脉，无毛，下面粉绿色。伞形花序单生或簇生，总梗细长，苞片边缘有睫毛；每一花序有花 4~6 朵，一般先叶开放，花被裂片 6，宽卵形，能育雄蕊 9。果近球形，成熟时黑色。花期 2~3 月，果期 7~8 月。

　　产广东、广西、福建、台湾、浙江、江苏、安徽、湖南、湖北、江西、贵州、四川、云南、西藏。

　　本种木材可供普通家具和建筑等用；花、叶和果皮是主要提制柠檬醛的原料；核仁可榨取工业用油；根、茎、叶和果实均可入药，有祛风散寒、消肿止痛之效。

　　云勇分布：一工区。

潺槁木姜子

Litsea glutinosa (Lour.) C. B. Rob.

樟科 木姜子属

　　常绿小乔木或乔木。小枝幼时有灰黄色茸毛。叶互生，革质，羽状脉，幼时两面均有毛，叶柄有灰黄色茸毛。伞形花序生于小枝上部叶腋，单生或几个生于短枝上；花梗被灰黄色茸毛；花被不完全或缺；能育雄蕊通常 15。果球形，成熟时黑色。花期 5~6 月，果期 9~10 月。

　　产广东、广西、福建及云南南部。越南、菲律宾、印度也有分布。

　　木材黄褐色可供家具用材；树皮和木材含胶质，可作黏合剂；种仁含油，可供制皂及榨取硬化油；根皮和叶，清湿热、消肿毒，治腹泻，外敷治疮痈。

　　云勇分布：场部后山。

假柿木姜子

Litsea monopetala (Roxb.) Pers.

樟科 木姜子属

常绿乔木，高达 18m。小枝及叶柄密被锈色短柔毛。叶互生，宽卵形、倒卵形或卵状长圆形，先端钝或圆，基部圆或宽楔形，幼叶上面沿中脉及下面密被锈色短柔毛，侧脉 8~12 对。伞形花序簇生，花序梗短；雄花序具 4~6 花或更多；花被片 5~6，披针形；花丝被柔毛。果长卵圆形，径 5mm；果托浅盘状；果柄长 1cm。

产广东、广西、贵州西南部、云南南部。东南亚各国及印度、巴基斯坦也有分布。

木材可作家具等用。种仁含脂肪油 30.33%，供工业用。叶民间用来外敷治关节脱臼。本种为紫胶虫的寄主植物之一。

云勇分布：三工区。

豹皮樟

Litsea rotundifolia Hemsl.var. *oblongifolia* (Nees) Allen

樟科 木姜子属

常绿灌木或小乔木。树皮灰色或灰褐色，常有褐色斑块。叶散生，卵状长圆形，薄革质，羽状脉。伞形花序常 3 个簇生叶腋，几乎无总梗；每一花序有花 3~4 朵，花小，近于无梗；花被筒杯状，被柔毛；花被裂片 6，大小不等。果球形，成熟时灰蓝黑色。花期 8~9 月，果期 9~11 月。

产广东、广西、湖南、江西、福建、台湾、浙江。越南也有分布。

种子可榨取工业用油；叶、果可提芳香油；根含生物碱、酚类、氨基酸，叶含黄酮甙、酚类、氨基酸、糖类等，可入药。

云勇分布：场部后山。

华润楠

Machilus chinensis (Champ. ex Benth.) Hemsl.

樟科 润楠属

　　乔木。叶倒卵状长椭圆形，革质，干时下面稍粉绿色或褐黄色。圆锥花序顶生，2~4 个聚集，在上部分枝，有花 6~10 朵；花白色，花被裂片通常脱落，间有宿存。果球形，嫩时绿色，成熟时黑色。花期 11 月，果期翌年 2 月。

　　产广东、广西。越南也有分布。

　　木材坚硬，可作家具。

　　云勇分布：白石岗、飞马山。

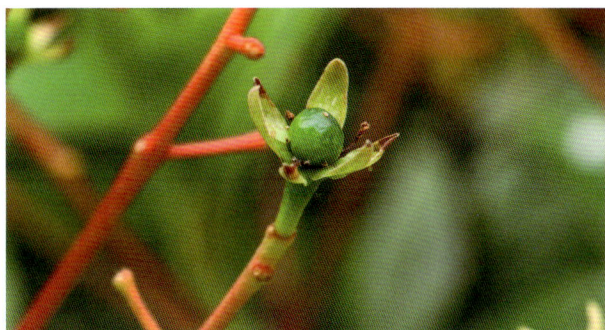

黄心树

Machilus gamblei King ex J. D. Hook.f.

樟科 润楠属

　　乔木。叶互生，下面淡绿或绿白色，幼时两面密被锈色贴伏柔毛，老时上面变无毛，下面明显被极细微柔毛，侧脉每边 6~10 条，两面稍凸起。聚伞状圆锥花序生于幼枝下部；花绿白色或黄色，花被两面密被丝状微柔毛。果球形，先端具小尖头，成熟时紫黑色；宿存花被片略增大，外反。花期 3~4 月，果期 4~6 月。

　　产广东、广西、云南。印度、尼泊尔至越南北部也有分布。

　　本种叶子用于喂蚕。

　　云勇分布：三工区－深坑。

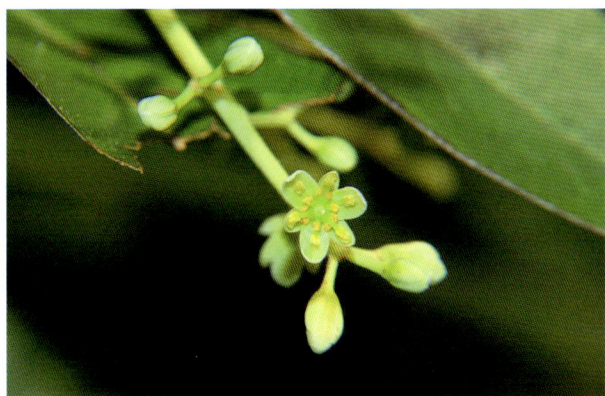

广东润楠

Machilus kwangtungensis Y.C.Yang

樟科 润楠属

乔木。当年生枝密被锈色茸毛，1年生、2年生枝条带紫色或紫褐色，干后常变黑褐色，无毛，有黄褐色纵裂唇形皮孔，枝条上芽鳞疤痕约有10轮。叶长椭圆形，革质，羽状脉。圆锥花序生于新枝下端，有灰黄色小柔毛，花白色，花被裂片近等长。果近球形，嫩时绿色，熟时黑色。花期3~4月，果期5~7月。

产广东、广西、湖南、贵州。

优良的行道树及庭院绿化树种；茎、叶、皮药用，治霍乱、吐泻不止、抽筋及足肿。

云勇分布：场部后山。

薄叶润楠

Machilus leptophylla Hand.-Mazz.

樟科 润楠属

高大乔木。叶互生或在当年生枝上轮生，倒卵状长圆形，坚纸质，幼时下面全面被贴伏银色绢毛，后渐脱落。圆锥花序6~10个，聚生嫩枝的基部，花通常3朵生在一起；总梗、分枝和花梗略具微细灰色微柔毛；花被裂片几等长，有透明油腺，背上有粉质柔毛，边缘有微小睫毛，外轮的稍宽。果球形。

产福建、浙江、江苏、湖南、广东、广西、贵州。

树皮可提树脂；种子可榨油。

云勇分布：十二沥。

粗壮润楠

Machilus robusta W. W. Smith

樟科 润楠属

　　乔木。枝条粗壮，老枝散布栓质皮孔。叶狭椭圆状卵形，厚革质，中脉上面凹陷，下面十分凸起，带红色。圆锥花序生于枝顶和先端叶腋，花大，灰绿色或黄绿色，花被裂片近等大，花被筒倒锥形。果球形，未成熟时深绿色，成熟时蓝黑色，有宿存花被片；果梗深红色。花期 1~4 月，果期 4~6 月。

　　产云南、贵州、广西、广东。缅甸也有分布。

　　云勇分布：十二沥。

闽楠

Phoebe bournei (Hemsl.) Y.C.Yang

樟科 楠属

　　大乔木。老的树皮灰白色，新的树皮带黄褐色。叶厚革质，披针形，上面发亮，下面有短柔毛，脉上被伸展长柔毛。花序生于新枝中部和下部，通常 3~4 个，为紧缩不开展圆锥花序；花被片白色。果椭圆形或长圆形，成熟时为蓝黑色，有宿存花被片。花期 4 月，果期 10~11 月。

　　产江西、福建、浙江、广东、广西、湖南、湖北、贵州。

　　木材纹理直，结构细密，芳香，不易变形及虫蛀，也不易开裂，为建筑、高级家具等良好木材。

　　云勇分布：场部后山。

红毛山楠

Phoebe hungmoensis S. K. Lee

樟科 楠属

　　乔木。小枝、嫩叶、叶柄及芽均被红褐色或锈色长柔毛。叶片倒披针形、倒卵状披针形或椭圆状倒披针形，革质，背面密被或疏生短柔毛。圆锥花序生于当年生枝中、下部，花被片长圆形或椭圆状卵形，披浓密黄灰色短柔毛。果椭圆形，花被裂片厚革质，紧扣果的基部。花期4月，果期8~9月。

　　分布于海南、广西。越南也有分布。

　　木材纹理通直，结构细致，质轻，干后不易开裂，可作家具、船板等用材。

　　云勇分布：桃花谷。

桢楠（楠木）

Phoebe zhennan S. K. Lee et F. N. Wei

樟科 楠属

　　大乔木。芽鳞被灰黄色贴伏长毛。小枝通常较细，有棱或近于圆柱形，被灰黄色或灰褐色长柔毛或短柔毛。叶椭圆形。聚伞状圆锥花序，每伞形花序有花3~6朵，花梗与花等长；花被片近等大。果椭圆形，宿存花被片卵形。花期4~5月，果期9~10月。

　　产湖北、贵州及四川。

　　良好的绿化树种。木材有香气，纹理直而结构细密，不易变形和开裂，为建筑、高级家具等优良木材。

　　云勇分布：塘际村扩面租地内。

红花青藤

Illigera rhodantha Hance

莲叶桐科 青藤属

藤本。茎具沟棱，幼枝被金黄褐色茸毛，指状复叶互生，有小叶3；叶柄密被金黄褐色茸毛。小叶纸质，全缘，上面中脉被短柔毛，下面中脉稍被毛或无毛，侧脉两面显著。聚伞花序组成的圆锥花序腋生，密被金黄褐色茸毛，萼片紫红色；花瓣与萼片同形，玫瑰红色；雄蕊5被毛；子房被黄色茸毛，柱头波状扩大成鸡冠状。果具4翅。花期9~11月，果期12月至次年4~5月。

产广东、广西、云南。

云勇分布：一工区 – 羊棚。

柱果铁线莲

Clematis uncinata Champ. et Benth.

毛茛科 铁线莲属

藤本。一至二回羽状复叶，有5~15小叶，基部二对常为2~3小叶，茎基部为单叶或三出叶；小叶片纸质或薄革质，宽卵形至卵状披针形，全缘。圆锥状聚伞花序腋生或顶生，萼片4，开展，白色，线状披针形。瘦果圆柱状钻形，干后变黑，有宿存花柱。花期6~7月，果期7~9月。

分布于云南、贵州、四川、甘肃、陕西、广西、广东、湖南、福建、台湾、江西、安徽、浙江、江苏。越南也有分布。

根入药，能祛风除湿、舒筋活络、镇痛，治风湿性关节痛、牙痛、骨鲠喉；叶外用治外伤出血。

云勇分布：一工区。

还亮草

Delphinium anthriscifolium Hance

毛茛科 翠雀属

多年生草本植物。茎无毛或上部疏被反曲的短柔毛。叶为二至三回近羽状复叶对生,羽片 2~4 对,小叶菱状卵形或三角状卵形。总状花序有(1)2~15 花;花瓣紫色;退化雄蕊与萼片同色。蓇葖果;种子扁球形,上部有螺旋状生长的横膜翅,下部约有 5 条同心的横膜翅。

分布于广东、广西、贵州、湖南、江西、福建、浙江、江苏、安徽、河南、山西南部。

全草供药用,治风湿骨痛,外用治痈疮癣癫。

云勇分布:一工区。

莲

Nelumbo nucifera Gaertn.

莲科 莲属

多年生水生草本。根状茎横生,肥厚,节间膨大,内有多数纵行通气孔道。叶圆形,盾状,具白粉。花芳香;花瓣红色、粉红色或白色。坚果椭圆形或卵形,果皮革质,坚硬,熟时黑褐色;种子(莲子)卵形或椭圆形,种皮红色或白色。花期 6~8 月,果期 8~10 月。

产于我国南北各地。俄罗斯、朝鲜、日本、印度、越南及亚洲南部和大洋洲均有分布。

根状茎(藕)作蔬菜或提制淀粉(藕粉);种子供食用;叶、叶柄、花托、花、雄蕊、果实、种子及根状茎均作药用;藕及莲子为营养品;叶及叶柄煎水喝可清暑热;藕节、荷叶、荷梗、莲房、雄蕊及莲子都富有鞣质,作收敛止血药;叶为茶的代用品,又作包装材料。

云勇分布:一工区。

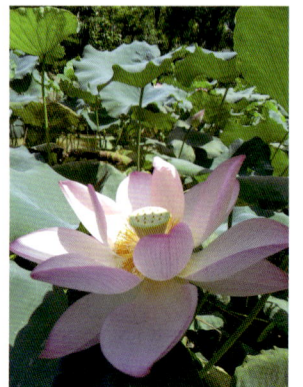

毛叶轮环藤

Cyclea barbata Miers.

防己科 轮环藤属

草质藤本。叶纸质或近膜质，三角状卵形，两面被伸展长毛，上面较稀疏，缘毛甚密，长而伸展，掌状脉，盾状着生。花序腋生或生于老茎上；雄花序为圆锥花序式，花密集成头状，雄花有明显的梗，花冠合瓣，杯状，顶部近截平；雌花总状圆锥花序下垂，无花梗，花瓣2，与萼片对生。核果斜倒卵圆形，红色。花期秋季，果期冬季。

产于海南和广东的雷州半岛。也分布于印度东北部、中南半岛至印度尼西亚。

根入药，味苦性寒，有解毒、止痛、散瘀之功效。据记载，在印度尼西亚爪哇，叶可制成果酱，食之健胃。

云勇分布：场部后山。

苍白秤钩风

Diploclisia glaucescens (Blume) Diels.

防己科 秤钩风属

木质大藤本。叶柄自基生至明显盾状着生，通常比叶片长很多，叶片厚革质，下面常有白霜。圆锥花序狭而长，常几个至多个簇生于老茎和老枝上；花淡黄色，微香。核果黄红色，长圆状狭倒卵圆形。花期4月，果期8月。

产于云南、广西、广东、海南。广布于亚洲各热带地区，南至伊里安岛。

根药用，可治毒蛇咬伤。

云勇分布：六工区。

夜花藤

Hypserpa nitida Miers.

防己科 夜花藤属

木质藤本。嫩枝上的毛为褐黄色，老枝近无毛，有条纹。叶片纸质至革质，卵形、卵状椭圆形至长椭圆形，较少椭圆形，掌状脉 3 条。雄花序通常仅有花数朵，雄花：萼片 7~11，自外至内渐大，最外面的小苞片状，最里面的 4~5 片阔倒卵形至卵状近圆形，花瓣 4~5，近倒卵形；雌花序与雄花序相似，雌花：萼片和花瓣与雄花的相似。核果成熟时黄色或橙红色，近球形，稍扁。

产于云南南部、广西和广东中部以南、海南以及福建南部。斯里兰卡、中南半岛、马来半岛、印度尼西亚和菲律宾均有分布。

根含多种生物碱，民间入药，有凉血、止痛、消炎、利尿等功效。

云勇分布：四工区。

粪箕笃

Stephania longa Lour.

防己科 千金藤属

草质藤本。叶纸质，三角状卵形，掌状脉。复伞形聚伞花序腋生；雄花萼片 8，偶有 6，排成 2 轮，花瓣 4 或有时 3，绿黄色；雌花萼片和花瓣均 4 片，很少 3 片。核果红色。花期春末夏初，果期秋季。

产于云南、广西、广东、海南、福建和台湾。

云勇分布：场部后山。

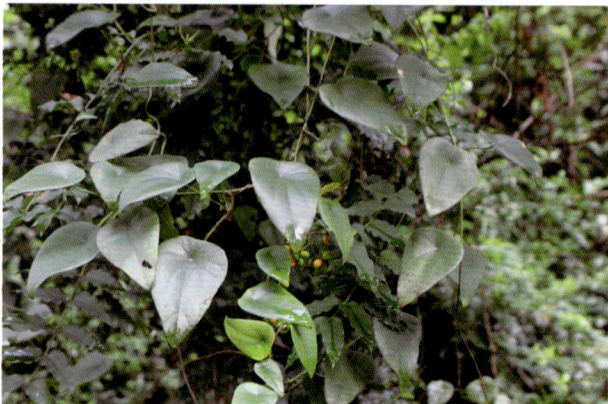

中华青牛胆

Tinospora sinensis (Lour.) Merr.

防己科 青牛胆属

藤本。嫩枝绿色有条纹，被柔毛；老枝肥壮，皮孔凸起，常4裂。叶阔卵状近圆形。总状花序，雄花：萼片6，排成2轮；花瓣6；雌花：萼片和花瓣与雄花相似；心皮3。核果红色，近球形，果核半卵球形，背面有棱脊和许多小疣状凸起。花期4月，果期5~6月。

产于广东、广西和云南。也分布于斯里兰卡、印度和中南半岛北部。

茎藤为常用中草药，有舒筋活络的功效，通称宽筋藤。

云勇分布：六工区。

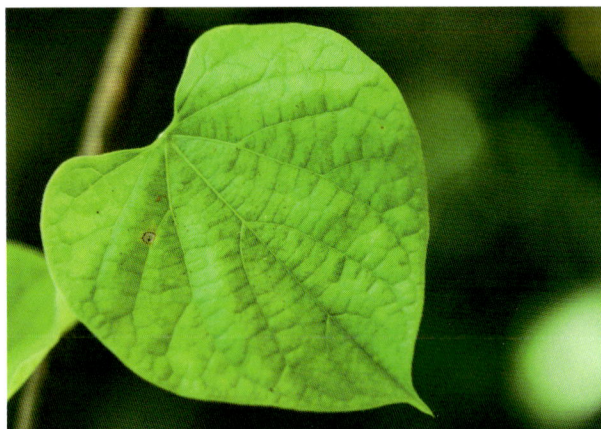

耳叶马兜铃

Aristolochia tagala Champ.

马兜铃科 马兜铃属

草质藤本。根圆柱形，其间有时具缢纹，粉质。叶纸质，卵状心形，基出脉。总状花序，腋生，花被基部与子房连接处具关节，其上膨大呈球形，向上急遽收狭成一长管，管口扩大呈漏斗状，一侧极短，另一侧延伸成舌片；舌片初绿色，后暗紫色，具纵脉纹。蒴果倒卵状球形，具平行纵棱成熟时褐色，由基部向上6瓣开裂。花期5~8月，果期10~12月。

产于台湾、广东、广西、云南。印度、越南、马来西亚、印度尼西亚、菲律宾和日本亦产。

根和种子药用；根味微苦、辛，性凉，有清热解毒之功效；种子治喉炎。

云勇分布：一工区－羊棚、十二沥。

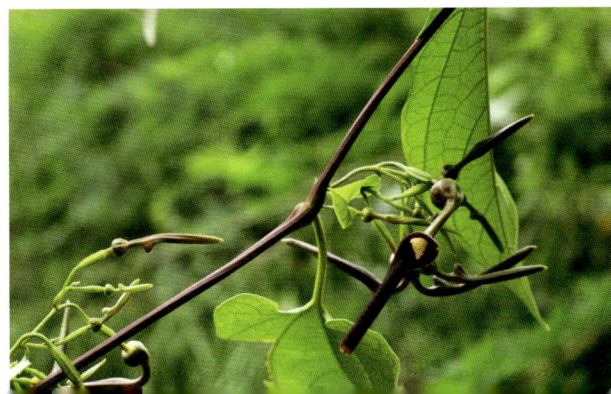

草胡椒

Peperomia pellucida (L.) Kunth.

胡椒科 草胡椒属

一年生肉质草本。茎直立或基部有时平卧，分枝，无毛，下部节上常生不定根。叶互生，阔卵形或卵状三角形。穗状花序顶生和与叶对生；花疏生；苞片近圆形；子房椭圆形，柱头顶生，被短柔毛。浆果球形，顶端尖。花期 4~7 月。

产于福建、广东、广西、云南。原产热带美洲，现广布于各热带地区。

全草药用，有散瘀止痛之功效，用于治烧、烫伤，跌打损伤。

云勇分布：一工区。

华南胡椒

Piper austrosinense Y.C.Tseng

胡椒科 胡椒属

木质攀缘藤本。叶厚纸质，卵形，基部心形，基出脉。花单性，雌雄异株，聚集成与叶对生的穗状花序；雄花序圆柱形，白色，雄蕊 2 枚，花丝与花药近等长；雌花序白色，柱头 3~4，被茸毛。浆果球形，未熟时绿色，成熟时红色，基部嵌生于花序轴中。花期 4~6 月。

产于广西、广东。

可通经络、祛风湿。

云勇分布：十二沥。

山蒟

Piper hancei Maxim.

胡椒科 胡椒属

攀缘藤本。叶纸质或近革质,卵状披针形,叶脉5~7条,最上一对互生,离基1~3 cm从中脉发出。花单性,雌雄异株,聚集成与叶对生的穗状花序。雄花有雄蕊2枚,花丝短。雌花序于果期会延长。浆果球形,黄色。花期3~8月。

产于浙江、福建、江西、湖南、广东、广西、贵州及云南。

茎、叶药用,治风湿、咳嗽、感冒等。

云勇分布:十二沥。

蕺菜(鱼腥草)

Houttuynia cordata Thunb.

三白草科 蕺菜属

腥臭草本。茎下部伏地,节上轮生小根,上部直立。叶薄纸质,有腺点,背面尤甚,卵形或阔卵形,两面有时除叶脉被毛外余均无毛,背面常呈紫红色;叶脉5~7条,全部基出或最内1对离基约5mm从中脉发出,如为7脉时,则最外1对很纤细或不明显。花总苞片长圆形或倒卵形,白色。花期4~7月。

产于我国中部、东南至西南部各地,亚洲东部和东南部广布。

全株入药,有清热、解毒、利水之功效,治肠炎、痢疾、肾炎水肿及乳腺炎、中耳炎等。嫩根茎可食。

云勇分布:一工区。

草珊瑚

Sarcandra glabra (Thunb.) Nakai

金粟兰科 草珊瑚属

常绿半灌木。茎与枝均有膨大的节。叶革质，椭圆形、卵形至卵状披针形，顶端渐尖，基部尖或楔形，边缘具粗锐锯齿，齿尖有一腺体，两面均无毛。穗状花序顶生；花黄绿色。核果球形，熟时亮红色。花期 6 月，果期 8~10 月。

产于安徽、浙江、江西、福建、台湾、广东、广西、湖南、四川、贵州和云南。东亚、东南亚也有分布。

全株供药用，能清热解毒、祛风活血、消肿止痛、抗菌消炎，近年来还用以治疗胰腺癌、胃癌、肝癌等恶性肿瘤，无副作用。

云勇分布：场部后山。

独行千里

Capparis acutifolia Sweet

白花菜科 山柑属

攀缘灌木。幼枝初被黄色微柔毛，后渐脱落。叶革质或纸质，披针形或长卵状披针形，侧脉 7~10 对；托叶 2，刺状，或无托叶刺。花 2~4 朵排列成一短纵列，腋上生，稀单花腋生；萼片无毛或初被柔毛；花瓣白色；雄蕊 20~30；雌蕊柄无毛；子房卵球形或长卵球形，侧膜胎座 2。果红色，椭球形或近球形，顶端常有短喙，果皮稍粗糙；种子 1 至数枚，黑褐色。花期 4~5 月，果期全年。

产江西、福建、台湾、湖南、广东等地。越南中部沿海也有分布。

根供药用，性味苦寒，有毒，有消炎解毒、镇痛、疗肺止咳之功效。江西民间以根入药治蛇伤。

云勇分布：一工区。

皱子鸟足菜（皱子白花菜）

Cleome rutidosperma DC.

白花菜科 鸟足菜属

一年生草本。茎直立、开展或平卧，茎、叶柄及叶背脉上疏被无腺疏长柔毛，有时近无毛。叶具 3 小叶。常 2~3 花连接着生成间断的花序；萼片 4，绿色；花瓣 4。果线柱形。种子近圆形，背部有 20~30 条横向脊状皱纹。花果期 6~9 月。

产云南、台湾，生于路旁草地、荒地、苗圃、农场，常为田间杂草。原产热带西非洲，自几内亚至刚果与安哥拉。

云勇分布：一工区。

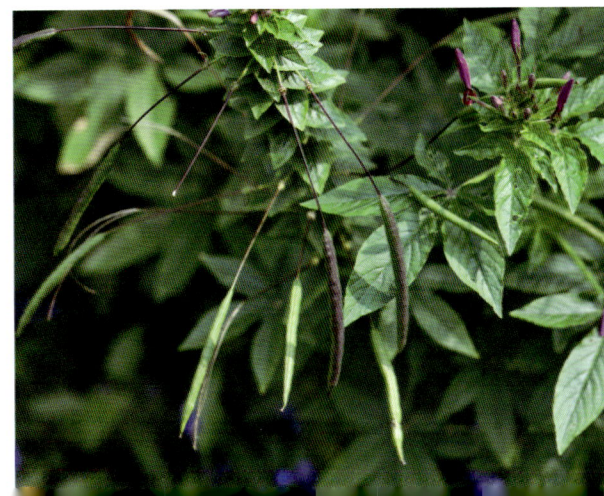

醉蝶花

Tarenaya hassleriana (Chodat) Iltis

白花菜科 醉蝶花属

一年生强壮草本。全株被黏质腺毛，有特殊臭味，有托叶刺。叶为具 5~7 小叶的掌状复叶，小叶草质，椭圆状披针形或倒披针形，中央小叶盛大，最外侧的最小。总状花序密被黏质腺，花瓣粉红色，少见白色，在芽中时覆瓦状排列，具爪，瓣片倒卵伏匙形。果圆柱形，表面近平坦或微呈念珠状，有细而密且不甚清晰的脉纹。花期初夏，果期夏末秋初。

我国各大城市常见栽培。原产热带美洲。

现在全球热带至温带栽培以供观赏，也是一种优良的蜜源植物。

云勇分布：一工区。

荠菜（荠）
Capsella bursa-pastoris (L.) Medi.
十字花科 荠属

　　一年生或二年生草本。茎直立，单一或从下部分枝。基生叶丛生呈莲座状，茎生叶窄披针形或披针形。总状花序顶生及腋生；花瓣白色，卵形。短角果倒三角形或倒心状三角形；种子2行，浅褐色。花果期4~6月。

　　分布几乎遍及全国。全世界温带地区广布。

　　全草入药，有利尿、止血、清热、明目、消积之功效；茎叶作蔬菜食用；种子含油20%~30%，属干性油，供制油漆及肥皂用。

　　云勇分布：一工区。

碎米荠
Cardamine occuta Horn.
十字花科 碎米荠属

　　一年生小草本。茎直立或斜升。基生叶具叶柄，有小叶2~5对，顶生小叶肾形或肾圆形。茎生叶具短柄，有小叶3~6对，生于茎下部的与基生叶相似，生于茎上部的顶生小叶菱状长卵形。总状花序生于枝顶，花小；萼片绿色或淡紫色；花瓣白色。长角果线形；果梗纤细，直立开展；种子椭圆形，顶端有的具明显的翅。花期2~4月，果期4~6月。

　　分布几乎遍及全国。亦广布于全球温带地区。

　　全草可作野菜食用；也供药用，能清热去湿。

　　云勇分布：一工区。

戟叶堇菜

Viola betonicifolia Sm.

董菜科 堇菜属

多年生草本，无地上茎。叶基生，莲座状，叶窄披针形、长三角状戟形或三角状卵形，基部垂片开展并具牙齿，疏生波状齿，两面无毛或近无毛；叶柄上半部有窄翅，托叶褐色，约 3/4 与叶柄合生。花白色或淡紫色，有深色条纹；花梗基部附属物较短；上方花瓣倒卵形，侧瓣长圆状倒卵形，内面基部具毛，下瓣常稍短，距管状；柱头两侧及后方略增厚成窄缘，前方具短喙，喙端具柱头孔。蒴果椭圆形或长圆形。花果期 4~9 月。

产我国中部、东南至西南部各地。喜马拉雅地区及印度、斯里兰卡、澳大利亚、印度尼西亚、日本也有分布。

全草供药用，能清热解毒、消肿散瘀；外敷可治节疮痈肿。

云勇分布：六工区。

七星莲

Viola diffusa Ging.

董菜科 堇菜属

一年生草本。基生叶多数，丛生叶呈莲座状，或于匍匐枝上互生，匍匐枝先端具莲座状叶丛；叶片卵形，边缘具钝齿及缘毛，叶柄具明显的翅，通常有毛。花淡紫色或浅黄色，生于基生叶或匍匐枝叶丛的叶腋间；侧方花瓣 4，下方花瓣 1，连距，较其他花瓣显著短；距极短。蒴果长圆形，顶端常具宿存的花柱。花期 3~5 月，果期 5~8 月。

产浙江、台湾、四川、云南、西藏。印度、尼泊尔、菲律宾、马来西亚、日本也有分布。

全草入药，能清热解毒；外用可消肿、排脓。

云勇分布：十二沥。

长萼堇菜（犁头草）

Viola inconspicua Blume

董菜科 堇菜属

多年生草本。根状茎较粗壮，节密生，通常被残留的褐色托叶所包被。叶均基生，呈莲座状；叶片三角形，两侧垂片发达，通常平展，稍下延于叶柄成狭翅，边缘具圆锯齿，上面密生乳头状小白点，但在较老的叶上则变成暗绿色。花淡紫色，有暗色条纹，花瓣5，侧方花瓣里面基部有须毛，下方花瓣连距，距管状。蒴果长圆形；种子卵球形，深绿色。花果期3~11月。

产陕西、甘肃、江苏、安徽、浙江、江西、福建、台湾、湖北、湖南、广东、海南、广西、四川、贵州、云南。缅甸、菲律宾、马来西亚也有分布。

全草入药，能清热解毒。

云勇分布：一工区。

紫花地丁

Viola philippica Cav.

董菜科 堇菜属

多年生草本。根状茎短，垂直，淡褐色，节密生。叶多数，基生，莲座状。花中等大，紫堇色或淡紫色，稀呈白色，喉部色较淡并带有紫色条纹。蒴果长圆形；种子卵球形，淡黄色。花果期4月中下旬至9月。

产我国南北各地。朝鲜、日本、俄罗斯也有分布。

全草供药用，能清热解毒、凉血消肿；嫩叶可作野菜；可作早春观赏花卉。

云勇分布：一工区。

小花远志

Polygala telephioides Willd.

远志科 远志属

一年生草本。茎多分枝，铺散，密被卷曲短柔毛。叶互生，厚纸质，倒卵形、长圆形或椭圆状长圆形，全缘，叶柄极短。总状花序腋生或腋外生，花少，但密集；花瓣3，白色或紫色，侧瓣三角状菱形，边缘皱波状，基部与龙骨瓣合生，龙骨瓣盔状，较侧瓣长，顶端背部具2束多分枝的鸡冠状附属物。蒴果近圆形；种子2粒，长圆形，黑色，密被白色短柔毛；种阜白色，3裂。花果期7~10月。

产江苏、安徽、浙江、江西、台湾、广东、海南、广西和云南等地，也分布于东南亚地区。

本种全草药用，有散瘀止血、化痰止咳、解毒消肿之功效。

云勇分布：一工区。

齿果草

Salomonia cantoniensis Lour.

远志科 齿果草属

一年生直立草木。根芳香。茎多分枝，具狭翅。单叶互生，叶片膜质，卵状心形，基出3脉。穗状花序顶生，花瓣3，淡红色，龙骨瓣舟状，无鸡冠状附属物。蒴果肾形，两侧具2列三角状尖齿。种子2粒，卵形，亮黑色。花期7~8月，果期8~10月。

产华东、华中、华南和西南地区。也分布于印度、缅甸、泰国、越南、菲律宾至澳大利亚。

本种全草入药。有解毒消炎、散瘀镇痛之功效。

云勇分布：一工区。

棒叶落地生根

Kalanchoe delagoensis Eckl. et Zeyh.

景天科 伽蓝菜属

肉质草本，全株光滑。茎单生，直立，圆柱状。三叶轮生、近对生或互生，无柄，近圆柱形，有红褐色斑点，末端有 2-9 个小齿，齿上有珠芽。花序顶生，小花红色或橙色。花期初夏。

我国华南地区常见栽培和归化。原产马达加斯加。

观赏植物。

云勇分布：场部。

马齿苋

Portulaca oleracea L.

马齿苋科 马齿苋属

一年生草本，全株无毛。茎平卧或斜倚，伏地铺散。叶互生，有时近对生，叶片扁平肥厚，倒卵形，似马齿状。花常 3~5 朵簇生枝端；花瓣 5，稀 4，黄色。蒴果卵球形；种子偏斜球形，黑褐色，有光泽，具小疣状凸起。

我国南北各地均产。广布全世界温带和热带地区。

全草供药用，有清热利湿、解毒消肿、消炎、止渴、利尿之功效；种子明目；还可作兽药和农药；嫩茎叶可作蔬菜，味酸，也是很好的饲料。

云勇分布：六工区。

火炭母

Persicaria chinense (L.) H. Gross

蓼科 蓼属

多年生草本。根状茎粗壮。叶卵形，边缘全缘，两面无毛，叶柄通常基部具叶耳，上部叶近无柄或抱茎。花序头状，通常数个排成圆锥状，顶生或腋生；花被5深裂，白色或淡红色，果时增大，呈肉质，蓝黑色。瘦果宽卵形，具3棱，黑色，包于宿存的花被。花期7~9月，果期8~10月。

产我国华东、华中、华南和西南地区。日本、菲律宾、马来西亚、印度、喜马拉雅山也有分布。

根状茎供药用，清热解毒、散瘀消肿。

云勇分布：白石岗、飞马山。

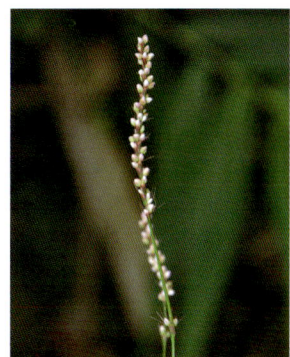

水蓼

Persicaria hydropiper (L.) Spach

蓼科 蓼属

一年生草本。茎节部膨大。叶披针形，边缘全缘，具缘毛，叶有辛辣味。叶腋具闭花受精花；托叶鞘内藏有花簇；总状花序呈穗状，顶生或腋生，通常下垂；花被5深裂，稀4裂，绿色，上部白色或淡红色，被黄褐色透明腺点。瘦果卵形，双凸镜状或具3棱，密被黑褐色小点，包于宿存花被内。花期5~9月，果期6~10月。

分布于我国南北各地。朝鲜、日本、印度尼西亚、印度及欧洲、北美也有分布。

全草入药，消肿解毒、利尿、止痢；古代作调味剂。

云勇分布：白石岗、飞马山。

酸模叶蓼

Persicaria lapathifolia (L.) Dela.

蓼科 蓼属

一年生草本。茎直立，具分枝，节部膨大。单叶互生，叶披针形，上面绿色，常有一个大的黑褐色新月形斑点，两面沿中脉被短硬伏毛，全缘，边缘具粗缘毛；叶柄短，具短硬伏毛；托叶鞘筒状。总状花序呈穗状，顶生或腋生，花紧密；花被淡红色或白色。瘦果宽卵形，双凹，黑褐色。花期6~8月，果期7~9月。

广布于我国南北各地。朝鲜、日本、蒙古国、菲律宾，南亚及欧洲也有分布。

云勇分布：一工区。

杠板归

Persicaria perfoliata (L.) H. Gross

蓼科 蓼属

一年生草本。茎攀缘，多分枝，具纵棱，沿棱具稀疏的倒生皮刺。叶三角形，薄纸质，叶脉、叶柄具皮刺。总状花序呈短穗状，不分枝顶生或腋生，每苞片内具花2~4朵；花被5深裂，白色或淡红色，果时增大，呈肉质，深蓝色；雄蕊8，略短于花被；花柱3，中上部合生。瘦果球形，黑色，包于宿存花被内。花期6~8月，果期7~10月。

产中国大部湿润半湿润区。朝鲜、日本、印度尼西亚、菲律宾、印度及俄罗斯也有分布。

茎叶可入药，清热解毒，利水消肿，止咳。主治咽喉肿痛、肺热咳嗽、水肿尿少、湿热泻痢、湿疹、疖肿、蛇虫咬伤等。

云勇分布：十二沥。

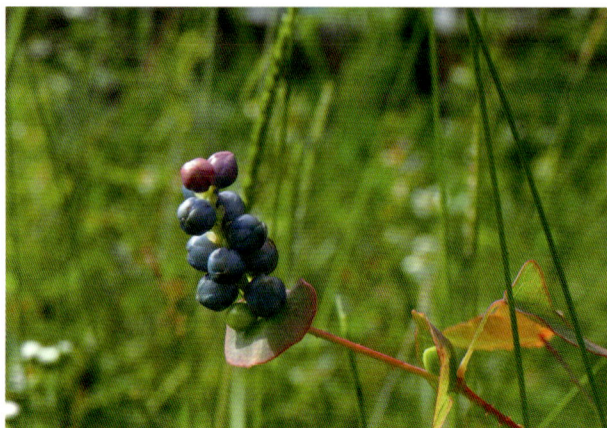

糙毛蓼

Persicaria strigosa (R. Br.) Nakai

蓼科 蓼属

多年生草本。茎分枝，具纵棱，沿棱具倒生皮刺。叶长椭圆形或披针形，边缘具短缘毛，上面无毛或疏被短糙伏毛，下面沿中脉具倒生皮刺。总状花序呈穗状，花序梗分枝，密被短柔毛及稀疏的腺毛，每苞片内具 2~3 花，花被 5 深裂，白色或淡红色，花被片椭圆形。瘦果近圆形，具 3 棱或双凸，深褐色，无光泽，包于宿存花被内。花期 8~9 月，果期 9~10 月。

产福建、广东、广西、贵州及云南。印度、尼泊尔、中南半岛、菲律宾、印度尼西亚及澳大利亚也有分布。

云勇分布：四工区。

何首乌

Pleuropterus multiflorus (Thunb.) Nakai

蓼科 何首乌属

多年生草本。块根肥厚，长椭圆形，黑褐色。叶卵形或长卵形，两面粗糙，边缘全缘。花序圆锥状，顶生或腋生，分枝具细纵棱，沿棱密被小突起；花被 5 深裂，白色或淡绿色，花被片椭圆形，大小不相等，外面 3 片较大背部具翅，果时增大。瘦果卵形，具 3 棱，黑褐色，包于宿存花被内。花期 8~9 月，果期 9~10 月。

产我国华东、华中、华南地区。日本也有分布。

块根入药，补益精血、乌须发、强筋骨、补肝肾。

云勇分布：一工区。

土牛膝

Achyranthes aspera L.

苋科 牛膝属

多年生草本。茎节部稍膨大。叶片纸质、宽卵状倒卵形、全缘或波状缘。穗状花序顶生、花期后反折；花疏生、苞片披针形、小苞片刺状、坚硬、常带紫色、基部两侧各有 1 个薄膜质翅；花被片披针形、长渐尖、花后变硬且锐尖、具 1 脉。胞果卵形；种子卵形、不扁压、棕色。花期 6~8 月、果期 10 月。

产湖南、江西、福建、台湾、广东、广西、四川、云南、贵州。印度、越南、菲律宾、马来西亚等地有分布。

根药用、有清热解毒、利尿之功效、主治感冒发热、扁桃体炎、白喉、流行性腮腺炎、泌尿系结石、肾炎水肿等症。

云勇分布：十二沥。

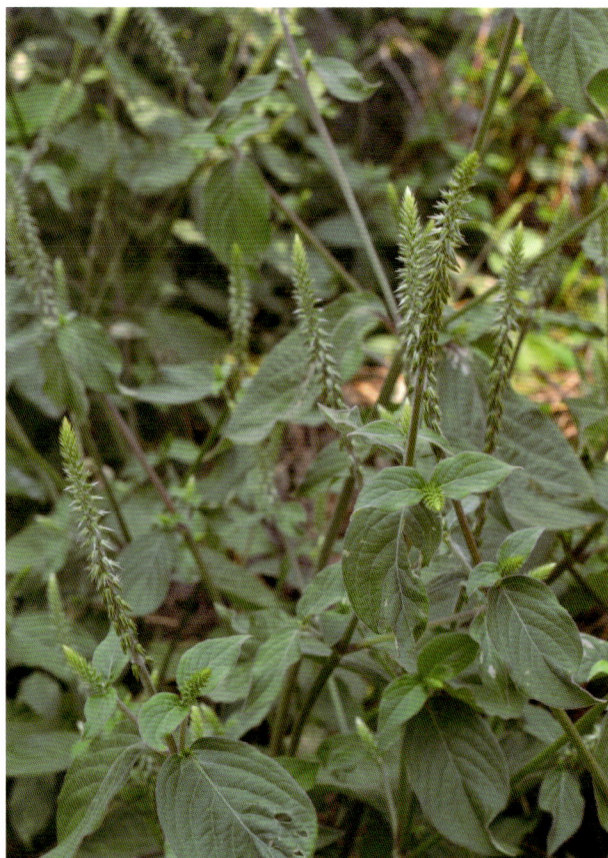

喜旱莲子草

Alternanthera philoxeroides (Mart.) Griseb.

苋科 莲子草属

多年生草本。茎匍匐、上部上升、长达 1.2 m、具分枝、幼茎及叶腋被白色或锈色柔毛、老时无毛。叶长圆形、长圆状倒卵形或倒卵状披针形、先端尖或圆钝、具短尖、基部渐窄、全缘、两面无毛或上面被平伏毛、下面具粒粒状突起；叶柄长 0.3~1 cm。头状花序具花序梗、单生叶腋、白色花被片长圆形、花丝基部连成杯状、子房倒卵形、具短柄。花期 5 月 ~10 月。

原产巴西。我国引种、后逸为野生。

全草入药、有清热利水、凉血解毒之功效；可作饲料。

云勇分布：一工区。

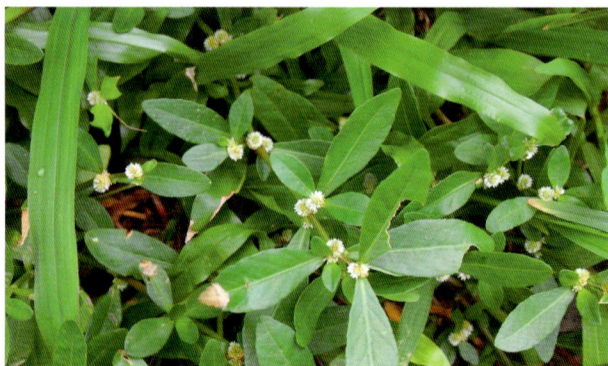

莲子草（虾钳菜）

Alternanthera sessilis (L.) DC.

苋科 莲子草属

　　多年生草本。茎上升或匍匐，绿色或稍带紫色，有条纹及纵沟。叶片形状及大小有变化，条状披针形、矩圆形、倒卵形、卵状矩圆形。头状花序，花被片卵形，白色，花轴密生白色柔毛。胞果倒心形，侧扁，翅状，深棕色；种子卵球形。花期5~7月，果期7~9月。

　　产安徽、江苏、浙江、江西、湖南、湖北、四川、云南、贵州、福建、台湾、广东、广西。印度、缅甸、越南、马来西亚、菲律宾等地也有分布。

　　全植物入药，有散瘀消毒、清火退热之功效，治牙痛、痢疾，疗肠风、下血；嫩叶作为野菜食用，又可作饲料。

　　云勇分布：一工区。

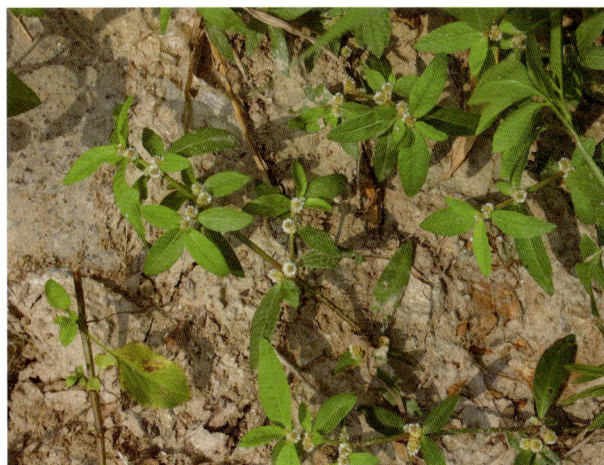

青葙

Celosia argentea L.

苋科 青葙属

　　一年生草本。茎直立，有分枝，绿色或红色，具明显条纹。叶片矩圆披针形，绿色常带红色。花多数，密生，在茎端或枝端成无分枝的塔状或圆柱状穗状花序，苞片及小苞片白色，顶端渐尖，延长成细芒，具1中脉；花被片初为白色顶端带红色，或全部粉红色。胞果卵形，包裹在宿存花被片内；种子凸透镜状肾形。花期5~8月，果期6~10月。

　　分布几乎遍及全国。朝鲜、日本、俄罗斯、印度、越南、缅甸、泰国、菲律宾、马来西亚及非洲热带均有分布。

　　种子供药用，有清热明目之功效；花序宿存经久不凋，可供观赏；种子炒熟后，可加工各种糖食；嫩茎叶浸去苦味后，可作野菜食用；全植物可作饲料。

　　云勇分布：场部后山。

凤尾鸡冠

Celosia cristata 'Plumosa'

苋科 青葙属

一年生草本。叶片卵形、卵状披针形或披针形。花多数，极密生，为穗状花序，圆锥状矩圆形，花穗丰满，形似火炬，表面羽毛状；花被片红色、紫色、黄色、橙色或红色黄色相间。

我国南北各地均有栽培。广布于温暖地区。

园林观赏。

云勇分布：一工区、六工区。

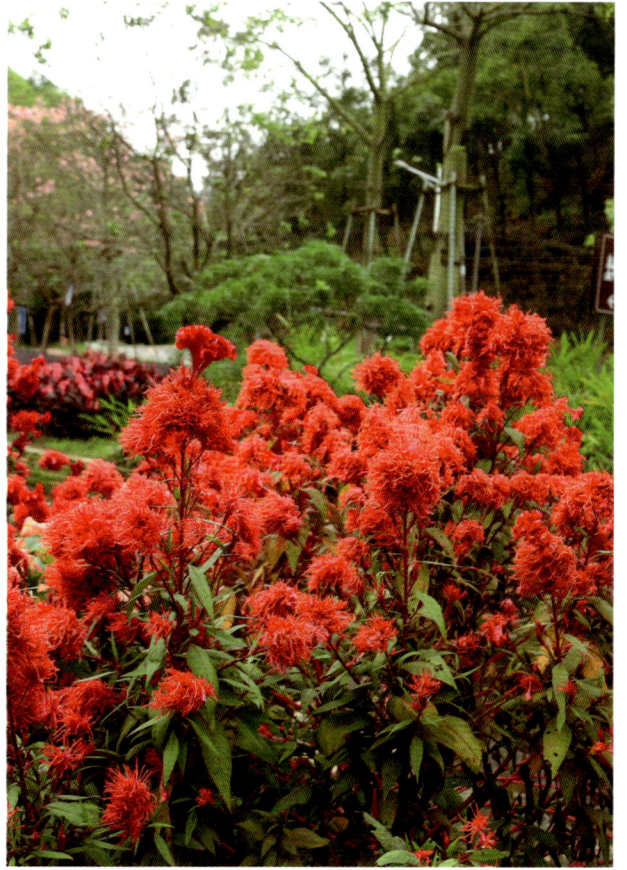

阳桃

Averrhoa carambola L.

酢浆草科 阳桃属

乔木。树皮暗灰色。奇数羽状复叶，互生，小叶 5~13，全缘，卵形或椭圆形，先端渐尖，基部圆，一侧歪斜，下面疏被柔毛或无毛。聚伞或圆锥花序；萼片 5，覆瓦状排列，基部合成环状；花瓣稍背卷，背面淡紫红色，有时粉红或白色；雄蕊 5~10；子房 5 室，每室多数胚珠，花柱 5。浆果肉质，下垂，常有 5 棱，横切面呈星芒状，淡绿色或蜡黄色，有时带暗红色；种子黑褐色。花期 4~12 月，果期 7~12 月。

原产马来西亚、印度尼西亚。现广植于热带各地。

果生津止渴，亦入药；根、皮、叶止痛止血。

云勇分布：场部。

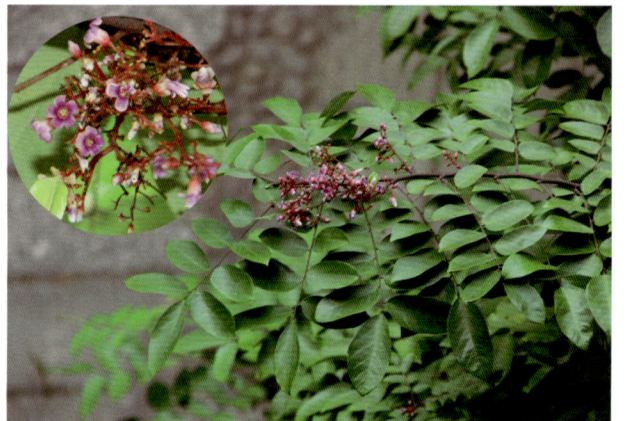

酢浆草

Oxalis corniculata L.

酢浆草科 酢浆草属

草本。根茎稍肥厚。茎直立或匍匐，匍匐茎节上生根。叶基生或茎上互生；小叶3，无柄，倒心形。花单生或数朵集为伞形花序状，腋生，花瓣5，黄色。蒴果长圆柱形，5棱；种子长卵形，褐色，具横向肋状网纹。花果期2~9月。

全国广布。亚洲温带和亚热带、欧洲、地中海和北美洲均有分布。

全草入药，能解热利尿、消肿散淤。牛羊食其过多可中毒致死。

云勇分布：一工区。

红花酢浆草

Oxalis corymbosa DC.

酢浆草科 酢浆草属

多年生直立草本。具球状鳞茎。叶基生，小叶3，倒心形，先端凹缺，两侧角圆，基部宽楔形，上面被毛或近无毛；下面疏被毛；托叶长圆形，与叶柄基部合生。花序梗长被毛；花梗具披针形干膜质苞片2枚；萼片5，披针形，顶端具暗红色小腺体2枚；花瓣5，倒心形，长1.5~2 cm，淡紫或紫红色；雄蕊10，5枚超出花柱，另5枚达子房中部，花丝被柔毛；子房5室，花柱5，被锈色长柔毛。花果期3~12月。

中国长江以北各地作为观赏植物引入，南方各地已逸为野生。原产南美热带地区。

全草入药，治跌打损伤、赤白痢，止血。

云勇分布：场部。

管茎凤仙花

Impatiens tubulosa Hemsl.

凤仙花科 凤仙花属

一年生草本。茎较粗壮，肉质，下部节膨大。叶互生，叶片披针形或长圆状披针形。总状花序；花黄色，唇瓣囊状；旗瓣倒卵状椭圆形，背面中肋具绿色狭龙骨状突起。蒴果棒状，具喙尖；种子长圆球形，淡褐色，光滑。

产浙江、江西、福建、广东。

可用作园林观赏。

云勇分布：一工区。

香膏萼距花

Cuphea carthagenensis (Jacq.) J. F. Macbr.

千屈菜科 萼距花属

一年生草本。小枝纤细，幼枝被短硬毛。叶对生，卵状披针形或披针状长圆形。花细小，单生枝顶或分枝叶腋，成带叶的总状花序；花瓣6，等大，蓝紫色或紫色；子房长圆形，花柱无毛，不突出，胚珠4~8。

广东有栽培或野化。原产巴西、墨西哥等地。

香膏萼距花既能美化环境，又是优良的蜜源植物。

云勇分布：一工区。

细叶萼距花

Cuphea hyssopifolia Kunth.

千屈菜科 萼矩花属

　　常绿矮灌木。多分枝，高 20~50 cm。叶小，对生或近对生，纸质，狭长圆形至披针形，顶端稍钝或略尖，基部钝，稍不等侧，全缘。花单朵，腋外生，紫色或紫红色，花瓣6片。蒴果近长圆形，较少结果。

　　原产墨西哥，现热带地区广为种植。

　　园林观赏、盆栽。

　　云勇分布：场部。

紫薇

Lagerstroemia indica L.

千屈菜科 紫薇属

　　落叶灌木或小乔木。树皮平滑；小枝具4棱。叶互生或有时对生，纸质，椭圆形、宽长圆形或倒卵形，先端短尖或钝，有时微凹，基部宽楔形或近圆，无毛或下面沿中脉有微柔毛，侧脉3~7对。花淡红色、紫色或白色，常组成顶生圆锥花序；花瓣6，皱缩，具长爪，雄蕊多枚，6枚着生于花萼上，其余着生于萼筒基部。蒴果椭圆状球形或宽椭圆形。花期6~9月。

　　原产亚洲，现广植于热带地区。

　　作庭园观赏树、盆景。

　　云勇分布：场部。

大花紫薇

Lagerstroemia speciosa (L.) Pers.

千屈菜科 紫薇属

大乔木。树皮灰色，平滑。叶革质，矩圆状椭圆形或卵状椭圆形，稀披针形，甚大，两面均无毛，侧脉9~17对，在叶缘弯拱连接。花淡红色或紫色，顶生圆锥花序，花轴、花梗及花萼外面均被黄褐色糠秕状的密毡毛；花瓣6，近圆形至矩圆状倒卵形，有短爪。蒴果球形至倒卵状矩圆形，褐灰色，6裂。花期5~7月，果期10~11月。

广东、广西及福建有栽培。分布于斯里兰卡、印度、马来西亚、越南及菲律宾。

常栽培庭园供观赏；木材坚硬，耐腐力强，色红而亮，常用于家具及建筑等；树皮及叶可作泻药；种子具有麻醉性；根含单宁，可作收敛剂。

云勇分布：一工区。

南紫薇

Lagerstroemia subcostata Koeh.

千屈菜科 紫薇属

落叶乔木或灌木。叶膜质，矩圆形。花小，白色或玫瑰色，组成顶生圆锥花序，具灰褐色微柔毛，花密生，花瓣6，皱缩，有爪；雄蕊15~30，约5~6枚较长，12~14条较短，着生于萼片或花瓣上，花丝细长；子房无毛，5~6室。蒴果椭圆形，3~6瓣裂；种子有翅。花期6~8月，果期7~10月。

产台湾、广东、广西、湖南、湖北、江西、福建、浙江、江苏、安徽、四川及青海等地。日本也有分布。

木材坚硬，可作家具、细工及建筑用；花供药用，有去毒消瘀之功效。

云勇分布：白石岗、飞马山。

千屈菜

Lythrum salicaria L.

千屈菜科 千屈菜属

多年生草本。根茎横卧于地下，粗壮，茎直立。叶对生或三叶轮生，披针形或阔披针形，有时略抱茎，全缘，无柄。花组成小聚伞花序，簇生，因花梗及总梗极短，因此花枝全形似一大型穗状花序，花瓣6，红紫色或淡紫色，倒披针状长椭圆形，着生于萼筒上部，有短爪，稍皱缩。蒴果扁圆形。

产全国各地。亦分布于亚洲、欧洲、非洲、北美和澳大利亚。

本种为花卉植物，华北、华东地区亦常栽培于水边或作盆栽，供观赏。全草入药，治肠炎、痢疾、便血；外用于外伤出血。

云勇分布：一工区。

八宝树

Duabanga grandiflora (Roxb. ex DC.) Walp.

海桑科 八宝树属

乔木。枝下垂，螺旋状或轮生于树干上，幼时具4棱。叶阔椭圆形、矩圆形或卵状矩圆形，裂片圆形，中脉在上面下陷，在下面凸起，侧脉20~24对，粗壮，明显；叶柄粗厚，带红色。花5~6基数，萼筒阔杯形，花瓣近卵形。蒴果成熟时从顶端向下开裂成6~9枚果爿。花期春季。

产云南。亦分布于印度、缅甸、泰国、老挝、柬埔寨、越南、马来西亚、印度尼西亚。

枝条平展下垂，为庭园绿化的优美树种。

云勇分布：一工区。

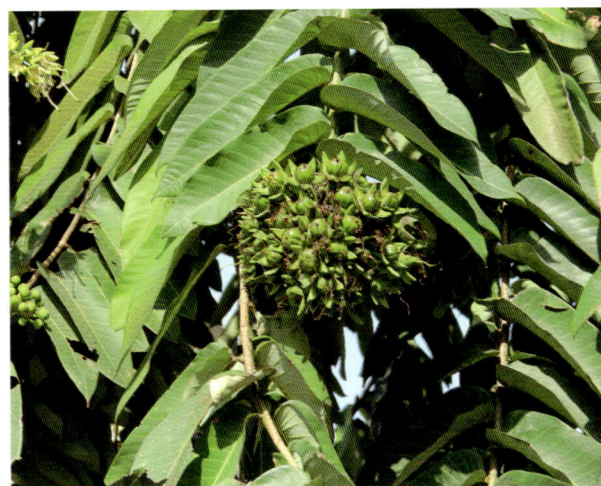

水龙

Ludwigia adscendens (L.) H. Hara.

柳叶菜科 丁香蓼属

多年生浮水或上升草本。叶倒卵形、椭圆形或倒卵状披针形，侧脉6~12。花单生于上部叶腋，花瓣乳白色，基部淡黄色，倒卵形。蒴果淡褐色，圆柱状，具10条纵棱，果皮薄，不规则开裂；种子在每室单列纵向排列，淡褐色，牢固地嵌入木质硬内果皮内，椭圆状。花期5~8月。

产福建、江西、湖南、广东、香港、海南、广西和云南。也分布于印度、斯里兰卡、孟加拉国、巴基斯坦、中南半岛、马来半岛、印度尼西亚和澳大利亚。

全草入药，清热解毒、利尿消肿，也可治蛇咬伤；也可作猪饲料。

云勇分布：白鹤守滩。

草龙

Ludwigia hyssopifolia (G. Don) Exell.

柳叶菜科 丁香蓼属

一年生直立草本。叶披针形至线形，侧脉每侧9~16，在近边缘不明显环结，下面脉上疏被短毛。花腋生，花瓣4，黄色，倒卵形或近椭圆形。蒴果近无梗，幼时近四棱形，熟时近圆柱状，被微柔毛，果皮薄；种子在蒴果上部每室排成多列，游离生，在下部排成1列，近椭圆状。花果期几乎全年。

产台湾、广东、香港、海南、广西、云南。也分布于印度、斯里兰卡、缅甸、中南半岛、马来半岛、澳大利亚及非洲热带地区。

全草入药，有清热解毒、去腐生肌之功效，可治感冒、咽喉肿痛、疮疖等。

云勇分布：乌坑。

毛草龙

Ludwigia octovalvis (Jacq.) Rav.

柳叶菜科 丁香蓼属

　　多年生粗壮直立草本。多分枝，常被伸展的黄褐色粗毛。单叶互生，叶披针形，两面被黄褐色粗毛。花单生枝顶或叶腋，萼片4，卵形，基出3脉，两面被粗毛；花瓣黄色，倒卵状，先端钝圆形；花盘隆起，基部围以白毛。蒴果圆柱状，具8条棱，绿色至紫红色，熟时迅速并不规则地室背开裂。花期6~8月，果期8~11月。

　　产江西、浙江、福建、台湾、广东、香港、海南、广西和云南。遍布亚洲、非洲、大洋洲、南美洲及太平洋岛屿热带与亚热带地区。

　　云勇分布：一工区。

土沉香

Aquilaria sinensis (Lour.) Spreng.

瑞香科 沉香属

　　乔木。叶革质，圆形、椭圆形至长圆形，有时近倒卵形，两面均无毛，侧脉每边15~20，在下面更明显。花芳香，黄绿色，多朵，组成伞形花序，花瓣10，鳞片状，着生于花萼筒喉部，密被毛。蒴果果梗短，卵球形，幼时绿色，密被黄色短柔毛，2瓣裂，2室，每室具有1种子；种子褐色，卵球形，疏被柔毛，基部具有附属体。

　　产广东、海南、广西、福建。

　　老茎受伤后所积得的树脂，俗称沉香，可作香料原料，并为治胃病特效药；树皮可做高级纸原料及人造棉；木质部可提取芳香油，花可制浸膏。

　　云勇分布：三工区。

了哥王

Wikstroemia indica (L.) C. A. Mey.

瑞香科 荛花属

　　灌木。小枝红褐色，无毛。叶对生，纸质至近革质，倒卵形。花黄绿色，数朵组成顶生头状总状花序，花萼长 7~12mm，近无毛，裂片 4，雄蕊 8，二列，着生于花萼管中部以上，子房倒卵形，花柱极短或近于无，柱头头状，花盘鳞片通常 2 或 4 枚。果椭圆形，成熟时红色至暗紫色。花果期夏秋间。
　　产广东、海南、广西、福建、台湾、湖南、四川、贵州、云南及浙江等地。越南、印度、菲律宾也有分布。
　　全株有毒，可药用；茎皮纤维可作造纸原料。
　　云勇分布：十二沥。

北江荛花

Wikstroemia monnula Hance

瑞香科 荛花属

　　落叶灌木。幼枝被灰色柔毛；老枝紫红色，无毛。叶常对生，上面绿色无毛，下面暗绿色，有时呈紫红色，疏生灰色细柔毛，侧脉 4~5 对，成弧形开展。花 3~8(~12) 朵组成顶生总状或伞形花序；花序梗被灰色柔毛；萼筒白色，顶端淡紫色，外面被绢状柔毛，裂片 4，卵形；雄蕊 8，2 轮，上轮 4 枚生于萼筒喉部，下轮 4 枚生于萼筒中部。核果卵圆形，白色，基部为宿存花萼所包。花期 4~8 月，随即结果。
　　产广东、广西、贵州、湖南、浙江。
　　韧皮纤维可作人造棉及高级纸的原料。
　　云勇分布：场部。

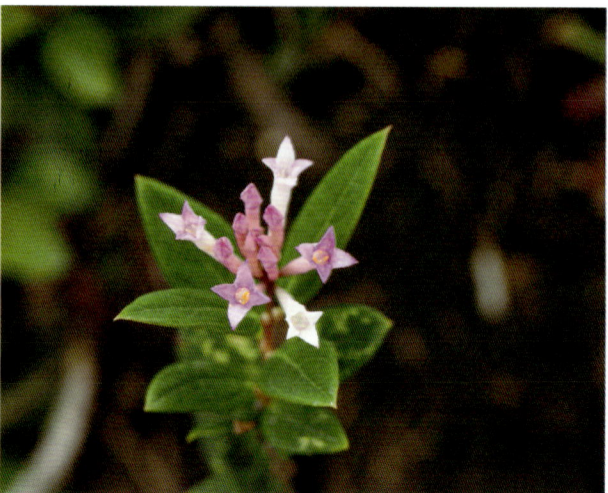

细轴荛花

Wikstroemia nutans Champ. ex Benth.

瑞香科 荛花属

灌木。树皮暗褐色。小枝圆柱形，红褐色，无毛。叶对生，卵形、卵状椭圆形至卵状披针形。花黄绿色，4~8朵组成顶生近头状的总状花序。果椭圆形，成熟时深红色。花期春季至初夏，果期夏秋间。

产广东、海南、广西、湖南、福建、台湾。越南也有分布。

药用祛风、散血、止痛；纤维可制高级纸及人造棉。

云勇分布：四工区。

叶子花

Bougainvillea spectabilis Willd.

紫茉莉科 叶子花属

藤状灌木。枝、叶密生柔毛；刺腋生、下弯。叶片椭圆形或卵形。花序腋生或顶生；苞片椭圆状卵形，暗红色或淡紫红色；花被管狭筒形，绿色，密被柔毛，顶端5~6裂，裂片开展，黄色。果实密生毛。花期冬春间。

我国南方栽培供观赏。原产热带美洲。

叶子花是一种很好的环保绿化植物。花可入药，具有解毒清热、调和气血之功效。

云勇分布：一工区。

紫茉莉

Mirabilis jalapa L.

紫茉莉科 紫茉莉属

　　一年生草本。叶片卵形或卵状三角形，全缘，两面均无毛，脉隆起。花常数朵簇生枝端；总苞钟形，5裂，裂片三角状卵形，果时宿存；花被紫红色、黄色、白色或杂色，高脚碟状，5浅裂。瘦果球形，革质，黑色，表面具皱纹；种子胚乳白粉质。花期6~10月，果期8~11月。

　　我国南北各地常栽培，为观赏花卉，有时逸为野生。原产热带美洲。

　　根、叶可供药用，有清热解毒、活血调经和滋补之功效；种子白粉可去面部癍痣粉刺。

　　云勇分布：一工区。

红花银桦

Grevillea banksii R. Br.

山龙眼科 银桦属

　　常绿灌木或小乔木。小枝及花序被锈色茸毛。叶互生，1回羽状深裂，裂片3~13枚，广披针形或线形，上面平滑或有毛，背面密生丝状绢毛，边缘略反卷。总状花序，顶生，花色橙红至鲜红色。蓇葖果歪卵形，扁平，熟果呈褐色。盛花期春、夏，果期秋季。

　　我国华南地区近年来常见栽培。原产澳大利亚的昆士兰。

　　园林观赏。

　　云勇分布：缤纷林海。

银桦

Grevillea robusta A. Cunn. ex R. Br.

山龙眼科 银桦属

乔木。树皮暗灰色或暗褐色，具浅皱纵裂。叶二次羽状深裂，裂片 7~15 对，上面无毛或具稀疏丝状绢毛，下面被褐色茸毛和银灰色绢状毛，边缘背卷。总状花序，腋生，或排成少分枝的顶生圆锥花序，花橙色或黄褐色。果卵状椭圆形，稍偏斜，果皮革质，黑色，宿存花柱弯；种子长盘状，边缘具窄薄翅。

原产于澳大利亚东部，全世界热带、亚热带地区有栽种。

本种的木材呈淡红色或深红色，具光泽，富弹性，适于做家具用。

云勇分布：一工区。

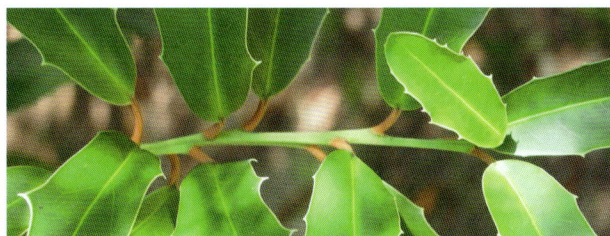

澳洲坚果

Macadamia integrifolia Maid. et Betch.

山龙眼科 澳洲坚果属

乔木。叶革质，通常 3 枚轮生或近对生，长圆形至倒披针形，边缘具疏生牙齿约 10 个，成龄树的叶近全缘。总状花序，腋生或近顶生，花淡黄色或白色。果球形，顶端具短尖，果皮开裂；种子通常球形，种皮骨质，光滑。花期 4~5 月，果期 7~8 月。

云南、广东、台湾有栽培。原产于澳大利亚的东南部热带雨林中。

果为著名干果，种子供食用；木材红色，适宜作细木工或家具等之用。

云勇分布：一工区。

大花五桠果

Dillenia turbinata Finet et Gagn.

五桠果科 五桠果属

常绿乔木。叶革质，倒卵形或长倒卵形，幼嫩时上下两面有柔毛，老叶上面变秃净，下面被褐色柔毛，边缘有锯齿。总状花序生枝顶，有花3~5朵；萼片厚肉质，干后厚革质，卵形，大小不相等，外侧的最大，被褐毛；花瓣薄，黄色，有时黄白色或浅红色，倒卵形。果实近于圆球形，不开裂，暗红色，每个成熟心皮有种子1至多个。花期4~5月。

分布于广东、海南、广西及云南。也见于越南。

木材可供一般建筑、农具、家具等用；树皮、叶均含单宁，可提制栲胶；果熟时酸甜可食；树姿优美，嫩叶红艳，是春夏观花观果的常绿树种。

云勇分布：三工区 – 贼佬坑。

锡叶藤

Tetracera sarmentosa (L.)Vahl.

五桠果科 锡叶藤属

常绿木质藤本。叶革质，极粗糙，矩圆形，存留的刚毛基部矽化小突起。圆锥花序顶生或生于侧枝顶，花序轴常为"之"字形屈曲；萼片5个，离生，宿存；花瓣通常3个，白色。果实成熟时黄红色，干后果皮薄革质，有残存花柱；种子1个，黑色，基部有黄色流苏状的假种皮。花期4~5月。

分布于广东及广西。也见于中南半岛、泰国、印度、斯里兰卡、马来西亚及印度尼西亚等地。

根茎叶可入药，具有收涩固脱、消肿止痛之功效。

云勇分布：场部后山。

海桐

Pittosporum tobira (Thunb.) W.T. Aiton

海桐科 海桐属

常绿灌木或小乔木。幼枝被柔毛。叶聚生枝顶，革质先端圆或钝，凹入或微心形，全缘；叶柄长达2 cm。伞形或伞房花序顶生，密被褐色柔毛；花白色，有香气，后黄色；花瓣倒披针形，离生；雄蕊2型。蒴果球形，有棱或三角状，3瓣裂；种子多数，红色。

分布于长江以南滨海各地，内地多为栽培供观赏。亦见于日本及朝鲜。

园林观赏。

云勇分布：场部。

爪哇脚骨脆

Casearia velutina Blume

大风子科 脚骨脆属

灌木。小枝棕黄色，密生短柔毛，有棱脊，性脆。叶纸质，卵状长圆形，边缘有锐齿。花小，两性，淡紫色，数朵簇生于叶腋；无总梗，基部有鳞片状苞片；花瓣缺；雄蕊5~6枚，花丝较长，退化雄蕊5~6枚，扁平。蒴果宽椭圆形；种子棕黄色，有流苏状假种皮。花期12月，果期翌年春季。

产云南。印度尼西亚等地也有分布。

云勇分布：十二沥。

斯里兰卡天料木（红花天料木）

Homalium ceylanicum (Gardn.) Benth.

大风子科 天料木属

乔木。小枝密具白色突起的椭圆形皮孔，无毛。叶薄革质至厚纸质，椭圆形至长圆形，边缘全缘或具极疏钝齿，两面无毛，主脉在上面凹下，在下面凸起，侧脉7~8对，在下面凸起。花多数，4~6朵簇生而排成总状，总状花序腋生，花瓣5~6，线状长圆形，外面疏被短柔毛，边缘密被短睫毛。花期4~6月。

产海南、云南、西藏。斯里兰卡、印度、老挝、泰国、越南也有分布。

木材坚韧、纹理细密，可供建筑、家具等用。

云勇分布：四工区。

绞股蓝

Gynostemma pentaphyllum (Thunb.) Makino

葫芦科 绞股蓝属

草质攀缘植物。卷须纤细，二歧，稀单一。叶膜质或纸质，鸟足状，通常5~7小叶，小叶片卵状长圆形，边缘具波状齿。花雌雄异株，圆锥花序，雌花花序远较雄花短小，雄花和雌花花冠相似，淡绿色或白色，5深裂。果实肉质，球形，成熟后黑色，内含倒垂种子2粒；种子卵状心形，压扁，两面具乳突状凸起。花期3~11月，果期4~12月。

产陕西和长江以南各地。也分布于东南亚、尼泊尔、印度、孟加拉国、斯里兰卡、巴布亚新几内亚、朝鲜和日本等国。

全草入药，有健胃消食、止咳化痰、消炎解毒之功效。

云勇分布：十二沥。

凹萼木鳖

Momordica subangulata Blume

葫芦科 苦瓜属

　　攀缘草本。卷须丝状，不分歧。叶片膜质，卵状心形，边缘有小齿或有角，掌状脉。雌雄异株。雄花和雌花皆单生于叶腋，花冠黄色，里面有疣状突起。果实卵球形，外面密被柔软的长刺，未熟前绿色，成熟后变橙色；种子灰色，卵圆形，两面稍有刻纹。花期 6~8 月，果期 8~10 月。

　　产云南、贵州、广东、广西。缅甸、老挝、越南、马来西亚和印度尼西亚也有分布。

　　成熟种子可入药，具有消肿散结、祛毒等功效。

　　云勇分布：十二沥。

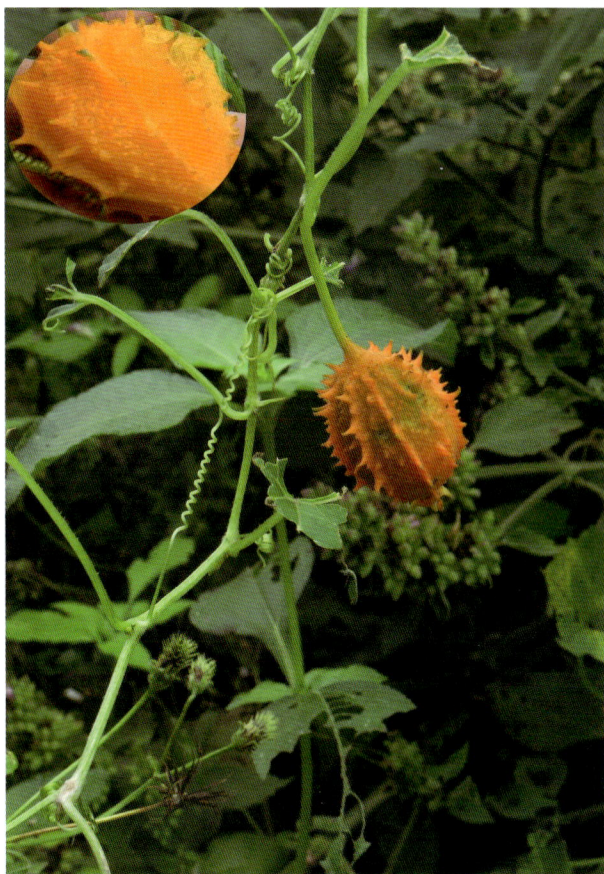

栝楼

Trichosanthes kirilowii Maxim.

葫芦科 栝楼属

　　攀缘藤本。块根圆柱状，粗大肥厚，富含淀粉，淡黄褐色。卷须 3~7 歧。叶片纸质，常 3~5 浅裂至中裂，裂片菱状倒卵形，基出掌状脉 5 条。花雌雄异株，花冠白色，两侧具丝状流苏，被柔毛。果实椭圆形，成熟时黄褐色；种子卵状椭圆形，压扁，淡黄褐色，近边缘处具棱线。花期 5~8 月，果期 8~10 月。

　　产辽宁、华北、华东、中南、陕西、甘肃、四川、贵州和云南。也分布于朝鲜、日本、越南和老挝。

　　根有清热生津、解毒消肿之功效；其根中蛋白称天花粉蛋白，有引产作用，是良好的避孕药；果实、种子和果皮有清热化痰、润肺止咳、滑肠之功效。

　　云勇分布：一工区。

马胶儿（老鼠拉冬瓜）

Zehneria japonica (Thunb.) H. Y. Liu

葫芦科 马胶儿属

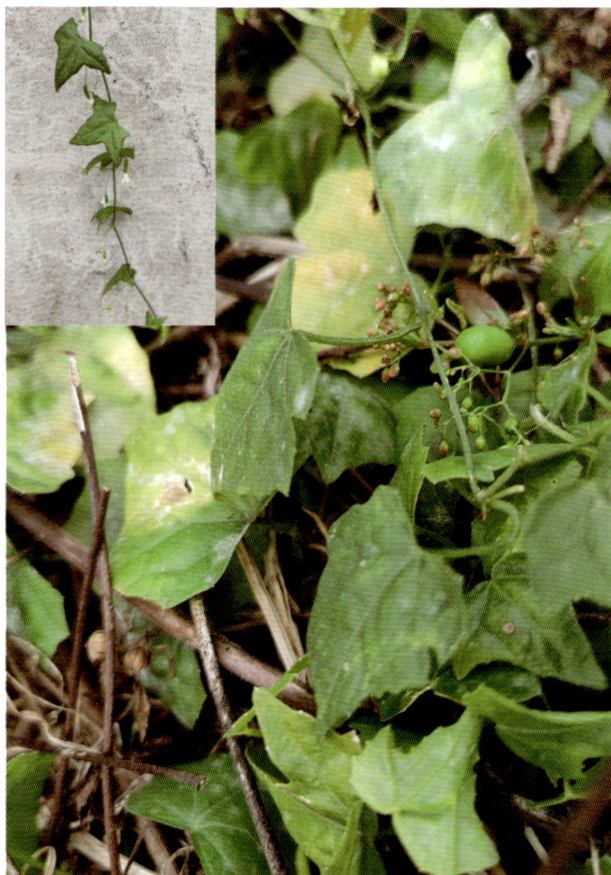

攀缘或平卧草本。叶片膜质，多型，三角状卵形或戟形，不分裂或 3~5 浅裂，上面深绿色，粗糙，脉上有极短的柔毛，背面淡绿色，无毛；边缘微波状或有疏齿，脉掌状。雌雄同株。花冠淡黄色，有极短的柔毛；雄花单生，雌花在与雄花同一叶腋内单生。果实长圆形，成熟后橘红色；种子灰白色，卵形。花期 4~7 月，果期 7~10 月。

分布于四川、湖北、安徽、江苏、浙江、福建、江西、湖南、广东、广西、贵州和云南。日本、朝鲜、越南、印度半岛、印度尼西亚、菲律宾等也有分布。

全草药用，有清热、利尿、消肿之功效。

云勇分布：十二沥。

虎克四季秋海棠

Begonia cucullata var. *hookeri* (Sweet) L.B. Sm. et B.G.Schub.

秋海棠科 秋海棠属

多年生常绿草本。茎直立，稍肉质。单叶互生，卵圆至广卵圆形，先端急尖或钝，基部稍心形而斜生，边缘有小齿和缘毛，绿色。聚伞花序腋生，花红色、淡红色或白色。蒴果具翅。常年开花。

我国各地栽培。原产巴西。

是园林绿化中花坛、吊盆、栽植槽和室内布置的理想材料，深受园林绿化工作者及普通民众的喜爱。

云勇分布：一工区。

粗喙秋海棠

Begonia longifolia Blume

秋海棠科 秋海棠属

直立草本。茎粗壮。叶互生，无毛，斜长圆叶，基部心形，极偏斜。聚伞花序腋生；花白色。蒴果近球形，无翅，顶端宿存花柱呈喙状。花期4~5月，果期7月。

分布于中国华南、华东、西南。不丹、印度及东南亚也有分布。

可作观赏。

云勇分布：十二沥。

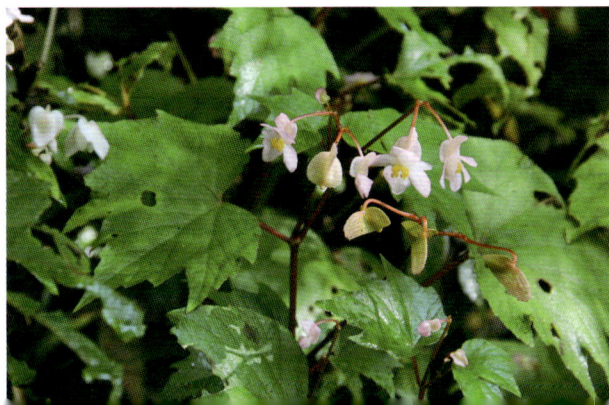

裂叶秋海棠

Begonia palmata D. Don

秋海棠科 秋海棠属

多年生草本。根状茎伸长，长圆柱状，匍匐，节膨大，节处有残存褐色的鳞片。叶互生，轮廓斜卵形，边缘有疏齿，齿尖常有短芒。花玫瑰色、白色至粉红色，4至数朵，呈2~3回二歧聚伞状花序，花被片4。蒴果下垂，具不等3翅；种子极多数，小，长圆形，淡褐色，光滑。花期6月开始，果期7月开始。

产西藏和云南。印度、孟加拉国、尼泊尔东部、不丹、缅甸、越南也有分布。

全草药用，有清热解毒、止痛之功效。

云勇分布：十二沥。

番木瓜

Carica papaya L.

番木瓜科 番木瓜属

常绿软木质小乔木。具乳汁，茎具螺旋状排列的托叶痕。单叶互生，叶大，聚生于茎顶端，常5~9深裂。花单性或两性，植株有雄株、雌株和两性株；雄花：排列成圆锥花序，下垂，花冠乳黄色；雌花：单生或排列成伞房花序，着生叶腋，乳黄色或黄白色。浆果肉质，长圆球形；种子多数，卵球形，成熟时黑色，外种皮肉质，内种皮木质，具皱纹。花果期全年。

福建、台湾、广东、广西、云南等地已广泛栽培。原产热带美洲，广植于世界热带和较温暖的亚热带地区。

果可食；种子可榨油；果和叶均可药用。

云勇分布：一工区。

胭脂掌（仙人掌）

Opuntia cochenillifera (L.) Mill.

仙人掌科 仙人掌属

肉质灌木或小乔木。老株具圆柱状主干，分枝椭圆形、长圆形，全缘，厚而平，无毛，暗绿色或淡蓝绿色。小窠散生，常无刺。花近圆柱状；花被片直立，红色，萼状花被片鳞片状，瓣状花被片卵形至倒卵形，长13~15 mm；花丝红色，直立并外伸。浆果椭圆状球形，红色，每侧有10~13个小而略突起的小窠，无刺。

我国东南部等地常见栽培，在广东、海南、广西归化。原产墨西哥，世界热带地区广泛栽培。

通常栽作围篱。

云勇分布：一工区。

越南抱茎茶

Camellia amplexicaulis Cohen-Stuart

山茶科 山茶属

常绿小乔木。高达 3 m。叶互生，狭长，浓绿色，长椭圆形，长达 20 cm，先端尖，叶脉显著，叶缘有锯齿，基部心形，叶柄很短，抱茎。花苞片紫红色，花蕾球形、红色；花钟状，下垂或侧斜展，花瓣 10~15 片，紫红色。蒴果。花期 10 月至翌年 4 月。

现我国南方多省有引种栽培。原产越南。

园林观赏树种。

云勇分布：缤纷林海。

杜鹃红山茶

Camellia azalea C. F. Wei

山茶科 山茶属

灌木。叶革质，倒卵状长圆形，上面干后深绿色，发亮，下面绿色，无毛；先端圆或钝，基部楔形，侧脉 6~8 对。花深红色，单生于枝顶叶腋；苞片与萼片倒卵圆形，花瓣 5~6 片，红色，长倒卵形，外侧 3 片较短。蒴果短纺锤形，有半宿存萼片，果片木质，3 片裂开，每室有种子 1~3 粒。

模式产自广东阳春，华南地区广泛栽培。

园林观赏。

云勇分布：缤纷林海。

长尾毛蕊茶
Camellia caudata Wall.

山茶科 山茶属

灌木至小乔木。嫩枝纤细，密被灰色柔毛。叶长圆形，披针形或椭圆形，边缘有细锯齿，叶柄有柔毛或茸毛。花腋生及顶生，花瓣5，外侧有灰色短柔毛；苞片及萼片，有毛，宿存。蒴果圆球形，果片薄，被毛。花期10月至翌年3月。

产广东、广西、海南、台湾及浙江。也分布于越南、缅甸、印度、不丹及尼泊尔。

云勇分布：六工区。

山茶
Camellia japonica L.

山茶科 山茶属

灌木或小乔木。叶革质，两面无毛，边缘有细锯齿。花红色，无柄；苞片及萼片约10片，组成杯状苞被，外面有绢毛；花瓣6~7片，雄蕊3轮，外轮花丝基部连生，内轮雄蕊离生，子房无毛。蒴果圆球形，2~3室，3片裂开。花期12月至翌年3月。

国内各地广泛栽培。

本种品种繁多，花大多数为红色或淡红色，亦有白色，多为重瓣。花有止血之功效；种子榨油，供工业用。

云勇分布：桃花谷、缤纷林海。

油茶

Camellia oleifera Abel

山茶科 山茶属

　　灌木或中乔木。叶革质，椭圆形，边缘有细锯齿，有时具钝齿。花顶生，苞片与萼片约 10 片，由外向内逐渐增大；花瓣白色，5~7 片；花药黄色。蒴果球形，3 室或 1 室，3 片或 2 片裂开，每室有种子 1 粒或 2 粒，果片木质，中轴粗厚；苞片及萼片脱落后留下的果柄有环状短节。花期冬春间。

　　从长江流域到华南各地广泛栽培。

　　是主要木本油料作物，油茶籽可榨油，可用于润发、调药、制成蜡烛和肥皂。

　　云勇分布：一工区。

金花茶

Camellia petelotii (Merr.) Seal.

山茶科 山茶属

　　常绿灌木，树皮黄褐色。叶先端钝尖，基部宽楔形，边缘具细锯齿，或近全缘。花单生于叶腋，黄色，花瓣 10~13 片，外轮近圆形。蒴果扁三角球形，3 片裂开，种子 6~8 粒。花期 12 月至翌年 3 月。

　　产广西。越南也有分布。

　　集药用、观赏、科研、经济价值于一身。

　　云勇分布：场部。

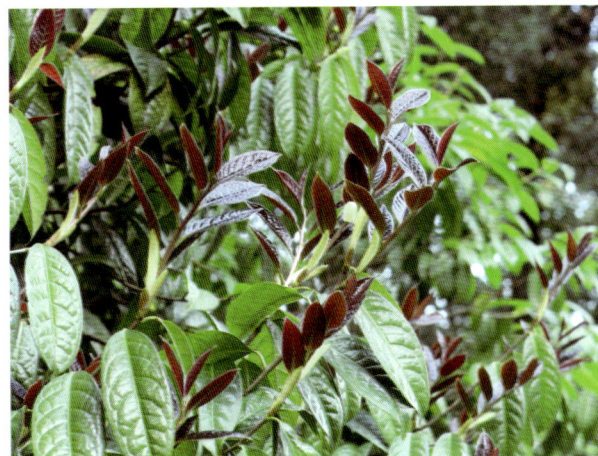

南山茶（广宁红花油茶）

Camellia semiserrata Chi

山茶科 山茶属

　　小乔木。嫩枝无毛。叶椭圆形或长圆形，边缘上半部或1/3有疏而锐利的锯齿，叶柄粗大，无毛。花顶生，花瓣6~7片，红色，外轮花丝下部2/3连生。蒴果卵球形，每室有种子1~3粒，果皮厚木质，红色。
　　产广东、广西。
　　供观赏用；也是重要木本油料。
　　云勇分布：一工区。

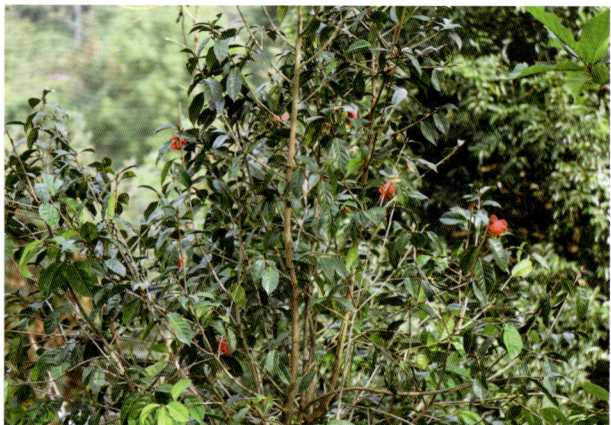

茶

Camellia sinensis （L.）O. Ktze.

山茶科 山茶属

　　灌木或小乔木。叶革质，长圆形，边缘有锯齿。花1~3朵腋生，白色；苞片2片，早落；萼片5片，宿存；花瓣5~6片，基部略连合。蒴果3球形或1~2球形，每球有种子1~2粒。花期10月至翌年2月。
　　野生种遍见于长江以南各地的山区。
　　叶子可制作茶饮品。
　　云勇分布：场部后山。

米碎花

Eurya chinensis R. Br.

山茶科 柃木属

灌木。多分枝，嫩枝有棱，有毛。叶革质，倒卵形，长 3~4.5cm，上面发亮，边缘有细齿。雄花 2~4 朵腋生；苞片细长，雌花 1~4 朵；子房无毛。果球形。花期 11~12 月，果期翌年 6~7 月。

广泛分布于江西、福建、台湾、湖南、广东、广西、海南等地。

云勇分布：白石岗、飞马山。

华南毛柃

Eurya ciliata Merr.

山茶科 柃木属

灌木或小乔木。叶坚纸质，披针形，边全缘，偶有细锯齿，干后稍反卷，上面亮绿色，有光泽，无毛，下面淡绿色，被贴伏柔毛。花 1~3 朵簇生于叶腋，雌雄异株；花瓣 5，白色。果实圆球形，萼及花柱均宿存；种子多数，圆肾形，褐色，有光泽，表面密被网纹。花期 10~11 月，果期翌年 4~5 月。

产海南、广东、广西、贵州、云南等地。

云勇分布：一工区。

二列叶柃

Eurya distichophylla Hemsl.

山茶科 柃木属

灌木或小乔木。叶纸质或薄革质，卵状披针形，两侧稍不等，边缘有细锯齿，上面绿色，稍有光泽，无毛，下面淡绿色，密生贴伏毛。花1~3朵簇生于叶腋，雌雄异株；花瓣5，白色，边缘稍带蓝色。果实圆球形或卵球形，被柔毛，成熟时紫黑色；种子多数，褐色，有光泽，表面具密网纹。花期10~12月，果期翌年6~7月。

产江西、福建、湖南、广东、广西以及贵州等地。越南北部也有分布。

云勇分布：一工区。

大头茶

Polyspora axillaris (Roxb. ex Ker Gawl.) Sweet

山茶科 大头茶属

乔木。嫩枝粗大，无毛。叶革质，倒披针形，无毛，先端圆或钝，基部狭而下延，全缘。花白色，苞片4~5，早落；萼片宿存；花瓣5。蒴果，5片裂开。花期10月至翌年1月。

产广东、海南、广西、台湾。

云勇分布：一工区。

大果核果茶

Pyrenaria spectabilis (Champ.) C. Y. Wu et S. X. Yang

山茶科 核果茶属

乔木。树皮平滑，褐色，嫩枝无毛。叶椭圆形，网脉明显，边缘有锯齿。花单生于枝顶叶腋，花瓣5，白色，花有灰黄色柔毛；萼片10，背面有灰黄色绢毛。蒴果近圆形，3~4 片裂开，有褐毛；种子每室 2~3 个。花期 8~9 月。

产湖南、福建、广东、广西。

优良的观赏树种、绿化树种。木材坚韧，纹理密致，材质重，切面光滑，是制作高级家具、雕刻、工艺制品的优质用材；种子含油，可作工业用油。

云勇分布：一工区。

木荷

Schima superba Gardn. et Champ.

山茶科 木荷属

大乔木。叶革质，椭圆形，边缘有钝齿。花生于枝顶叶腋，常多朵排成总状花序，白色；苞片2，贴近萼片，早落；萼片半圆形，外面无毛，内面有绢毛；最外 1 片花瓣呈风帽状，边缘多少有毛。蒴果 5 片裂开。花期 6~8 月。

产浙江、福建、台湾、江西、湖南、广东、海南、广西、贵州。

是荒山灌丛耐火的先锋树种；叶可入药，不可内服，外敷能解毒疗疮。

云勇分布：一工区。

西南木荷

Schima wallichii (DC.) Choisy

山茶科 木荷属

　　乔木。叶薄革质或纸质，椭圆形，上面干后暗绿色，不发亮，下面灰白色，有柔毛，全缘。花白色，花瓣5，外面一瓣兜形，数朵生于枝顶叶腋；苞片2片，位于萼片下，早落；萼片半圆形，背面有柔毛，内面有长绢毛；花瓣外面基部有毛。蒴果5片裂开，果柄有皮孔；种子扁平，肾脏形，周围有翅。

　　产云南、贵州西南部、广西西部。也分布于印度、尼泊尔、印度尼西亚及中南半岛等地。

　　叶鲜品捣敷，或研末调敷，可收敛止血、解毒消肿。

　　云勇分布：一工区。

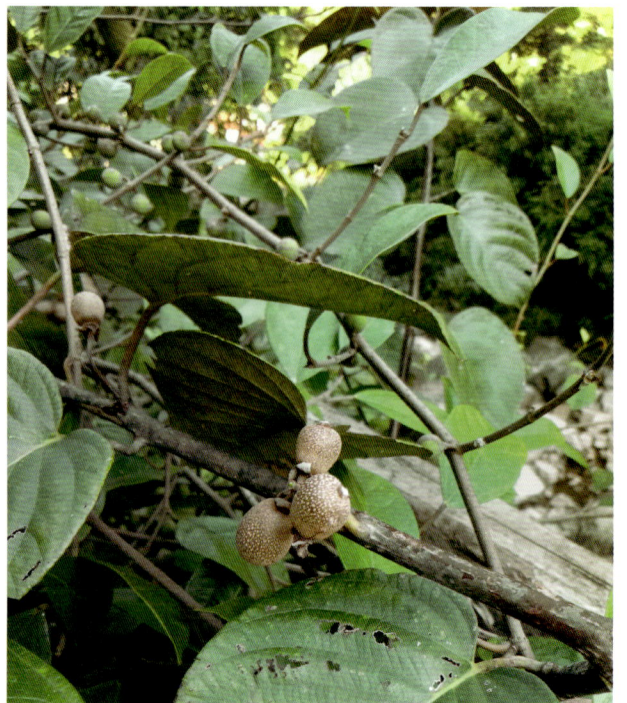

美丽猕猴桃

Actinidia melliana Hand.-Mazz.

猕猴桃科 猕猴桃属

　　中型半常绿藤本。当年枝和隔年枝都密被锈色长硬毛，皮孔都很显著。叶膜质至坚纸质，长方椭圆形、长方披针形或长方倒卵形，背面密被糙伏毛，背面粉绿色，边缘具硬尖小齿，上部（边缘）常向背面反卷。聚伞花序腋生，二回分歧，花可多达10朵，花白色，花瓣5片，倒卵形。果成熟时秃净，圆柱形，有显著的疣状斑点，宿存萼片反折。

　　主产广西和广东，南可到海南岛，北可到湖南、江西。

　　云勇分布：一工区。

水东哥

Saurauia tristyla DC.

猕猴桃科 水东哥属

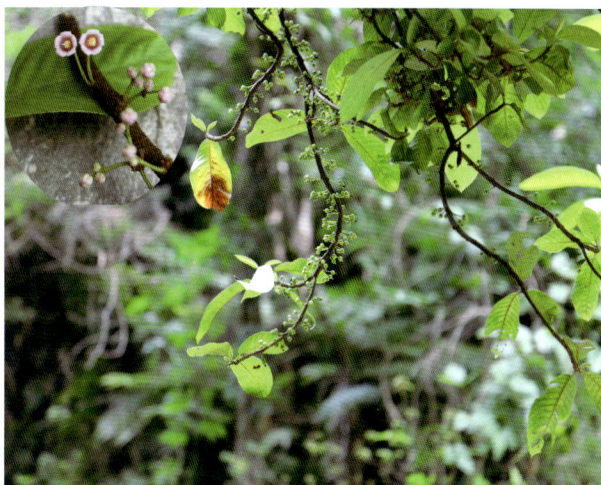

灌木或小乔木，小枝被爪甲状鳞片。单叶互生，叶缘具刺状锯齿，侧脉 8~20 对，两面中、侧脉具钻状刺毛或爪甲状鳞片。花序聚伞式，1~4 枚簇生于叶腋或老枝落叶叶腋，被毛和鳞片；花瓣 5，粉红色或白色，小，顶部反卷；雄蕊 25~34 枚。果球形，种子多数，细小。花期 3~12 月。

产广西、云南、贵州、广东。印度、马来西亚也有分布。

果味甜，可食。

云勇分布：一工区。

坡垒

Hopea hainanensis Merr. et Chun

龙脑香科 坡垒属

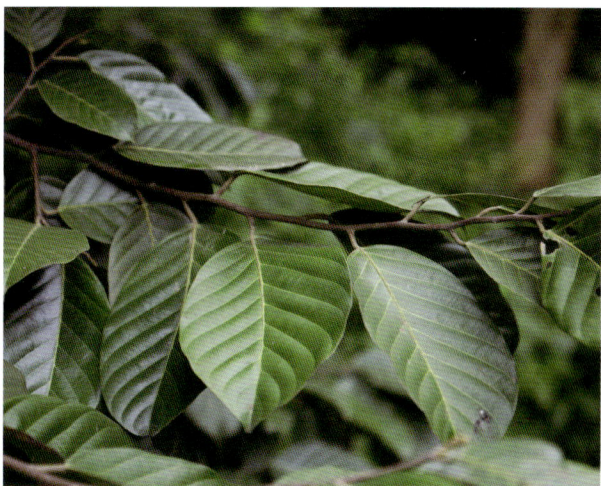

乔木。具白色芳香树脂。树皮灰白色或褐色，具白色皮孔。叶近革质，长圆形至长圆状卵形，侧脉 9~12 对，下面明显突起。圆锥花序腋生或顶生，密被短的星状毛或灰色茸毛，花瓣 5 枚，旋转排列，长圆形或长圆状椭圆形，先端具不规则的齿缺，基部略收缩偏斜。果实卵圆形，具尖头，被蜡质。

产海南。越南北部有分布。

坡垒为有名的高强度用材，经久耐用，最适宜做渔轮的外龙骨、内龙筋、轴套及尾轴筒、首尾柱；亦作码头桩材、桥梁和其他建筑等用材。

云勇分布：一工区。

青梅

Vatica mangachapoi Blanco

龙脑香科 青梅属

乔木。具白色芳香树脂。小枝被星状茸毛。叶革质、全缘，长圆形至长圆状披针形，叶柄密被灰黄色短茸毛。圆锥花序顶生或腋生，被银灰色的星状毛或鳞片状毛；花瓣6枚，白色，有时为淡黄色或淡红色，芳香，长圆形或线状匙形。果实球形。

产海南。越南、泰国、菲律宾、印度尼西亚等有分布。

木材心材比较大，耐腐、耐湿，用途近似坡垒，为优良的渔轮材之一；纺织方面可以做木梭；工业方面可以制尺、三脚架、枪托以及其他美术工艺品等。

云勇分布：场部后山。

美花红千层

Callistemon citrinus (Curtis) Skeels

桃金娘科 红千层属

丛生灌木。枝叶坚硬，单叶互生，叶长圆形，先端渐尖，全缘，有透明腺点，中脉明显，嫩叶粉红或红色。穗状花序生于枝顶，鲜红色，密集；花瓣5；雄蕊多数，红色，比花瓣长数倍。蒴果坛状，长挂枝上不易开裂。花期春季。

我国长江以南地区有栽培。原产澳大利亚。

适应性强，优良观花树种。

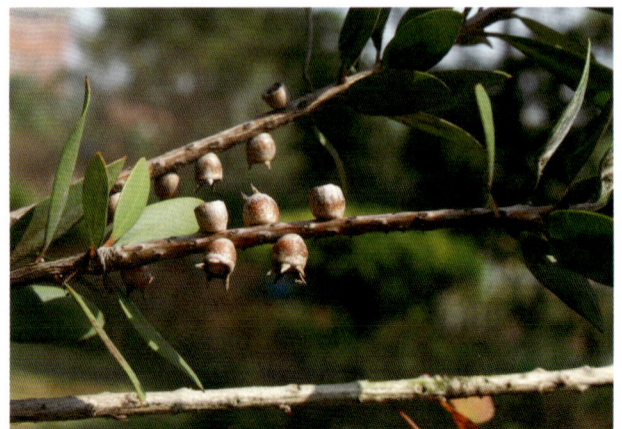

多花红千层

Callistemon speciosus (Sims) Sweet

桃金娘科 红千层属

　　高大灌木或小乔木。树皮灰白色，成蛇皮状，枝条下垂，嫩枝被丝状茸毛。叶互生，长披针形，柔软，细长如柳。密集穗状花序，花形奇特，形似试管刷，红色或紫红色。蒴果木质，容易开裂掉落。花期春季。

　　我国长江以南有栽培。原产澳大利亚。

　　花形奇、树姿美，很适宜在园林绿地中应用。

　　云勇分布：缤纷林海。

垂枝红千层

Callistemon viminalis (Soland.) Cheel.

桃金娘科 红千层属

　　常绿大灌木或小乔木。其树皮灰白色，枝条柔软下垂，嫩枝被丝状茸毛。叶互生，纸质，披针形或窄线形，叶色灰绿色至浓绿色。穗状花序顶生，花两性，红色，花序排列较稀疏。蒴果木质，容易开裂掉落。花期4~9月。

　　我国华南地区广泛栽植。原产澳大利亚。

　　本种富含花蜜并对鸟类有吸引力，可栽植在水中，特别适合水岸边栽培观赏。

　　云勇分布：缤纷林海。

柠檬桉

Eucalyptus citriodora Hook. f.

桃金娘科 桉属

常绿乔木。树皮光滑，灰白色，大片状脱落。幼态叶片披针形，有腺毛；成熟叶片狭披针形，稍弯曲，两面有黑腺点，揉之有浓厚的柠檬气味。圆锥花序腋生；雄蕊2列，白色。蒴果壶形，果瓣藏于萼管内。

原产澳大利亚东部及东北部。

园林观赏、优良木材、枝叶可提取桉油。

云勇分布：一工区。

尾叶桉

Eucalyptus urophylla S. T. Blake

桃金娘科 桉属

常绿乔木。树皮上部剥落，红棕色，基部宿存，灰褐色。幼叶披针形，对生；成熟叶披针形或卵形。伞状花序顶生，总花梗扁。蒴果近球形。

分布于广东。原产印度尼西亚。

木材、园林观赏。

云勇分布：一工区。

红果仔

Eugenia uniflora L.

桃金娘科 番樱桃属

灌木或小乔木。叶片纸质，卵形至卵状披针形，上面绿色发亮，下面颜色较浅，两面无毛，有无数透明腺点，侧脉每边约5条，稍明显。花白色，稍芳香，单生或数朵聚生于叶腋，短于叶；萼片4，长椭圆形，外反。浆果球形，有8棱，熟时深红色，有种子1~2粒。

原产巴西。在我国南部有少量栽培。

果肉多汁，稍带酸味，可食，并可制质良的软糖；又可栽植于盆中，结实时红果累累，极为美观。

云勇分布：一工区。

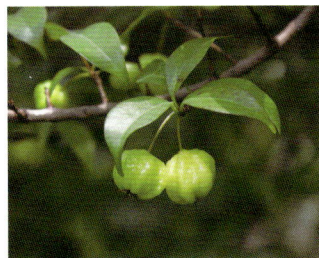

黄金香柳

Melaleuca bracteata 'Golden Revolution'

桃金娘科 白千层属

常绿灌木或小乔木。主干直立，小枝细柔至下垂，微红色，被柔毛。叶互生，革质，金黄色，披针形或狭长圆形，两端尖，基出脉5，具油腺点，香气浓郁。穗状花序生于枝顶，花后花序轴能继续伸长；花白色；萼管卵形，先端5小圆齿裂；花瓣5片；雄蕊多数，分成5束；花柱略长于雄蕊。蒴果近球形，3裂。

我国南方广为栽培。原产澳大利亚。

园林观赏。

云勇分布：场部。

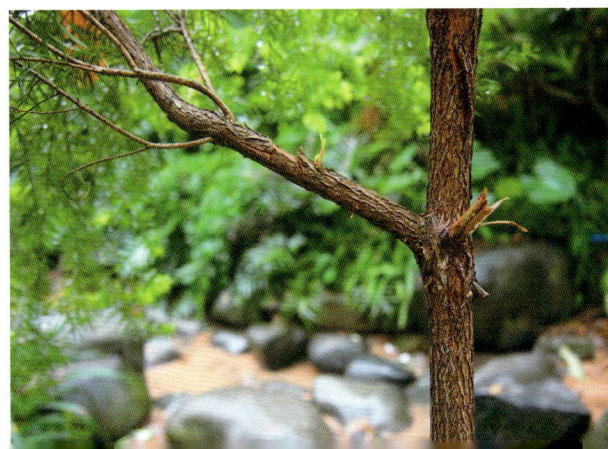

番石榴

Psidium guajava L.

桃金娘科 番石榴属

乔木。树皮平滑，灰色，片状剥落。叶片革质，长圆形至椭圆形，上面稍粗糙，下面有毛，侧脉 12~15 对，常下陷，网脉明显。花单生或 2~3 朵排成聚伞花序，花瓣白色。浆果球形、卵圆形或梨形，顶端有宿存萼片，果肉白色及黄色，胎座肥大，肉质，淡红色；种子多数。

华南各地栽培，常见有逸为野生种，北达四川西南部的安宁河谷。原产南美洲。

果供食用；叶含挥发油及鞣质等，供药用，有止痢、止血、健胃等功效；叶经煮沸去掉鞣质，晒干作茶叶用，味甘，有清热作用。

云勇分布：一工区。

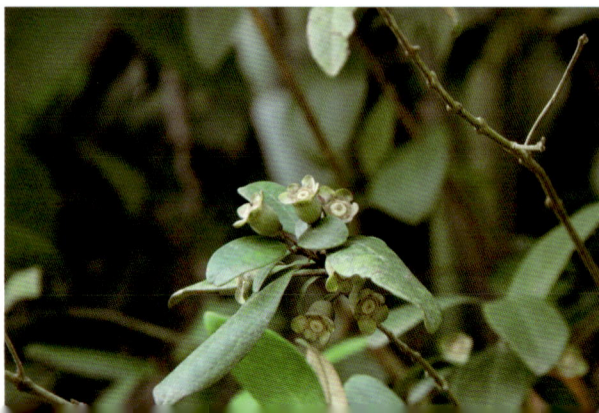

桃金娘

Rhodomyrtus tomentosa (Ait.) Hassk.

桃金娘科 桃金娘属

灌木。叶对生，革质，叶片椭圆形，离基三出脉。花有长梗，常单生，紫红色；萼管倒卵形，有灰茸毛，萼裂片 5，近圆形，宿存；花瓣 5，粉色或白色，雄蕊红色。浆果卵状壶形，熟时紫黑色；种子每室 2 列。

产台湾、福建、广东、广西、云南、贵州及湖南最南部。也分布于中南半岛、菲律宾、日本、印度、斯里兰卡、马来西亚及印度尼西亚等地。

根含酚类、鞣质等，有治慢性痢疾、风湿、肝炎及降血脂等功效；果实可食用。

云勇分布：一工区。

乌墨（海南蒲桃）

Syzygium cumini (L.) Skeels

桃金娘科 蒲桃属

乔木。幼枝圆柱形或稍扁，干后灰白色。叶椭圆形或窄椭圆形，两面多腺点，侧脉多而密，两面均凸起或仅背面凸起，在距边缘 1~2mm 处汇合成一边脉。圆锥花序腋生或生于花枝顶端；花蕾倒卵圆形；花白色，3~5 簇生花序轴分枝的顶端；花梗短；萼筒倒圆锥形，顶端平截或有不明显的 4 枚宽萼齿；花瓣 4，分离，卵圆形；花柱与雄蕊近等长。果卵圆形、长圆形、橄榄形或球形，紫红色至黑色，顶部有长 1~1.5mm 的宿存萼筒，有 1 种子。

产台湾、福建、广东、广西、云南等地。分布于中南半岛及马来西亚、印度、印度尼西亚、澳大利亚等地。

该种木材材质好，是造船、建筑等重要用材树种。

云勇分布：一工区、三工区。

蒲桃

Syzygium jambos (L.) Alston

桃金娘科 蒲桃属

乔木。叶片革质，披针形或长圆形，叶面多透明细小腺点，侧脉 12~16 对，以 45° 开角斜向上，靠近边缘处相结合成边脉，侧脉在下面明显突起，网脉明显。聚伞花序顶生，有花数朵，花白色，直径 3~4 cm；萼管倒圆锥形，萼齿 4，半圆形；花瓣分离，阔卵形；雄蕊长 2~2.8 cm；花柱与雄蕊等长。果实球形，果皮肉质，直径 3~5 cm，成熟时黄色，有油腺点。

产台湾、福建、广东、广西、贵州、云南等地。分布于中南半岛及马来西亚、印度尼西亚等地。

云勇分布：一工区、二工区、三工区。

水翁蒲桃

Syzygium nervosum DC.

桃金娘科 蒲桃属

乔木。叶片薄革质，长圆形，两面多透明腺点，侧脉9~13对。圆锥花序生于无叶的老枝上，花无梗，2~3朵簇生；花蕾卵形，萼管半球形，帽状体先端有短喙。浆果阔卵圆形，成熟时紫黑色。

产广东、广西及云南等地。也分布于中南半岛、印度、马来西亚、印度尼西亚及大洋洲等地。

花及叶供药用，含酚类及黄酮甙，治感冒；根可治黄疸型肝炎。

云勇分布：白石岗、飞马山。

红枝蒲桃（红车）

Syzygium rehderianum Merr. et Perr.

桃金娘科 蒲桃属

灌木或小乔木。幼枝红色，圆柱形或稍扁。叶革质，椭圆形或长圆形，两面腺点明显，侧脉密，脉间相距2~3.5mm，在上面不明显，下面凸起，在离边缘1~1.5 m处联结成边脉。花无梗；萼筒倒圆锥形，长3 cm，上部萼齿不明显，而呈平截；花白色，花瓣连成帽状；雄蕊长3~4mm；花柱与雄蕊等长。果椭圆状卵圆形。

产福建、广东、广西。

园林观赏。

云勇分布：场部。

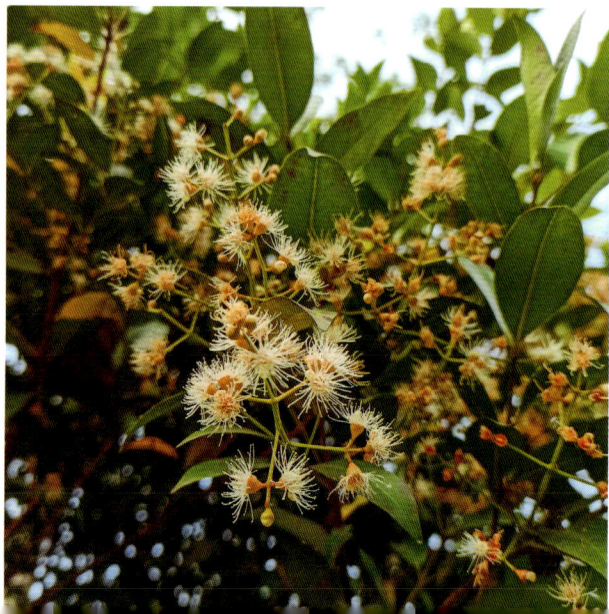

洋蒲桃

Syzygium samarangense (Blume) Merr. et Perr.

桃金娘科 蒲桃属

乔木。叶片薄革质，椭圆形至长圆形，下面多细小腺点，侧脉 14~19 对，离边缘 5mm 处互相结合成明显边脉。聚伞花序顶生或腋生，有花数朵；花白色。果实梨形或圆锥形，肉质，洋红色，发亮，有宿存的肉质萼片；种子 1 粒。

广东、台湾及广西有栽培。原产马来西亚及印度。

洋蒲桃的果实性味甘平，有润肺、止咳、除痰、凉血、收敛的功效。蒲桃优美的树形还应用于园林绿化中。

云勇分布：一工区。

金蒲桃

Xanthostemon chrysanthus (F.Muell.) Benth.

桃金娘科 金缨木属

常绿灌木或乔木。株高 5~10 m。叶革质，宽披针、披针形或倒披针形，对生、互生或簇生枝顶，叶色暗绿色，具光泽，全缘，新叶带有红色；搓揉后有番石榴气味。花金黄色，聚伞花序密集呈球状，花色金黄色。蒴果。

国内近年来引入栽培，见于福建、广东等地。原产澳大利亚昆西士兰的热带雨林中。

园林观赏。

云勇分布：缤纷林海。

红花玉蕊

Barringtonia acutangula (L.) Gaertn.

玉蕊科 玉蕊属

常绿小乔木植物。树皮开裂；小枝粗壮，有明显的叶痕。叶常丛生枝顶，有柄，近革质，全缘，托叶小，早落。穗状花序，顶生，通常长而俯垂，花瓣4，雄蕊多数。果大，外果皮稍肉质；种子1粒，种皮淡褐色，常纺锤状，无胚乳。

广布于非洲、亚洲和大洋洲的热带、亚热带地区。

优良的观赏花木，枝叶繁茂；还具有抗烟尘和抗有毒气体的环保作用。

云勇分布：缤纷林海。

地稔

Melastoma dodecandrum Lour.

野牡丹科 野牡丹属

小灌木。茎匍匐上升，逐节生根，分枝多，披散，幼时被糙伏毛，以后无毛。叶片坚纸质，卵形，全缘或具密浅细锯齿，3~5基出脉。聚伞花序，顶生，有花1~3朵，花瓣淡紫红色至紫红色，顶端有1束刺毛；雄蕊长者药隔基部延伸，弯曲，末端具2小瘤，短者药隔不伸延，药隔基部具2小瘤。果坛状球状，平截，近顶端略缢缩，肉质，不开裂，宿存萼。

产贵州、湖南、广西、广东、江西、浙江、福建。越南也有分布。

果可食，亦可酿酒；全株供药用，有涩肠止痢、舒筋活血、补血安胎、清热燥湿等功效；捣碎外敷可治疮、痈、疽、疖；根可解木薯中毒。

云勇分布：一工区。

野牡丹

Melastoma candidum D. Don

野牡丹科 野牡丹属

　　灌木。叶片坚纸质，披针形，全缘，5 基出脉。伞房花序生于分枝顶端，近头状，有花 10 朵以上；花瓣粉红色至红色；雄蕊长者药隔基部伸长，末端 2 深裂，弯曲，短者药隔不伸长，药室基部各具 1 小瘤。蒴果坛状球形，顶端平截，与宿存萼贴生；种子镶于肉质胎座内。

　　产云南、贵州、广东至台湾等地。中南半岛至澳大利亚、菲律宾以南等地也有。

　　果可食；全草消积滞，收敛止血，散瘀消肿，治消化不良，肠炎腹泻，痢疾；捣烂外敷或研粉撒布，治外伤出血。

　　云勇分布：场部后山。

展毛野牡丹

Melastoma normale D. Don

野牡丹科 野牡丹属

　　灌木。叶片坚纸质，椭圆状披针形，全缘，5 基出脉。伞房花序生于分枝顶端，具花 3~10 朵；花瓣紫红色，雄蕊长者药隔基部伸长，末端 2 裂，常弯曲，短者药隔不伸长，花药基部两侧各具 1 小瘤。蒴果坛状球形，顶端平截，宿存萼与果贴生。

　　产西藏、四川、福建至台湾以南各地。尼泊尔、印度、缅甸、马来西亚及菲律宾等地也有分布。

　　果可食；全株有收敛作用，可治消化不良、腹泻、肠炎、痢疾等症，也用于利尿；外敷可止血；又对治疗慢性支气管炎有一定的疗效。

　　云勇分布：一工区。

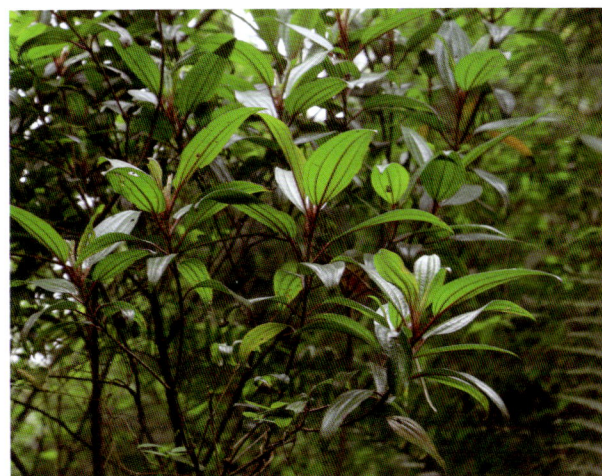

毛棯

Melastoma sanguineum Sims

野牡丹科 野牡丹属

　　大灌木。叶片坚纸质，卵状披针形，全缘，基出脉 5。伞房花序，顶生，常仅有花 1 朵，有时 3(~5) 朵，花瓣粉红色或紫红色，5(~7) 枚，广倒卵形，上部略偏斜，顶端微凹；雄蕊长者药隔基部伸延，末端 2 裂，花丝较伸长的药隔略短，短者药隔不伸延，花药基部具 2 小瘤。果杯状球形，宿存萼密被红色长硬毛。

　　产广西、广东。印度、马来西亚至印度尼西亚也有分布。

　　果可食；根、叶可供药用，根有收敛止血、消食止痢的作用，叶捣烂外敷有拔毒生肌止血的作用，治刀伤跌打、接骨、疮疖、毛虫毒等。

　　云勇分布：场部后山。

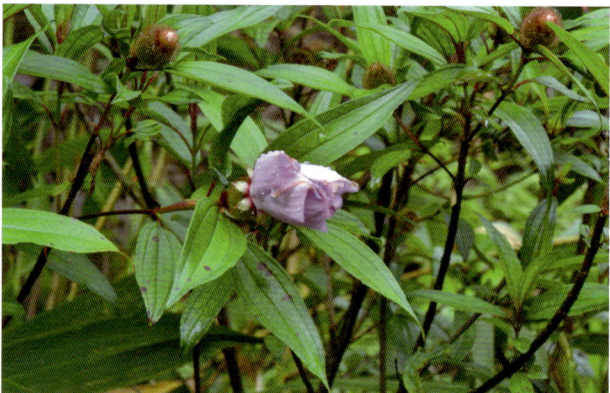

金锦香

Osbeckia chinensis L.

野牡丹科 金锦香属

　　直立草本或亚灌木。茎四棱形，具紧贴的糙伏毛。叶片坚纸质，线形或线状披针形，极稀卵状披针形，全缘，两面被糙伏毛，3~5 基出脉，于背面隆起，细脉不明显。头状花序，顶生，有花 2~8(10) 朵，花瓣 4，淡紫红色或粉红色，倒卵形，具缘毛。蒴果紫红色，卵状球形，4 纵裂，宿存萼坛状，外面无毛或具少数刺毛突起。

　　产广西以东、长江流域以南各地，从越南至澳大利亚、日本均有分布。

　　全草入药，能清热解毒、收敛止血，治痢疾止泻，又能治蛇咬伤；鲜草捣碎外敷，治痈疮肿毒以及外伤止血。

　　云勇分布：飞马山。

巴西野牡丹

Tibouchina semidecandra (Mart. et Schrank ex DC.) Cogn.

野牡丹科 蒂牡花属

常绿小灌木。高 0.5~1.5 m;枝条红褐色。叶对生，长椭圆形至披针形，两面具细茸毛，全缘，3~5 出脉。花顶生，大型，深紫蓝色；花萼 5，红色。蒴果杯状球形。

广东、福建、海南等地有引种栽培。原产巴西低海拔山区及平地。

园林观赏。

云勇分布：场部。

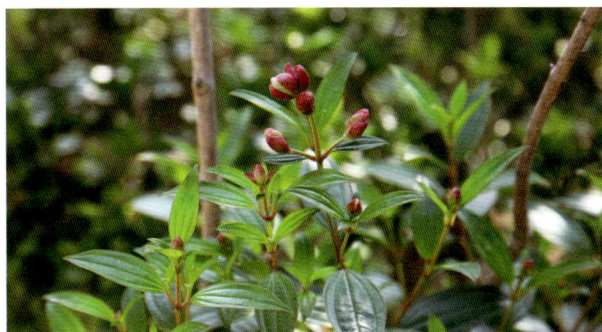

使君子

Combretum indicum (L.) Jongkind

使君子科 使君子属

攀缘状灌木。叶对生或近对生，叶片膜质，卵形或椭圆形，表面无毛，背面有时疏被棕色柔毛，侧脉 7 或 8 对。顶生穗状花序，组成伞房花序式；花瓣 5，先端钝圆，初为白色，后转淡红色。果卵形，短尖，无毛，具明显的锐棱角 5 条，成熟时外果皮脆薄，呈青黑色或栗色；种子 1 粒，白色，圆柱状纺锤形。

产四川、贵州至南岭以南各处。也分布于印度、缅甸至菲律宾。

种子为中药中最有效的驱蛔药之一，对小儿寄生蛔虫症疗效尤著。

云勇分布：一工区。

阿江榄仁

Terminalia arjuna (Roxb. ex DC.) Wight et Arn.

使君子科 榄仁树属

落叶大乔木。落叶前变为黄棕色。树皮灰色，块状脱落，光滑，具有板状根。单叶，近对生，叶片矩状椭圆形，薄革质，无毛，基部不对称，叶缘具钝锯齿，顶端钝形或钝尖，基部圆形或心形；常具2腺点。花两性，总状花序，呈黄白色，花萼钟状，5裂，无花瓣。闭合果，果皮纤维状木质，有5硬翅，有许多弯曲脉状条状。

福建、广东、广西等地栽培。原产印度。

园林观赏；木材。

云勇分布：一工区。

卵果榄仁（莫氏榄仁）

Terminalia muelleri Benth.

使君子科 榄仁树属

落叶乔木。单叶互生，常集生枝端，倒卵形，叶片下侧具腺体，全缘，先端钝，基部耳形或圆形。穗状花序，长或短于叶，花杂性，无花瓣。核果卵形或椭圆形。花期秋季。

广东、广西、云南、福建等地有栽培。原产于澳大利亚。

木材宜供家具、建筑等使用；适作山腰下部造林及作城镇的绿化树种。

云勇分布：三工区。

小叶榄仁

Terminalia neotaliala Cap.

使君子科 榄仁树属

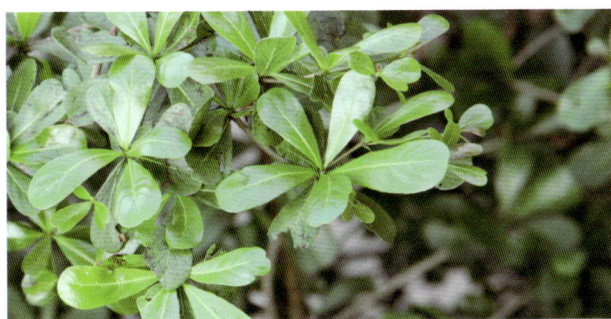

落叶乔木。主干直立，侧枝轮生呈水平展开，树冠层伞形，层次分明，质感轻细。叶小，提琴状倒卵形，全缘，具 4~6 对羽状脉，4~7 叶轮生，深绿色，冬季落叶前变红或紫红色。穗状花序腋生，花两性，花萼 5 裂，无花瓣。核果纺锤形；种子 1 个。

我国华南地区栽培。原产马达加斯加。

园林观赏；木材。

云勇分布：一工区。

竹节树

Carallia brachiata (Lour.) Merr.

红树科 竹节树属

乔木。基部有时具板状支柱根。叶椭圆形，全缘。花序腋生，分枝短，每一分枝有花 2~5 朵，有时退化为 1 朵；花小，基部有浅碟状的小苞片；花萼 6~7 裂，稀 5 或 8 裂，钟形；花瓣白色，边缘撕裂状；雄蕊长短不一。果实近球形，顶端冠以短三角形萼齿。

产广东、广西及沿海岛屿。马达加斯加、斯里兰卡、印度、缅甸、泰国、越南、马来西亚、澳大利亚也有分布。

木材可作乐器、饰木、门窗、器具等。

云勇分布：一工区、三工区 – 深坑。

锯叶竹节树

Carallia diplopetala Hand.-Mazz.

红树科 竹节树属

乔木。叶矩圆形，边缘全部具篦状锯齿。花序二歧分枝，有粗壮而长的总花梗；花萼圆形，7裂；花瓣玫瑰红色，为花萼裂片的2倍，2轮排列，外轮与花萼裂片互生，近四方状卵形；雄蕊14或7，生于花瓣上，如仅7枚时则内轮花瓣上无雄蕊。果实近球形，顶端冠以短三角形萼齿，成熟时紫红色。

产广西南部。

木材可制乐器、饰木、门窗、器具等。

云勇分布：场部后山。

地耳草

Hypericum japonicum Thunb. ex Murr.

金丝桃科 金丝桃属

一年生或多年生草本。茎单一或多少簇生，具4纵线棱，散布淡色腺点。叶无柄，叶片通常卵形或卵状三角形至长圆形或椭圆形。花序具1~30花，花瓣白色、淡黄色至橙黄色。蒴果短圆柱形至圆球形；种子淡黄色，圆柱形。

产辽宁、山东至长江以南各地。日本、朝鲜、尼泊尔、印度、斯里兰卡、缅甸至印度尼西亚、澳大利亚、新西兰以及美国的夏威夷也有分布。

全草入药，能清热解毒、止血消肿，治肝炎、跌打损伤以及疮毒。

云勇分布：三工区。

黄牛木

Cratoxylum cochinchinense (Lour.) Bl.

藤黄科 黄牛木属

　　落叶灌木或乔木。树皮灰黄色或灰褐色，平滑或有细条纹。叶片椭圆形，坚纸质，有透明腺点及黑点。聚伞花序腋生或腋外生及顶生，有花 (1)2~3 朵，具梗；花瓣粉红色、深红色至红黄色，脉间有黑腺纹；雄蕊束 3。蒴果椭圆形，棕色，被宿存的花萼；种子每室 (5)6~8 粒，倒卵形，基部具爪，不对称，一侧具翅。

　　产广东、广西及云南。缅甸、泰国、越南、马来西亚、印度尼西亚至菲律宾也有分布。

　　本种材质坚硬，纹理精致，供雕刻用；幼果供作烹调香料；根、树皮及嫩叶入药，治感冒、腹泻；嫩叶尚可作茶叶代用品。

　　云勇分布：一工区。

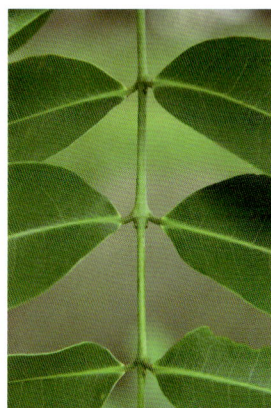

岭南山竹子

Garcinia oblongifolia Champ. ex Benth.

藤黄科 藤黄属

　　乔木或灌木。叶片近革质，长圆形。花小，单性，异株，单生或成伞形状聚伞花序；雄花花瓣橙黄色或淡黄色，雄蕊合生成 1 束，花药聚生成头状；雌花的花瓣与雄花相似，退化雄蕊合生成 4 束，无花柱，柱头隆起，辐射状分裂，上面具乳头状瘤突。浆果卵球形，基部萼片宿存，顶端承以隆起的柱头。

　　产广东、广西。越南北部也有分布。

　　果可食，种子含油量高，可作工业用油；木材可制家具和工艺品；树皮含单宁，供提制栲胶。

　　云勇分布：十二沥。

破布叶

Microcos paniculata L.

椴树科 破布叶属

灌木或小乔木。叶薄革质，卵状长圆形，两面初时有极稀疏星状柔毛，以后变秃净，三出脉，边缘有细钝齿。顶生圆锥花序；萼片长圆形，外面有毛；花瓣5，白色，下半部有毛。核果近球形。

产于广东、广西、云南。中南半岛、印度及印度尼西亚也有分布。

本种叶供药用，味酸，性平无毒，可清热毒、去食积。

云勇分布：白石岗、飞马山。

毛刺蒴麻

Triumfetta cana Bl.

椴树科 刺蒴麻属

木质草本。嫩枝被黄褐色星状茸毛。叶卵形或卵状披针形，上面有稀疏星状毛，下面密被星状厚茸毛，基出脉3-5条，侧脉向上行超过叶片中部，边缘有不整齐锯齿。聚伞花序1至数枝腋生，花瓣比萼片略短，长圆形，基部有短柄，柄有睫毛。蒴果球形，有刺，刺弯曲，被柔毛，4片裂开，每室有种子2粒。

产西藏、云南、贵州、广西、广东、福建。印度尼西亚、马来西亚、印度、缅甸及中南半岛有分布。

主治感冒发热，痢疾，尿路结石。

云勇分布：三工区－深坑。

中华杜英

Elaeocarpus chinensis (Gardn. et Chanp.)
Hook. f. et Benth.

杜英科 杜英属

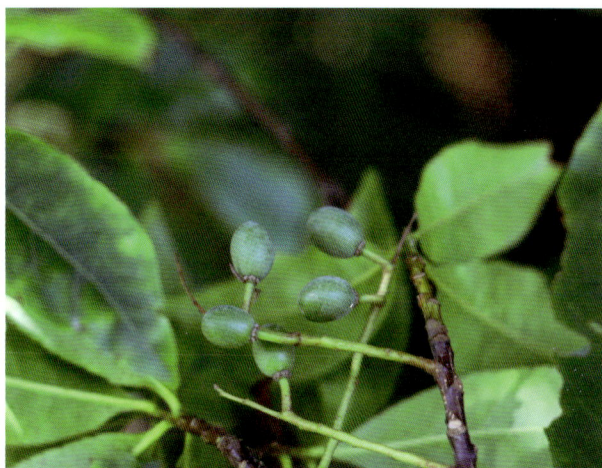

常绿小乔木。高达 7 m。幼枝有柔毛，老枝无毛。叶薄革质，卵状披针形，长 5~8 cm，先端渐尖，基部圆，下面有黑色腺点，侧脉 4~6 对，网脉不明显，有波状浅齿；叶柄长 1.5~2 cm。总状花序生于无叶老枝上；花两性或单性；两性花：萼片 5，披针形，长 3mm；花瓣 5，长圆形，先端不裂；雄蕊 8~10，长 2mm，花丝极短，花药顶端无附属物；子房 2 室，胚珠 4，生于子房上部。核果椭圆形。

产于广东、广西、浙江、福建、江西、贵州、云南。

优良木材。

云勇分布：一工区。

水石榕

Elaeocarpus hainanensis Oliv.

杜英科 杜英属

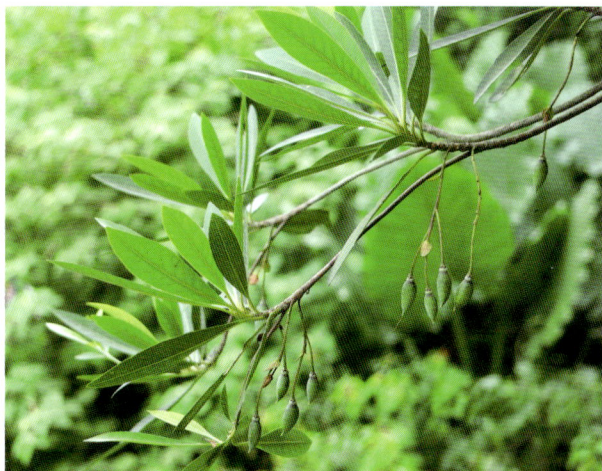

小乔木。树冠宽广。幼枝无毛。叶革质，窄倒披针形或长圆形，侧脉 14~16 对，密生小钝齿。花梗长 4 cm；萼片 5，披针形；花瓣白色，倒卵形，长 2 cm，先端撕裂，裂片 30；雄蕊多数，与花瓣等长，药隔突出呈芒刺状；花盘多裂；子房 2 室，花柱被毛，每室 2 胚珠。核果纺锤形，内果皮坚骨质，腹缝线 2 条。

产于海南、广西南部及云南东南部。越南、泰国也有分布。

园林观赏。

云勇分布：场部。

绢毛杜英

Elaeocarpus nitentifolius Merr. et Chun

杜英科 杜英属

乔木。嫩枝被银灰色绢毛。叶革质，椭圆形，先端急尖，基部阔楔形，初时两面有绢毛，不久上面变秃净，干后深绿色，发亮，下面有银灰色绢毛，边缘密生小钝齿。总状花序生于当年枝的叶腋内；花杂性；花瓣4~5片，长圆形。核果小，椭圆形。

产于广东、海南、广西和云南。越南北部也有分布。

根药用，能散瘀消肿，治疗跌打、损伤、瘀肿；果实可食用；种子油可作肥皂和润滑油。

云勇分布：十二沥。

毛果杜英（尖叶杜英）

Elaeocarpus rugosus Roxb.

杜英科 杜英属

乔木。树皮灰色；小枝有多数圆形的叶柄遗留斑痕。叶聚生于枝顶，革质，倒卵状披针形，先端钝，偶有短小尖头，中部以下渐变狭窄，基部窄而钝，或为窄圆形，上面深绿色而发亮，干后淡绿色，全缘，或上半部有小钝齿。总状花序生于枝顶叶腋内；花瓣倒披针形。核果椭圆形，有褐色茸毛。

产于云南南部、广东和海南。中南半岛及马来西亚也有分布。

华南地区重要的观赏树种，也是优良的行道树和重要的风景林树种。

云勇分布：白石岗、飞马山。

山杜英

Elaeocarpus sylvestris (Lour.) Poir.

杜英科 杜英属

小乔木。小枝纤细，通常秃净无毛；老枝干后暗褐色。叶纸质，倒卵形或倒披针形，上下两面均无毛，先端钝，或略尖，基部窄楔形，下延，边缘有钝锯齿或波状钝齿。总状花序生于枝顶叶腋内；花瓣白色，倒卵形，上半部撕裂。核果细小，椭圆形。

产于广东、海南、广西、福建、浙江、江西、湖南、贵州、四川及云南。越南、老挝、泰国也有分布。

木材可用于建筑、家具等；果加工后可食；树皮可提取鞣料。

云勇分布：白石岗、飞马山。

刺果藤

Byttneria grandifolia DC.

梧桐科 刺果藤属

木质大藤本。小枝的幼嫩部分略被短柔毛。叶广卵形、心形或近圆形。花小，淡黄白色，内面略带紫红色；花瓣与萼片互生。蒴果圆球形或卵状圆球形，具短而粗的刺，被短柔毛；种子长圆形，成熟时黑色。

产广东、广西、云南。印度、越南、柬埔寨、老挝、泰国等地也有分布。

本种的茎皮纤维可以制绳索。

云勇分布：一工区。

山芝麻
Helicteres angustifolia L.

梧桐科 山芝麻属

　　小灌木。叶狭矩圆形，上面无毛或几无毛，下面被灰白色或淡黄色星状茸毛。聚伞花序有2至数朵花；花梗通常有锥尖状的小苞片4枚；萼管状，被星状短柔毛，5裂；花瓣5片，不等大，淡红色，比萼略长，基部有2个耳状附属体。蒴果卵状矩圆形，密被星状毛及混生长茸毛；种子小，褐色，有椭圆形小斑点。

　　产湖南、江西、广东、广西、云南、福建和台湾。印度、缅甸、马来西亚、泰国、越南、老挝、柬埔寨、印度尼西亚、菲律宾等地有分布。

　　本种的茎皮纤维可做混纺原料；根可药用；叶捣烂敷患处可治疮疖。

　　云勇分布：场部后山。

马松子
Melochia corchorifolia L.

梧桐科 马松子属

　　半灌木状草本。叶边缘有锯齿，下面略被星状短柔毛，基生脉5条。聚伞花序或团伞花序；小苞片条形，混生在花序内；花萼钟状，5浅裂，外面被长柔毛和刚毛；花瓣5片，白色，后变为淡红色；雄蕊5枚；子房密被柔毛，花柱5枚。蒴果圆球形，有5棱，被长柔毛。花期夏秋。

　　广泛分布在长江以南各地和四川内江地区。亚洲热带地区多有分布。

　　本种的茎皮富于纤维，可与黄麻混纺以制麻袋。

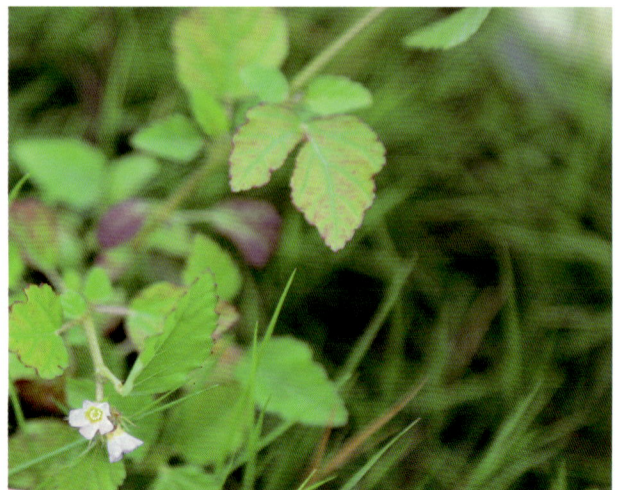

　　云勇分布：场部。

翻白叶树

Pterospermum heterophyllum Hance

梧桐科 翅子树属

乔木。叶二型，生于幼树或萌蘖枝上的叶盾形，掌状 3~5 裂；生于成长的树上的叶矩圆形；两种叶子下面皆密被黄褐色短柔毛。花单生或 2~4 朵组成腋生的聚伞花序；花青白色，萼片 5 枚，花瓣 5 片，条形，与萼片等长。蒴果木质，5 裂，矩圆状卵形，被黄褐色茸毛；种子具膜质翅。

产广东、福建、广西。

根可供药用，为治疗风湿性关节炎的药材，可浸酒或煎汤服用；枝皮可剥取以编绳；本种也可以放养紫胶虫。

云勇分布：白石岗、飞马山。

假苹婆

Sterculia lanceolata Cav.

梧桐科 苹婆属

乔木。幼枝被毛。叶椭圆形、披针形或椭圆状披针形。圆锥花序腋生，密集多分枝；花淡红色；萼片 5，基部连合，外展如星状，长圆状披针形或长圆形。蓇葖果鲜红色，长卵圆形或长椭圆形，顶端有喙，基部渐窄，密被柔毛；种子椭圆状卵圆形，黑褐色，径约 1 cm，有 2~4 粒种子。

产广东、广西、云南、贵州和四川南部。缅甸、泰国、越南、老挝也有分布。

茎皮纤维可作麻袋的原料，也可造纸；种子可食用，也可榨油。

云勇分布：场部。

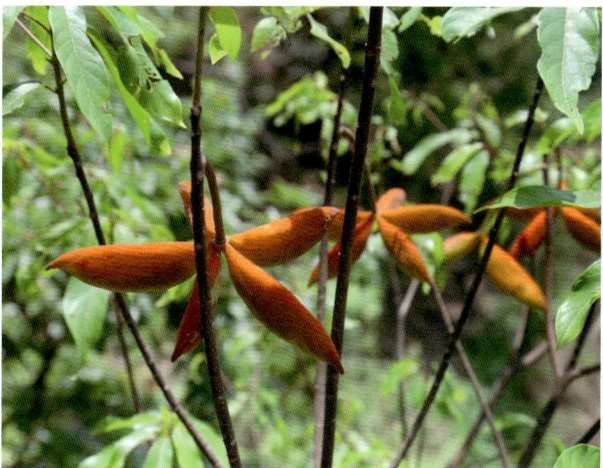

苹婆

Sterculia monosperma Vent.

梧桐科 苹婆属

乔木。树皮褐黑色。叶薄革质，矩圆形或椭圆形，两面均无毛。圆锥花序顶生或腋生，柔弱且披散，有短柔毛；花梗远比花长；萼初时乳白色，后转为淡红色，钟状，外面有短柔毛，5裂；雄花较多，雌雄蕊柄弯曲，花柱弯曲，柱头5浅裂。蓇葖果鲜红色，厚革质，矩圆状卵形，顶端有喙，每果内有种子1~4粒；种子椭圆形或矩圆形，黑褐色。

产广东、广西、福建、云南和台湾。

苹婆的种子可食。

云勇分布：缤纷林海。

木棉

Bombax ceiba L.

木棉科 木棉属

落叶大乔木。树皮灰白色，幼树的树干通常有圆锥状的粗刺。掌状复叶，小叶5~7片，长圆形至长圆状披针形，全缘，两面均无毛，羽状侧脉15~17对，上举。花单生枝顶叶腋，通常红色，有时橙红色，花瓣肉质，倒卵状长圆形，二面被星状柔毛。蒴果长圆形，钝，密被灰白色长柔毛和星状柔毛；种子多数，倒卵形，光滑。

产云南、四川、贵州、广西、江西、广东、福建、台湾等地。印度、斯里兰卡、中南半岛、马来西亚、印度尼西亚至菲律宾及澳大利亚北部都有分布。

花可供蔬食，入药清热除湿；根皮祛风湿、理跌打；树皮入药可用于治痢疾和月经过多。果内绵毛可作枕、褥等填充材料。花大而美，树姿巍峨，可植为园庭观赏树，行道树。

云勇分布：各工区。

美丽异木棉

Ceiba speciosa (A. St.-Hil.) Rav.

木棉科 吉贝属

　　大乔木。树干下部膨大，呈酒瓶状，密生圆锥状皮刺，大枝轮生。掌状复叶互生，小叶 5~7 枚，纸质，羽状侧脉，叶缘有细锯齿。总状花序腋生，近中心处乳白色有褐色斑点；花缘皱褶，略反卷；花萼钟形；雄蕊合生成筒状，5 柱，每柱再裂分为 2。蒴果椭圆形，成熟时三瓣裂；种子多数，黑色，具绵毛。

　　我国南方地区有引种分布。产热带美洲。

　　园林观赏。

　　云勇分布：一工区。

马拉巴栗（发财树）

Pachira glabra Pasq.

木棉科 瓜栗属

　　常绿乔木。树皮为绿色，干基部常膨大，枝条多轮生。掌状复叶互生，小叶 5~9 枚，叶长椭圆形，革质有光泽，全缘；花大，单生于叶腋，花瓣条裂，绿白色至黄白色，反卷。蒴果近梨形，木质，内有长绵毛。

　　我国南部热带、亚热带地区有栽培。原产于中美洲及南美洲。

　　室内观赏。

　　云勇分布：一工区。

黄葵

Abelmoschus moschatus Med.

锦葵科 秋葵属

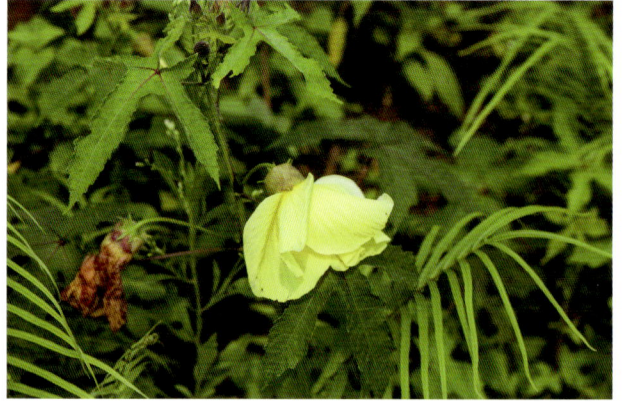

一年生或二年生草本。叶通常掌状 5~7 深裂，裂片披针形至三角形，边缘具不规则锯齿，偶有浅裂似槭叶状。花单生于叶腋间；花萼佛焰苞状，5 裂，常早落；花黄色，内面基部暗紫色。蒴果长圆形，被黄色长硬毛；种子肾形，具腺状脉纹，具香味。

台湾、广东、广西、江西、湖南和云南等地栽培或野生。也分布于越南、老挝、柬埔寨、泰国和印度。

种子可提制芳香油，也可入药，根供制棉纸的糊料；本种花大色艳，可供园林观赏用。

云勇分布：一工区。

朱槿（大红花）

Hibiscus rosa-sinensis L.

锦葵科 木槿属

常绿灌木。叶阔卵形或狭卵形，边缘具粗齿或缺刻。花单生于上部叶腋间，常下垂；萼钟形，被星状柔毛，裂片 5，卵形至披针形；花冠漏斗形，玫瑰红或淡红、淡黄等色；花柱枝 5。蒴果卵形，平滑无毛，有喙。

广东、云南、台湾、福建、广西、四川等地栽培。花大色艳，四季常开，主供园林景观用。

云勇分布：一工区。

赛葵

Malvastrum coromandelianum (L.) Garck.

锦葵科 赛葵属

　　亚灌木状。叶卵状披针形或卵形，边缘具粗锯齿，上面疏被长毛，下面疏被长毛和星状长毛。花单生于叶腋，花黄色，花瓣5，倒卵形。果分果爿8~12，肾形，疏被星状柔毛，背部宽约1mm，具2芒刺。

　　系我国归化植物，台湾、福建、广东、广西和云南等地有分布。原产美洲。

　　全草入药，配十大功劳可治疗肝炎病；叶治疮疖。

　　云勇分布：一工区。

白背黄花稔

Sida rhombifolia L.

锦葵科 黄花稔属

　　亚灌木。分枝多，枝被星状绵毛。叶菱形或长圆状披针形。花单生于叶腋；萼杯形，被星状短绵毛，裂片5，三角形；花黄色，花瓣倒卵形。雄蕊柱无毛，疏被腺状乳突。果半球形，分果爿8~10，被星状柔毛，顶端具2短芒。

　　产台湾、福建、广东、广西、贵州、云南、四川和湖北等地。也分布于越南、老挝、柬埔寨和印度等地区。

　　全草入药用，有消炎解毒、祛风除湿、止痛之功效。

　　云勇分布：一工区。

地桃花

Urena lobata L.

锦葵科 梵天花属

直立亚灌木状草本。本种叶形变异较大；茎下部的叶近圆形，先端浅3裂，边缘具锯齿；中部的叶卵形；上部的叶长圆形至披针形；叶上面被柔毛，下面被灰白色星状茸毛。花腋生，单生或稍丛生，淡红色；花瓣5，外面被星状柔毛，花柱枝10，微被长硬毛。果扁球形，分果爿被星状短柔毛和锚状刺。

产长江以南各地。也分布于越南、柬埔寨、老挝、泰国、缅甸、印度和日本等地。

茎皮富含坚韧的纤维，供纺织和搓绳索，常用为麻类的代用品；根作药用，煎水点酒服可治疗白痢。

云勇分布：一工区。

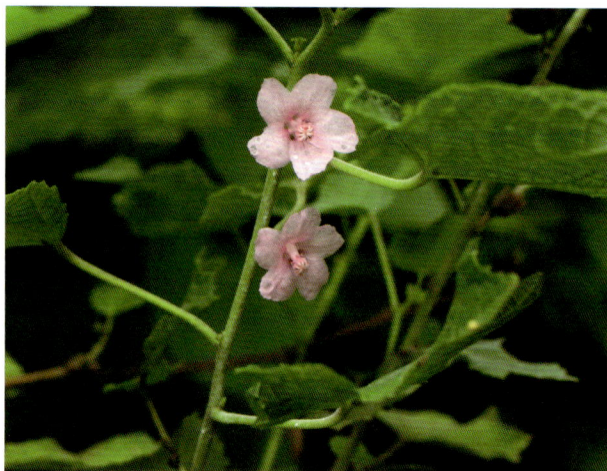

红桑

Acalypha wilkesiana Müll. Arg.

大戟科 铁苋菜属

常绿灌木，高达5 m。叶卵形或阔卵形，古铜绿色，并常杂有红色或紫色，叶缘有不规则粗钝锯齿；基出脉3~5条。雌雄同株，通常雌雄花异序，穗状花序淡紫色，雄花聚生；雌花苞片阔三角形，有明显的锯齿。蒴果。

广东、广西、福建、云南、海南、台湾有栽培。原产于太平洋岛屿。

庭园赏叶植物。

云勇分布：场部。

椴叶山麻秆

Alchornea tiliifolia (Benth.) Müll. Arg.

大戟科 山麻秆属

　　小乔木或灌木状。叶薄纸质、卵状菱形、卵圆形或长卵形，先端渐尖或尾状，具4个斑状腺体，具腺齿，基脉3出，小托叶2，披针形；叶柄具柔毛，托叶披针形。雌雄异株；雄花序穗状，1~3个生于1年生小枝已落叶腋部，长5~9 cm，被柔毛；苞片宽卵形，长2~2.5mm，雄花7~11朵簇生苞腋；雄花萼片3；雄蕊8。蒴果椭圆形，长6~8mm，被柔毛和小瘤。种子具皱纹。

　　产于云南、贵州、广西、广东。

　　云勇分布：一工区。

红背山麻秆

Alchornea trewioides (Benth.) Müll. Arg.

大戟科 山麻秆属

　　灌木。叶薄纸质，阔卵形，边缘疏生具腺小齿，下面浅红色，基部具斑状腺体4个；基出脉3条。雌雄异株，雄花序穗状，生于1年生小枝已落叶腋部，雄花(3~5) 11~15朵簇生于苞腋；雌花序总状，顶生，具花5~12朵。蒴果球形，具3圆棱，果皮平坦，被微柔毛；种子扁卵状，种皮浅褐色，具瘤体。

　　产于福建、江西、湖南、广东、广西、海南。也分布于泰国、越南、日本。

　　枝、叶煎水，外洗治风疹。

　　云勇分布：场部后山。

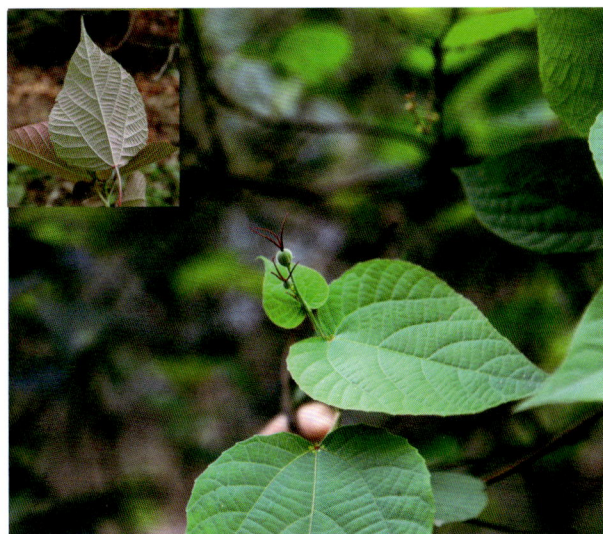

石栗

Aleurites moluccana (L.) Willd.

大戟科 石栗属

常绿乔木。叶纸质，卵形至椭圆状披针形（萌生枝上的叶有时圆肾形，具 3~5 浅裂）；嫩叶两面被星状微柔毛，成长叶上面无毛，下面疏生星状微柔毛；基出脉 3~5 条；叶柄顶端有 2 枚扁圆形腺体。花雌雄同株，同序或异序，花瓣长圆形，乳白色。核果近球形或稍偏斜的圆球状，具 1~2 粒种子；种子圆球状，侧扁，种皮坚硬，有疣状突棱。

产于福建、台湾、广东、海南、广西、云南等地。我国南部一些城镇栽培作行道树或庭园绿化树种；种子含油量达 26%，系干性油，供工业用。

云勇分布：一工区。

五月茶

Antidesma bunius (L.) Spreng.

大戟科 五月茶属

乔木。小枝有明显皮孔。叶片纸质，长椭圆形、倒卵形或长倒卵形，侧脉每边 7~11 条，在叶面扁平，干后凸起，在叶背稍凸起。雄花序为顶生的穗状花序，雄花：花萼杯状，顶端 3~4 分裂，裂片卵状三角形；雌花序为顶生的总状花序，雌花：花萼与雄花的相同。核果近球形或椭圆形，成熟时红色。

产于江西、福建、湖南、广东、海南、广西、贵州、云南和西藏等地。广布于亚洲热带地区直至澳大利亚。

散孔材，木材适于作箱板用料。果微酸，供食用及制果酱。叶供药用，治小儿头疮；根叶可治跌打损伤。叶深绿色，红果累累，为美丽的观赏树。

云勇分布：一工区。

方叶五月茶

Antidesma ghaesembilla Gaertn.

大戟科 五月茶属

乔木。除叶面外，全株各部均被柔毛或短柔毛。叶片长圆形、卵形、倒卵形或近圆形。雄花：黄绿色，多朵组成分枝的穗状花序；雌花：多朵组成分枝的总状花序。核果近圆球形。

产于广东、海南、广西、云南。也分布于印度、孟加拉国、不丹、缅甸、越南、斯里兰卡、马来西亚、印度尼西亚、巴布亚新几内亚、菲律宾和澳大利亚南部。

供药用：叶可治小儿头痛；茎有通经之效；果可通便、泻泄作用。

云勇分布：六工区。

银柴

Aporusa dioica (Roxb.) Müll. Arg.

大戟科 银柴属

乔木。叶片革质，椭圆形，全缘或具有稀疏的浅锯齿，叶柄顶端两侧各具1个小腺体。穗状花序；雄花：萼片通常4，雄蕊2~4，长过萼片；雌花：萼片4~6。蒴果椭圆状，被短柔毛，内有种子2颗；种子近卵圆形。

产于广东、海南、广西、云南等地。也分布于印度、缅甸、越南和马来西亚等。

枝、叶煎水，外洗治暑热。

云勇分布：白石岗、飞马山、场部后山。

秋枫

Bischofia javanica Blume

大戟科 秋枫属

　　常绿或半常绿大乔木。高达 40 m。三出复叶，稀 5 小叶；小叶片纸质、卵形、椭圆形、倒卵形或椭圆状卵形，边缘有浅锯齿，每 1 cm 长有 2~3 个，幼时仅叶脉上被疏短柔毛，老渐无毛。花雌雄异株，圆锥花序腋生；雌花萼片长圆状卵形。果浆果状，球形或近球形。

　　产于陕西、江苏、安徽、浙江、江西、福建、台湾、河南、湖北、湖南、广东、海南、广西、四川、贵州、云南等地。

　　园林观赏；种子榨油供食用，也可作润滑油；树皮可提取红色染料；叶可作绿肥；根有祛风消肿作用，主治风湿骨痛、痢疾等；优良木材。

　　云勇分布：一工区。

黑面神

Breynia fruticosa (L.) Hook. f.

大戟科 黑面神属

　　灌木。叶片革质，阔卵形。花小，单生或 2~4 朵簇生于叶腋内，雌花位于小枝上部，雄花则位于小枝的下部，有时生于不同的小枝上；雄花：花萼陀螺状，厚，顶端 6 齿裂；雌花：花萼钟状，6 浅裂，顶端近截形，结果时约增大 1 倍，上部辐射张开呈盘状。蒴果圆球状，有宿存的花萼。

　　产于浙江、福建、广东、海南、广西、四川、贵州、云南等地。越南也有分布。

　　全株药用，可治肠胃炎、咽喉肿痛、风湿骨痛、湿疹、高血脂病、治疮疖、皮炎等。

　　云勇分布：十二沥、场部后山。

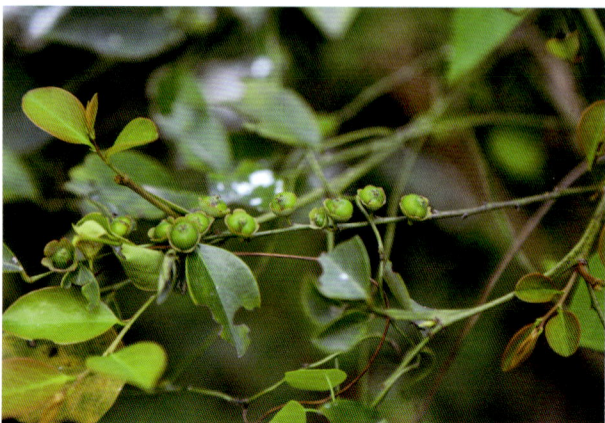

禾串树

Bridelia balansae Tutch.

大戟科 土蜜树属

乔木。树皮黄褐色，小枝具有凸起的皮孔，无毛。叶椭圆形或长椭圆形。花雌雄同序，密集成腋生的团伞花序；除萼片及花瓣被黄色柔毛外，其余无毛；雄花花瓣匙形；雌花花瓣菱状圆形。核果长卵形，成熟时紫黑色。

产于福建、台湾、广东、海南、广西、四川、贵州、云南等地。也分布于印度、泰国、越南、印度尼西亚、菲律宾和马来西亚等。

结构细致，材质稍硬，较轻，耐腐，加工容易，可作建筑、家具、车辆、农具、器具等材料；树皮含鞣质，可提取栲胶。

云勇分布：一工区。

大叶土蜜树

Bridelia retusa (L.) Spreng.

大戟科 土蜜树属

乔木。小枝灰绿色，具有纵条纹和黄白色皮。叶片纸质，倒卵形，有时长圆形，侧脉每边13~19条，近平行，直达叶缘而网结，近平行，与侧脉相连，叶柄基部两侧留有线形的托叶痕。花黄绿色，雌雄异株；穗状花序腋生，或在小枝顶端由3~9个穗状花序再组成圆锥花序状，雄花：花瓣倒卵形，膜质，顶端有3~5齿；雌花：花瓣匙形，膜质。核果卵形，黑色，2室。

产于湖南、广东、海南、广西、贵州和云南等地。

云勇分布：四工区。

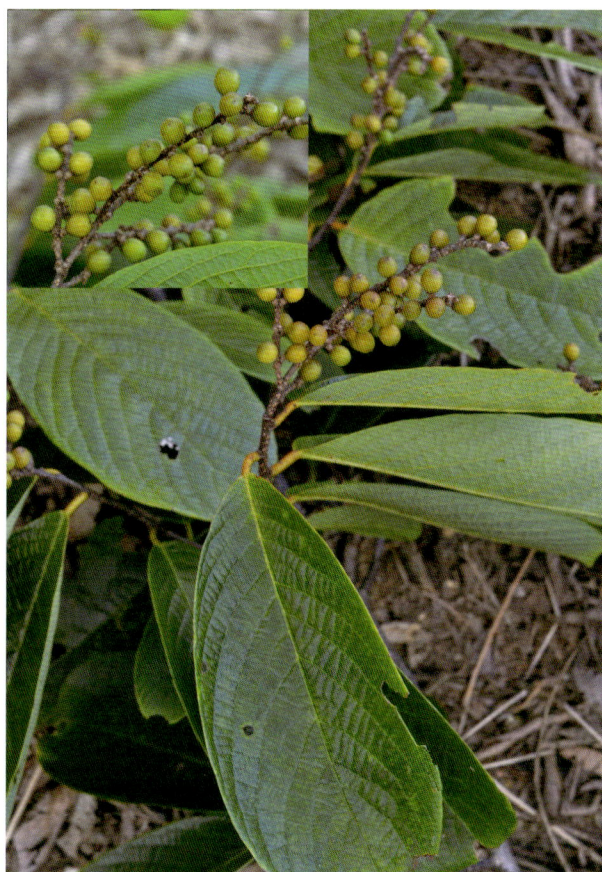

土蜜树

Bridelia tomentosa Blume

大戟科 土蜜树属

直立灌木或小乔木。叶片纸质，长圆形、长椭圆形或倒卵状长圆形，稀近圆形，叶面粗涩；侧脉每边 9~12 条，与支脉在叶面明显，在叶背凸起。花雌雄同株或异株，簇生于叶腋；雄花：花瓣倒卵形，膜质，顶端 3~5 齿裂；雌花：通常 3~5 朵簇生，花瓣倒卵形或匙形，顶端全缘或有齿裂，比萼片短。核果近圆球形，2 室；种子褐红色，长卵形。

产于福建、台湾、广东、海南、广西和云南。也分布于亚洲东南部、澳大利亚等。

药用：叶治外伤出血、跌打损伤；根治感冒、神经衰弱、月经不调等。树皮可提取栲胶，含鞣质 8.08%。

云勇分布：一工区、三工区。

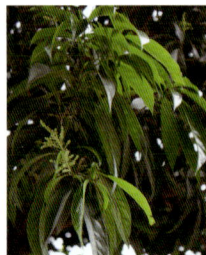

蝴蝶果

Cleidiocarpon cavaleriei (H. Lév.) Airy Shaw

大戟科 蝴蝶果属

乔木。叶纸质，椭圆形，叶柄基部具叶枕。圆锥状花序，各部均密生灰黄色微星状毛，雄花 7~13 朵密集成的团伞花序，疏生于花序轴，雌花 1~6 朵，生于花序的基部或中部。果呈偏斜的卵球形或双球形，花柱基喙状，外果皮革质，中果皮薄革质，不开裂；种子近球形，种皮骨质。

产于贵州、广西、云南。越南北部也有分布。

种子含淀粉和油，煮熟并除去胚后可食用；木材适做家具等；树形美观，常绿，园林绿化树。

云勇分布：一工区。

变叶木

Codiaeum variegatum (L.) A. Juss.

大戟科 变叶木属

灌木或小乔木。叶薄革质，形状大小变异很大，线形、线状披针形、长圆形、椭圆形、披针形、卵形、匙形、提琴形至倒卵形，两面无毛、绿色、淡绿色、紫红色、紫红与黄色相间、黄色与绿色相间或有时在绿色叶片上散生黄色或金黄色斑点或斑纹。总状花序腋生，雌雄同株异序，雄花白色，花瓣5枚；雌花：淡黄色，无花瓣。蒴果近球形，稍扁，无毛。

我国南部各地常见栽培。原产于亚洲马来半岛至大洋洲，现广泛栽培于热带、亚热带地区。

本种是热带、亚热带地区常见的庭园或公园观叶植物；易扦插繁殖，园艺品种多。

云勇分布：一工区。

巴豆

Croton tiglium L.

大戟科 巴豆属

灌木或小乔木。嫩枝被稀疏星状柔毛，枝条无毛。叶卵形。总状花序，顶生；雄花：花蕾近球形；雌花：萼片长圆状披针形。蒴果椭圆状，被疏生短星状毛或近无毛；种子椭圆状。

产于浙江南部、福建、江西、湖南、广东、海南、广西、贵州、四川和云南等地。也分布于亚洲南部、东南部各国和日本。

种子供药用，亦称巴豆，种子的油曰巴豆油，其性味：辛、热；有大毒；作峻泻药，外用于恶疮、疥癣等；根、叶入药，治风湿骨痛等；民间用枝、叶作杀虫药或毒鱼。

云勇分布：一工区。

黄桐

Endospermum chinense Benth.

大戟科 黄桐属

乔木。树皮灰褐色。叶薄革质，椭圆形，全缘，基部有2枚球形腺体；侧脉5~7对。穗状花序生于枝条近顶部叶腋；雄花花萼杯状，有4~5枚浅圆齿；雌花：花萼杯状，具3~5枚波状浅裂，宿存。果近球形，果皮稍肉质；种子椭圆形。

产于福建、广东、海南、广西和云南。印度、缅甸、泰国、越南也有分布。

作木材。树叶、树皮入药，治关节痛、腰腿痛和四肢麻木；树皮治疟疾。

云勇分布：白石岗、飞马山。

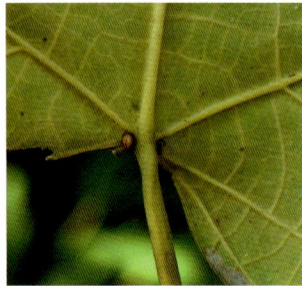

飞扬草（大飞扬）

Euphorbia hirta L.

大戟科 大戟属

一年生草本。茎单一，被褐色或黄褐色的多细胞粗硬毛。叶对生，披针状长圆形，边缘于中部以上有细锯齿，中部以下较少或全缘；叶背有时具紫色斑。花序多数，于叶腋处密集成头状，雄花数枚，雌花1枚。蒴果三棱状，成熟时分裂为3个分果爿；种子近圆状四棱，每个棱面有数个纵糟，无种阜。

产于江西、湖南、福建、台湾、广东、广西、海南、四川、贵州和云南。也分布于世界热带和亚热带。

全草入药，可治痢疾、肠炎、皮肤湿疹、皮炎、疖肿等；鲜汁外用治癣类。

云勇分布：一工区。

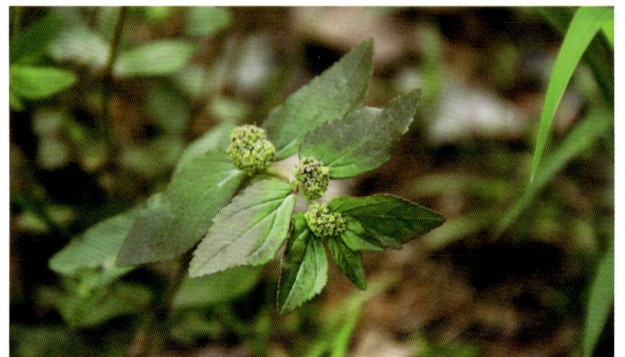

匍匐大戟（铺地草）

Euphorbia prostrata Ait.

大戟科 大戟属

一年生草本。茎匍匐状，自基部多分枝，通常呈淡红色。叶对生，椭圆形，基部偏斜，不对称，边缘全缘或具不规则的细锯齿；叶背有时略呈淡红色或红色。花序常单生于叶腋，总苞陀螺状，雄花数个，常不伸出总苞外；雌花1枚，常伸出总苞之外。蒴果三棱状；种子卵状四棱形，黄色，无种阜。

产江苏、湖北、福建、台湾、广东、海南和云南。原产美洲热带和亚热带。

云勇分布：场部后山。

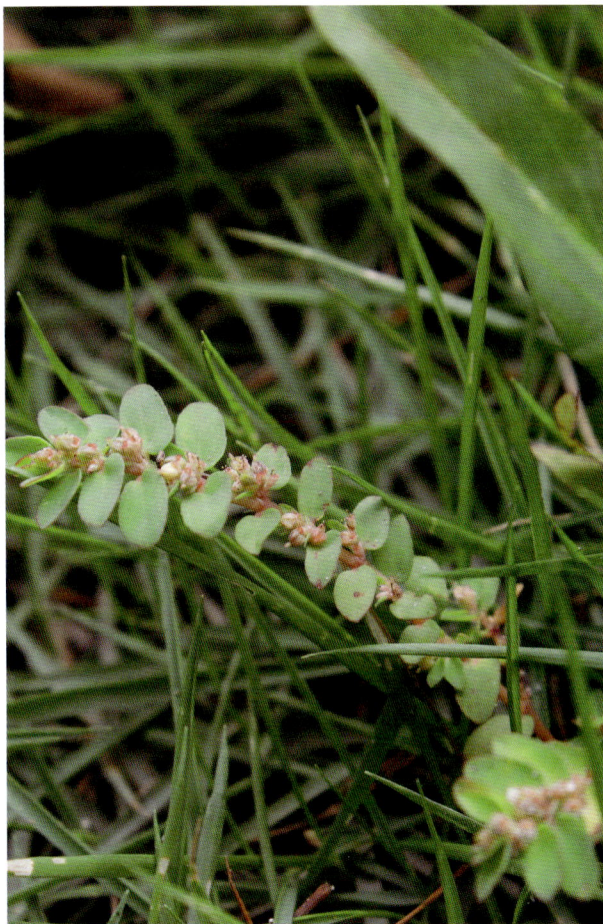

一品红

Euphorbia pulcherrima Willd. ex Klot.

大戟科 大戟属

灌木。叶互生，卵状椭圆形、长椭圆形或披针形，边缘全缘或浅裂或波状浅裂；苞叶5~7枚，狭椭圆形，通常全缘，极少边缘浅波状分裂，朱红色。花序数个聚伞排列于枝顶；总苞坛状，淡绿色，边缘齿状5裂，裂片三角形，无毛。雄花多数，常伸出总苞之外；雌花1枚，子房柄明显伸出总苞之外。蒴果，三棱状圆形，平滑无毛；种子卵状，灰色或淡灰色，近平滑，无种阜。

我国大多地区有栽培。原产中美洲。

常见于公园、植物园及温室中，供观赏；茎叶可入药，有消肿的功效，可治跌打损伤。

云勇分布：一工区。

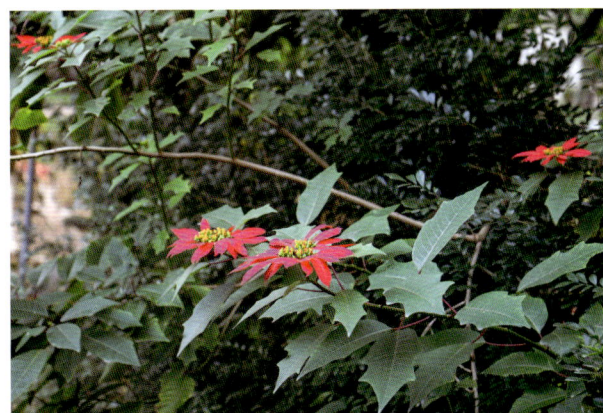

白饭树

Flueggea virosa (Roxb. ex Willd.) Voigt

大戟科 白饭树属

灌木。小枝具纵棱槽，有皮孔。叶片纸质，椭圆形、长圆形、倒卵形或近圆形，全缘，下面白绿色；侧脉每边 5~8 条。花小，淡黄色，雌雄异株，多朵簇生于叶腋；苞片鳞片状；雄花：萼片 5，卵形，全缘或有不明显的细齿；雌花：3~10 朵簇生，有时单生；萼片与雄花的相似。蒴果浆果状，近圆球形，成熟时果皮淡白色，不开裂；种子栗褐色，具光泽，有小疣状凸起及网纹。

产于华东、华南及西南各地，生于海拔 100~2000 m 山地灌木丛中。广布于非洲、大洋洲和亚洲的东部及东南部。模式标本采自印度马德拉斯。

全株供药用，可治风湿关节炎、湿疹、脓疱疮等。

云勇分布：三工区。

毛果算盘子

Glochidion eriocarpum Champ. ex Benth.

大戟科 算盘子属

灌木。叶片纸质，狭卵形。花单生或 2~4 朵簇生于叶腋内；雌花生于小枝上部，雄花则生于下部；雄花：萼片 6，长倒卵形；雌花：萼片 6，长圆形，其中 3 片较狭。蒴果扁球状，具 4~5 条纵沟，成熟时红色，密被长柔毛，顶端具圆柱状稍伸长的宿存花柱。

产于江苏、福建、台湾、湖南、广东、海南、广西、贵州和云南等地。越南也有分布。

全株或根、叶供药用，有解漆毒、收敛止泻、祛湿止痒的功效。

云勇分布：场部后山。

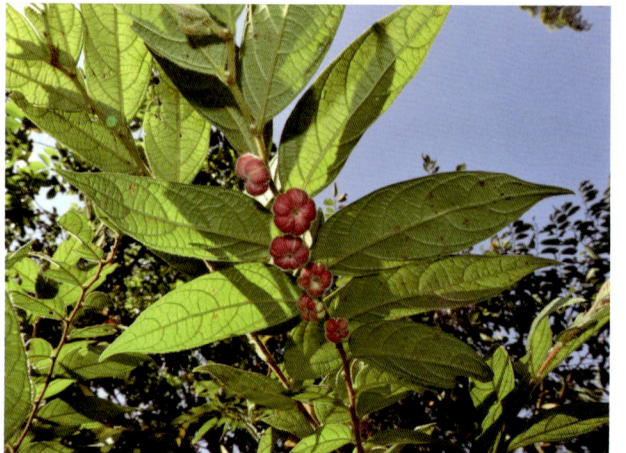

艾胶算盘子

Glochidion lanceolarium (Roxb.) Voigt

大戟科 算盘子属

常绿灌木或乔木。叶片革质，椭圆形、长圆形或长圆状披针形，侧脉每边 5~7 条。花簇生于叶腋内，雌雄花分别着生于不同的小枝上或雌花 1~3 朵生于雄花束内；雄花：萼片 6，倒卵形或长倒卵形黄色；雌花：花梗较雄花的短，萼片 6，3 片较大，3 片较小。蒴果近球状，顶端常凹陷，边缘具 6~8 条纵沟，顶端被微柔毛，后变无毛。

产福建、广东、海南、广西和云南等地。也分布于印度、泰国、老挝、柬埔寨和越南等。

树冠近球形，枝繁叶茂，宜作山上混交林造林树种，亦宜在庭园绿化中作绿荫树、风景树和行道树。

云勇分布：一工区。

白背算盘子

Glochidion wrightii Benth.

大戟科 算盘子属

灌木或乔木。叶片纸质，长圆形，常呈镰刀状弯斜，上面绿色，下面粉绿色，干后灰白色。雌花或雌雄花同簇生于叶腋内；雄花：萼片 6，长圆形，黄色；雌花：萼片 6，其中 3 片较宽而厚，卵形。蒴果扁球状，红色，顶端有宿存的花柱。

产福建、广东、海南、广西、贵州和云南等地。叶、根可入药，能柔肝活血、健脾化湿。

云勇分布：十二沥、一工区。

香港算盘子

Glochidion zeylanicum (Gaertn.) A. Juss.

大戟科 算盘子属

灌木或小乔木。叶片革质，长圆形，基部两侧稍偏斜；侧脉每边 5~7 条。花簇生呈花束，或组成短小的腋上生聚伞花序；雌花及雄花分别生于小枝的上下部，或雌花序内具 1~3 朵雄花；雄花：萼片 6，卵形或阔卵形；雌花：萼片与雄花的相同。蒴果扁球状，边缘具 8~12 条纵沟，成熟时变红。

产于福建、台湾、广东、海南、广西、云南等地。也分布于印度、斯里兰卡、越南、日本、印度尼西亚等。

药用，根皮可治咳嗽、肝炎；茎、叶可治腹痛、衄血、跌打损伤。茎皮含鞣质，可提取栲胶。

云勇分布：场部后山。

变叶珊瑚花（琴叶珊瑚）

Jatropha integerrima Jacq.

大戟科 麻风树属

常绿灌木，具乳汁，乳汁有毒。单叶互生，叶基有 2~3 对锐刺，叶面光滑，常丛生于枝条顶端。二歧聚伞花序，花单性，雌雄同株，花瓣 5 片，花冠红色或粉红色。蒴果成熟时呈黑褐色。

广东、福建等华南地区有栽培应用。原产于西印度群岛。

花期很长、四季花开不断，有"日日樱"之名，是热带地区重要的观赏花木。

云勇分布：桃花谷。

白背叶

Mallotus apelta (Lour.) Müll. Arg.

大戟科 野桐属

灌木或小乔木。叶互生，卵形，边缘具疏齿，下面被灰白色星状茸毛，散生橙黄色粒粒状腺体；基出脉5条；基部近叶柄处有褐色斑状腺体2个。花雌雄异株，雄花序为开展的圆锥花序或穗状，雌花序穗状。蒴果近球形，密生被灰白色星状毛的软刺；种子近球形，褐色或黑色，具皱纹。

产云南、广西、湖南、江西、福建、广东和海南。也分布于越南。

本种为撂荒地的先锋树种；茎皮可供编织；种子可供制油漆，或合成大环香料、杀菌剂、润滑剂等原料。

云勇分布：场部后山。

白楸

Mallotus paniculatus (Lam.) Müll. Arg.

大戟科 野桐属

乔木或灌木状。高达15 m。小枝被褐色星状毛。叶互生，卵形、卵状三角形或菱形，幼叶两面均被灰黄色星状茸毛，老叶上面无毛，基脉5出。花雌雄异株，总状或圆锥状花序，分枝开展，顶生；雄花苞片卵状披针形；雌花苞片卵形。蒴果扁球形，具3个分果爿，被褐色星状茸毛及长约5mm软刺。

产云南、贵州、广西、广东、海南、福建和台湾。也分布于亚洲东南部。

作木材；种子油可作工业用油。

云勇分布：一工区。

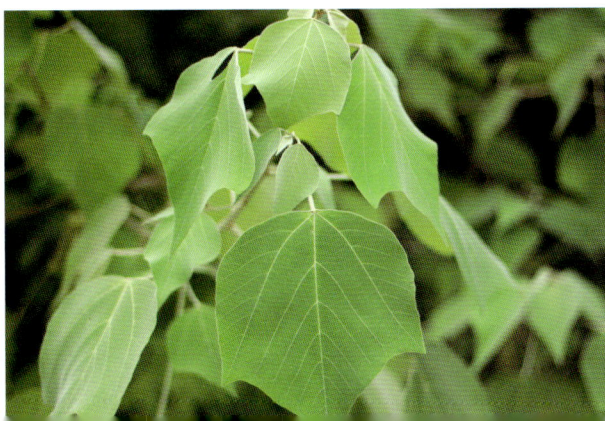

石岩枫

Mallotus repandus (Willd.) Müll. Arg.

大戟科 野桐属

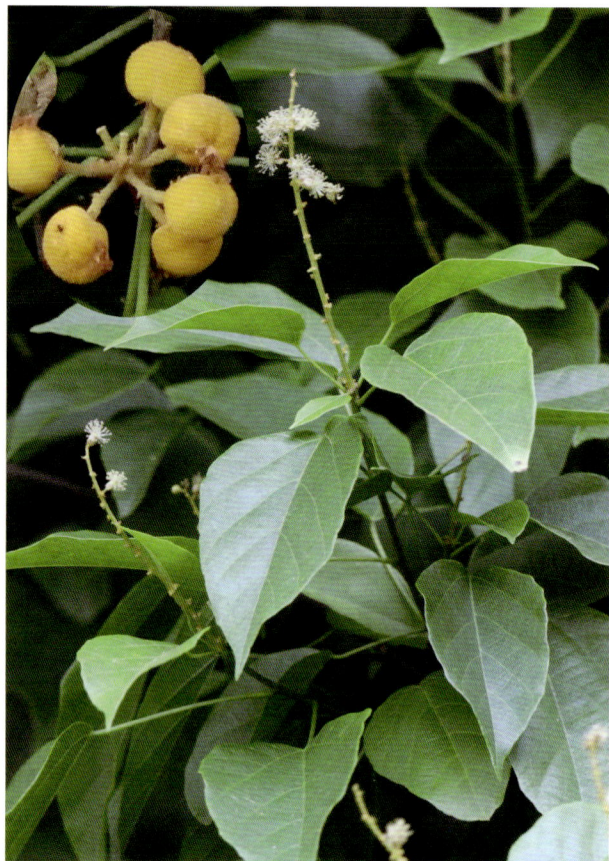

攀缘状灌木。嫩枝、叶柄、花序和花梗均密生黄色星状柔毛；老枝无毛，常有皮孔。叶互生，卵形或椭圆状卵形。花雌雄异株，总状花序。蒴果具2(~3)个分果爿，密生黄色粉末状毛和具颗粒状腺体；种子卵形，黑色，有光泽。

产于广西、广东、海南和台湾。也分布于亚洲东南部和南部各地。

茎皮纤维可编绳用。

云勇分布：六工区。

木薯

Manihot esculenta Crantz

大戟科 木薯属

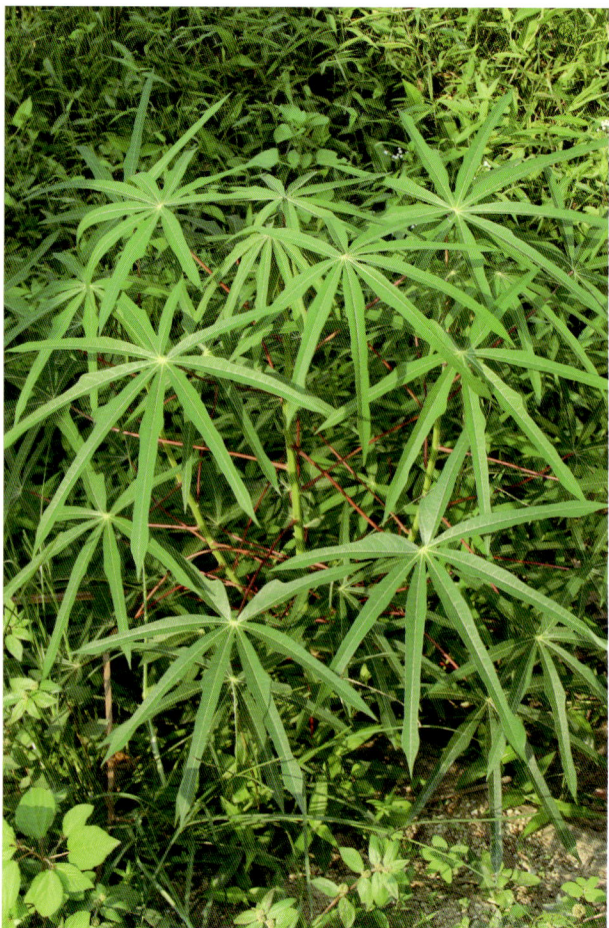

直立灌木。块根圆往状。叶纸质，轮廓近圆形，掌状深裂几达基部，裂片 3~7 片，倒披针形至狭椭圆形，全缘，侧脉 (5) 7~15 条。圆锥花序顶生或腋生，花萼带紫红色且有白粉霜；雄花：花萼裂片长卵形，近等大，内面被毛；雌花：花萼裂片长圆状披针形。蒴果椭圆状，表面粗糙，具 6 条狭而波状纵翅；种子多少具三棱，种皮硬壳质，具斑纹，光滑。

福建、台湾、广东、海南、广西、贵州及云南等地有栽培，偶有逸为野生。原产巴西，现全世界热带地区广泛栽培。

木薯的块根富含淀粉，是工业淀粉原料之一。木薯的栽培较粗放，且产量高，是我国南部山区常见的杂粮作物，因块根含氰酸毒素，需经漂浸处理后方可食用。

云勇分布：一工区。

余甘子

Phyllanthus emblica L.

大戟科 叶下珠属

　　乔木。叶片纸质至革质、二列、线状长圆形，侧脉每边4~7条。多朵雄花和1朵雌花或全为雄花组成腋生的聚伞花序；萼片6；雄花：萼片膜质，黄色、长倒卵形或匙形、近相等、边缘全缘或有浅齿；雌花：萼片长圆形或匙形、较厚、边缘膜质、多少具浅齿。蒴果呈核果状、圆球形、外果皮肉质、绿白色或淡黄白色、内果皮硬壳质；种子略带红色。

　　产江西、福建、台湾、广东、海南、广西、四川、贵州和云南等地。也分布于印度、斯里兰卡、中南半岛、印度尼西亚、马来西亚和菲律宾等。

　　可作产区荒山荒地酸性土造林的先锋树种；可作庭园风景树；果实供食用，可润肺化痰；树根和叶供药用，能解热清毒；种子榨油供制肥皂；树皮、叶、幼果可提制栲胶；木材供农具和家具用材，又为优良的薪炭柴。

　　云勇分布：三工区。

小果叶下珠

Phyllanthus reticulatus Poir.

大戟科 叶下珠属

　　灌木。叶片膜质至纸质、椭圆形。通常2~10朵雄花和1朵雌花簇生于叶腋、稀组成聚伞花序。蒴果呈浆果状、近球形、红色、干后灰黑色、不分裂、4~12室、每室有2粒种子；种子三棱形、褐色。

　　产江西、福建、台湾、湖南、广东、海南、广西、四川、贵州和云南等。也分布于东南亚地区和澳大利亚。

　　根、叶供药用，治驳骨、跌打。

　　云勇分布：十二沥、三工区－深坑。

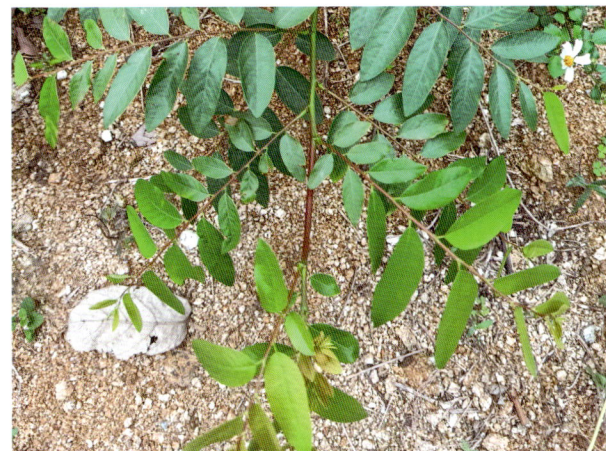

叶下珠

Phyllanthus urinaria L.

大戟科 叶下珠属

一年生草本。茎通常直立，基部多分枝，枝倾卧而后上升；枝具翅状纵棱。叶片纸质，因叶柄扭转而呈羽状排列，长圆形。花雌雄同株；雄花：2~4朵簇生于叶腋，通常仅上面1朵开花，下面的很小；雌花：单生于小枝中下部的叶腋内。蒴果圆球状，红色，表面具小凸刺，开裂后轴柱宿存；种子橙黄色。

产河北、山西、陕西及华东、华中、华南、西南等地。也分布于斯里兰卡、日本、马来西亚、印度尼西亚至南美及中南半岛、。

药用，全草有解毒、消炎、清热止泻、利尿之功效，可治赤目肿痛、肠炎腹泻、痢疾、肝炎、小儿疳积、肾炎水肿、尿路感染等。

云勇分布：一工区。

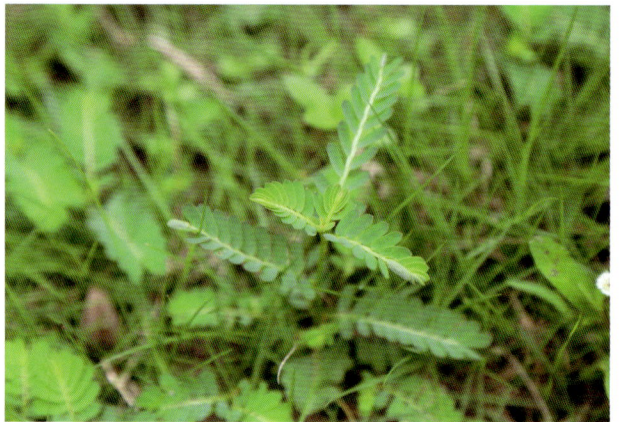

山乌桕

Triadica cochinchinensis Lour.

大戟科 乌桕属

乔大或灌木。叶互生，纸质，嫩时呈淡红色，叶片椭圆形，叶柄顶端具2毗连的腺体。花单性，雌雄同株，密集成长4~9 cm的顶生总状花序，雌花生于花序轴下部，雄花生于花序轴上部或有时整个花序全为雄花。蒴果黑色，球形，分果爿脱落后而中轴宿存；种子近球形，外表被蜡质的假种皮。

广布于云南、四川、贵州、湖南、广西、广东、江西、安徽、福建、浙江、台湾等地。印度、缅甸、老挝、越南、马来西亚及印度尼西亚也有分布。

作木材；根皮及叶药用，治跌打扭伤、痈疮、毒蛇咬伤及便秘等；种子油可制肥皂。

云勇分布：场部后山。

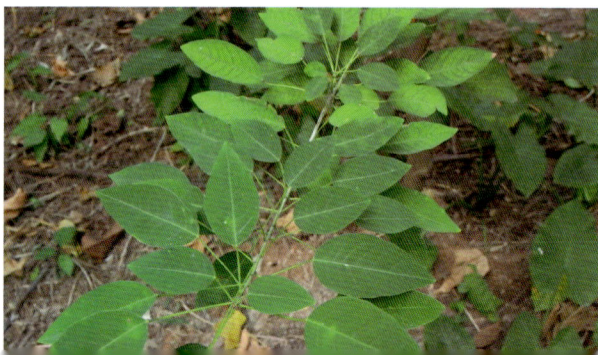

乌桕

Triadica sebifera (L.) Small

大戟科 乌桕属

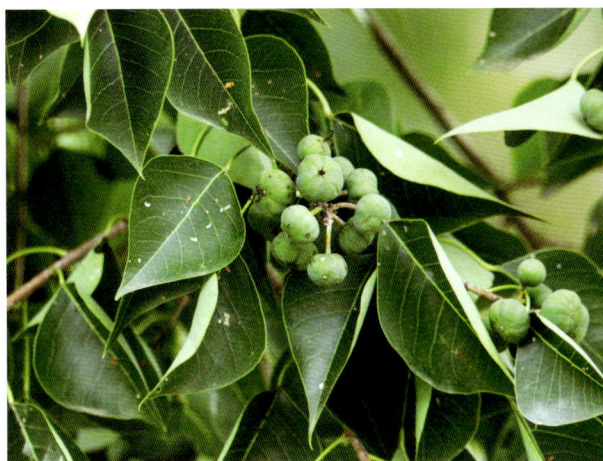

乔木。各部均具乳状汁液。叶互生，纸质，叶片菱形，全缘；叶柄顶端具 2 腺体。花单性，雌雄同株，聚集成顶生的总状花序，雌花通常生于花序轴最下部，雄花生于花序轴上部或有时整个花序全为雄花。蒴果梨状球形，成熟时黑色，具 3 种子；种子扁球形，黑色，外被白色、蜡质的假种皮。

在我国主要分布于黄河以南各地。日本、越南、印度也有分布，欧洲、美洲和非洲亦有栽培。

作木材；叶为黑色染料；根皮治毒蛇咬伤；假种皮溶解后可制肥皂、蜡烛；种子油适于涂料，可涂油纸、油伞等。

云勇分布：白石岗、飞马山。

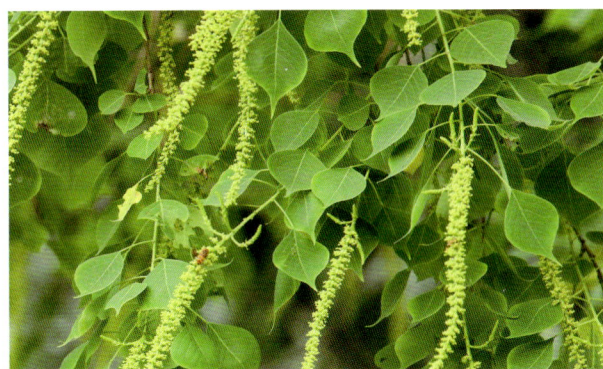

油桐

Vernicia fordii (Hemsl.) Airy Shaw

大戟科 油桐属

落叶乔木。树皮灰色，近光滑；枝条粗壮，具明显皮孔。叶卵圆形，掌状脉 5(~7) 条；叶柄顶端有 2 枚腺体。花雌雄同株，花瓣白色，有淡红色脉纹；雄花：雄蕊 8~12 枚，2 轮；雌花：子房密被柔毛。核果近球状，果皮光滑。

产陕西、河南、江苏、安徽、浙江、江西、福建、湖南、湖北、广东、海南、广西、四川、贵州、云南等地。越南也有分布。

本种是我国重要的工业油料植物；桐油是我国的外贸商品；果皮可制活性炭或提取碳酸钾。

云勇分布：六工区。

木油桐

Vernicia montana Lour.

大戟科 油桐属

落叶乔木。叶阔卵形，裂缺常有杯状腺体，掌状脉 5 条；叶柄顶端有 2 枚具柄的杯状腺体。花序生于当年生已发叶的枝条上，雌雄异株或有时同株异序，花瓣白色或基部紫红色且有紫红色脉纹。核果卵球状，具 3 条纵棱，棱间有粗疏网状皱纹，有种子 3 粒；种子扁球状，种皮厚，有疣突。

分布于浙江、江西、福建、台湾、湖南、广东、海南、广西、贵州、云南等地。越南、泰国、缅甸也有分布。

工业油料植物，果皮可制活性炭或提取碳酸钾。

云勇分布：白石岗、飞马山、十二沥。

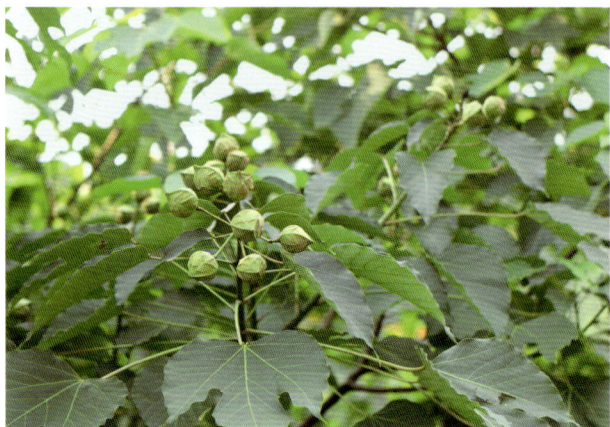

小盘木

Microdesmis caseariifolia Planch.

小盘木科 小盘木属

乔木或灌木。树皮粗糙，多分枝；嫩枝密被柔毛；成长枝近无毛。叶披针形、长圆状披针形至长圆形。花小，黄色，簇生于叶腋。核果圆球状，成熟时红色。

分布于广东、海南、广西和云南等地。中南半岛、马来半岛及菲律宾至印度尼西亚也有分布。

具有散瘀消肿、止痛之功效，常用于治顽癣、疣赘；树汁治齿痛。

云勇分布：六工区。

鼠刺

Itea chinensis Hook. et Arn.

鼠刺科 鼠刺属

灌木或小乔木。叶薄革质，卵状椭圆形，叶缘呈波状或近全缘，边缘上部具不明显圆齿状小锯齿。腋生总状花序，通常短于叶，单生或稀 2~3 束生，直立；花多数，2~3 个簇生，稀单生；花瓣白色；雄蕊与花瓣近等长或稍长于花瓣。蒴果长圆状披针形，被微毛，具纵条纹。

产福建、湖南、广东、广西、云南、西藏。印度、不丹、越南和老挝也有分布。

根可入药，祛风止痛，活血化瘀。

云勇分布：一工区。

常山

Dichroa febrifuga Lour.

绣球花科 常山属

灌木。叶形状大小变异大，常椭圆形，边缘具锯齿或粗齿，稀波状，两面绿色或一至两面紫色。伞房状圆锥花序顶生，有时叶腋有侧生花序，花蓝色或白色，花瓣稍肉质，花后反折。浆果蓝色，干时黑色。

产陕西、甘肃、江苏、安徽、浙江、江西、福建、台湾、湖北、湖南、广东、广西、四川、贵州、云南和西藏。东南亚和日本亦有分布。

多用根入药，可治疟疾、祛痰。

云勇分布：白石岗、飞马山。

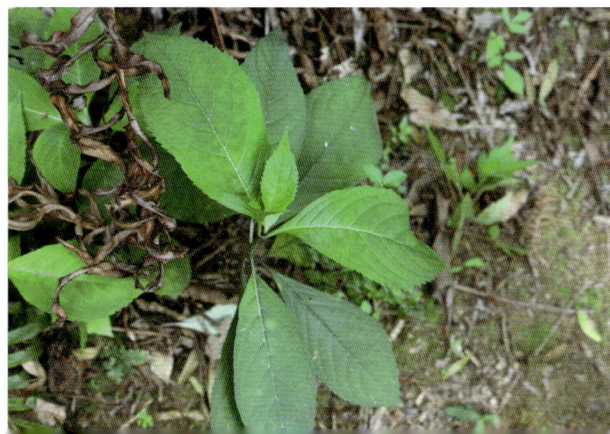

蛇莓

Duchesnea indica (Andr.) Fock.

蔷薇科 蛇莓属

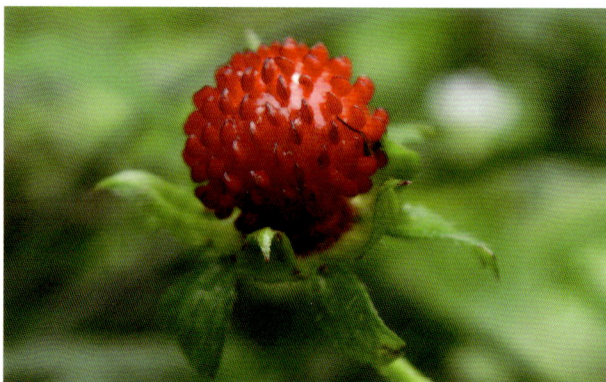

多年生草本。小叶片倒卵形至菱状长圆形，边缘有钝锯齿，两面皆有柔毛，或上面无毛，具小叶柄。花单生于叶腋，花瓣倒卵形，黄色，先端圆钝；花托在果期膨大，海绵质，鲜红色，有光泽。瘦果卵形，光滑或具不显明突起，鲜时有光泽。

产辽宁以南各地。分布从阿富汗东达日本，南达印度、印度尼西亚，在欧洲及美洲均有记录。

全草药用，茎叶捣敷治疗疮有特效，亦可敷蛇咬伤、烫伤、烧伤；果实煎服能治支气管炎；全草水浸液可防治农业害虫、杀蛆、孑孓等。

云勇分布：一工区。

枇杷

Eriobotrya japonica (Thunb.) Lindl.

蔷薇科 枇杷属

常绿小乔木。小枝粗壮，黄褐色，密生锈色或灰棕色茸毛。叶片革质，披针形、倒披针形、倒卵形或椭圆长圆形，上部边缘有疏锯齿，基部全缘，上面光亮，多皱，下面密生灰棕色茸毛，侧脉11~21对。圆锥花序顶生，具多花，花瓣白色，长圆形或卵形，基部具爪，有锈色茸毛。果实长圆形，橘黄色，外有锈色柔毛，不久脱落；种子1~5，扁球形，褐色，光亮。

产甘肃、陕西、河南、江苏、安徽、浙江、江西、湖北、湖南、四川、云南、贵州、广西、广东、福建、台湾。日本、印度、越南、缅甸、泰国、印度尼西亚也有栽培。

美丽观赏树木和果树；叶晒干去毛，可供药用，有化痰止咳、和胃降气之功效；木材红棕色，可制木梳、手杖、农具柄等。

云勇分布：三工区。

钟花樱

Prunus campanulata Maxim.

蔷薇科 李属

乔木或灌木。树皮黑褐色。叶片卵形、卵状椭圆形或倒卵状椭圆形，薄革质，边有急尖锯齿，常稍不整齐，侧脉8~12对。伞形花序，有花2~4朵，先叶开放，花瓣倒卵状长圆形，粉红色，先端颜色较深，下凹，稀全缘。核果卵球形，顶端尖；果梗先端稍膨大并有萼片宿存。

产浙江、福建、台湾、广东、广西，生于山谷林中及林缘。日本、越南也有分布。

早春着花，颜色鲜艳，在华东、华南地区可栽培，供观赏用。

云勇分布：一工区。

高盆樱桃

Prunus cerasoides Buch.-Ham. ex D. Don

蔷薇科 李属

乔木。幼枝被短柔毛。叶卵状披针形或长圆状披针形，叶缘有锯齿，齿端有小头状腺，两面无毛；叶柄先端有2~4腺；托叶线形，基部羽裂，有腺齿。萼筒钟状，常红色；花瓣卵形，先端圆钝或微凹，淡粉色或白色；雄蕊短于花瓣。核果卵圆形，熟时紫黑色。花期10~12月。

产云南、西藏，我国南方多地栽培。尼泊尔、不丹、缅甸等也有分布。

早春着花，供观赏用；果实可食。

云勇分布：一工区。

碧桃

Prunus persica 'Duplex'

蔷薇科 李属

　　落叶小乔木。叶椭圆状披针形，前端长而尖，叶边缘有粗锯齿。花单生，花梗极短；重瓣，有粉红、深红等颜色。果实卵形、宽椭圆形或扁圆形，外面密被短柔毛，腹线明显。
　　原产我国。现在世界各国均已经栽培引种。
　　园林观赏。
　　云勇分布：一工区。

刺叶桂樱

Prunus spinulosa Sieb. et Zucc.

蔷薇科 李属

　　常绿乔木。小枝紫褐色或黑褐色，具明显皮孔，无毛或幼嫩时微被柔毛。叶长圆形或倒卵状长圆形。总状花序生于叶腋，单生，具花 10 朵以上至 20 余朵，花瓣圆形，白色。果实椭圆形，褐色至黑褐色，表面光滑。
　　产江西、湖北、湖南、安徽、江苏、浙江、福建、广东、广西、四川、贵州。日本和菲律宾也有分布。
　　种子药用，治痢疾。
　　云勇分布：六工区。

大叶桂樱

Prunus zippeliana Miq.

蔷薇科 李属

　　常绿乔木。小枝具明显小皮孔，无毛。叶片革质，宽卵形至椭圆状长圆形或宽长圆形，叶边具稍密粗锯齿，齿顶有黑色硬腺体，两面无毛，侧脉明显，7~13 对，叶柄有 1 对扁平的基腺。总状花序单生或 2~4 个簇生于叶腋，花瓣近圆形，白色。果实长圆形，顶端急尖并具短尖头，成熟红褐色。

　　产甘肃、陕西、湖北、湖南、江西、浙江、福建、台湾、广东、广西、贵州、四川、云南。日本和越南也有分布。

　　优美的庭荫绿化观赏树种。

　　云勇分布：一工区。

臀果木（臀形果）

Pygeum topengii Merr.

蔷薇科 臀果木属

　　乔木。树皮深灰色至灰褐色；小枝暗褐色，具皮孔，幼时被褐色柔毛。叶卵状椭圆形或椭圆形。总状花序，总花梗、花梗和花萼均密被褐色柔毛；花瓣长圆形。果实肾形，深褐色；种子外面被细短柔毛。

　　产福建、广东、广西、云南、贵州。

　　种子可供榨油。

　　云勇分布：六工区。

豆梨

Pyrus calleryana Decne.

蔷薇科 梨属

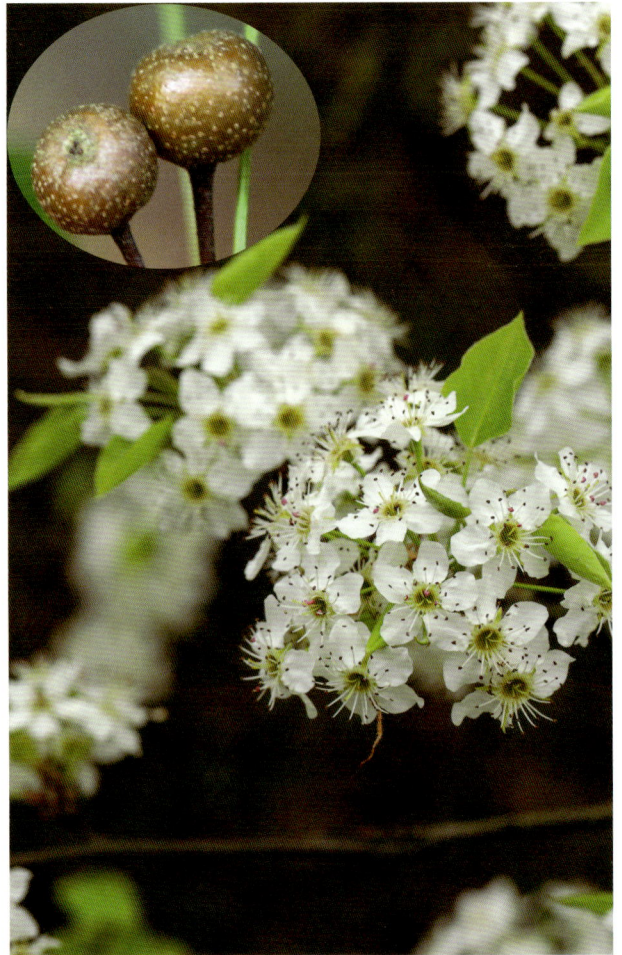

乔木。小枝在幼嫩时有茸毛，不久脱落，2 年生枝条灰褐色。叶片宽卵形至卵形，稀长椭卵形，边缘有钝锯齿，两面无毛。伞形总状花序，具花 6~12 朵，花瓣卵形，基部具短爪，白色。梨果球形，黑褐色，有斑点，萼片脱落，2 (3) 室，有细长果梗。

产山东、河南、江苏、浙江、江西、安徽、湖北、湖南、福建、广东、广西。也分布于越南。

木材致密可作器具；通常用作沙梨砧木。

云勇分布：三工区 – 深坑。

石斑木（春花）

Rhaphiolepis indica (L.) Lindl.

蔷薇科 石斑木属

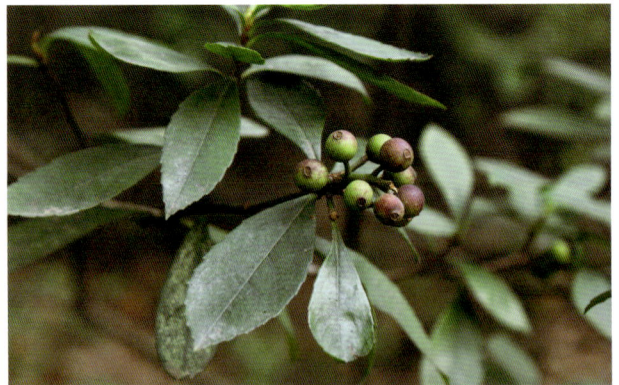

常绿灌木，稀小乔木。叶片集生于枝顶，卵形，边缘具细钝锯齿。顶生圆锥花序或总状花序，总花梗和花梗被锈色茸毛，萼筒筒状，边缘及内外面有褐色茸毛，或无毛；萼片 5，三角披针形至线形；花瓣 5，白色或淡红色。果实球形，紫黑色。

产安徽、浙江、江西、湖南、贵州、云南、福建、广东、广西、台湾。日本、老挝、越南、柬埔寨、泰国和印度尼西亚也有分布。

木材带红色，质重坚韧，可作器物；果实可食。

云勇分布：场部后山。

月季花

Rosa chinensis Jacq.

蔷薇科 蔷薇属

直立灌木。小枝粗壮，圆柱形，近无毛，有短粗的钩状皮刺。小叶 3~5，上面暗绿色，下面颜色较浅，顶生小叶片有柄，有散生皮刺和腺毛。花几朵集生，花瓣重瓣至半重瓣，红色、粉红色至白色。果卵球形或梨形。

原产我国，各地普遍栽培。

花、根、叶均入药。花含挥发油、槲皮苷鞣质、没食子酸、色素等，治月经不调、痛经、痛疖肿毒；叶治跌打损伤；鲜花或叶外用，捣烂敷患处。

云勇分布：场部。

小果蔷薇

Rosa cymosa Tratt.

蔷薇科 蔷薇属

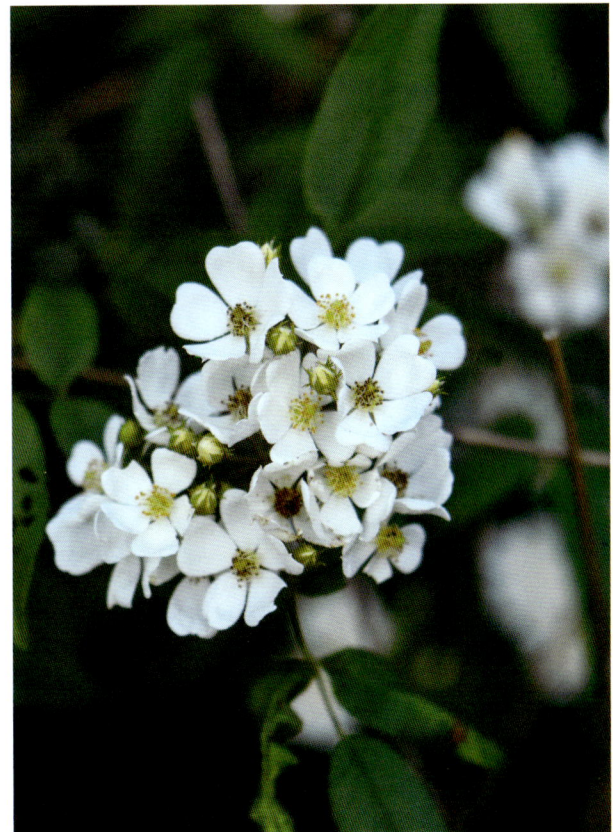

攀缘灌木。小枝有钩状皮刺。小叶 3~5，稀 7，卵状披针形，边缘有紧贴或尖锐细锯齿。花多朵成复伞房花序；萼片卵形，先端渐尖，常有羽状裂片，外面近无毛，稀有刺毛，内面被稀疏白色茸毛，沿边缘较密；花瓣白色，先端凹，基部楔形。果球形，红色至黑褐色，萼片脱落。

产江西、江苏、浙江、安徽、湖南、四川、云南、贵州、福建、广东、广西、台湾等地。

以根和叶入药。根祛风除湿，收敛固脱；叶解毒消肿，用于治痈疖疮疡、烧烫伤。

云勇分布：一工区。

金樱子

Rosa laevigata Michx.

蔷薇科 蔷薇属

常绿攀缘灌木。小枝散生扁弯皮刺。小叶革质，通常 3，稀 5，椭圆状卵形，边缘有锐锯齿。花单生于叶腋，花梗和萼筒密被腺毛，随果实成长变为针刺；萼片先端呈叶状，常有刺毛和腺毛；花瓣白色，宽倒卵形，先端微凹。果梨形、倒卵形，稀近球形，紫褐色，外面密被刺毛，萼片宿存。

产陕西、安徽、江西、江苏、浙江、湖北、湖南、广东、广西、台湾、福建、四川、云南、贵州等地。

根皮含鞣质可制栲胶；果实可熬糖及酿酒；根、叶、果均入药，根有活血散瘀、祛风除湿、解毒收敛及杀虫等功效。

云勇分布：十二沥。

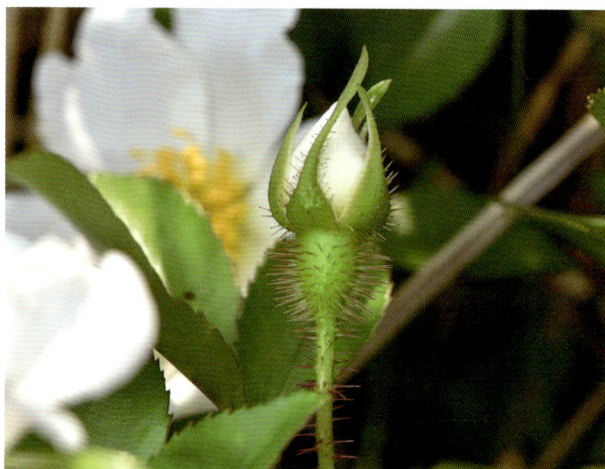

白花悬钩子

Rubus leucanthus Hance

蔷薇科 悬钩子属

攀缘灌木。枝疏生钩状皮刺。小叶 3 枚，生于枝上部或花序基部的有时为单叶，革质，卵形，边缘有粗单锯齿。花 3~8 朵形成伞房状花序，生于侧枝顶端，稀单花腋生；萼片卵形，在花果时均直立开展；花瓣长卵形，白色，基部微具柔毛，具爪。果实近球形，红色，无毛，萼片包于果实；核较小，具洼穴。

产湖南、福建、广东、广西、贵州、云南。越南、老挝、柬埔寨、泰国也有分布。

果可供食用；根治腹泻、赤痢。

云勇分布：场部后山。

深裂锈毛莓

Rubus reflexus var. *lanceolobus* F. P. Metc.

蔷薇科 悬钩子属

攀缘灌木。枝被锈色茸毛状毛，有稀疏小皮刺。单叶，心状宽卵形，边缘 5~7 深裂，裂片披针形，有不整齐的粗锯齿或重锯齿，顶生裂片比侧生裂片长很多。花数朵集生于叶腋或成顶生短总状花序；花萼外密被锈色长柔毛和茸毛；花瓣长圆形至近圆形，白色。果实近球形，深红色；核有皱纹。

产湖南、福建、广东、广西。

果可食；根入药，有祛风湿，强筋骨之功效。

云勇分布：一工区。

空心藨（空心泡）

Rubus rosifolius Smith

蔷薇科 悬钩子属

直立或攀缘灌木。小枝常有浅黄色腺点，疏生较直立皮刺。小叶 5~7 枚，卵状披针形或披针形，有浅黄色发亮的腺点，下面沿中脉有稀疏小皮刺，边缘有尖锐缺刻状重锯齿。花常 1~2 朵，顶生或腋生，花瓣长圆形、长倒卵形或近圆形，白色，基部具爪，长于萼片。果实卵球形或长圆状卵圆形，红色，有光泽，无毛；核有深窝孔。

产江西、湖南、安徽、浙江、福建、台湾、广东、广西、四川、贵州。印度、缅甸、泰国、老挝、越南、柬埔寨、日本、印度尼西亚、马达加斯加及大洋洲、非洲也有分布。

根、嫩枝及叶入药，味苦、甘、涩，性凉，有清热止咳、止血、祛风湿之功效。

云勇分布：三工区。

红腺悬钩子

Rubus sumatranus Miq.

蔷薇科 悬钩子属

直立或攀缘灌木。小枝、叶轴、叶柄、花梗和花序均被紫红色腺毛、柔毛和皮刺。小叶 5~7 枚，稀 3 枚，卵状披针形至披针形，下面沿中脉有小皮刺，边缘具不整齐的尖锐锯齿。花 3 朵或数朵成伞房状花序，稀单生，花瓣长倒卵形或匙状，白色，基部具爪。果实长圆形，橘红色，无毛。

产湖北、湖南、江西、安徽、浙江、福建、台湾、广东、广西、四川、贵州、云南、西藏。朝鲜、日本及中南半岛也有分布。

根入药，有清热、解毒、利尿之功效。

云勇分布：一工区。

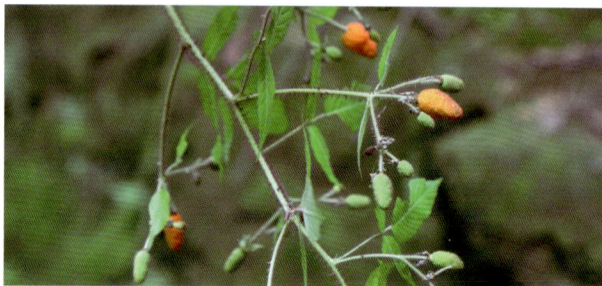

大叶相思

Acacia auriculiformis A. Cunn. ex Benth.

含羞草科 相思树属

常绿乔木。叶状柄镰状长圆形，比较显著的主脉有 3~7 条。穗状花序，1 至数枝簇生于叶腋或枝顶；花橙黄色；花瓣长圆形。荚果成熟时旋卷，果瓣木质，每一果内有种子约 12 粒；种子黑色，围以折叠的珠柄。

广东、广西、福建有引种。原产澳大利亚北部及新西兰。

材用或绿化树种，生长迅速，萌生力极强。

云勇分布：一工区、四工区。

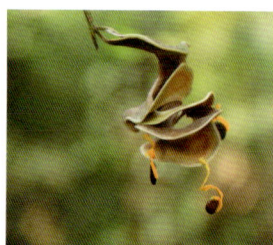

台湾相思

Acacia confusa Merr.

含羞草科 相思树属

常绿乔木。苗期第一片真叶为羽状复叶，长大后小叶退化，叶柄变为叶状柄，叶状柄革质，披针形，直或微呈弯镰状，两端渐狭，先端略钝，两面无毛，有明显的纵脉3~5(8)条。头状花序球形，单生或2~3个簇生于叶腋，花金黄色，有微香；花瓣淡绿色。荚果扁平，干时深褐色，有光泽，于种子间微缢缩；种子2~8粒，椭圆形，压扁。

产台湾、福建、广东、广西、云南，野生或栽培。菲律宾、印度尼西亚、斐济亦有分布。

本种为华南地区荒山造林、水土保持和沿海防护林的重要树种。材质坚硬，可供车轮、桨橹及农具等用；花含芳香油，可作调香原料。

云勇分布：一工区、二工区。

马占相思

Acacia mangium Willd.

含羞草科 相思树属

常绿乔木。羽状复叶退化成叶状柄，互生；叶状柄狭椭圆形至椭圆形，有4条纵向平行脉。穗状花序，花序腋生；花淡黄色。荚果，果线形，成熟时旋卷；种子扁平，种皮硬而光滑。

广东广泛栽培。原产澳大利亚、印度尼西亚、巴布亚新几内亚。

本种为华南地区荒山造林、水土保持和沿海防护林的重要树种。

云勇分布：一工区、二工区。

黑木相思

Acacia melanoxylon R. Br.

含羞草科 相思树属

　　高大乔木。树皮棕灰色到深灰色，纵状开裂，鳞片纵状剥落；小枝具明显菱角。叶状柄长卵形，有时镰刀形甚至直线形。总状花序，花白色到浅黄色。果荚扁平、薄状，成熟时棕色；种子黑色，卵形、扁平。

　　福建南部、广东、广西、海南有栽培。原产澳大利亚。

　　黑木相思有固氮根瘤，枯落物丰富，改土性能好，是荒山、"四旁"、园林、公路的优良绿化树种；因其木纹美丽，黑木相思在家具材及贴面板材上具有很高的应用价值，且木材的声学性能优异，常用作优质的小提琴背板。

　　云勇分布：一工区。

珍珠相思（银叶金合欢）

Acacia podalyriifolia A. Cunn. ex G. Don

含羞草科 相思树属

　　小乔木。幼年时叶片为羽状复叶，成年后叶片退化，而银色的叶柄则逐渐变宽，形如单叶，对生。头状花序1或2~3个簇生于叶腋，黄色。荚果膨胀，近圆柱状；种子褐色，卵形。

　　产浙江、台湾、福建、广东、广西、云南、四川。原产澳大利亚，现广布于热带地区。

　　园林造景；花可提香精；树脂可供美工用及药用。

　　云勇分布：一工区。

天香藤

Albizia corniculata (Lour.) Druce

含羞草科 合欢属

　　攀缘灌木或藤本。在叶柄下常有 1 枚下弯的粗短刺。二回羽状复叶，羽片 2~6 对，小叶 4~10 对，长圆形，基部偏斜。头状花序有花 6~12 朵，再排成顶生或腋生的圆锥花序；花冠白色。荚果带状，扁平；种子长圆形，褐色。

　　产广东、广西、福建。越南、老挝、柬埔寨亦有分布。

　　云勇分布：场部后山。

猴耳环

Archidendron clypearia (Jack) I. C. Niel.

含羞草科 猴耳环属

　　乔木。小枝无刺，有明显的棱角，密被黄褐色茸毛。二回羽状复叶；羽片 3~8 对；小叶革质，斜菱形，顶部的最大，往下渐小。花具短梗，数朵聚成小头状花序，再排成顶生和腋生的圆锥花序，花冠白色或淡黄色，中部以下合生。荚果旋卷，边缘在种子间溢缩；种子 4~10 粒，椭圆形，黑色，种皮皱缩。

　　产浙江、福建、台湾、广东、广西、云南。

　　树皮含单宁，可提制栲胶。

　　云勇分布：十二沥。

亮叶猴耳环

Archidendron lucidum (Benth.) I. C. Niel.

含羞草科 猴耳环属

乔木。嫩枝、叶柄和花序均被褐色短茸毛。羽片1~2对；总叶柄近基部、每对羽片下和小叶片下的叶轴上均有圆形而凹陷的腺体；小叶斜卵形，上面光亮。头状花序球形，有花10~20朵，排成腋生或顶生的圆锥花序；花瓣白色部以下合生。荚果旋卷成环状，边缘在种子间缢缩；种子黑色。

产浙江、台湾、福建、广东、广西、云南、四川等地。印度和越南亦有分布。

木材用作薪炭；枝叶入药，能消肿祛湿；果有毒。

云勇分布：场部后山。

朱缨花

Calliandra haematocephala Hassk.

含羞草科 朱缨花属

落叶灌木或小乔木。二回羽状复叶，羽片1对，小叶7~9对，斜披针形，中上部的小叶较大，下部的较小。头状花序腋生，有花约25~40朵，花冠管淡紫红色，顶端具5裂片，裂片反折，雄蕊突露于花冠之外，非常显著。荚果线状倒披针形，棕色，成熟时由顶至基部沿缝线开裂，果瓣外反；种子5~6粒，长圆形，棕色。

台湾、福建、广东有引种栽培。原产南美，现热带、亚热带地区常有栽培。

花色艳丽，是优良的观花树种，适宜在园林绿地中栽植。

云勇分布：一工区。

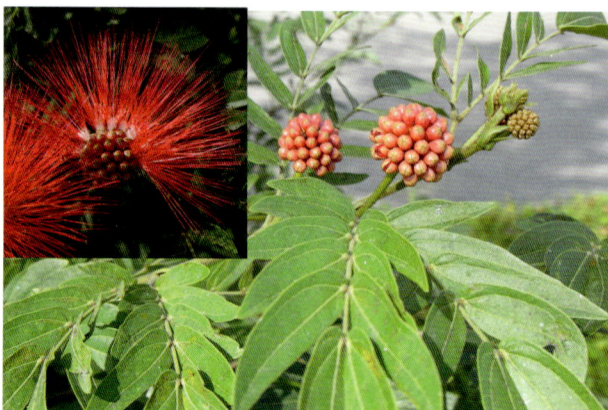

榼藤

Entada phaseoloides (L.) Merr.

含羞草科 榼藤属

常绿、木质大藤本。茎扭旋。二回羽状复叶，羽片通常2对，顶生1对羽片变为卷须；小叶2~4对，对生，革质，长椭圆形或长倒卵形。穗状花序，单生或排成圆锥花序式，被疏柔毛；花细小，白色，密集，略有香味；花瓣5，长圆形，基部稍连合。荚果弯曲，扁平，木质，成熟时逐节脱落，每节内有1粒种子；种子近圆形，扁平，暗褐色，成熟后种皮木质，有光泽，具网纹。

产台湾、福建、广东、广西、云南、西藏等地。东半球热带地区广布。

茎皮及种子均含皂素，可作肥皂的代用品；茎皮的浸液有催吐、下泻作用，有强烈的刺激性，误入眼中可引起结膜炎。

云勇分布：四工区。

南洋楹

Falcataria falcata (L.) Greut. et R. Rank.

含羞草科 南洋楹属

常绿大乔木。羽片6~20对，上部的通常对生，下部的有时互生；总叶柄基部及叶轴中部以上羽片着生处有腺体；小叶6~26对，无柄，菱状长圆形；中脉偏于上边缘。穗状花序腋生，单生或数个组成圆锥花序；花初白色，后变黄色。荚果带形，熟时开裂；种子多粒。

福建、广东、广西有栽培。原产马六甲及印度尼西亚，现广植于各热带地区。

本种生长迅速，是一种很好的速生树种，多植为庭园树和行道树。

云勇分布：一工区、三工区。

银合欢

Leucaena leucocephala (Lam.) de Wit.

含羞草科 银合欢属

乔木。幼枝被短柔毛,老枝无毛,具褐色皮孔,无刺。头状花序常 1~2 腋生;花白色;顶端具 5 细齿,外面被柔毛;花瓣窄倒披针形,背面被疏柔毛;雄蕊 10,常被疏柔毛,长约 7mm;子房具短柄,上部被柔毛,柱头凹下呈杯状。荚果带状,长 10~18 cm,顶端凸尖,基部有柄,被微柔毛,纵裂;种子 6~25,卵圆形。

台湾、福建、广东、广西和云南有分布。原产热带美洲,现广布于各热带地区。

本种耐旱力强,适为荒山造林树种,亦可作咖啡或可可的荫蔽树种或植作绿篱;木质坚硬,为良好的薪炭材。

云勇分布:一工区、三工区、六工区。

光荚含羞草 (簕仔树)

Mimosa bimucronata (DC.) Kuntz.

含羞草科 含羞草属

落叶灌木。小枝密被黄色茸毛。二回羽状复叶,羽片 6~7 对,叶轴无刺,被短柔毛,小叶 12~16 对,线形,中脉略偏上缘。头状花序球形;花白色;花萼杯状,极小;花瓣长圆形,仅基部连合;雄蕊 8 枚。荚果带状,劲直,无刺毛,常有 5~7 个荚节,成熟时荚节脱落而残留荚缘。

广东南部沿海地区有分布。原产热带美洲。

云勇分布:一工区。

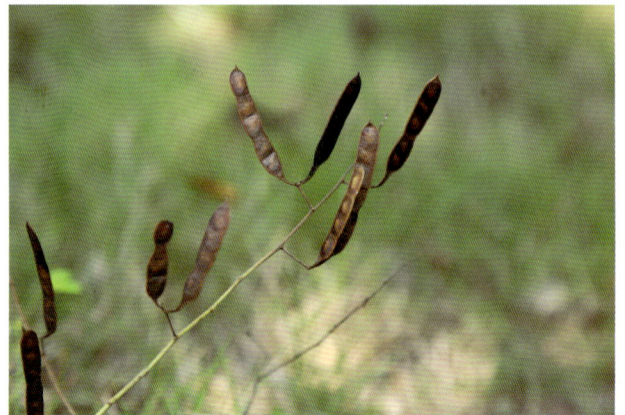

含羞草

Mimosa pudica L.

含羞草科 含羞草

披散、亚灌木状草本。茎有散生、下弯的钩刺及倒生刺毛。羽片和小叶触之即闭合而下垂；羽片通常 2 对，指状排列于总叶柄之顶端，小叶 10~20 对，线状长圆形，边缘具刚毛。头状花序圆球形，单生或 2~3 个生于叶腋；花小、淡红色、多数；花冠钟状，裂片 4，外面被短柔毛。荚果长圆形，扁平，稍弯曲，荚缘波状，具刺毛，成熟时荚节脱落，荚缘宿存；种子卵形。

台湾、福建、广东、广西、云南等地有分布。原产热带美洲，现广布于世界热带地区。

全草供药用，有安神镇静的功能，鲜叶捣烂外敷治带状泡疹。

云勇分布：一工区。

红花羊蹄甲

Bauhinia × *blakeana* Dunn.

苏木科 羊蹄甲属

常绿乔木。分枝多，小枝细长，被毛。单叶互生，叶全缘，顶端 2 裂，深裂为叶长的 1/4~1/3，基脉约 13 条。总状花序，有时复合成圆锥花序，顶生或腋生；花瓣红紫色，具短柄，倒披针形，最上一枚深紫红色，能育雄蕊 5 枚，其中 3 枚较长，退化雄蕊 2~5 枚，丝状，极细。通常不结果。

我国华南地区广泛栽培。世界各地广泛栽植。

园林观赏。

云勇分布：一工区。

橙花羊蹄甲（嘉氏羊蹄甲）

Bauhinia galpini N. E. Br.

苏木科 羊蹄甲属

常绿攀缘灌木。枝条细软。叶坚纸质、近圆形，先端2裂达叶长的1/5~1/2，裂片顶端钝圆，基部截平至浅心形。聚伞花序伞房状，侧生，花瓣红色，倒匙形，荚果长圆形。花期4~11月，果期7~12月。

上海、四川及华南地区有栽培。原产南非。

花叶俱美，为优良的庭园树种，可在路边、墙垣边或野畔栽培观赏，也可盆栽用于阳台、天台绿化。

云勇分布：缤纷林海。

羊蹄甲

Bauhinia purpurea L.

苏木科 羊蹄甲属

乔木或直立灌木。叶硬纸质，近圆形，先端分裂达叶长的1/3~1/2，基出脉9~11条。总状花序侧生或顶生，少花，有时2~4个生于枝顶而成复总状花序，被褐色绢毛；花瓣桃红色，倒披针形，具脉纹和长的瓣柄。荚果带状，扁平，略呈弯镰状，成熟时开裂，木质的果瓣扭曲将种子弹出；种子近圆形，扁平，种皮深褐色。

产我国南部。中南半岛及印度、斯里兰卡有分布。

世界亚热带地区广泛栽培于庭园供观赏及作行道树；树皮、花和根供药用，为烫伤及脓疮的洗涤剂、嫩叶汁液或粉末可治咳嗽，但根皮剧毒，忌服。

云勇分布：一工区。

宫粉羊蹄甲

Bauhinia variegata L.

苏木科 羊蹄甲属

落叶乔木。叶近革质，广卵形至近圆形，先端2裂达叶长的1/3，裂片阔，基出脉(9~)13条。总状花序侧生或顶生，极短缩，多少呈伞房花序式，少花；花瓣倒卵形或倒披针形，具瓣柄，紫红色或淡红色，杂以黄绿色及暗紫色的斑纹。荚果带状，扁平，具长柄及喙；种子10~15粒，近圆形，扁平。

产我国南部。印度及中南半岛有分布。

花美丽而略有香味，为良好的观赏及蜜源植物。木材坚硬，可作农具；树皮含单宁；根皮用水煎服可治消化不良；花芽、嫩叶和幼果可食。

云勇分布：一工区。

白花宫粉羊蹄甲

Bauhinia variegata var. *candida* (Roxb.) Voigt.

苏木科 羊蹄甲属

落叶乔木。单叶互生，先端2裂达叶长的1/3，基出脉(9~)13条，叶下面通常被短柔毛。总状花序，花大，花萼佛焰苞状，被短柔毛，花瓣白色，近轴的一片或有时全部花瓣均杂以淡黄色的斑块。荚果带状，扁平。花期3月最盛。

产我国南部。印度及中南半岛有分布。

常栽培于庭园供观赏。花可食。

云勇分布：一工区。

藤槐

Bowringia callicarpa Camp. ex Benth.

苏木科 藤槐属

　　藤状灌木。单叶，革质，长圆形或卵状长圆形，基部圆形，两面几无毛，叶脉两面明显隆起，细脉明显；叶柄两端稍膨大。总状花序或排列成伞房状，花疏生，与花梗近等长；花冠白色；旗瓣近圆形，翼瓣较旗瓣长，龙骨瓣最短；雄蕊10；子房被短柔毛。荚果卵形或卵球形，先端具喙。花期4~6月，果期7~9月。

　　产广东、广西、海南、福建。

　　可开发用作边坡绿化和墙体绿化。

　　云勇分布：六工区。

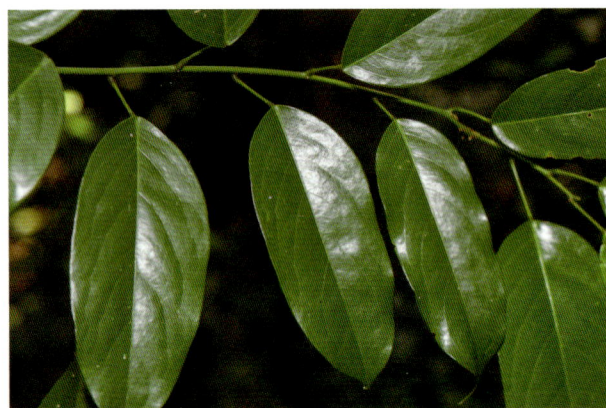

南天藤（华南云实）

Caesalpinia crista L.

苏木科 小凤花属

　　木质藤本。二回羽状复叶，叶轴上有黑色倒钩刺；羽片2~3对，有时4对，对生；小叶4~6对，对生，革质，卵形或椭圆形。总状花序，复排列成顶生、疏松的大型圆锥花序；花芳香；花瓣5，不相等，其中4片黄色，卵形，无毛，瓣柄短，稍明显，上面一片具红色斑纹，向瓣柄渐狭，内面中部有毛。荚果斜阔卵形，革质，肿胀，具网脉，先端有喙；种子1粒，扁平。

　　产云南、贵州、四川、湖北、湖南、广西、广东、福建和台湾。印度、斯里兰卡、缅甸、泰国、柬埔寨、越南、马来半岛、日本及波利尼西亚群岛都有分布。

　　云勇分布：各工区。

铁架木

Caesalpinia ferrea C. Mart.

苏木科 小凤花属

　　乔木。树皮灰白色，光滑，有深色斑点。二回偶数羽状复叶，羽片对生，3~5对。总状花序，花黄色。荚果成熟时黑色，革质。

　　原产于巴西、玻利维亚等南美热带地区。

　　观赏树种。木材坚硬，优质红棕色木材，制作吉他及工具、手枪把柄。

　　云勇分布：缤纷林海。

腊肠树

Cassia fistula L.

苏木科 腊肠树属

　　落叶小乔木或中等乔木。偶数羽状复叶，有小叶 3~4 对，在叶轴和叶柄上无翅亦无腺体；小叶对生，薄革质，阔卵形、卵形或长圆形，全缘，幼嫩时两面被微柔毛，老时无毛；叶脉纤细，两面均明显；叶柄短。总状花序，疏散，下垂；花与叶同时开放，花瓣黄色，倒卵形、近等大。荚果圆柱形，黑褐色，不开裂，有 3 条槽纹；种子 40~100 粒，为横膈膜所分开。

　　我国南部和西南部均有栽培。原产印度、缅甸和斯里兰卡。

　　本种是南方常见的庭园观赏树木；树皮含单宁，可做红色染料；根、树皮、果瓤和种子均可入药作缓泻剂；木材可作支柱、桥梁、车辆及农具等用材。

　　云勇分布：一工区。

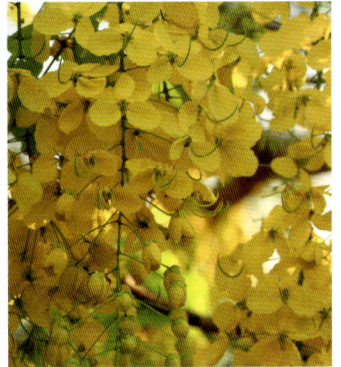

节荚腊肠树（粉花山扁豆）

Cassia javanica subsp. *nodosa* (Buch.-Ham. ex Roxb.) K. Larsen & S. S. Larsen

苏木科 腊肠树属

　　半落叶乔木。小枝纤细，下垂。偶数羽状复叶，叶轴和叶柄无腺体；小叶 6~13 对，顶端圆钝，微凹，边全缘。伞房状总状花序，花瓣 5，粉红色，雄蕊 10 枚，3 枚较长，7 枚较短。荚果圆筒形，黑褐色。花期 5~6 月。

　　我国云南、海南、广西、广东等有栽培。原产夏威夷群岛。

　　本种树冠如伞，夏季盛开粉红色花，冬春挂果，形如腊肠，是优质的庭园观赏植物；木材坚硬而重，可作家具用材。

　　云勇分布：一工区 – 缤纷林海。

紫荆

Cercis chinensis Bunge

苏木科 紫荆属

　　落叶灌木，高5 m。小枝灰白色，无毛。叶近圆形，基部心形；花紫红色或粉红色，2~10余朵成束，簇生于老枝和主干上，常先叶开放，龙骨瓣基部有深紫色斑纹。荚果扁，窄长圆形，绿色；种子2~6粒，宽长圆形，黑褐色，光亮。

　　产我国东南部，北至河北，南至广东、广西，西至云南、四川，西北至陕西，东至浙江、江苏和山东等地。

　　优良木本花卉植物；树皮可入药，有清热解毒、活血行气、消肿止痛之功效，可治产后血气痛、疔疮肿毒、喉痹；花可治风湿筋骨痛。

　　云勇分布：场部。

凤凰木

Delonix regia (Boj.) Raf.

苏木科 凤凰木属

　　高大落叶乔木。叶为二回偶数羽状复叶，具托叶；羽片对生，15~20对；小叶25对，密集对生，长圆形，两面被绢毛，边全缘，中脉明显。伞房状总状花序顶生或腋生；花瓣5，匙形，红色，具黄及白色花斑，开花后向花萼反卷，瓣柄细长。荚果带形，扁平，稍弯曲，暗红褐色，成熟时黑褐色，顶端有宿存花柱；种子20~40粒，横长圆形，平滑，黄色染有褐斑。

　　我国云南、广西、广东、福建、台湾等地栽培。原产马达加斯加，世界热带地区常栽种。

　　可作为观赏树或行道树；树脂能溶于水，用于工艺；木材轻软，富有弹性和特殊木纹，可作小型家具和工艺原料；种子有毒，忌食。

　　云勇分布：一工区。

格木

Erythrophleum fordii Oliv.

苏木科 格木属

乔木。嫩枝和幼芽被铁锈色短柔毛。叶互生，二回羽状复叶，无毛；羽片通常 3 对，对生或近对生，每羽片有小叶 8~12 片；小叶互生，卵形或卵状椭圆形，两侧不对称，边全缘。由穗状花序排成圆锥花序，花瓣 5，淡黄绿色，长于萼裂片，倒披针形，内面和边缘密被柔毛。荚果长圆形，扁平，厚革质，有网脉；种子长圆形，稍扁平，种皮黑褐色。

产广西、广东、福建、台湾、浙江等地。越南也有分布。

木材暗褐色，质硬而亮，纹理致密，为国产著名硬木之一；可作造船的龙骨、首柱及尾柱，飞机机座的垫板及房屋建筑的柱材等。

云勇分布：四工区。

短萼仪花

Lysidice brevicalyx C. F. Wei

苏木科 仪花属

乔木。小叶 3~4（5）对，近革质，长圆形、倒卵状长圆形或卵状披针形。圆锥花序披散，花瓣倒卵形，先端近截平而微凹，紫色。荚果长圆形或倒卵状长圆形，二缝线近等长，开裂，果瓣平或稍扭转；种子 7~10 粒，长圆形、斜阔长圆形至近圆形，栗褐色或微带灰绿色，光亮，边缘增厚成一圈狭边。

产广东、广西、贵州及云南等。

本种木材黄白色，坚硬，是优良建筑用材；根、茎、叶亦可入药，性能如仪花。

云勇分布：一工区 – 场部。

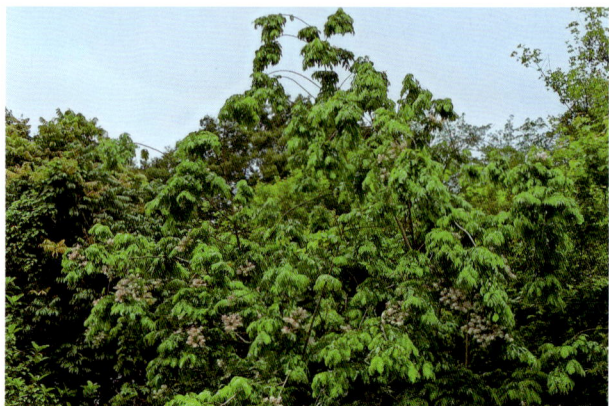

仪花

Lysidice rhodostegia Hance

苏木科 仪花属

灌木或小乔木。小叶 3~5 对，纸质，长椭圆形。圆锥花序，总轴、苞片、小苞片均被短疏柔毛；苞片、小苞片粉红色，萼裂片暗紫红色；花瓣紫红色，阔倒卵形。荚果倒卵状长圆形，基部 2 缝线不等长，腹缝较长而弯拱，开裂，果瓣常成螺旋状卷曲；种子长圆形，褐红色。

产广东、广西和云南。越南也有分布。

根、茎、叶能散瘀消肿、止血止痛；可治跌打损伤、骨折、风湿关节炎、外伤出血等症；庭园绿化树种。

云勇分布：一工区。

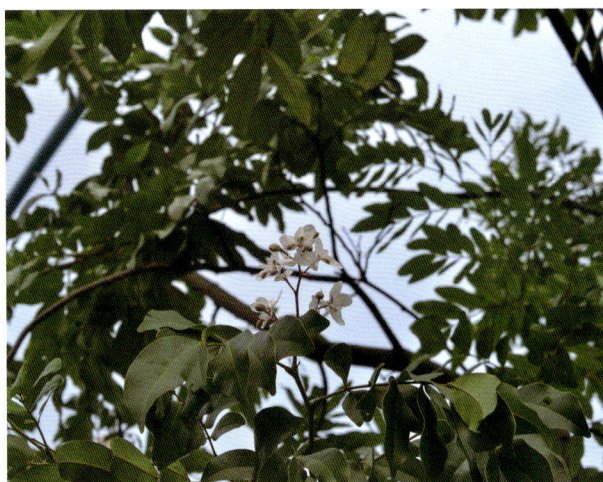

火索藤（红绒毛羊蹄甲）

Phanera aurea (H. Lév.) Mack. et R. Clark

苏木科 火索藤属

木质藤本。枝密被褐色茸毛；嫩枝具棱；卷须初时被毛，渐变无毛。叶近圆形，先端分裂达叶长的 1/3~1/2，裂片先端圆钝，很少急尖，基部深心形或浅心形，上面除脉上有毛外其余近无毛，下面被黄褐色茸毛；基出脉 9~13；叶柄密被毛。伞房花序顶生或侧生，有花 10 余朵，密被褐色丝质茸毛。花梗长 2~5 cm；花托短；萼片披针形，开花时反折，外面被毛；花瓣白色，匙形，具瓣柄，外面中部被丝质长柔毛；能育雄蕊 3，花丝无毛；子房密被褐色长柔毛，花柱上半部无毛，柱头大，盘状。荚果带状，长 16~30 cm，宽 4~7 cm，外面密被褐色茸毛，果瓣硬木质。

产云南、四川、贵州、广西、广东。

全株药用，疏风散寒，治风湿性关节炎。

云勇分布：三工区 - 深坑。

龙须藤

Phanera championii Benth.

苏木科 火索藤属

　　藤本。有卷须。叶纸质，卵形或心形；基出脉5~7条。总状花序狭长，腋生，有时与叶对生或数个聚生于枝顶而成复总状花序，被灰褐色小柔毛；花瓣白色，具瓣柄，瓣片匙形。荚果倒卵状长圆形或带状，扁平，无毛，果瓣革质；种子2~5粒，圆形，扁平。

　　产浙江、台湾、福建、广东、广西、江西、湖南、湖北和贵州。印度、越南和印度尼西亚也有分布。

　　龙须藤适用于大型棚架、绿廊、墙垣等攀缘绿化。

　　云勇分布：三工区 - 深坑。

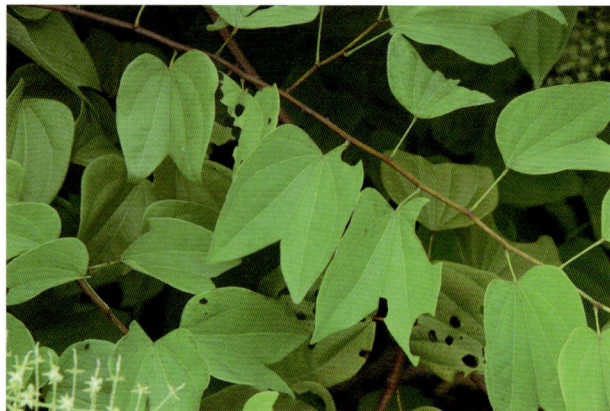

老虎刺

Pterolobium punctatum Hemsl.

苏木科 老虎刺属

　　木质藤本或攀缘性灌木。具散生的、或于叶柄基部具成对的黑色、下弯的短钩刺。羽片9~14对，小叶片19~30对，对生，两面被黄色毛，具明显或不明显的黑点。总状花序，腋上生或于枝顶排列成圆锥状；花瓣相等，顶端稍呈啮蚀状。荚果发育部分菱形，翅一边直，另一边弯曲；种子椭圆形，扁。

　　产广东、广西、云南、贵州、四川、湖南、湖北、江西、福建等地。老挝也有分布。

　　根、叶可入药，有清热解毒、祛风除湿、消肿止痛之功效。

　　云勇分布：一工区。

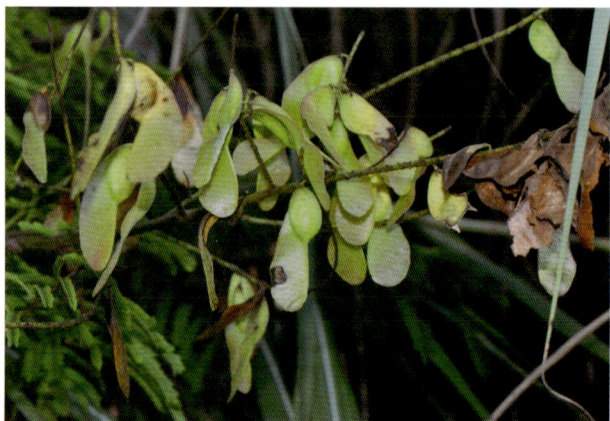

中国无忧花

Saraca dives Pier.

苏木科 无忧花属

乔木。叶有小叶 5~6 对，嫩叶略带紫红色，下垂；小叶近革质，长椭圆形、卵状披针形或长倒卵形，基部 1 对常较小，侧脉 8~11 对。花序腋生，较大，花黄色，后部分（萼裂片基部及花盘、雄蕊、花柱）变红色，两性或单性。荚果棕褐色，扁平，果瓣卷曲；种子 5~9 粒，形状不一，扁平，两面中央有一浅凹槽。

产云南、广西，广东有栽培。越南、老挝也有分布。

本种可放养紫胶虫，且是一优良的紫胶虫寄主；树皮入药，可治风湿和月经过多；由于花大而美丽，又是一良好的庭园绿化和观赏树种。

云勇分布：一工区。

翅荚决明

Senna alata (L.) Roxb.

苏木科 决明属

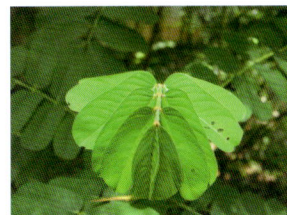

直立灌木，枝粗壮，绿色。偶数羽状复叶；在靠腹面的叶柄和叶轴上有 2 条纵棱条，有狭翅，托叶三角形；小叶 6~12 对，薄革质，倒卵状长圆形或长圆形。花序顶生和腋生，具长梗，单生或分枝，花瓣黄色，有明显的紫色脉纹；位于上部的 3 枚雄蕊退化，7 枚雄蕊发育，下面 2 枚的花药大，侧面的较小。荚果长带状，每果瓣的中央顶部有直贯至基部的翅，翅纸质，具圆钝的齿；种子 50~60 粒，扁平，三角形。

分布于广东、云南。原产美洲热带地区，现广布于全世界热带、亚热带地区。

本种常被用作缓泻剂，种子有驱蛔虫之效。

云勇分布：一工区。

双荚决明

Senna bicapsularis (L.) Roxb.

苏木科 决明属

　　直立灌木。多分枝，无毛。羽状复叶，有小叶3~4对；小叶倒卵形或倒卵状长圆形，膜质；在最下方的一对小叶间有黑褐色线形而钝头的腺体1枚。总状花序生于枝条顶端的叶腋间，常集成伞房花序状，长度约与叶相等，花鲜黄色；雄蕊10枚，7枚能育，3枚退化而无花药，能育雄蕊中有3枚特大，高出于花瓣，4枚较小，短于花瓣。荚果圆柱状；种子二列。

　　栽培于广东、广西等地。原产美洲热带地区，现广布于全世界热带地区。

　　本种可作绿肥、绿篱及观赏植物。

　　云勇分布：场部。

任豆

Zenia insignis Chun

苏木科 任豆属

　　乔木。小枝黑褐色，散生有黄白色的小皮孔；树皮粗糙，成片状脱落。叶轴及叶柄多少被黄色微柔毛；小叶薄革质，边全缘，上面无毛，下面有灰白色的糙伏毛。圆锥花序顶生；总花梗和花梗被黄色或棕色糙伏毛；花红色，花瓣稍长于萼片，倒卵形。荚果长圆形或椭圆状长圆形，红棕色；种子圆形，平滑，有光泽，棕黑色。

　　分布于广东、广西。越南也有分布。

　　本种可作为紫胶虫的寄主；任豆的树形、叶、花、果独特，可作为园林绿化树种；任豆树为速生树种，材质细致，干后不易开裂，适作家具和建筑用材。

　　云勇分布：四工区。

毛相思子

Abrus pulchellus subsp. *mollis* (Hance) Verdc.

蝶形花科 相思子属

藤本。羽状复叶，小叶 10~16 对，膜质，长圆形。总状花序腋生；花 4~6 朵聚生于花序轴的节上；花冠粉红色或淡紫色。荚果长圆形，扁平，密被白色长柔毛，顶端具喙，有种子 4~9 粒；种子黑色或暗褐色，卵形，扁平。

产福建、广东、广西。中南半岛也有分布。

全株药用，治急慢性肝炎、肝硬化腹水、小便刺痛、蛇咬伤等。

云勇分布：场部后山。

鼎湖双束鱼藤

Aganope dinghuensis (P. Y. Chen) T. C. Chen et Pedley

蝶形花科 双束鱼藤属

藤状灌木。枝中空，疏被锈色柔毛，散布褐色皮孔。羽状复叶，小叶 4 对，对生，厚纸质，长圆形。圆锥花序腋生，花冠白色。荚果舌状长圆形，腹背两缝翅几相等；种子单生，长肾形。

产广东。

散瘀止痛，杀虫。

云勇分布：五工区 – 十二沥、四工区。

蔓花生

Arachis duranensis Krap. et W. C. Greg.

蝶形花科 落花生属

多年生宿根草本。枝条呈蔓性，株高10~15cm。叶互生，倒卵形，全缘。花为腋生，蝶形，金黄色。荚果。

我国华南地区广为种植。原产南美洲。

园林中作地被植物；由于覆盖能力强，也植于公路、边坡等地用于治理水土流失。

云勇分布：场部。

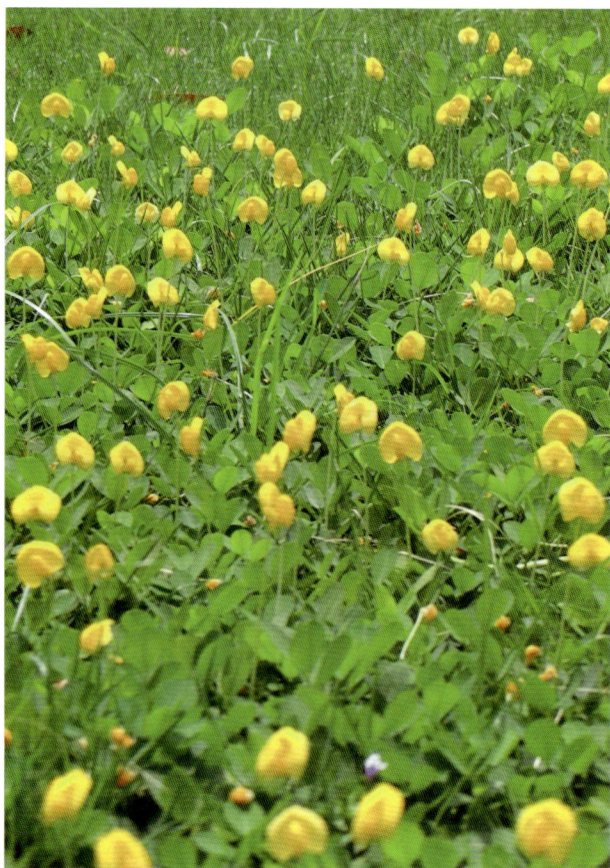

紫矿

Butea monosperma (Lam.) Kuntz.

蝶形花科 紫矿属

乔木。树皮灰黑色。叶柄粗；小叶3，厚革质，顶生的宽卵形或近圆形，先端圆，基部楔形，侧生的长卵形或长圆形，两侧不对称。花序腋生或生于无叶枝的节上，序轴、花梗、花萼、花冠与荚果均密被褐色或银灰色茸毛或柔毛；花冠橘红色，后渐为黄色，旗瓣长卵形；翼瓣窄镰形，与龙骨瓣基部均具圆耳；龙骨瓣宽镰形，雄蕊内藏，花药长圆形；子房被茸毛。荚果长圆形，扁平；种子肾形或肾状圆形，扁，褐红色。

云南、广西、广东有栽培。中南半岛也有分布。

本种是一经济价值较大的树种，是紫胶虫的主要寄主之一。此外，从树皮中的流出的红色液汁，干后变成赤胶，医药上用作收敛剂；花可作红色或黄色染料；种子可用于杀虫。

云勇分布：一工区。

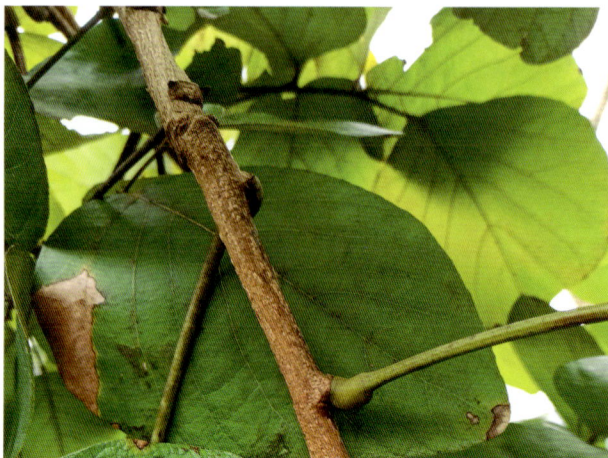

香花鸡血藤（香花崖豆藤）

Callerya dielsiana (Harms) P. K. Lôc ex Z. Wei et Pedl.

蝶形花科 鸡血藤属

攀缘灌木。茎皮灰褐色，剥裂。枝条无毛或微毛。羽状复叶长；小叶 5，纸质，披针形、长圆形或窄长圆形。圆锥花序顶生；花单生；花冠紫红色。荚果长圆形，长 7~12 cm，扁平，密被灰色茸毛，果瓣木质，具 3~5 种子；种子长圆状，凸镜状。

我国华南、华东、西南及西北地区有分布。越南、老挝也有分布。

庭院观赏。

云勇分布：六工区 – 白鹤守滩。

刀豆

Canavalia gladiata (Jacq.) DC.

蝶形花科 刀豆属

缠绕草本。羽状复叶具 3 小叶，小叶卵形，两面薄被微柔毛或近无毛，侧生小叶偏斜。总状花序具长总花梗，有花数朵生于总轴中部以上，花冠白色或粉红色。荚果带状，略弯曲，离缝线约 5mm 处有棱；种子椭圆形或长椭圆形，种皮红色或褐色。

我国长江以南各地有栽培。热带、亚热带及非洲广布。

嫩荚和种子供食用，但须先用盐水煮熟，然后换清水煮，方可食用；本种亦可作绿肥、覆盖作物及饲料。

云勇分布：一工区。

秧青

Dalbergia assamica Benth.

蝶形花科 黄檀属

乔木。羽状复叶；小叶 6~10 对，纸质，长圆形或长圆状椭圆形，细脉纤细密集，两面略隆起。圆锥花序腋生，稀疏，总花梗、花序分枝和花梗均密被黄褐色茸毛；花冠白色，内面有紫色条纹，花瓣具长柄。荚果阔舌状，长圆形至带状，楔形，果瓣革质，对种子部分有不显著网纹，有种子 1~2 (~4) 粒；种子肾形，扁平。

产广西、云南。喜马拉雅山东部也有分布。

本种为紫胶虫寄主树。

云勇分布：一工区。

交趾黄檀

Dalbergia cochinchinensis Pier.

蝶形花科 黄檀属

落叶大乔木。树皮光滑而坚硬，浅黄色至灰褐色，为鳞片状，有纵向裂纹。羽状复叶，小叶 5~7 片。圆锥花序，花白色，花冠蝶形。荚果扁平线状，成熟时不炸裂。花期 5~7 月，果实成熟期 9~10 月。

海南、广东、广西、福建和云南等地有引种栽培。原产于中南半岛。

主要供高级家具、高级车厢、钢琴外壳、镶嵌板、高级地板、缝纫机、体育器材、工具、装饰单板、工艺雕刻、乐器等用。

云勇分布：三工区、塘际村扩面租地内。

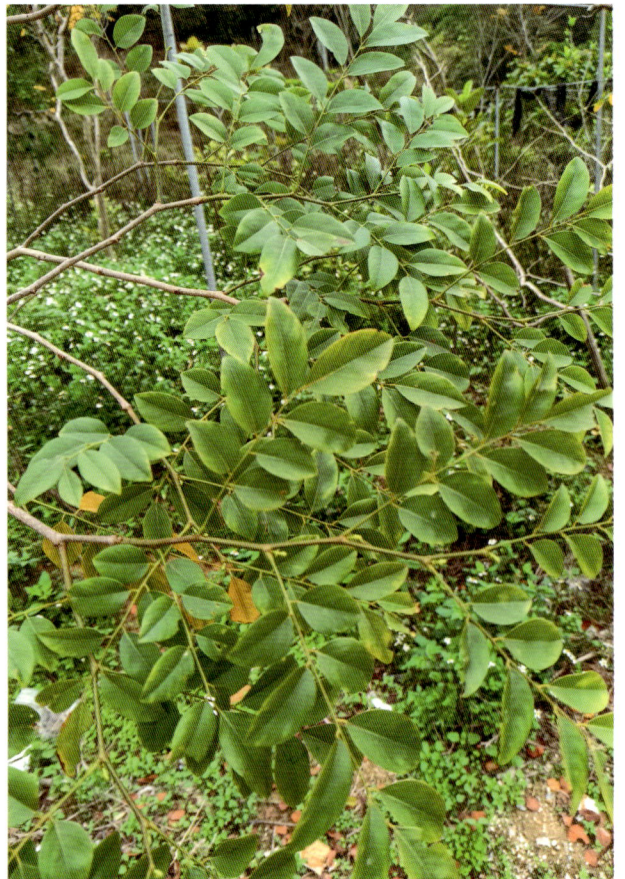

香港黄檀

Dalbergia millettii Benth.

蝶形花科 黄檀属

藤本。有时短枝钩状。羽状复叶，小叶 12~17 对，紧密，线形。圆锥花序腋生；花冠白色。荚果长圆形至带状，扁平，果瓣革质；种子肾形，扁平。

产广东、广西、浙江。

作为行道树或庭园观赏树。

云勇分布：一工区。

降香

Dalbergia odorifera T. C. Chen

蝶形花科 黄檀属

乔木。羽状复叶；小叶 (3)4~5(6) 对，近革质，卵形或椭圆形，复叶顶端的 1 枚小叶最大，往下渐小。圆锥花序腋生，分枝呈伞房花序状；花冠乳白色或淡黄色，各瓣近等长。荚果舌状长圆形，基部略被毛，果瓣革质，对种子的部分明显凸起，状如棋子，有种子 1(~2) 粒。

产海南。

木材质优，为上等家具良材；有香味，可作香料；根部心材名降香，供药用；为良好的镇痛剂，又治刀伤出血。

云勇分布：一工区。

锈毛鱼藤

Derris ferruginea (Roxb.) Benth.

蝶形花科 鱼藤属

　　攀缘状灌木。小枝密被锈色柔毛。羽状复叶，小叶2~4对，革质，椭圆形。圆锥花序腋生，花冠淡红色或白色。荚果革质，舌状椭圆形，幼时密被锈色绢毛，成熟时近无毛，背腹两缝有狭翅。

　　产广东、广西、云南。印度、中南半岛也有分布。

　　有一定毒性，有散瘀止痛、杀虫之功效。

　　云勇分布：五工区 – 十二沥、工区。

厚果鱼藤（厚果崖豆藤）

Millettia pachloba Drake

蝶形花科 鱼藤属

　　巨大藤本。羽状复叶，小叶6~8对，草质，长圆状椭圆形。总状圆锥花序，花2~5朵着生节上；花冠淡紫色。荚果深褐黄色，肿胀，长圆形，密布浅黄色疣状斑点，果瓣木质，甚厚，迟裂；种子黑褐色，肾形，或挤压呈棋子形。

　　产浙江、江西、福建、台湾、湖南、广东、广西、四川、贵州、云南、西藏。缅甸、泰国、越南、老挝、孟加拉国、印度、尼泊尔、不丹也有分布。

　　种子和根含鱼藤酮，磨粉可作杀虫药，能防治多种粮棉害虫；茎皮纤维可供利用。

　　云勇分布：一工区。

鸡冠刺桐

Erythrina crista-galli L.

蝶形花科 刺桐属

落叶灌木或小乔木。茎和叶柄稍具皮刺。羽状复叶具 3 小叶；小叶长卵形或披针状长椭圆形。花与叶同出，总状花序顶生，每节有花 1~3 朵；花深红色，稍下垂或与花序轴成直角。荚果褐色，种子间缢缩；种子大，亮褐色。

我国台湾、云南西双版纳有栽培。原产巴西。

树皮供药用；是花卉苗木观赏树种中优良的树种。

云勇分布：一工区。

刺桐

Erythrina variegata L.

蝶形花科 刺桐属

大乔木。枝有短圆锥形的黑色直刺。羽状复叶具 3 小叶，常密集枝端，小叶膜质，宽卵形。总状花序顶生，花冠红色。荚果黑色，种子间略缢缩，稍弯曲，先端不育；种子，肾形，暗红色。

产台湾、福建、广东、广西等地。马来西亚、印度尼西亚、柬埔寨、老挝、越南亦有分布。

可作观赏树木；可栽作胡椒的支柱；树皮或根皮入药，有祛风湿、舒筋通络的功效，但有积蓄作用。

云勇分布：一工区。

假地豆

Grona heterocarpos (L.) H. Ohashi et K. Ohashi

蝶形花科 假地豆属

小灌木。叶为羽状三出复叶，小叶 3，纸质，顶生小叶椭圆形。总状花序顶生或腋生，总花梗密被淡黄色开展的钩状毛；花每 2 朵生于花序的节上，花冠紫红色或白色。荚果腹缝线浅波状，腹背两缝线被钩状毛，有荚节 4~7。

产长江以南各地。印度、斯里兰卡、缅甸、泰国、越南、柬埔寨、老挝、马来西亚、日本及太平洋群岛、大洋洲亦有分布。

全株供药用，能清热，治跌打损伤。

云勇分布：一工区、三工区 – 深坑。

显脉假地豆（显脉山绿豆）

Grona reticulata (Champ. ex Benth.) H. Ohashi et K. Ohashi

蝶形花科 假地豆属

直立亚灌木。叶为羽状三出复叶，小叶 3，或下部的叶有时只有单小叶；小叶厚纸质，全缘，侧脉每边 5~7 条，近叶缘处弯曲联结，两面均明显。总状花序顶生，总花梗密被钩状毛；花小，每 2 朵生于节上，花冠粉红色，后变蓝色。荚果长圆形，腹缝线直，背缝线波状，近无毛或被钩状短柔毛，有荚节 3~7。

产广东、海南、广西、云南南部。缅甸、泰国、越南亦有分布。

云勇分布：三工区 – 深坑。

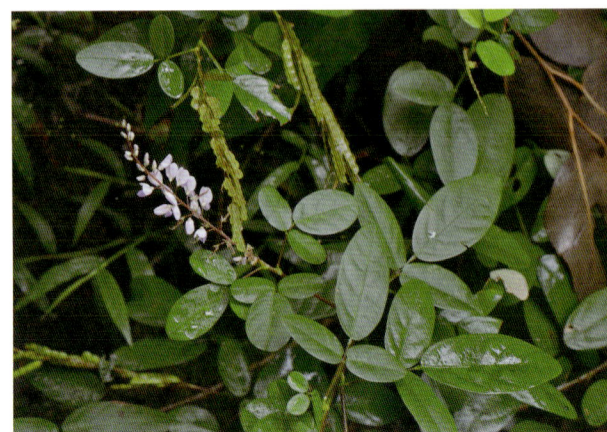

美丽胡枝子

Lespedeza thunbergii subsp. *formosa* (Vogel.) H. Ohashi

蝶形花科 胡枝子属

直立灌木。小叶椭圆形、长圆状椭圆形或卵形，稀倒卵形上面绿色，稍被短柔毛，下面淡绿色，贴生短柔毛。总状花序单一，腋生，或构成顶生的圆锥花序；花冠红紫色，基部具明显的耳和瓣柄；旗瓣近圆形或稍长，翼瓣短于旗瓣和龙骨瓣，龙骨瓣比旗瓣稍长。荚果倒卵形或倒卵状长圆形，表面具网纹且被疏柔毛。

产于河北、陕西、甘肃、山东、江苏、安徽、浙江、江西、福建、河南、湖北、湖南、广东、广西、四川、云南等地。朝鲜半岛、日本、印度也有分布。

茎、叶可入药，清热，利湿尿，通淋。

云勇分布：三工区 – 深坑。

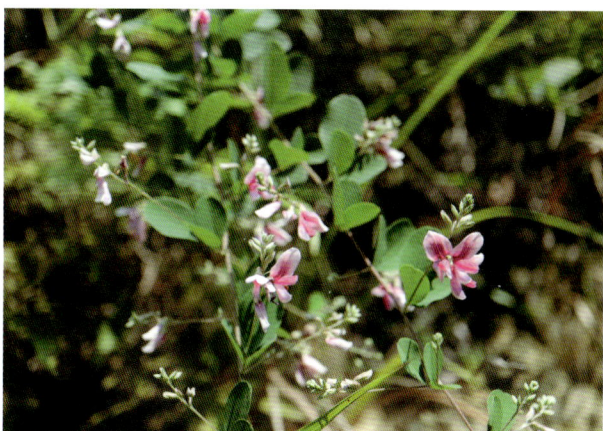

白花油麻藤

Mucuna birdwoodiana Tutch.

蝶形花科 油麻藤属

常绿木质藤本。羽状复叶具3小叶，小叶近革质，顶生小叶椭圆形，侧生小叶偏斜。总状花序生于老枝上或生于叶腋，有花20~30朵，常呈束状；花冠白色或带绿白色。果木质，带形，密被红褐色短茸毛，沿背腹缝线有木质狭翅；种子深紫黑色，近肾形。

产江西、福建、广东、广西、贵州、四川等地。

民间将本种用作通经络、强筋骨的草药；种子含淀粉，有毒，不宜食用。

云勇分布：十二沥。

油麻藤

Mucuna sempervirens Hemsl.

蝶形花科 油麻藤属

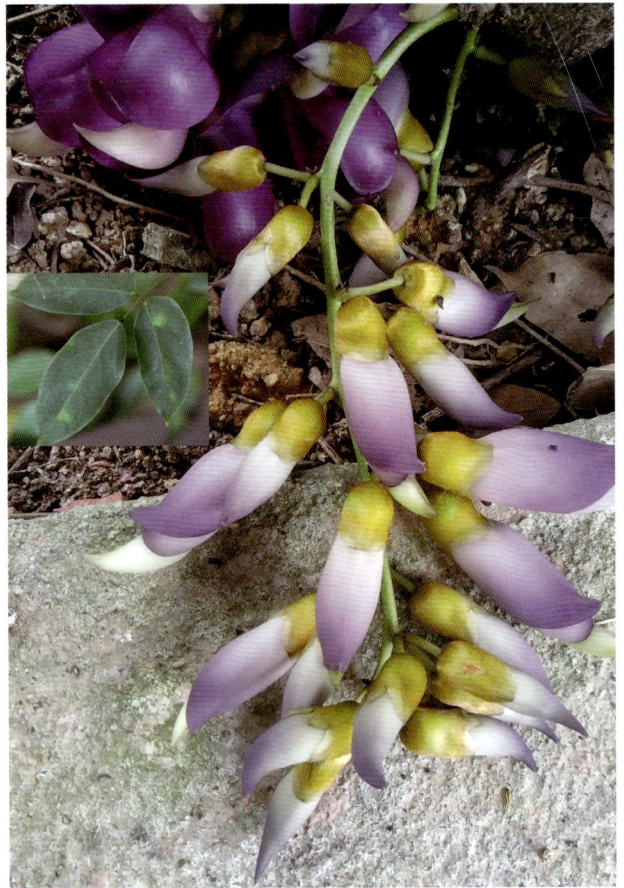

常绿木质藤本。羽状复叶具 3 小叶，小叶纸质或革质，顶生小叶椭圆形，长圆形或卵状椭圆形，侧生小叶极偏斜，无毛；侧脉 4~5 对，在两面明显，下面凸起。总状花序生于老茎上，每节上有 3 花，无香气或有臭味，花冠深紫色。果木质，带形，种子间缢缩，近念珠状，边缘多数加厚，凸起为一圆形脊，具伏贴红褐色短毛和长的脱落红褐色刚毛；种子 4~12 粒。

产四川、贵州、云南、陕西、湖北、浙江、江西、湖南、福建、广东、广西。日本也有分布。

茎藤药用，有活血祛瘀、舒筋活络之功效；茎皮可织草袋及制纸；块根可提取淀粉；种子可榨油。

云勇分布：一工区。

海南红豆

Ormosia pinnata (Lour.) Merr.

蝶形花科 红豆属

常绿乔木或灌木。奇数羽状复叶，小叶 3（~4）对，薄革质，披针形，两面均无毛，侧脉 5~7 对。圆锥花序顶生，花冠粉红色而带黄白色，各瓣均具柄，旗瓣瓣片基部有角质耳状体 2 枚。荚果有种子 1~4 粒，如具单粒种子时，其基部有明显的果颈，呈镰状，果瓣厚木质，成熟时橙红色，干时褐色，有淡色斑点，光滑无毛；种子椭圆形，种皮红色。

产广东、海南、广西。越南、泰国也有分布。

木材可作一般家具、建筑用材，为海南五类用材。树冠浓绿美观，近年用作行道树。

云勇分布：一工区。

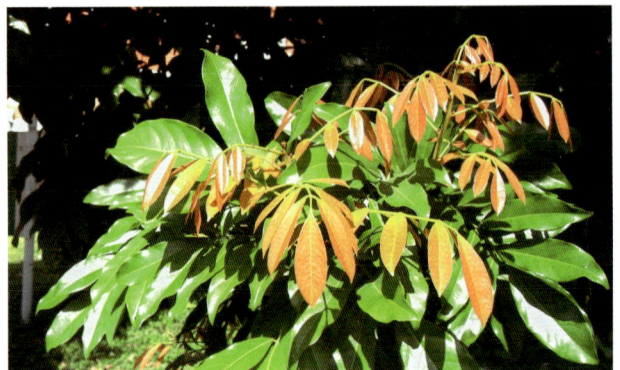

紫檀

Pterocarpus indicus Willd.

蝶形花科 紫檀属

　　乔木。羽状复叶，小叶 3~5 对，卵形，两面无毛，叶脉纤细。圆锥花序顶生或腋生，多花，被褐色短柔毛，花冠黄色，花瓣有长柄，边缘皱波。荚果圆形，扁平，偏斜，对种子部分略被毛且有网纹，周围具宽翅，有种子 1~2 粒。

　　产台湾、广东和云南。印度、菲律宾、印度尼西亚和缅甸也有分布。

　　木材坚硬致密，心材红色，为优良的建筑、乐器及家具用材；树脂和木材药用。

　　云勇分布：一工区。

葛（葛麻姆）

Pueraria montana var. *lobata* (Willd.)
Maese. et S. M. Almeida ex Sanja. et Pred.

蝶形花科 葛属

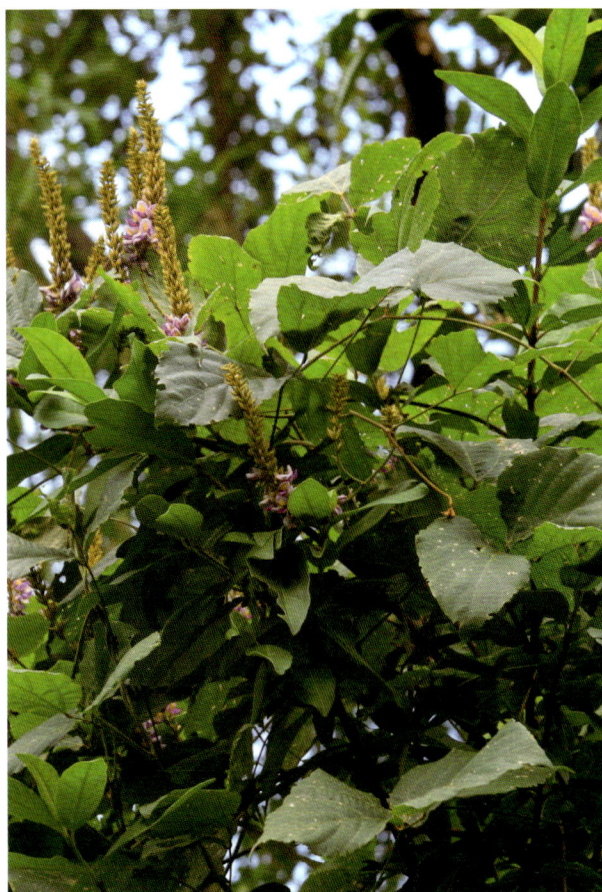

　　粗壮藤本。全体被黄色长硬毛，茎基部木质，有粗厚的块状根。羽状复叶具 3 小叶，小叶三裂，偶尔全缘，顶生小叶宽卵形，长大于宽，通常全缘，侧生小叶略小而偏斜，两面均被长柔毛，下面毛较密。总状花序，中部以上有颇密集的花，花 2~3 朵聚生于花序轴的节上；花冠紫色，旗瓣圆形，基部有 2 耳及一黄色硬痂状附属体。荚果长椭圆形，扁平，被褐色长硬毛。

　　产云南、四川、贵州、湖北、浙江、江西、湖南、福建、广西、广东、海南和台湾。日本、越南、老挝、泰国和菲律宾也有分布。

　　葛麻姆根粉是优良食用淀粉；葛麻姆藤是造纸的优良材料，也是极具开发潜力的绿色饲料；植物种子可榨油。

　　云勇分布：五工区。

鹿藿

Rhynchosia volubilis Lour.

蝶形花科 鹿藿属

缠绕草质藤本。叶为羽状或有时近指状 3 小叶，小叶纸质，顶生小叶菱形，基出脉 3。总状花序，花冠黄色。荚果长圆形，红紫色，极扁平，在种子间略收缩，先端有小喙；种子通常 2 粒，椭圆形，黑色，光亮。

产我国江南各地。朝鲜、日本、越南亦有分布。

根祛风和血、镇咳祛痰，治风湿骨痛、气管炎；叶外用治疥疮。

云勇分布：白石岗、飞马山。

葫芦茶

Tadehagi triquetrum (L.) Ohashi

蝶形花科 葫芦茶属

灌木或亚灌木。茎直立，高 1~2 m。叶仅具单小叶，叶柄两侧有宽翅，小叶纸质，狭披针形。总状花序顶生和腋生，花 2~3 朵簇生于每节上，花冠淡紫色。荚果全部密被黄色或白色糙伏毛，腹缝线直，背缝线稍缢缩，有荚节 5~8；种子宽椭圆形。

产福建、江西、广东、海南、广西、贵州及云南。印度、斯里兰卡、新喀里多尼亚、澳大利亚及东南亚、太平洋群岛也有分布。

全株供药用，能清热解毒、健脾消食和利尿。

云勇分布：场部后山、三工区 – 深坑。

猫尾草

Uraria crinita (L.) Desv. ex DC.

蝶形花科 狸尾豆属

平卧或开展草本。叶多为 3 小叶，小叶纸质，顶生小叶近圆形。总状花序顶生，花冠淡紫色。荚果小，包藏于萼内，有荚节 1~2。

产福建、江西、湖南、广东、海南、广西、贵州、云南及台湾。印度、缅甸、越南、马来西亚、菲律宾、澳大利亚也有分布。

全草供药用，有消肿、驱虫之功效。

云勇分布：十二沥。

枫香树

Liquidambar formosana Hance

金缕梅科 枫香树属

落叶乔木。树皮灰褐色，方块状剥落。叶薄革质，阔卵形，掌状脉 3~5 条，边缘有锯齿，齿尖有腺状突。雄性短穗状花序常多个排成总状；雌性头状花序有花 24~43 朵。头状果序圆球形，木质，蒴果下半部藏于花序轴内，有宿存花柱及针刺状萼齿。种子多数，褐色，多角形或有窄翅。

产我国秦岭及淮河以南各地。亦见于越南、老挝及朝鲜。

树脂供药用，能解毒止痛、止血生肌；根、叶及果实亦入药，有祛风除湿、通络活血之功效；优良木材。

云勇分布：一工区。

红花檵木

Loropetalum chinense var. *rubrum* Yieh

金缕梅科 檵木属

灌木，有时为小乔木，多分枝，小枝有星毛。叶革质，卵形，上面略有粗毛或秃净，干后暗绿色，无光泽，下面被星毛，稍带灰白色，侧脉约 5 对，在上面明显，在下面突起，全缘。花 3~8 朵簇生，紫红色，比新叶先开放，或与嫩叶同时开放，被毛；花瓣 4 片，带状。蒴果卵圆形，被褐色星状茸毛，萼筒长为蒴果的 2/3；种子圆卵形，黑色，发亮。

分布于湖南长沙岳麓山，我国南方地区栽培。

广泛用于色篱、模纹花坛、灌木球、彩叶小乔木、桩景造型、盆景等城市绿化美化。

云勇分布：一工区。

四药门花

Loropetalum subcordatum (Benth.) Oliv.

金缕梅科 檵木属

常绿灌木或小乔木。叶革质，卵状或椭圆形，侧脉 6~8 对，在上面下陷，在下面突出，网脉干后在上面下陷，在下面稍突起；全缘或上半部有少数小锯齿。头状花序腋生，有花约 20 朵，花瓣 5 片，带状，白色。蒴果近球形，有褐色星毛，萼筒长达蒴果 2/3；种子长卵形，黑色。

分布于广东、广西。

云勇分布：一工区。

壳菜果（米老排）

Mytilaria laosensis Lec.

金缕梅科 壳菜果属

常绿乔木。叶革质,阔卵圆形,全缘,掌状脉5条。肉穗状花序顶生或腋生，单独，花紧密排列在花序轴；花瓣带状舌形，白色。蒴果外果皮厚，黄褐色，松脆易碎，内果皮木质或软骨质，较外果皮为薄；种子褐色，有光泽，种脐白色。

分布于云南、广西及广东。亦分布于老挝及越南。

具根瘤，是营造水源涵养林、生物防火林和风景林的优良树种。

云勇分布：十二沥。

红花荷（红苞木）

Rhodoleia championii Hook. f.

金缕梅科 红花荷属

常绿乔木。叶厚革质，卵形，有三出脉。头状花序，常弯垂；花瓣匙形，红色。头状果序，有蒴果5个，蒴果卵圆形，果皮薄木质，干后上半部4片裂开；种子扁平，黄褐色。

分布于广东中部及西部。

优良木材和贴面板优质用材；良好的庭园风景树和优良的木本花卉。

云勇分布：一工区。

垂柳

Salix babylonica L.

杨柳科 柳属

　　乔木。枝细长下垂，无毛。叶窄披针形或线状披针形。花序先叶开放，或与叶同放；雄花序长 1.5~2（2）cm，有短梗，轴有毛；雄蕊 2，花药红黄色；苞片披针形，外面有毛；腺体 2；雌花序长 2~3（5）cm，有梗，基部有 3~4 小叶；子房无柄或近无柄，花柱短，柱头 2~4 深裂；苞片披针形，长 1.8~2（2.5）mm，外面有毛；腺体 1。蒴果。

　　产长江流域与黄河流域。亚洲、欧洲、美洲各国均有引种。

　　为优美的绿化树种；木材可供制家具；枝条可编筐；树皮含鞣质，可提制栲胶。叶可作羊饲料。

　　云勇分布：场部。

栗（板栗）

Castanea mollissima Blume

壳斗科 栗属

　　乔木。叶椭圆至长圆形，叶背被星芒状伏贴茸毛或因毛脱落变为几无毛。花 3~5 朵聚生成簇，雌花 1~3 (5) 朵发育结实，花柱下部被毛。成熟壳斗的锐刺有长有短，有疏有密，密时全遮蔽壳斗外壁，疏时则外壁可见。

　　除青海、宁夏、新疆、海南等少数地区外，广布南北各地。

　　栗子除富含淀粉外，尚含单糖与双糖、胡萝卜素、硫胺素、核黄素、烟酸、抗坏血酸等营养物质；栗木属优质材；叶可作蚕饲料。

　　云勇分布：三工区。

米槠

Castanopsis carlesii (Hemsl.) Hayata

壳斗科 锥属

　　乔木。叶披针形、卵形，长 6~12cm，全缘或少数浅裂齿。雄圆锥花序近顶生，花序轴无毛或近无毛。壳斗近圆球形或阔卵形，长 10~15cm，外壁有疣状体或短的钻尖状，坚果近圆球形或阔圆锥形。
　　产广东、广西、贵州、云南。
　　果实可食用；木材坚实，可供枕木、建筑等用。
　　云勇分布：一工区、白石岗、飞马山。

锥（中华锥）

Castanopsis chinensis (Spreng.) Hance

壳斗科 锥属

　　常绿乔木。单叶，互生，叶厚纸质或近革质，披针形，稀卵形，中部以上有锐裂齿，中脉在叶面凸起。花序轴几乎无毛，花被裂片内面被短柔毛。果序长 8~15 cm，壳斗有 1 果，球形，通常整齐的3~5 瓣开裂。坚果圆锥形，无毛，或在顶部有稀疏伏毛。
　　产于广东、广西、贵州、云南。
　　我国重要木本粮食植物之一，果实可制成栗粉或罐头；木材可供枕木、建筑等用；木材和树皮可提制栲胶。
　　云勇分布：白石岗、飞马山。

罗浮锥

Castanopsis faberi Hance

壳斗科 锥属

常绿乔木。叶缘近顶部有裂齿，叶背初时有稍疏散、细片状、红褐色的蜡鳞层，越年之后，变为略呈灰白色、紧实的蜡鳞层，每壳斗有3花，木材淡黄白色，材质稍轻软。毛被甚疏少且短以至于几无毛，前者新生枝与花序轴被早期脱落的短柔毛，2、3年生枝暗褐至黑褐色，2年生叶硬革质。

产长江以南大多数地区。越南、老挝也有分布。

环孔材，属白锥类。

云勇分布：一工区。

锥栗锥

Castanopsis fissa (Champ. ex Benth.) Rehd. et E. H. Wils.

壳斗科 锥属

乔木。叶在枝上呈螺旋排列，厚纸质，长椭圆形，叶缘通常自下部起有波浪状钝裂齿。雄花多为圆锥花序。壳斗被暗红褐色粉末状蜡鳞，小苞片鳞片状，幼嫩时覆瓦状排列，成熟时多退化并横向连接成脊肋状圆环；成熟壳斗圆球形，通常全包坚果。坚果椭圆形，顶部四周有棕红色细伏毛。

产福建、江西、湖南、贵州、广东、海南、香港、广西、云南。越南也有分布。

壳斗木材和树皮含大量鞣质，可提制栲胶。适作一般的门、窗、家具与箱板材，山区群众有用以放养香菇及其他食用菌类。

云勇分布：一工区。

红锥

Castanopsis hystrix Hook. f. et Thomson ex
A. DC.

壳斗科 锥属

乔木。叶纸质或薄革质，披针形，有时兼有倒卵状椭圆形，全缘或有少数浅裂齿，中脉在叶面凹陷，侧脉每边 9~15 条，嫩叶背面至少沿中脉被脱落性的短柔毛兼有颇松散而厚、或较紧实而薄的红棕色或棕黄色细片状腊鳞层。雄花序为圆锥花序或穗状花序；雌穗状花序单穗位于雄花序之上部叶腋间。壳斗有坚果 1 个，整齐的 4 瓣开裂，坚果宽圆锥形，无毛。

产福建、湖南、广东、海南、广西、贵州、云南、西藏。越南、老挝、柬埔寨、缅甸、印度等也有分布。

木材为车、船、梁、柱、建筑及家具的优质材，为重要用材树种之一。

云勇分布：各工区。

槟榔青冈

Quercus bella Chun et Tsiang

壳斗科 栎属

常绿乔木。叶片薄革质，长椭圆状披针形，叶缘中部以上有锯齿，中、侧脉在叶面平坦，每边 12~14 条，幼叶叶背被短伏毛，老时灰绿色，无毛。雌花序通常有花 2~3 朵。壳斗盘形，包着坚果基部，外壁被灰黄色微柔毛，后渐脱落，内壁被黄色长伏贴柔毛，环带边缘有不规整小裂齿。坚果扁球形，幼时被柔毛，老时近无毛，果脐略内凹。

产广东、海南、广西等地。

木材供器具、家具用材；树干可培养香菇。

云勇分布：三工区 – 深坑。

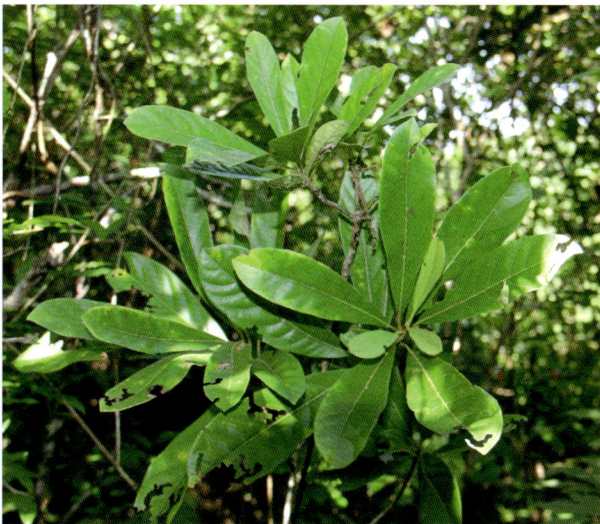

朴树

Celtis sinensis Pers.

榆科 朴属

　　落叶乔木。树冠扁球形；小枝幼时有毛，后渐脱落。单叶互生，卵状椭圆形，先端短尖，基部不对称，锯齿钝。核果熟时紫黑色。

　　分布于淮河流域、秦岭以南至华南各地。

　　抗烟尘及有毒气体，可作为厂矿绿化树种；木材坚硬，可用于制家具。

　　云勇分布：十二沥。

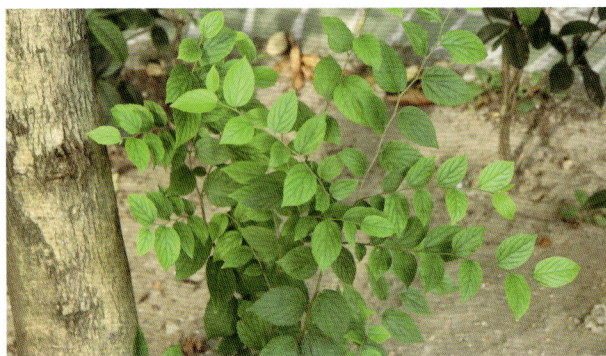

白颜树

Gironniera subaequalis Planch.

榆科 白颜树属

　　乔木。树皮灰或深灰色，较平滑。叶革质，椭圆形或椭圆状矩圆形，边缘仅在顶部疏生浅钝锯齿，叶面亮绿色，平滑无毛；托叶对成，脱落后在枝上留有一环托叶痕。雌雄异株，聚伞花序成对腋生，序梗上疏生长糙伏毛。核果具短梗，阔卵状或阔椭圆状，熟时橘红色，具宿存的花柱及花被。

　　产广东、海南、广西和云南。印度、斯里兰卡、缅甸、印度尼西亚及中南半岛、马来半岛也有分布。

　　木材供制一般家具；易传音，宜作木鼓等乐器；枝皮纤维可制人造棉；叶药用治寒湿。

　　云勇分布：场部后山。

光叶山黄麻

Trema cannabina Lour.

榆科 山黄麻属

　　灌木或小乔木。叶近膜质，卵形或卵状矩圆形，稀披针形，基部圆或浅心形，稀宽楔形，边缘具圆齿状锯齿，叶面近光滑，只在脉上疏生柔毛，其他处无毛，基部有明显的三出脉；叶柄纤细，具短柔毛。花单性，雌雄同株。核果近球形或阔卵圆形，熟时橘红色，有宿存花被。

　　产浙江、江西、福建、台湾、湖南、贵州、广东、海南、广西和四川。也分布于印度、缅甸、印度尼西亚、日本和中南半岛、马来半岛、大洋洲。

　　韧皮纤维供制麻绳、纺织和造纸用；种子油供制皂和作润滑油用。

　　云勇分布：一工区。

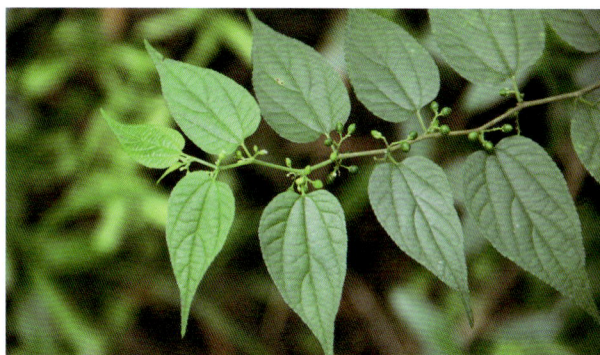

山黄麻

Trema tomentosa (Roxb.) Hara

榆科 山黄麻属

　　小乔木，或灌木。树皮灰褐色。小枝密被短茸毛。叶纸质或薄革质，宽卵形或卵状矩圆形，稀宽披针形，边缘有细锯齿，两面近于同色，叶面极粗糙，有直立的基部膨大的硬毛，叶背有密或较稀疏短茸毛，基出脉 3。雄花序长 2~4.5 cm；雄花直径 1.5~2mm，几乎无梗。核果宽卵珠状，压扁，成熟时具不规则的蜂窝状皱纹，褐黑色或紫黑色，具宿存的花被；种子阔卵珠状，压扁，直径 1.5~2mm，两侧有棱。

　　产福建、台湾、广东、海南、广西、四川和贵州、云南和西藏。也分布于不丹、尼泊尔、印度、斯里兰卡、孟加拉国、缅甸、印度尼西亚、日本和中南半岛、马来半岛、南太平洋、非洲。

　　韧皮纤维可作人造棉、麻绳和造纸原料；树皮含鞣质，可提栲胶；木材供建筑、器具及薪炭用；叶表皮粗糙，可作砂纸用；也常作为次生林的先锋植物。

　　云勇分布：一工区。

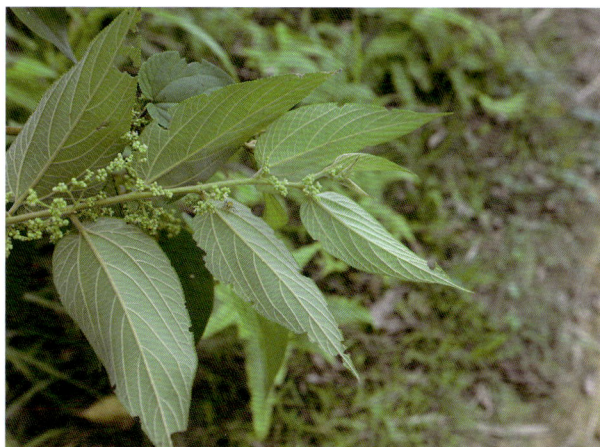

榔榆

Ulmus parvifolia Jacq.

榆科 榆属

　　落叶乔木。树皮灰或灰褐色，成不规则鳞状薄片剥落，内皮红褐色。叶披针状卵形或窄椭圆形，稀卵形或倒卵形，长 (1.7)2.5~5(8) cm，基部楔形或一边圆，上面中脉凹陷处疏被柔毛，下面幼时被柔毛，后无毛或沿脉疏被毛，或脉腋具簇生毛，单锯齿，侧脉 10~15 对。花 3~6 朵成簇状聚伞花序，花被上部杯状，下部管状，花被片 4，深裂近基部，常脱落或残留。翅果。

　　分布于我国多地。日本、朝鲜也有分布。

　　树干可做木材；树皮纤维纯细，杂质少，可作蜡纸及人造棉原料，或织麻袋、编绳索，亦供药用；可选作造林树种。

　　分布区：缤纷林海。

面包树

Artocarpus altilis (Park.) Fosb.

桑科 波罗蜜属

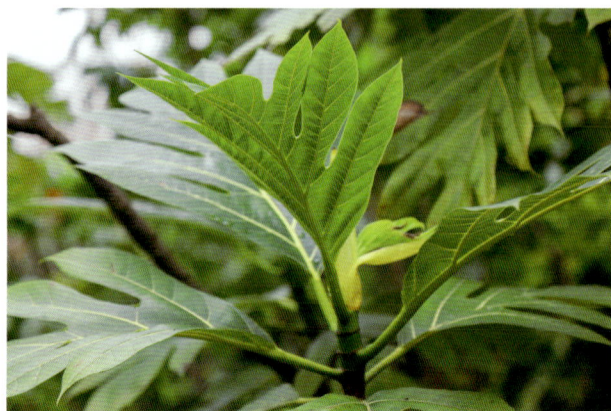

　　常绿乔木。叶大，互生，厚革质，卵形至卵状椭圆形，成熟之叶羽状分裂，两侧多为 3~8 羽状深裂，裂片披针形，两面无毛，全缘，侧脉约 10 对。花序单生叶腋，雄花序长圆筒形至长椭圆形或棒状，黄色。聚花果倒卵圆形或近球形，绿色至黄色，表面具圆形瘤状凸起，成熟褐色至黑色，柔软，内面为乳白色肉质花被组成；核果椭圆形至圆锥形。

　　台湾、海南、广东亦有栽培。原产太平洋群岛及印度、菲律宾，为马来群岛一带热带著名林木之一。

　　木材质轻软而粗，可作建筑用材，果实为热带主要食品之一。

　　云勇分布：一工区。

波罗蜜

Artocarpus heterophyllus Lam.

桑科 波罗蜜属

乔木。老树具板根。叶革质，椭圆形或倒卵形，先端钝或渐尖，基部楔形，大树之叶全缘，幼树萌发枝之叶常分裂，无毛，下面稍粗糙，叶肉组织具球形或椭圆形树脂细胞，侧脉 6~8 对；叶柄长 1~3 cm，托叶抱茎，被平伏柔毛，脱落后形成杯状托叶痕。花雌雄同株，花序生老茎或短枝上，雄花序圆柱形或棒状圆柱形，花多数。聚花果椭圆形或球形，熟时黄褐色，具六角形瘤体及粗毛；核果长椭圆形。

我国广东、海南、广西、云南常有栽培。原产印度，尼泊尔、不丹、马来西亚也有栽培。

本种果形大，味甜，芳香；核果可煮食，富含淀粉；木材黄，可提取桑色素。

云勇分布：场部。

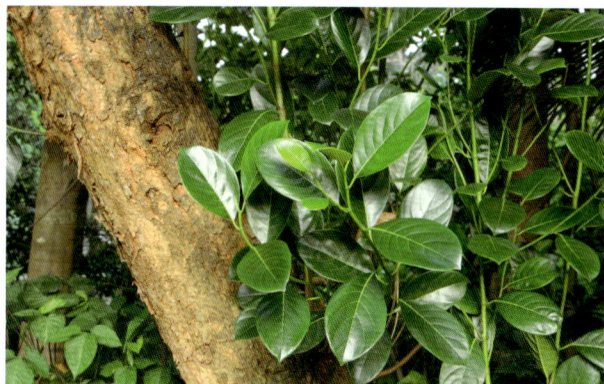

桂木

Artocarpus parvus Gagn.

桑科 波罗蜜属

乔木。叶互生，革质，长圆状椭圆形至倒卵状椭圆形。雄花序头状，倒卵形至长圆形，雌花序近头状。聚花果近球形，成熟红色，肉质；小核果 10–15 粒。

产广东、海南、广西等地。泰国、柬埔寨、越南有栽培。

果可食；药用可以活血通络、清热开胃、收敛止血。

云勇分布：一工区。

藤构

Broussonetia kaempferi Sieb.

桑科 构属

　　蔓生藤状灌木。树皮黑褐色；小枝显著伸长，幼时被浅褐色柔毛，成长脱落。叶互生，螺旋状排列，近对称的卵状椭圆形，先端渐尖至尾尖，基部心形或截形，边缘锯齿细，齿尖具腺体，不裂，稀为2~3裂，表面无毛，稍粗糙。花雌雄异株，雄花序短穗状，长1.5~2.5 cm，花序轴约1 cm；雄花花被片4~3，裂片外面被毛；雌花集生为球形头状花序。聚花果直径1 cm。

　　产浙江（龙泉至各地）、湖北、湖南、安徽、江西、福建、广东、广西、云南、四川、贵州、台湾等地。

　　韧皮纤维为造纸优良原料。

　　云勇分布：四工区。

高山榕

Ficus altissima Blume.

桑科 榕属

　　大乔木。叶厚革质，广卵形至广卵状椭圆形，全缘，两面光滑，无毛，基生侧脉延长，侧脉5~7对。榕果成对腋生，椭圆状卵圆形，幼时包藏于早落风帽状苞片内，成熟时红色或带黄色，顶部脐状凸起，基生苞片短宽而钝，脱落后环状；雄花散生榕果内壁，花被片4，膜质，透明；雌花无柄，花被片与瘿花同数。瘦果表面有瘤状凸体，花柱延长。

　　产海南、广西、云南、四川。尼泊尔、不丹、印度、缅甸、越南、泰国、马来西亚、印度尼西亚、菲律宾也有分布。

　　可做行道树及孤植树。

　　云勇分布：一工区。

大果榕

Ficus auriculata Lour.

桑科 榕属

乔木或小乔木。树皮灰褐色，粗糙，幼枝红褐色，中空。叶互生，厚纸质，广卵状心形，先端钝，具短尖，基部心形，边缘具整齐细锯齿。榕果簇生于树干基部或老茎短枝上，大而梨形或扁球形至陀螺形，成熟时红褐色；雄花，无柄；瘿花花被片下部合生；雌花，生于另一植株榕果内，有或无柄。瘦果有黏液。

产海南、广西、云南、贵州、四川等。印度、越南、巴基斯坦也有分布。

榕果成熟味甜可食。

云勇分布：十二沥、三工区 – 深坑。

垂叶榕

Ficus benjamina L.

桑科 榕属

大乔木。叶薄革质，卵形至卵状椭圆形，先端短渐尖，基部圆形或楔形，全缘，叶脉平行展出，直达近叶边缘，网结成边脉，两面光滑无毛。榕果成对或单生叶腋，基部缢缩成柄，球形或扁球形，光滑，成熟时红色至黄色；雄花、瘿花、雌花同生于一榕果内；雄花极少数，具柄，花被片 4，宽卵形；瘿花具柄，多数，花被片 5~4，狭匙形；雌花无柄，花被片短匙形。瘦果卵状肾形。

产广东、海南、广西、云南、贵州。尼泊尔、不丹、印度、缅甸、泰国、越南、马来西亚、菲律宾、巴布亚新几内亚、澳大利亚北部及所罗门群岛有分布。

宜作行道树和庭园风景树孤植。

云勇分布：场部。

亚里垂榕

Ficus binnendijkii 'Alii'

桑科 榕属

常绿小乔木，全株具乳液。枝条具托叶环痕。单叶互生，长披针状，全缘，下垂。隐头花序，雄花生于榕果内壁的口部或散生，具长梗；瘿花生于雌花下部；雌花生于另一植株榕果内壁。榕果球形至椭圆形，成熟橙红色；瘦果卵圆形，光滑，背面龙骨状。

原产台湾。

观赏植物。

云勇分布：一工区。

印度榕

Ficus elastica Roxb. ex Horn.

桑科 榕属

乔木。树皮灰白色，平滑。全株具乳液。枝条具托叶环痕，单叶互生，叶厚革质，长圆形，先端急尖，基部宽楔形，全缘，侧脉平行横出。隐头花序，雄花、瘿花、雌花同生于榕果内壁；雄花具柄；瘿花花柱弯曲；雌花无柄。榕果卵状长椭圆形，成对生于已落叶枝的叶腋，黄绿色，基生苞片风帽状，脱落后基部有一环状痕迹；瘦果卵圆形，表面有小瘤体，花柱长，宿存，柱头膨大，近头状。

云南有野生。原产不丹、尼泊尔、印度东北部（阿萨姆）和锡金、缅甸、马来西亚（北部）、印度尼西亚（苏门答腊、爪哇）。

室外园林观赏，世界各地（包括我国北方）常栽于温室或在室内，盆栽作观赏。

云勇分布：一工区。

黄毛榕

Ficus esquiroliana H. Lév.

桑科 榕属

　　小乔木或灌木。树皮灰褐色，具纵棱；幼枝中空。叶互生，纸质，广卵形，急渐尖，基部浅心形，表面疏生糙伏状长毛。榕果腋生，圆锥状椭圆形，顶部脐状突起，基生苞片卵状披针形；雄花生榕果内壁口部，具柄；瘿花花被与雄花同，子房球形，光滑。瘦果斜卵圆形，表面有瘤体。

　　产西藏、四川、贵州、云南、广西、广东、海南、台湾。越南、老挝、泰国的北部也有分布。

　　纤维可制绳索；叶可作猪饲料；根药用，有消肿行血、行气止咳等功效。

　　云勇分布：一工区 – 羊棚。

台湾榕

Ficus formosana Maxim.

桑科 榕属

　　灌木。单叶，互生，叶膜质，倒披针形，全缘或在中部以上有疏钝齿裂，顶部渐尖，中部以下渐窄，至基部成狭楔形，中脉不明显。榕果单生叶腋，卵状球形，成熟时绿带红色；雄花散生榕果内壁，有或无柄；瘿花舟状，有柄，花柱短，侧生；雌花，有柄或无柄，花柱长，柱头漏斗形。瘦果球形，光滑。

　　产台湾、浙江、福建、江西、湖南、广东、海南、广西、贵州。越南北部也有分布。

　　韧皮纤维可织麻袋。

　　云勇分布：十二沥。

粗叶榕（五指毛桃）

Ficus hirta Vahl.

桑科 榕属

灌木或小乔木。小枝、叶和榕果均被金黄色开展的长硬毛。叶互生，纸质，长椭圆状披针形或广卵形，边缘具细锯齿，有时全缘或 3~5 深裂，两面均粗糙。榕果成对腋生或生于已落叶枝上，球形或椭圆球形，无梗或近无梗；雄花生于榕果内壁近口部，有柄；瘿花花被片与雌花同数，子房球形，光滑；雌花生于雌株榕果内。

产云南、贵州、广西、广东、海南、湖南、福建、江西。尼泊尔、不丹、印度东北部和锡金、越南、缅甸、泰国、马来西亚、印度尼西亚也有分布。

根药用，有健脾化湿、行气祛风等功效，也做保健汤料。

云勇分布：场部后山。

对叶榕

Ficus hispida L. f.

桑科 榕属

灌木或小乔木。单叶，对生，革质或纸质，卵状长椭圆形或倒卵状椭圆形，全缘或有钝齿，表面粗糙，被短粗毛。榕果腋生或生于落叶枝上，或老茎发出的下垂枝上，陀螺形，成熟时黄色；雄花生于其内壁口部，多数，雄蕊 1；瘿花无花被，花柱近顶生；雌花无花被，柱头侧生，被毛。

产广东、海南、广西、云南、贵州。尼泊尔、不丹、印度、泰国、越南、马来西亚至澳大利亚也有分布。

叶、根药用，可治伤风感冒、支气管炎；茎皮纤维可代麻；叶可作猪饲料。

云勇分布：场部后山。

青藤公

Ficus langkokensis Drake

桑科 榕属

　　乔木。叶互生，纸质，椭圆状披针形至椭圆形，全缘，两面无毛，叶背红褐色，叶基三出脉，基出侧脉达叶的 1/3~1/2，侧脉 2~4 对，背面凸起，网脉在叶背稍明显。榕果成对或单生于叶腋，球形，被锈色糠屑状毛，顶端具脐状凸起，基生苞片 3。雄花具柄，被片 3~4 枚，卵形，雌花花被片 4 枚，倒卵形，暗红色。

　　产福建、广东、广西、海南、四川和云南。印度、老挝、越南也有分布。

　　云勇分布：四工区 – 乌坑。

榕树

Ficus microcarpa L. f.

桑科 榕属

　　大乔木。老树常有锈褐色气根，树皮深灰色。叶薄革质，先端钝尖，基部楔形，全缘。榕果成对腋生，成熟时黄或微红色，扁球形，基生苞片 3，宿存；雄花、雌花、瘿花同生于一榕果内，花间有少许短刚毛；雄花散生内壁，花丝与花药等长；雌花与瘿花相似，花被片 3，柱头短，棒形。瘦果卵圆形。花期 5~6 月。

　　产台湾、浙江、福建、广东、广西、湖北、贵州、云南。斯里兰卡、印度、缅甸、泰国、越南、马来西亚、菲律宾、日本和澳大利亚等也有分布。

　　园林观赏。

　　云勇分布：场部。

黄金榕

Ficus microcarpa 'Golden Leaves'

桑科 榕属

常绿小乔木。树冠广阔。全株具乳液。枝条具托叶环痕。单叶互生，叶椭圆形，有光泽；嫩叶呈金黄色，老叶则为深绿色。隐头花序；雄花、雌花、瘿花同生于一榕果内；雄花散生内壁，花丝与花药等长；雌花与瘿花相似，花被片3，广卵形，花柱近侧生，柱头短，棒形。榕果扁球形，成对腋生或生于已落叶枝叶腋。

分布于台湾及华南地区。

园林观赏。

云勇分布：桃花谷。

琴叶榕

Ficus pandurata Hance

桑科 榕属

小灌木。单叶，互生，薄革质提琴形或倒卵形，先端急尖有短尖，基部圆形至宽楔形，中部缢缩，表面无毛；叶柄疏被糙毛；托叶披针形，迟落。榕果单生叶腋，鲜红色，椭圆形或球形，顶部状突起；雄花有柄，生榕果内壁口部；瘿花花被片3~4；雌花花被片3~4，椭圆形，花柱侧生，细长，柱头漏斗形。

我国东南部各地常见，广东、广西偶见。越南也有分布。

根、叶药用，有清热解毒、祛风利湿等功效；茎皮纤维代麻制绳、造纸等；叶形如小提琴，可盆栽观赏。

云勇分布：十二沥。

薜荔

Ficus pumila L.

桑科 榕属

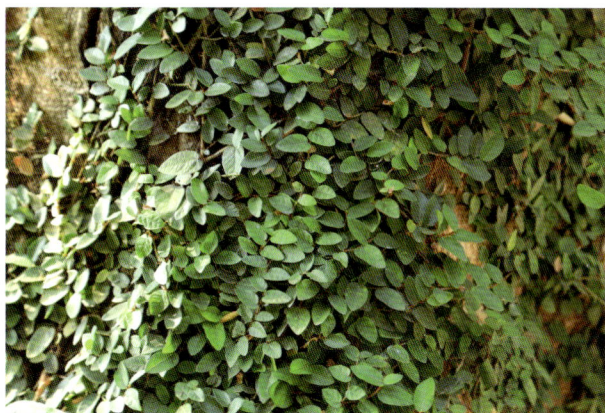

攀缘或匍匐灌木。叶两型，不结果枝节上生不定根，叶卵状心形，薄革质；结果枝上无不定根，革质，卵状椭圆形，上面无毛，背面被黄褐色柔毛。榕果单生叶腋，瘿花果梨形，雌花果近球形，基生苞片宿存，榕果幼时被黄色短柔毛，成熟黄绿色或微红；雄花，生榕果内壁口部；瘿花具柄，花被片3~4，线形；雌花生另一植株榕一果内壁，花被片4~5。瘦果近球形，有黏液。

产福建、江西、浙江、安徽、江苏、台湾、湖南、广东、广西、贵州、云南东南部、四川及陕西。日本、越南北部也有分布。

瘦果水洗可作凉粉；藤叶药用。

云勇分布：一工区、三工区。

菩提树

Ficus religiosa L.

桑科 榕属

乔木，幼时附生。高达 25 m。树皮灰色。叶革质，三角状卵形，上面深绿色，下面绿色。雄花，瘿花及雌花生于同一榕果内壁；雄花少，生于榕果近孔口，无梗，花被2~3裂，内卷，雄蕊1，花丝短；瘿花具梗，花被3~4裂，花柱短，柱头膨大，2裂；雌花无梗，花被片4，宽披针形，子房光滑，球形，红褐色，花柱纤细，柱头窄。榕果球形或扁球形，熟时红色。

广东、广西、云南多为栽培。日本、马来西亚、泰国、越南、不丹、尼泊尔、巴基斯坦及印度也有分布，多属栽培，但喜马拉雅山区，从巴基斯坦拉瓦尔品第至不丹均有野生。

园林观赏。

云勇分布：场部。

羊乳榕

Ficus sagittata Vahl.

桑科 榕属

　　幼时为附生藤本，成长为独立乔木。节上附生短根。叶革质，卵形至卵状椭圆形，先端急尖至短渐尖，基部（圆形）微心形，全缘或略呈波状。榕果成对或单生叶腋，近球形，成熟橙红色；雄花生榕果内壁近口部，花被片 3；瘿花花被片与雄花相似，子房倒卵形；雌花生于另一植株榕果内，花被 3 裂，基部合生。

　　产广东、海南、广西、云南。不丹、印度、缅甸、泰国、越南、印度尼西亚等也有分布。

　　云勇分布：十二沥。

假斜叶榕

Ficus subulata Blume.

桑科 榕属

　　攀缘状灌木，雄株为直立灌木。叶纸质，斜椭圆形或倒卵状椭圆形，通常两侧不甚对称，先端骤尖至渐尖，全缘。榕果小，成对或成簇腋生或生于已落叶枝上，球形或卵圆形，成熟橙红色；雄花生于榕果内壁近口部，花被管状；瘿花散生于榕果内壁，花被片与雄花相似；雌花生于另一植株榕果内壁，花被合生。

　　产广东、广西、云南、贵州、西藏。尼泊尔、印度、不丹、马来西亚、印度尼西亚也有分布。

　　云勇分布：十二沥。

杂色榕（青果榕）

Ficus variegata Blume.

桑科 榕属

乔木。树皮灰褐色，平滑；幼枝绿色，微被柔毛。叶互生，厚纸质，广卵形至卵状椭圆形，基部圆形至浅心形，边缘波状或具浅疏锯齿。榕果簇生于老茎发出的瘤状短枝上，球形，成熟榕果红色；雄花生榕果内壁口部，宽卵形；瘿花生内壁近口部，花被合生，管状；雌花生于雌植株榕果内壁，条状披针形，基部合生。

产广西、福建、海南、广东、云南、台湾。印度、缅甸、越南、马来西亚、澳大利亚和所罗门群岛均有分布。

果实可食用。

云勇分布：白石岗、飞马山。

牛筋藤

Malaisia scandens (Lour.) Planch.

桑科 牛筋藤属

攀缘灌木。幼枝被灰色短毛，小枝褐色，皮孔圆形，白色。叶互生，纸质，长椭圆形或椭圆状倒卵形，两侧称不对称，表面光滑，背面微粗糙，全缘或疏生浅锯齿，侧脉7~12对。雄花无梗，花被3~4裂，裂片三角形，被柔毛；雌花序近球形，密被柔毛，雌花花被壶形。核果卵圆形，红色，无柄。

产台湾、广东、海南、广西、云南。越南、马来西亚、菲律宾、澳大利亚也有分布。

云勇分布：一工区。

桑

Morus alba L.

桑科 桑属

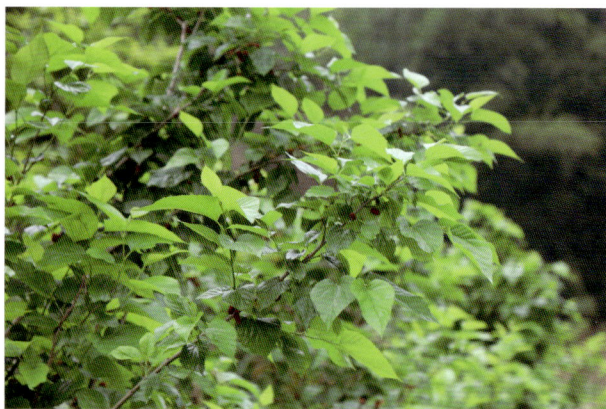

乔木或为灌木。叶卵形或广卵形，先端急尖、渐尖或圆钝，基部圆形至浅心形，边缘锯齿粗钝，有时叶为各种分裂，无毛，背面沿脉有疏毛，脉腋有簇毛。花单性，腋生或生于芽鳞腋内，与叶同时生出；雄花序下垂，密被白色柔毛，雄花花被片宽椭圆形，淡绿色；雌花序长 1~2 cm，被毛，雌花无梗，花被片倒卵形。聚花果卵状椭圆形，成熟时红色或暗紫色。

本种原产我国中部和北部，现我国大部分地区均有栽培。朝鲜、日本、蒙古国、印度、越南、俄罗斯及欧洲、中亚各国亦均有栽培。

树皮纤维柔细，可作纺织和造纸原料；根皮、果实及枝条入药；叶为养蚕的主要饲料，亦作药用；木材坚硬，可制家具、乐器等；桑椹可以酿酒。

云勇分布：一工区、四工区。

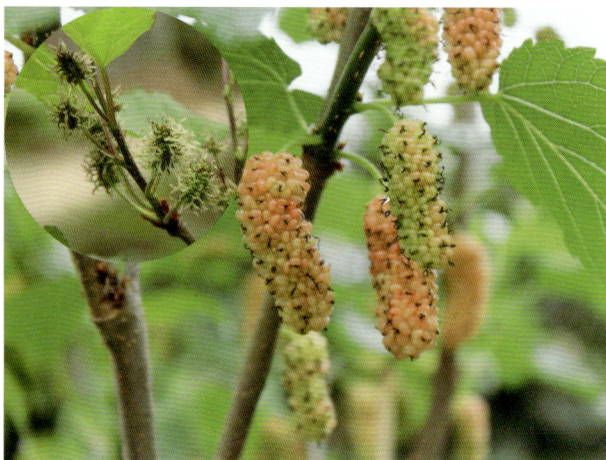

苎麻

Boehmeria nivea (L.) Gaud.

荨麻科 苎麻属

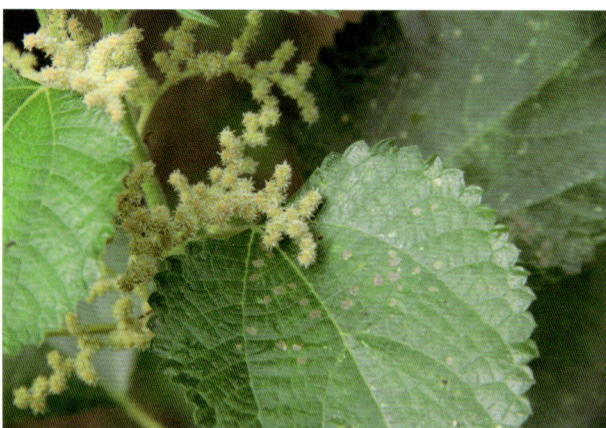

亚灌木或灌木。叶互生，叶片草质，通常圆卵形或宽卵形，边缘在基部之上有牙齿，上面稍粗糙，疏被短伏毛，下面密被雪白色毡毛，侧脉约 3 对。圆锥花序腋生，或植株上部的为雌性，其下的为雄性，或同一植株的全为雌性；雄花：花被片 4，狭椭圆形，合生至中部；雌花：花被椭圆形，顶端有 2~3 小齿。瘦果近球形，光滑，基部突缩成细柄。

产云南、贵州、广西、广东、福建、江西、台湾、浙江、湖北、四川。越南、老挝等地也有分布。

苎麻可作为高级纸张、火药、人造丝等的原料；根为利尿解热药；叶为止血剂；嫩叶可养蚕；种子可榨油，供制肥皂和食用。

云勇分布：四工区。

青叶苎麻

Boehmeria nivea var. *tenacissima* (Gaud.) Miq.

荨麻科 苎麻属

亚灌木或灌木。茎和叶柄密或疏被短伏毛。叶互生，草质，叶片多为卵形或椭圆状卵形，顶端长渐尖，基部多为圆形，常较小。托叶基部合生。圆锥花序腋生，或植株上部的为雌性，其下为雄性，或同一植株的全为雌性；雄团伞花序有少数雄花；雌团伞花序有多数密集的雌花。瘦果近球形，光滑。

产广西、广东、台湾、浙江、安徽。越南、老挝、印度尼西亚也有分布。

茎皮纤维可织成夏布、飞机的翼布等；根为利尿解热药、安胎作用；叶为止血剂；嫩叶可养蚕，作饲料；种子可榨油，供制肥皂和食用。

云勇分布：十二沥。

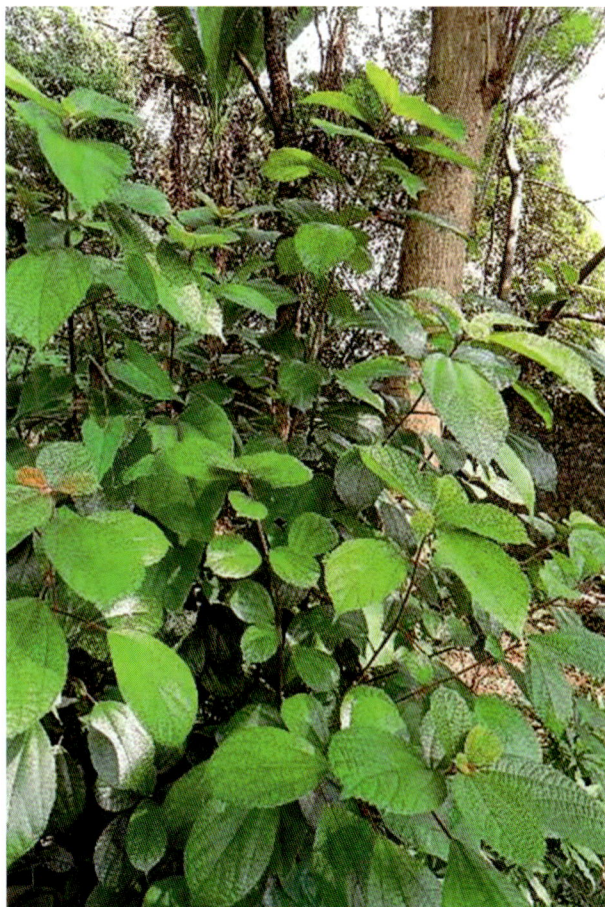

鳞片水麻

Debregeasia squamata King ex Hook. f.

荨麻科 水麻属

落叶矮灌木。分枝粗壮，幼时带绿色，后变棕色，有伸展的肉质皮刺。叶薄纸质，卵形或心形，先端短渐尖，基部圆形至心形，边缘具牙齿，基出脉3条。花序雌雄同株，生于当年生枝和老枝上，团伞花簇由多数雌花和少数雄花组成；花黄绿色。瘦果浆果状，橙红色。

产云南、贵州、广西、广东、海南和福建。越南、马来西亚也有分布。

药用，有凉血止血药之功效，主治外伤出血、跌打伤痛。

云勇分布：一工区、十二沥。

糯米团

Gonostegia hirta (Bl.) Miq.

荨麻科 糯米团属

多年生草本。叶对生，叶片草质或纸质，宽披针形至狭披针形、狭卵形、稀卵形或椭圆形，边缘全缘，上面稍粗糙，有稀疏短伏毛或近无毛，下面沿脉有疏毛或近无毛，基出脉3~5条。团伞花序腋生，通常两性，有时单性，雌雄异株，雄花：花被片5，分生，倒披针形；雌花：花被菱状狭卵形，顶端有2小齿。瘦果卵球形，白色或黑色，有光泽。

自西藏、云南、华南地区至陕西及河南广布。亚洲热带和亚热带地区及澳大利亚也广布。

茎皮纤维可制人造棉，供混纺或单纺；全草药用，治消化不良、食积胃痛等症，外用治血管神经性水肿、疔疮疖肿、乳腺炎、外伤出血等症；全草可饲猪。

云勇分布：三工区。

紫麻

Oreocnide frutescens (Thunb.) Miq.

荨麻科 紫麻属

灌木稀小乔木。小枝褐紫色或淡褐色，上部常有粗毛或柔毛。叶常生于枝上部，草质，有时变纸质，卵形或狭卵形，先端渐尖，基部圆形，边缘自下部以上有锯齿或粗牙齿，基出脉3。花序生于上年生枝和老枝上，呈簇生状；雄花花被片3，在下部合生，长圆状卵形；雌花无梗。瘦果卵球状，两侧稍压扁。

产浙江、安徽、江西、福建、广东、广西、湖南、湖北、陕西、甘肃、四川和云南。中南半岛和日本也有分布。

茎皮纤维细长坚韧，可供制绳索、麻袋和人造棉；茎皮经提取纤维后，还可提取单宁；根、茎、叶入药行气活血。

云勇分布：十二沥。

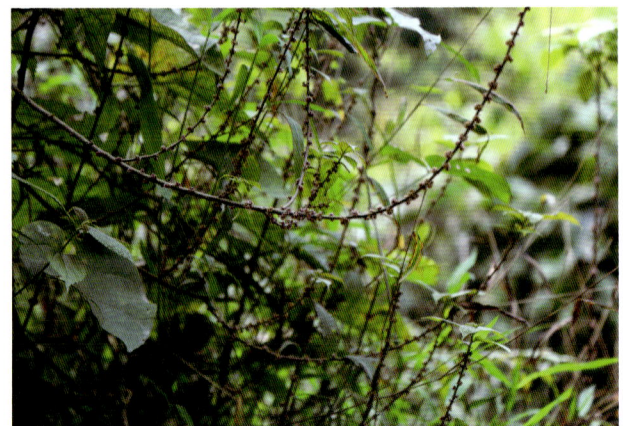

蔓赤车

Pellionia scabra Benth.

荨麻科 赤车属

亚灌木。茎直立或渐升，基部木质。叶具短柄或近无柄；叶片草质，斜狭菱状倒披针形，顶端渐尖或尾状，边缘下部全缘，其上有少数小牙齿。花序通常雌雄异株；雄花为稀疏的聚伞花序，花被片5，椭圆形；雌花序近无梗或有梗，有多数密集的花，花被片 4~5，狭长圆形。瘦果近椭圆球形。

产云南、广西、广东、贵州、四川、湖南、江西、安徽、浙江、福建、台湾。

药用，有清热解毒、活血散瘀之功效。

云勇分布：白石岗、飞马山。

小叶冷水花

Pilea microphylla (L.) Lieb.

荨麻科 冷水花属

纤细小草本。叶很小，同对的不等大，倒卵形至匙形，边缘全缘，稍反曲，干时呈细蜂巢状，钟乳体条形，上面明显，横向排列，叶脉羽状。雌雄同株，有时同序，聚伞花序密集成近头状，雄花花被片 4，卵形，外面近先端有短角状突起；雌花花被片 3，稍不等长。瘦果卵形，熟时变褐色，光滑。

在我国广东、广西、福建、江西、浙江和台湾已成为归化植物。原产南美洲热带，后引入亚洲、非洲热带地区。

可作栽培观赏用。

云勇分布：一工区。

多枝雾水葛

Pouzolzia zeylanica var. *microphylla* (Wedd.) Masam.

荨麻科 雾水葛属

　　多年生草本或亚灌木。常铺地，多分枝，末回小枝常多数，互生。生有很小的叶子，单叶，茎下部叶对生，上部叶互生，叶形变化较大，卵形、狭卵形至披针形；团伞花序通常两性，雄花有短梗，花被片4，狭长圆形；雌花花被片椭圆形或近菱形。瘦果卵圆形，淡黄白色。

　　产云南、广西、广东、江西、福建、台湾。亚洲热带地区广布。

　　全草药用，有拔毒排脓、清热利湿等功效。

　　云勇分布：一工区。

秤星树（梅叶冬青）

Ilex asprella (Hook. et Arn.) Champ. ex Benth.

冬青科 冬青属

　　落叶灌木。长枝纤细，栗褐色，短枝多皱，具宿存的鳞片和叶痕。叶膜质，在长枝上互生，在宿短枝上簇生枝顶，卵形或卵状椭圆形，边缘具锯齿。雄花序束状或单生，花白色，辐状；雌花序单生。果球形，熟时变黑色，具纵条纹及沟，具宿存花萼，具分核4~6粒。

　　产浙江、江西、福建、台湾、湖南、广东、广西、香港等地。菲律宾群岛也有分布。

　　根、叶入药，有清热解毒、生津止渴、消肿散瘀之功效；叶含熊果酸，对冠心病，心绞痛有一定疗效。

　　云勇分布：一工区。

毛冬青

Ilex pubescens Hook. et Arn.

冬青科 冬青属

常绿灌木或小乔木。植株各部无毛或近无毛，小枝近四棱形，具纵棱脊；顶芽通常发育不良或缺。叶生于1~2年生枝上，叶片纸质或膜质，椭圆形或长卵形，先端急尖或短渐尖，基部钝，边缘具疏而尖的细锯齿或近全缘，叶面绿色，背面淡绿色。花序簇生于1~2年生枝的叶腋内。果球形，成熟后红色。

产于安徽、浙江、江西、福建、台湾、湖南、广东、海南、香港、广西和贵州。

果实艳丽，园林观赏树种。

云勇分布：场部后山。

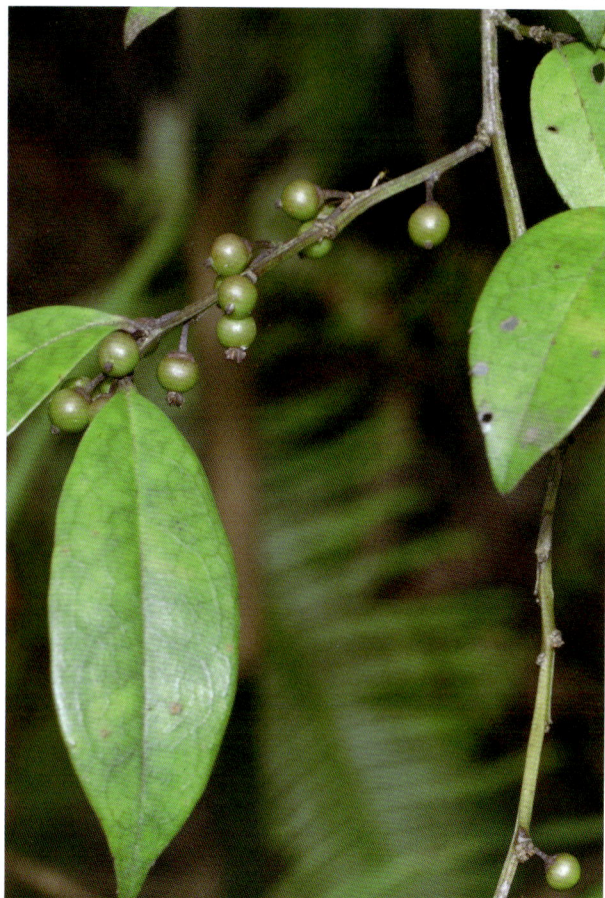

铁冬青

Ilex rotunda Thunb.

冬青科 冬青属

常绿灌木或乔木。树皮灰色至灰黑色。叶单叶，互生，薄革质，卵形、倒卵形或椭圆形，全缘，叶面绿色，背面淡绿色，两面无毛，主脉在叶面凹陷，背面隆起，侧脉纤细。聚伞花序腋生，花白色，雌雄异株。果近球形或稀椭圆形，成熟时红色，宿存花萼；分核5~7。

产江苏、安徽、浙江、江西、福建、台湾、湖北、湖南、广东、香港、广西、海南、贵州和云南等。朝鲜、日本和越南也有分布。

铁冬青也叫"救必应"，为著名中药，是洁银牙膏、腹可安等产品的主要有效成分；枝叶可作造纸糊料原料；树皮可提制染料和栲胶；木材作细工用材。

云勇分布：横岗东。

绿冬青

Ilex viridis Champ. ex Benth.

冬青科 冬青属

　　常绿灌木或小乔木。幼枝近四棱形。单叶，互生，叶片革质，倒卵形或阔椭圆形，先端钝，急尖或短渐尖，基部钝或楔形，边缘略外折，具细圆齿状锯齿，叶面绿色，光亮，具不明显的腺点，主脉在叶面深凹陷。雄花序总花梗长于花梗；雌花单花腋生。果球形或略扁球形，成熟时黑色，宿存柱头盘状凸起。

　　产安徽、浙江、江西、福建、湖北、广东、广西、海南、贵州等。

　　可药用，根治关节痛，叶治烧、烫伤、创伤出血。

　　云勇分布：场部后山。

青江藤

Celastrus hindsii Benth.

卫矛科 南蛇藤属

　　常绿藤本。小枝紫色，皮孔较稀少。单叶，互生，纸质或革质，长方窄椭圆形、或卵窄椭圆形，边缘具疏锯齿，侧脉 5~7 对。顶生聚伞圆锥花序，腋生短小聚伞圆锥状花序，花淡绿色。果实近球状或稍窄；种子有橙红色假种皮。

　　产江西、湖北、湖南、贵州、四川、台湾、福建、广东、海南、广西、云南、西藏。越南、缅甸、印度、马来西亚也有分布。

　　云勇分布：一工区。

疏花卫矛

Euonymus laxiflorus Champ. ex Benth.

卫矛科 卫矛属

灌木。叶纸质或近革质,卵状椭圆形、长方椭圆形或窄椭圆形,全缘或具不明显的锯齿,侧脉多不明显。聚伞花序分枝疏松,5~9花,花紫色,5数,花瓣长圆形,基部窄。蒴果紫红色,倒圆锥状,先端稍平截;种子长圆状,种皮枣红色,假种皮橙红色,成浅杯状包围种子基部。

产台湾、福建、江西、湖南、香港、广东、广西、贵州、云南。也分布于越南。

皮部药用,作土杜仲。

云勇分布:一工区。

离瓣寄生

Helixanthera parasitica Lour.

桑寄生科 离瓣寄生属

灌木。枝和叶均无毛;小枝披散状,平滑。叶对生,纸质或薄革质,卵形至卵状披针形,顶端急尖至渐尖,基部阔楔形至近圆形。总状花序,1~2个腋生或生于小枝已落叶腋部,具花40~60朵;花红色、淡红色或淡黄色,被暗褐色或灰色乳头状毛,花冠花蕾时下半部膨胀,具5条拱起的棱,中部变窄,顶部椭圆状,花瓣5枚,上半部披针形,反折。果椭圆状,红色,被乳头状毛。

产西藏、云南、贵州、广西、广东、福建。印度、缅甸、马来西亚、泰国、柬埔寨、老挝、越南、印度尼西亚、菲律宾等也有分布。

茎、叶入药,有祛风湿等功效。

云勇分布:一工区。

广寄生

Taxillus chinensis (DC.) Dans.

桑寄生科 钝果寄生属

灌木。嫩枝、叶密被锈色星状毛，稍后茸毛呈粉状脱落；小枝具细小皮孔。叶对生或近对生，厚纸质，卵形至长卵形，顶端圆钝，基部楔形或阔楔形；侧脉 3~4 对。伞形花序，1~2 个腋生或生于小枝已落叶腋部，具花 1~4 朵，通常 2 朵；花褐色，花冠在花蕾时管状，稍弯，下半部膨胀，顶部卵球形，裂片 4 枚，匙形。果椭圆状或近球形，果皮密生小瘤体，具疏毛，成熟果浅黄色，果皮变平滑。

产广西、广东、福建。越南、老挝、柬埔寨、泰国、马来西亚、印度尼西亚、菲律宾也有分布。

全株入药，可治风湿痹痛、腰膝酸软、胎漏、高血压等。民间草药以寄生于桑树、桃树、马尾松的疗效较佳；寄生于夹竹桃的有毒，不宜药用。

云勇分布：六工区。

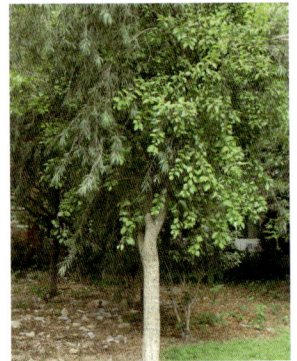

寄生藤

Dendrotrophe varians (Blume) Miq.

檀香科 寄生藤属

木质藤本，常呈灌木状。枝三棱形，扭曲。叶厚，多少软革质，倒卵形至阔椭圆形，基出脉 3。花通常单性，雌雄异株；花被 5 裂，裂片三角形；雄花：球形，5~6 朵集成聚伞状花序；雌花：短圆柱状；两性花，卵形。核果卵状或卵圆形，带红色，顶端有内拱形宿存花被，成熟时棕黄色至红褐色。

产福建、广东、广西、云南。越南也有分布。

全株供药用，外敷治跌打刀伤。

云勇分布：一工区。

檀香

Santalum album L.

檀香科 檀香属

常绿小乔木。枝有多数皮孔和半圆形的叶痕；小枝节间稍肿大。叶对生椭圆状卵形，膜质，顶端锐尖，基部楔形或阔楔形，边缘波状，稍外折，背面有白粉，中脉在背面凸起，侧脉约10对，网脉不明显。三歧聚伞式圆锥花序腋生或顶生，花被管钟状，淡绿色；花被4裂，裂片卵状三角形，内部初时绿黄色，后呈深棕红色。核果，外果皮肉质多汁，成熟时深紫红色至紫黑色。

广东、台湾有栽培。原产太平洋岛屿，现以印度栽培最多。

檀香树干的边材白色，无气味，心材黄褐色，有强烈香气是贵重的药材和名贵的香料，并为雕刻工艺的良材。

云勇分布：塘际村扩面租地内。

翼核果

Ventilago leiocarpa Benth.

鼠李科 翼核果属

藤状灌木。叶薄革质，卵状矩圆形或卵状椭圆形，稀卵形，顶端渐尖或短渐尖，基部圆形或近圆形，边缘近全缘，两面无毛，侧脉每边4~6（7）条，上面下陷，下面凸起，具明显的网脉。花小，两性，5基数，单生或2一数个簇生于叶腋，少有排成顶生聚伞总状或聚伞圆锥花序；花瓣倒卵形。核果无毛，翅宽7~9 mm，顶端钝圆，有小尖头，基部1/4~1/3为宿存的萼筒包围，1室，具1种子。

产台湾、福建、广东、广西、湖南、云南。印度、缅甸、越南也有分布。

根入药，有补气血、舒筋活络的功效，对气血亏损、月经不调、风湿疼痛、四肢麻木、跌打损伤有一定疗效。

云勇分布：六工区。

乌蔹莓

Causonis japonica (Thunb.) Raf.

葡萄科 乌蔹莓属

草质藤本。叶为鸟足状 5 小叶，中央小叶长椭圆形或椭圆披针形，侧生小叶椭圆形或长椭圆形，边缘每侧有 6~15 个锯齿，侧脉 5~9 对，网脉不明显。花序腋生，复二歧聚伞花序；花瓣 4，绿色，三角状卵圆形，外面被乳突状毛。果实近球形，有种子 2~4 粒；种子三角状倒卵形，顶端微凹，基部有短喙。

产陕西、河南、山东、安徽、江苏、浙江、湖北、湖南、福建、台湾、广东、广西、海南、四川、贵州、云南。日本、菲律宾、越南、缅甸、印度、印度尼西亚和澳大利亚也有分布。

全草入药，有凉血解毒、利尿消肿之功效。

云勇分布：一工区。

牛果藤（广东蛇葡萄）

Nekemias cantoniensis (Hook. et Arn.) J. Wen et Z. L. Nie

葡萄科 牛果藤属

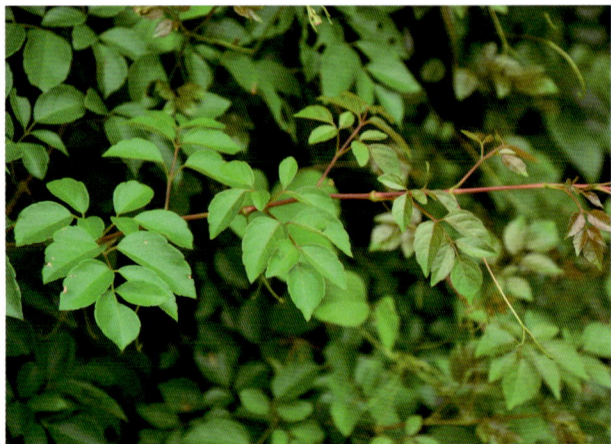

木质藤本。小枝圆柱形，有纵棱纹。卷须 2 叉分枝。叶为一至二回羽状复叶，互生，侧生小叶通常卵形、卵椭圆形，上面深绿色，下面浅黄褐绿色；侧脉 4~7 对。花序为伞房状多歧聚伞花序，顶生或与叶对生；花瓣 5，卵椭圆形。果实近球形，有种子 2~4 粒；种子表面有肋纹突起。

产安徽、浙江、福建、台湾、湖北、湖南、广东、广西、海南、贵州、云南、西藏。

全株药用，有润肠通便之功效；叶可作保健饮料。

云勇分布：一工区。

异叶地锦

Parthenocissus dalzielii Gagn.

葡萄科 地锦属

　　木质藤本。两型叶，着生在短枝上常为 3 小叶，较小的单叶常着生在长枝上，叶为单叶者叶片卵圆形；3 小叶者，叶长椭圆形；单叶有基出脉 3~5，中央脉有侧脉 2~3 对，3 小叶者小叶有侧脉 5~6 对，网脉两面微突出，无毛。花序假顶生于短枝顶端，形成多歧聚伞花序；花瓣 4，倒卵椭圆形。果实近球形，成熟时紫黑色，有种子 1~4 粒；种子倒卵形。

　　产河南、湖北、湖南、江西、浙江、福建、台湾、广东、广西、四川、贵州。

　　本种可引入城市栽培，特别适宜用作城市垂直绿化。

　　云勇分布：一工区。

扁担藤

Tetrastigma planicaule (Hook. f.) Gagn.

葡萄科 崖爬藤属

　　木质大藤本。茎扁压，深褐色。卷须不分枝。叶为掌状 5 小叶，互生，小叶革质，长圆披针形、披针形，边缘有不明显或细小锯齿，上面绿色，下面浅绿色；侧脉 5~6 对，网脉突出。花序腋生；花瓣 4，卵状三角形。果实近球形，多肉质。

　　产福建、广东、广西、贵州、云南、西藏。老挝、越南、印度和斯里兰卡也有分布。

　　藤茎供药用，有祛风湿之功效。

　　云勇分布：一工区。

小果葡萄

Vitis balansana Planch.

葡萄科 葡萄属

木质藤本。小枝圆柱形，有纵棱纹。卷须2叉分。叶心状卵圆形或阔卵形，顶端急尖或短尾尖，基部心形，边缘有细牙齿，微呈波状，上面绿色，初时疏被蛛丝状茸毛；基生脉5出，网脉明显。圆锥花序与叶对生；花瓣5，呈帽状黏合脱落。果实球形，成熟时紫黑色。

产广东、广西、海南。越南也有分布。

藤和叶入药，有祛湿消肿之效。

云勇分布：十二沥。

山油柑（降真香）

Acronychia pedunculata (L.) Miq.

芸香科 山油柑属

常绿乔木。树皮灰白色至灰黄色，平滑剥开时有柑橘叶香气。单叶，椭圆形至长圆形，全缘。花两性，黄白色；花瓣狭长椭圆形。果序下垂，果淡黄色，半透明，近圆球形而略有棱角，有小核4个，每核有1种子。种子倒卵形。

产台湾、福建、广东、海南、广西、云南。菲律宾、越南、老挝、泰国、柬埔寨等也有分布。

根、叶、果入药，可化气、活血、去瘀、消肿、止痛、治支气管炎、感冒等；木材供制家具、器具；树皮可提制栲胶；枝叶含芳香油；果可食。

云勇分布：一工区。

金柑

Citrus japonica Thunb.

芸香科 柑橘属

乔木。小叶卵状椭圆形或长圆状披针形，翼叶狭至明显。花单朵或 2~3 朵簇生，花瓣 5，白色，雄蕊 15~25 枚，比花瓣稍短，花丝不同程度合生成数束。果圆球形，果皮橙黄色至橙红色，味甜，油胞平坦或稍凸起，果肉酸或略甜；种子 2~5 粒，卵形，端尖或钝，基部圆。

秦岭南坡以南各地栽种。

鲜果可食，风味略胜金橘；其盆栽品是广州居民在春节期间的点缀品，也是广州地区迎春花市的展销品之一。

云勇分布：一工区、六工区。

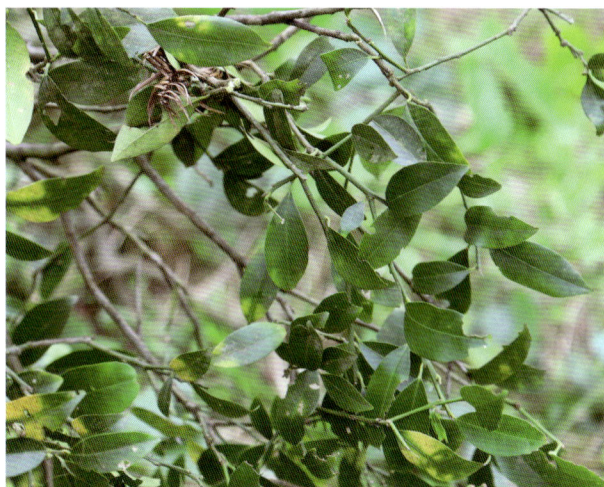

柠檬

Citrus × *limon* (L.) Osbeck

芸香科 柑橘属

小乔木。枝少刺或近于无刺。嫩叶及花芽暗紫红色，有翼叶宽或狭，叶片卵形或椭圆形，边缘有明显钝裂齿。单花腋生或少花簇生；花萼杯状，花瓣外面淡紫红色，内面白色。果椭圆形或卵形，两端狭，顶部通常较狭长并有乳头状突尖，果皮厚，通常粗糙，柠檬黄色，难剥离，富含柠檬香气的油点。

我国长江以南有栽培。原产东南亚。现广植于世界热带地区。

园林观赏，果实可食。

云勇分布：一、六工区。

沙糖橘

Citrus reticulata 'Shatang'

芸香科 柑橘属

小乔木。树冠中等，圆头形。根系发达，圆头形。枝细密、稍直立，发梢力强。叶片椭圆形，呈深绿色；叶缘锯齿稍深，翼叶较小。花较小，白色。果扁圆形，成熟时果皮黄色。

广东、广西有栽培。

为我国佳果。

云勇分布：六工区。

黄皮

Clausena lansium (Lour.) Skeel.

芸香科 黄皮属

小乔木。叶有小叶 5~11 片，小叶卵形或卵状椭圆形，常一侧偏斜，边缘波浪状或具浅的圆裂齿。圆锥花序顶生，花瓣长圆形，白色。果圆形、椭圆形或阔卵形，淡黄色至暗黄色，被细毛，果肉乳白色，半透明，有种子 1~4 粒；子叶深绿色。

原产我国南部，台湾、福建、广东、海南、广西、贵州、云南及四川均有栽培。世界热带及亚热带地区有引种。

我国南方果品；根、叶及果核（即种子）有行气、消滞、解表、散热、止痛、化痰之功效。

云勇分布：一工区、六工区。

三桠苦

Melicope pteleifolia (Champ. ex Benth.) T. G. Hartl.

芸香科 蜜茱萸属

乔木。树皮灰白色或灰绿色，光滑，纵向浅裂。三出复叶，对生，小叶纸质，长椭圆形，全缘，有腺点。伞房状圆锥花序腋生，有近对生而扩展的枝；花单性，4数，花黄白色，有腺点。蓇葖2~3，外果皮暗黄褐色至红褐色，半透明，有腺点。

产台湾、福建、江西、广东、海南、广西、贵州及云南。越南、老挝、泰国等也有分布。

木材适作小型家具、文具或箱板材；根、叶、果都用作草药，广东"凉茶"中，多有此料，用其根、茎枝作消暑清热剂。

云勇分布：场部后山。

九里香

Murraya exotica L.

芸香科 九里香属

小乔木。高达8 m。奇数羽状复叶，小叶倒卵形或倒卵状椭圆形，全缘。花序伞房状或圆锥状聚伞花序，顶生，或兼有腋生，花白色，芳香；花瓣5。果橙黄色至朱红色，宽卵形或椭圆形，顶部短尖，稍歪斜，有时球形，果肉含胶液；种子被绵毛。

产台湾、福建、广东、海南、广西等地南部。

围篱材料；作花圃及宾馆的点缀品；作盆景材料。

云勇分布：场部。

华南吴萸

Tetradium austrosinense (Hand.-Mazz.) T. G. Hartl.

芸香科 吴茱萸属

乔木。小枝的髓部大，嫩枝及芽密被灰色或红褐色短茸毛。奇数羽状复叶，小叶卵状椭圆形或长椭圆形，生于叶轴基部的通常为卵形，叶缘有细钝裂齿或近全缘。花序顶生，多花；花淡黄白色。分果瓣淡紫红至深红色，油点微凸起，内果皮薄壳质，蜡黄色。

产广东北江以西及西南部、广西、云南南部。

果可治疟疾。

云勇分布：一工区。

楝叶吴萸

Tetradium glabrifolium (Champ. ex Benth.) T. G. Hartl.

芸香科 吴茱萸属

落叶乔木。树皮灰白色，不开裂，密生皮孔。一回奇数羽状复叶，小叶斜卵状披针形，两侧明显不对称，油点不显或甚稀少且细小，叶背灰绿色，干后略呈苍灰色，叶缘有细钝齿或全缘，无毛。聚伞圆锥花序顶生，花甚多；花白色。分果瓣淡紫红色，干后暗灰带紫色。

产台湾、福建、广东、海南、广西及云南南部。越南也有分布。

树干通直、速生、抗风，为优良的绿化树种；木材供制家具和轻便农具；根、果和树皮药用，有温中散寒、行气止痛等功效；种子油供工业用。

云勇分布：一工区。

簕欓花椒

Zanthoxylum avicennae (Lam.) DC.

芸香科 花椒属

　　落叶乔木。树干和枝具皮刺，各部无毛。基数羽状复叶，互生；小叶斜卵形，斜长方形或呈镰刀状，顶生小叶矩圆形，顶部短尖或钝，全缘，有油点。圆锥花序顶生，花多；花单性；花瓣5，黄白色，雌花的花瓣比雄花的稍长。蓇葖果紫红色，有粗大腺点；种子黑而亮。

　　产台湾、福建、广东、海南、广西、云南。菲律宾、越南北部也有分布。

　　鲜叶、根皮及果皮均有花椒气味，民间用作草药，有祛风去湿、行气化痰、止痛等功效。

　　云勇分布：一工区。

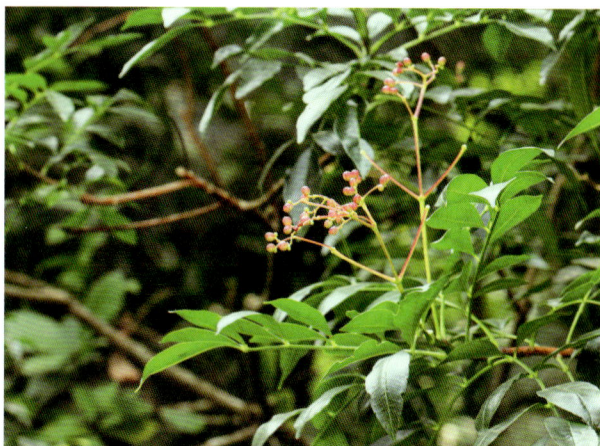

大叶臭花椒

Zanthoxylum myriacanthum Wall. ex Hook. f.

芸香科 花椒属

　　落叶乔木。茎干有鼓钉状锐刺，花序轴及小枝顶部有较多劲直锐刺。叶有小叶7~17片；小叶对生，宽卵形或卵状椭圆形，位于叶轴基部的有时近圆形，两面无毛，油点多且大，叶缘有浅而明显的圆裂齿，中脉在叶面凹陷，侧脉明显。花序顶生，多花；花白色。分果瓣红褐色，顶端无芒尖，油点多。

　　产福建西南部、广东、广西、海南、贵州南部、云南南部。越南、缅甸、印度也有分布。

　　根皮、树皮及嫩叶均用作草药，有祛风除湿、活血散瘀、消肿止痛之功效，治多类痛症。

　　云勇分布：白石岗、飞马山、一工区。

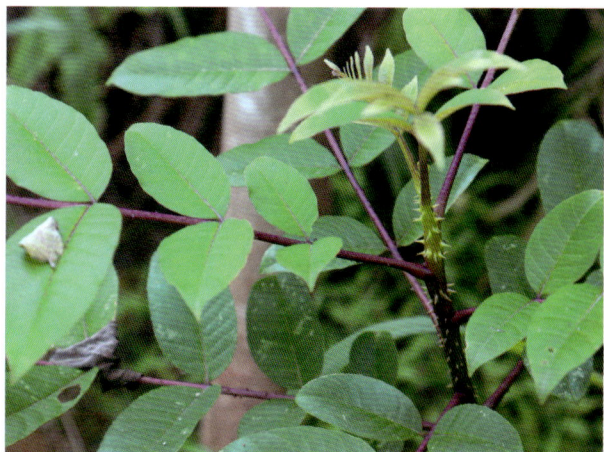

两面针

Zanthoxylum nitidum (Roxb.) DC.

芸香科 花椒属

木质藤本。茎、枝、叶轴下面均有弯钩状皮刺。一回奇数羽状复叶，互生；小叶对生，厚革质，阔卵形或阔椭圆形，边缘有疏圆齿或近全缘，幼苗及萌芽小叶两面有刺。圆锥状聚伞花序，腋生；花小，青绿色。果紫红色或紫褐色；种子球形。

产台湾、福建、广东、海南、广西、贵州及云南。越南、菲律宾也有分布。

种子油供制肥皂用；根、叶、果药用，有消炎止痛、消肿解毒等功效。

云勇分布：场部后山、十二沥。

花椒簕

Zanthoxylum scandens Blume.

芸香科 花椒属

攀缘状木质藤本。皮刺水平伸展或向下弯，成年植株攀缘于其他树上。一回奇数羽状复叶，互生，小叶 15~25 枚，近革质，卵形，卵状椭圆形或斜长圆形，叶轴有细刺。圆锥花序腋生和顶生；花单性，4 基数；花淡黄色。蓇葖果熟时红色。

产长江以南。东南亚各地也有分布。

根、叶制跌打，有消肿止痛、活血化瘀之功效。

云勇分布：一工区。

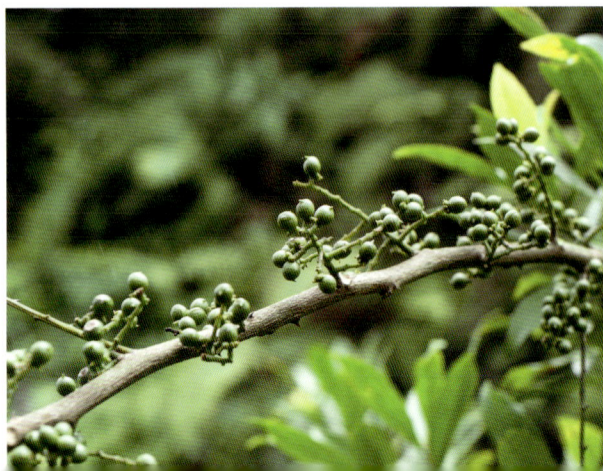

橄榄（毛叶榄）

Canarium subulatum Guill.

橄榄科 橄榄属

乔木。小叶 3~6 对，纸质至革质，披针形或椭圆形（至卵形），无毛或在背面叶脉上散生刚毛，背面有极细小疣状突起；先端渐尖至骤狭渐尖，基部楔形至圆形，偏斜，全缘；侧脉 12~16 对，中脉发达。花序腋生，雄花序为聚伞圆锥花序，多花；雌花序为总状，具花 12 朵以下。雄花长 5.5~8 mm，雌花长约 7 mm。果卵圆形至纺锤形，横切面近圆形，无毛，成熟时黄绿色，外果皮厚。

产福建、台湾、广东、广西、云南。越南、日本及马来半岛有栽培。

为很好的防风树种及行道树；木材可作建筑用材等；果可食用，药用治喉头炎、咳血、烦渴、肠炎腹泻；种仁可榨油，油用于制肥皂或作润滑油。

云勇分布：一工区。

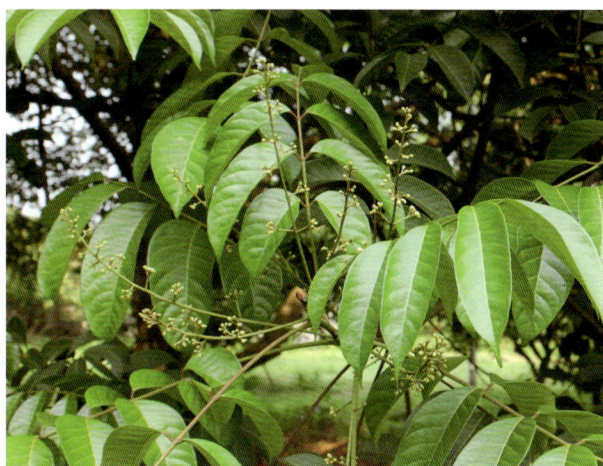

乌榄

Canarium pimela K. D. Koen.

橄榄科 橄榄属

乔木。小枝干时紫褐色，髓部周围及中央有柱状维管束。小叶 4~6 对，纸质至革质，无毛，宽椭圆形或卵形；基部偏斜，全缘；网脉明显。疏散的聚伞圆锥花序腋生，无毛；雄花序多花，雌花序少花。果成熟时紫黑色，狭卵圆形。

产广东、广西、海南、云南。越南、老挝、柬埔寨也有分布。

果可生食，果肉腌制"榄角"作菜；种子油供食用、制肥皂或作其他工业用油；根入药，可治风湿腰腿痛、手足麻木、胃痛、烫火伤。

云勇分布：十二沥。

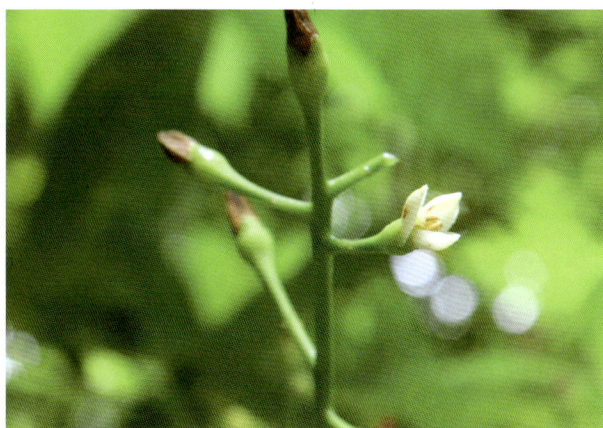

米仔兰

Aglaia odorata Lour.

楝科 米仔兰属

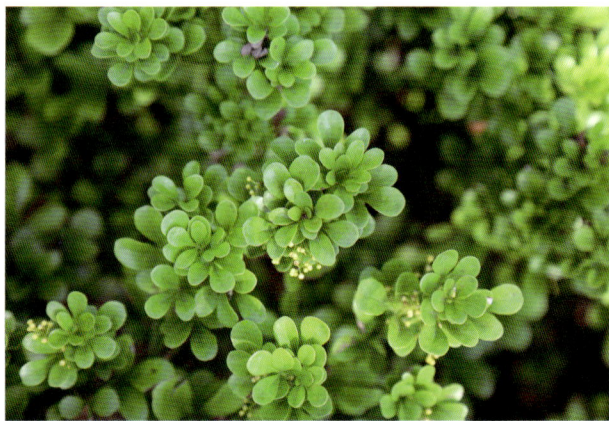

灌木或小乔木。茎多小枝，幼枝顶部被星状锈色的鳞片。奇数羽状复叶，叶轴和叶柄具狭翅；小叶对生、厚纸质，顶端 1 片最大，下部的远较顶端的为小，先端钝，基部楔形，两面均无毛，侧脉极纤细，和网脉均于两面微凸起。圆锥花序腋生；花黄色，芳香。果为浆果，卵形或近球形。

产广东、广西。东南亚各国也有分布。

花极芳香，常用以熏茶；花期颇长，四季常绿，很适合栽种观赏。

云勇分布：十二沥。

山楝（大叶山楝）

Aphanamixis polystachya (Wall.) R. N. Park.

楝科 山楝属

乔木。叶为奇数羽状复叶，有小叶 9~11（~15）片；小叶对生，初时膜质，后变亚革质，在强光下可见很小的透明斑点，长椭圆形，先端渐尖，基部楔形或宽楔形，两面均无毛，侧脉每边 11~12 条，纤细、边全缘。花序腋上生，短于叶。雄花组成穗状花序复排列成广展的圆锥花序，雌花组成穗状花序；花球形，花瓣 3，圆形，凹陷。蒴果近卵形，熟后橙黄色，开裂为 3 果瓣。

产广东、广西、云南等地南部。分布于印度尼西亚、印度及中南半岛、马来半岛等。

种子的含油量约 44%~56%，油可供制肥皂及润滑油；木材赤色，坚硬，纹理密致，质均匀，可作建筑、造船等用材。

云勇分布：五工区。

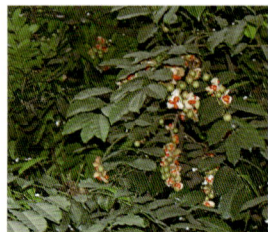

非洲楝

Khaya senegalensis (Desr.) A. Juss.

楝科 非洲楝属

乔木。高达 20 m。幼枝具暗褐色皮孔。小叶 3~8 对，长圆形、长圆状椭圆形或卵形，全缘；小叶柄长 0.5~1 cm。花萼片 4，宽卵形；花瓣 4，椭圆形，长 3 mm，无毛；雄蕊花丝筒坛状；子房无毛，4 室。蒴果球形，自顶端室轴开裂；种子椭圆形或近圆形，边缘具膜质翅。

福建、台湾、广东、广西及海南等地有栽培。原产非洲热带地区和马达加斯加。

庭园树和行道树，木材可作胶合板的材料；叶可作粗饲料；根可入药。

云勇分布：四工区。

楝（苦楝）

Melia azedarach L.

楝科 楝属

落叶乔木。树皮灰褐色，纵裂；分枝广展，小枝有叶痕。二至三回奇数羽状复叶；小叶对生，卵形、椭圆形至披针形，先端短渐尖，基部楔形或宽楔形，多少偏斜，边缘有钝锯齿，幼时被星状毛。圆锥花序约与叶等长；花淡紫色，芳香。核果球形至椭圆形，黄绿色。

产我国黄河以南各地。亚洲热带和亚热带地区也有分布。

边材是家具、建筑、农具等良好用材；根、树皮、叶、果药用，有驱蚊、止痛和消肿等功效；果核仁油可供制油漆、润滑油和肥皂。

云勇分布：一工区。

桃花心木

Swietenia mahagoni (L.) Jacq.

棟科 桃花心木属

常绿大乔木。树皮淡红色，鳞片状。有小叶 4~6 对，叶柄基部略膨大；小叶片革质，斜披针形 至斜卵状披针形，全缘或有时具 1~2 个浅波状钝齿，无毛而光亮，侧脉每边约 10 条。圆锥花序腋生，花瓣白色，广展。蒴果大，卵状，木质，熟时 5 瓣裂；种子多数。

栽培于福建（厦门）、台湾、广东、广西（南宁）、海南（尖峰岭）及云南等地。原产南美洲，现各热带地区均有栽培。

本种为世界上著名木料之一，色泽美丽，硬度适宜，易于打磨，且皱缩量少，能抗虫蚀，宜作装饰、家具、舟车等用。

云勇分布：一工区。

红椿

Toona ciliata M. Roem.

棟科 香椿属

大乔木。叶为偶数或奇数羽状复叶，小叶对生或近对生，纸质，长圆状卵形或披针形，边全缘，侧脉每边 12~18 条，背面凸起。圆锥花序顶生，花瓣 5，白色，长圆形，边缘具睫毛。蒴果长椭圆形，木质，干后紫褐色，有苍白色皮孔；种子两端具翅，翅扁平，膜质。

产福建、湖南、广东、广西、四川和云南等地。也分布于印度尼西亚、印度、马来西亚及中南半岛等。

木材赤褐色，纹理通直，质软，耐腐，适宜建筑、车舟、茶箱、家具、雕刻等用材。树皮含单宁，可提制栲胶。

云勇分布：二工区、三工区。

香椿

Toona sinensis (A. Juss.) Roem.

楝科 香椿属

乔木。树皮粗糙，片状脱落。叶具长柄，偶数羽状复叶；小叶对生或互生，纸质，卵状披针形或卵状长椭圆形，先端尾尖，基部不对称，边全缘有小锯齿，无毛，无斑点，侧脉平展。圆锥花序与叶等长或更长；花白色，花瓣长圆形。蒴果狭椭圆形，深褐色，有小而苍白色的皮孔。

产华北、华东、中部、南部和西南部各地。朝鲜也有分布。

幼芽嫩叶芳香可口，供蔬食；木材耐腐力强，易施工，为家具、室内装饰品及造船的优良木材；根皮及果入药，有收敛止血、去湿止痛之功效。

云勇分布：白石岗、飞马山。

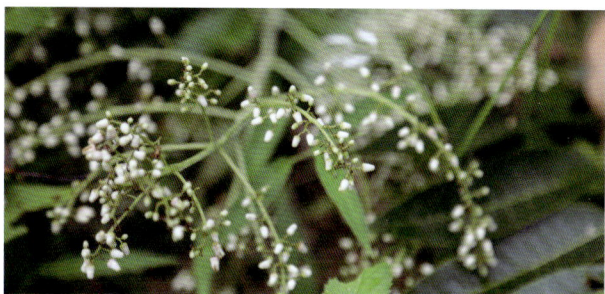

龙眼

Dimocarpus longan Lour.

无患子科 龙眼属

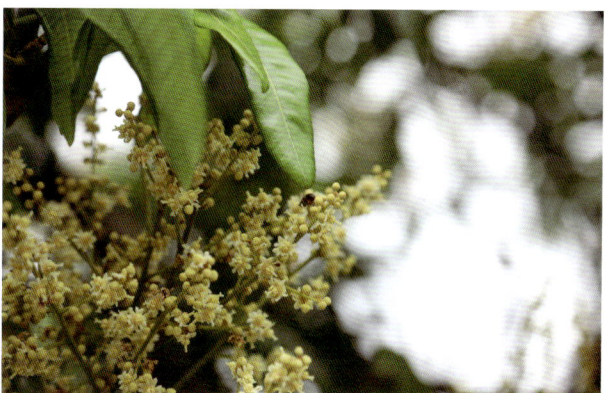

常绿乔木。小枝被微柔毛，散生苍白色皮孔。小叶（3）4~5（6）对，两侧常不对称，基部极不对称，下面粉绿色，两面无毛，侧脉 12~15 对。花序密被星状毛；花梗短；萼片近革质，三角状卵形，两面被褐黄色茸毛和成束的星状毛；花瓣乳白色，披针形，与萼片近等长，外面被微柔毛。果近球形，常黄褐色或灰黄色，稍粗糙，稀有微凸小瘤体；种子全为肉质假种皮包被。

我国西南部至东南部栽培很广，以福建最盛，广东次之；云南及广东、广西南部亦见野生或半野生于疏林中。亚洲南部和东南部也常有栽培。

果可食；假种皮可入药；种子含淀粉，经适当处理后，可酿酒；优良木材。

云勇分布：场部。

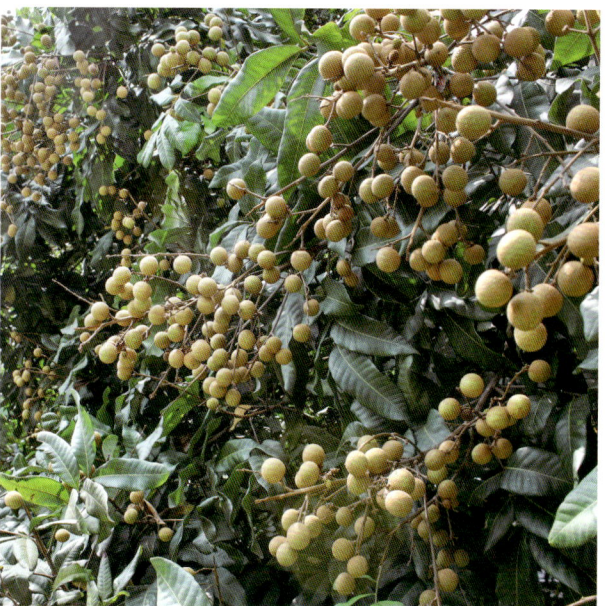

复羽叶栾树

Koelreuteria bipinnata Franch.

无患子科 栾属

乔木。叶平展，二回羽状复叶，小叶 9~17 片，互生，很少对生，纸质或近革质，斜卵形，顶端短尖至短渐尖，基部阔楔形或圆形，略偏斜，边缘有内弯的小锯齿，两面无毛。圆锥花序大型，分枝广展；花瓣 4，长圆状披针形。蒴果椭圆形或近球形，具 3 棱，淡紫红色，老熟时褐色，顶端钝或圆，有小凸尖；种子近球形。

产云南、贵州、四川、湖北、湖南、广西、广东等地。

速生树种，常栽培于庭园供观赏；木材可制家具；种子油工业用；根入药，有消肿、止痛、活血、驱蛔之功效，亦治风热咳嗽；花能清肝明目，又为黄色染料。

云勇分布：桃花谷。

荔枝

Litchi chinensis Sonn.

无患子科 荔枝属

常绿乔木。小枝褐红色，密生白色皮孔。小叶 2 或 3 对，较少 4 对，薄革质或革质，披针形或卵状披针形，全缘，腹面深绿色，有光泽，背面粉绿色，两面无毛；侧脉常纤细，在腹面不很明显，在背面明显或稍凸起。花序顶生，阔大，多分枝；萼被金黄色短茸毛。果卵圆形至近球形，成熟时通常暗红色至鲜红色；种子全部被肉质假种皮包裹。

产我国西南部、南部和东南部，尤以广东和福建南部栽培最盛。亚洲东南部也有栽培，非洲、美洲和大洋洲都有引种的记录。

荔枝果实除食用外，核入药为收敛止痛剂；木材历来为上等名材，主要作造船、梁、柱、上等家具用；花富含蜜腺，是重要的蜜源植物。

云勇分布：一工区。

鸡爪槭

Acer palmatum Thunb.

槭树科 槭属

落叶小乔木。树皮深灰色。叶纸质，基部心脏形或近于心脏形稀截形，5~9 掌状分裂，通常 7 裂，边缘具紧贴的尖锐锯齿；裂片间的凹缺深达叶片的直径的 1/2 或 1/3；主脉在上面微显著，在下面凸起。花紫色，杂性，雄花与两性花同株，生于无毛的伞房花序；花瓣 5。翅果嫩时紫红色，成熟时淡棕黄色；小坚果球形，脉纹显著；翅与小坚果张开成钝角。

产山东、河南南部、江苏、浙江、安徽、江西、湖北、湖南、贵州等地。朝鲜和日本也有分布。

可作行道和观赏树栽植。

云勇分布：缤纷林海。

南酸枣

Choerospondias axillaris (Roxb.) B. L. Burtt. et A. W. Hill

漆树科 南酸枣属

落叶乔木。树皮灰褐色，片状剥落，小枝暗紫褐色，无毛，具皮孔。奇数羽状复叶，叶柄基部略膨大；小叶膜质至纸质，卵形或卵状披针形，基部多少偏斜，全缘或幼株叶边缘具粗锯齿。雄花花瓣长圆形，开花时外卷；雌花单生于上部叶腋，较大。核果椭圆形或倒卵状椭圆形，成熟时黄色，果核顶端具 5 个小孔。

产西藏、云南、贵州、广西、广东、湖南、湖北、江西、福建、浙江、安徽。在印度、日本和中南半岛也有分布。

为较好的速生造林树种；树皮和叶可提栲胶；果可生食或酿酒；果核可作活性炭原料；茎皮纤维可作绳索。

云勇分布：十二沥。

人面子

Dracontomelon duperreanum Pier.

漆树科 人面子属

常绿大乔木。幼枝具条纹，被灰色茸毛。奇数羽状复叶，有小叶 5~7 对，叶轴和叶柄具条纹；小叶互生，近革质，长圆形，自下而上逐渐增大，先端渐尖，基部常偏斜，全缘。圆锥花序顶生或腋生；花白色，花瓣披针形或狭长圆形，开花时外卷。核果扁球形，成熟时黄色；种子 3~4 粒。

产云南、广西、广东。在越南也有分布。

果肉可食或盐渍作菜或制其他食品；木材适供建筑和家具用材；种子油可制皂或作润滑油。

云勇分布：十二沥。

杧果

Mangifera indica L.

漆树科 杧果属

常绿大乔木。叶薄革质，常集生枝顶，叶形和大小变化较大，通常为长圆形或长圆状披针形，边缘皱波状，无毛，叶面略具光泽，侧脉 20~25 对，斜升，两面突起，网脉不显。圆锥花序，多花密集，被灰黄色微柔毛；花瓣长圆形或长圆状披针形，无毛。核果成熟时黄色，中果皮肉质，鲜黄色，味甜，果核坚硬。

产云南、广西、广东、福建、台湾。也分布于印度、孟加拉国、马来西亚和中南半岛。

杧果为热带著名水果；果皮入药，为利尿峻下剂；叶和树皮可作黄色染料；木材坚硬，耐海水，宜作舟车或家具等；为热带良好的庭园和行道树种。

云勇分布：一工区。

盐麸木

Rhus chinensis Mill.

漆树科 盐麸木属

落叶小乔木或灌木。小枝棕褐色，被锈色柔毛，具圆形小皮孔。奇数羽状复叶，有小叶（2）3~6 对，小叶多形，卵形或椭圆状卵形或长圆形，边缘具粗锯齿或圆齿，叶背被白粉及锈色柔毛，脉上较密，侧脉和细脉在叶面凹陷，在叶背突起。圆锥花序，花白色，花瓣倒卵状长圆形，开花时外卷。核果球形，略压扁，被具节柔毛和腺毛，成熟时红色。

我国除东北、内蒙古和新疆外，其余地区均有。也分布于印度、马来西亚、印度尼西亚、日本、朝鲜及中南半岛、。

本种为五倍子蚜虫寄主植物，即五倍子，可供鞣革、医药、塑料和墨水等工业上用；幼枝和叶可作土农药；果泡水代醋用，生食酸咸止渴；种子可榨油。

云勇分布：二工区、三工区。

野漆

Toxicodendron succedaneum (L.) Kuntz.

漆树科 漆树属

落叶乔木或小乔木。奇数羽状复叶互生，常集生于小枝顶端，无毛，有小叶 4~7 对，小叶对生或近对生，坚纸质至薄革质，长圆状椭圆形、阔披针形或卵状披针形，全缘，两面无毛，叶背常具白粉，侧脉 15~22 对，弧形上升，两面略突。花黄绿色，花瓣长圆形，先端钝。核果大，偏斜，压扁，先端偏离中心，外果皮薄，淡黄色，无毛，中果皮厚，蜡质，白色，果核坚硬，压扁。

华北至长江以南各地均产。也分布于印度、日本及朝鲜、中南半岛。

根、叶及果入药，有清热解毒、散瘀生肌、止血、杀虫之功效；种子油可制皂或掺和干性油作油漆；中果皮之漆蜡可制蜡烛，膏药和发蜡等；树皮可提栲胶；树干乳液可代生漆用；木材坚硬致密，可作细工用材。

云勇分布：各工区。

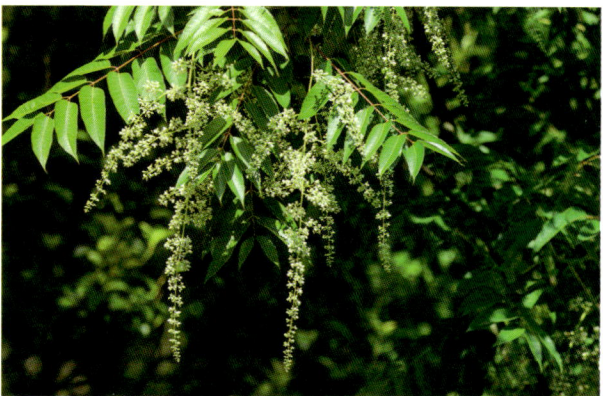

木蜡树

Toxicodendron sylvestre (Sieb. et Zucc.) Kuntz.

漆树科 漆树属

　　落叶乔木或小乔木。幼枝和芽被黄褐色茸毛，树皮灰褐色。奇数羽状复叶，互生，叶轴和叶柄圆柱形，密被黄褐色茸毛；小叶对生，纸质，卵形或卵状椭圆形，基部不对称，全缘，叶面中脉密被卷曲微柔毛。圆锥花序；花黄色，花瓣长圆形，具暗褐色脉纹。核果极偏斜，果核坚硬。

　　长江以南各地均产。朝鲜和日本也有分布。

　　树干韧皮部割取生漆，是一种优良的防腐、防锈的涂料；种子油可制油墨，肥皂；果皮可取蜡，作蜡烛、蜡纸；叶可提栲胶。

　　云勇分布：一工区。

小叶红叶藤

Rourea microphylla (Hook. et Arn.) Planch.

牛栓藤科 红叶藤属

　　攀缘灌木。多分枝，枝褐色。奇数羽状复叶，小叶通常 7~17 片；小叶片坚纸质至近革质，卵形、披针形或长圆披针形，常偏斜，全缘，两面均无毛，嫩时红色。圆锥花序；花白色、淡黄色或淡红色，芳香。蓇葖果椭圆形或斜卵形，成熟时红色；种子橙黄色。

　　产福建、广东、广西、云南等地。越南、斯里兰卡、印度、印度尼西亚也有分布。

　　茎皮含单宁，可提取栲胶；又可作外敷药用。

　　云勇分布：十二沥。

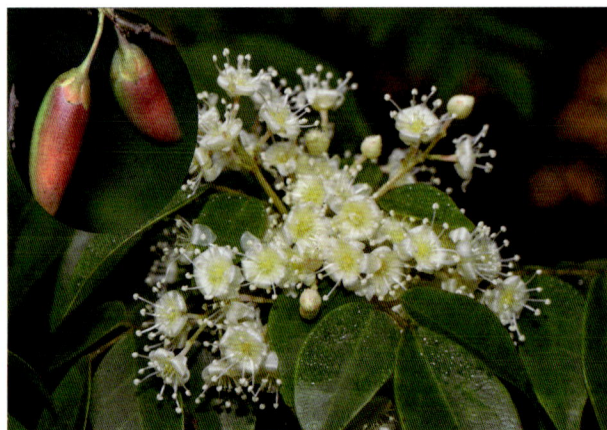

红叶藤

Rourea minor (Gaertn.) Leenh

牛栓藤科 红叶藤属

　　藤本或攀缘灌木。奇数羽状复叶，小叶片 3~7 片；小叶纸质，近圆形或卵圆形，基部两侧对称稍偏斜，全缘，上下两面均光滑，网脉明显，未达边缘前即网结。圆锥花序腋生；花白色或黄色，芳香。果实弯月形或椭圆形而稍弯曲，顶端急尖，沿腹缝线开裂；深绿色，干时黑色；种子椭圆形，红色。

　　产台湾、广东、云南。越南、老挝、柬埔寨、斯里兰卡、印度、澳大利亚的昆士兰等地也有分布。

　　云勇分布：场部后山。

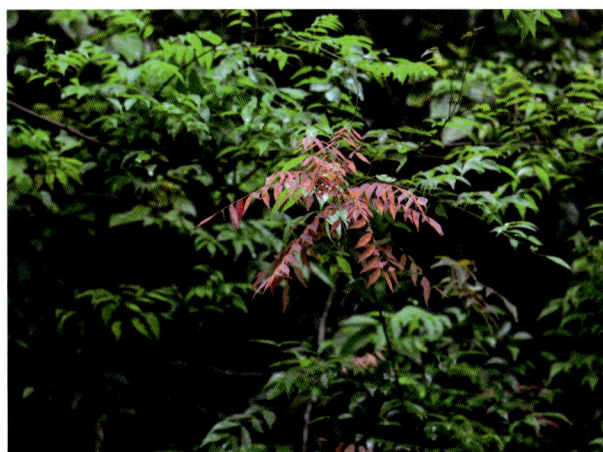

黄杞

Engelhardtia roxburghiana Wall.

胡桃科 黄杞属

　　半常绿乔木。嫩枝被黄褐色鳞秕，小枝暗褐色。偶数羽状复叶，小叶 3~5 对，长椭圆状披针形，长 6~14 cm 基部歪斜。雌雄同株，圆锥花序；花被片 4。果实坚果状，球形，密被鳞秕。

　　产于台湾、广东、广西、湖南、贵州、四川和云南。也分布于印度、缅甸、泰国、越南。

　　树皮可制人造棉；叶可制农药；可作木材。

　　云勇分布：一工区。

八角枫

Alangium chinense (Lour.) Harms.

八角枫科 八角枫属

　　落叶乔木或灌木。叶纸质，近圆形或椭圆形、卵形，顶端短锐尖或钝尖，基部两侧常不对称，一侧微向下扩张，另一侧向上倾斜，裂片短锐尖或钝尖，基出脉 3~5（7），成掌状，侧脉 3~5 对。聚伞花序腋生，有 7~30（50）花；花瓣 6~8，线形，基部黏合，上部开花后反卷，外面有微柔毛，初为白色，后变黄色。核果卵圆形，幼时绿色，成熟后黑色，顶端有宿存的萼齿和花盘；种子 1 粒。

　　产河南、陕西、甘肃、江苏、浙江、安徽、福建、台湾、江西、湖北、湖南、四川、贵州、云南、广东、广西和西藏南部。东南亚及非洲东部各国也有分布。

　　本种药用，根名白龙须，茎名白龙条，治风湿、跌打损伤、外伤止血等；树皮纤维可编绳索；木材可作家具及天花板。

　　云勇分布：一工区、三工区、四工区。

毛八角枫

Alangium kurzii Craib.

八角枫科 八角枫属

　　落叶小乔木。树皮深褐色，平滑；当年生枝紫绿色。叶互生，纸质，近圆形或阔卵形，顶端长渐尖，基部心脏形或近心脏形，倾斜，两侧不对称，全缘。聚伞花序；花瓣线形，基部黏合，上部开花时反卷。核果椭圆形或矩圆状椭圆形，幼时紫褐色，成熟后黑色。

　　产江苏、浙江、安徽、江西、湖南、贵州、广东、广西。缅甸、越南、泰国、马来西亚、印度尼西亚和菲律宾也有分布。

　　种子可榨油，供工业用。

　　云勇分布：场部后山。

喜树

Camptotheca acuminata Decne.

珙桐科 喜树属

高大落叶乔木。树皮灰色，浅纵裂。小枝皮孔长圆形或圆形，幼枝被灰色微柔毛。叶互生，长圆形或椭圆形，先端短尖，基部圆或宽楔形。花杂性同株，头状花序生于枝顶及上部叶腋，常组成复花序，上部雌花序，下部雄花序，花萼杯状，齿状5裂，花瓣5，卵状长圆形；雄蕊10，不等长；子房下位，花柱顶端2~3裂；头状果序具15~20枚瘦果，顶端具宿存花盘。

产江苏南部、浙江、福建、江西、湖北、湖南、四川、贵州、广东、广西、云南等地。

可作庭园树或行道树；树根可药用。

云勇分布：一工区。

黄毛楤木

Aralia chinensis L.

五加科 楤木属

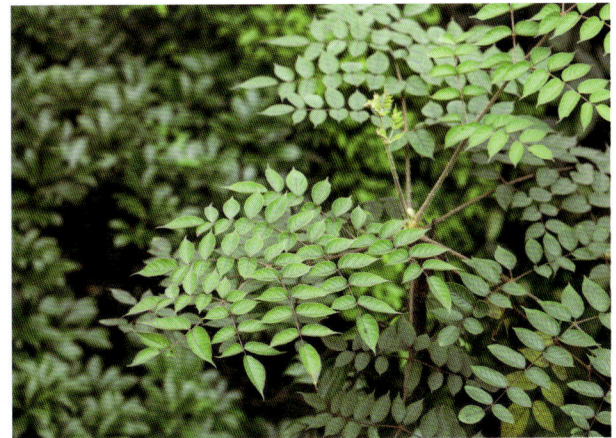

灌木或乔木。小枝被黄褐色茸毛，疏生细刺。二回或三回羽状复叶，叶柄粗壮，小叶纸质至薄革质，卵形至长卵形，先端渐尖，基部圆形，边缘有锯齿；圆锥花序大，花白色，芳香，花瓣5，卵状三角形；雄蕊5，子房5室，花柱5宿存，离生或基部合生。果球形，径约3 mm，黑色；花柱宿存。

分布广泛。

本种为常用的中草药，有镇痛消炎、祛风行气、祛湿活血之功效，根皮治胃炎、肾炎及风湿疼痛，亦可外敷刀伤。

云勇分布：一工区。

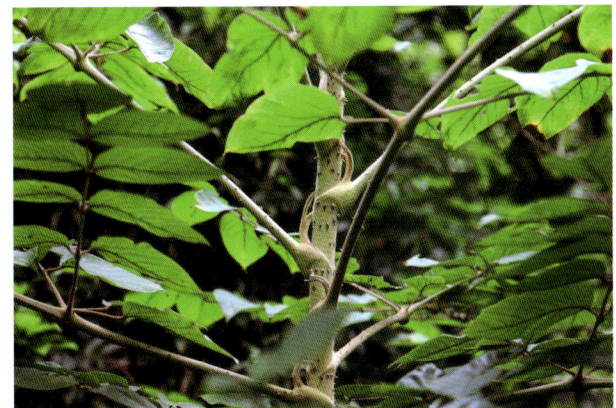

棘茎楤木

Aralia echinocaulis Hand.-Mazz.

五加科 楤木属

小乔木。小枝密生细长直刺。二回羽状复叶；叶柄疏生短刺；托叶和叶柄基部合生，栗色；小叶片膜质至薄纸质，长圆状卵形至披针形，基部歪斜，两面均无毛，下面灰白色，边缘疏生细锯齿；小叶无柄或几无柄。圆锥花序顶生；伞形花序有花12~20朵；花白色；花瓣5。果实球形，有5棱。

分布于四川、云南、贵州、广西、广东、福建、江西、湖北、湖南、安徽和浙江。

根皮药用，可健胃、止痛。

云勇分布：三工区－深坑。

虎刺楤木

Aralia finlaysoniana (Wall. ex G. Don) Seem.

五加科 楤木属

多刺灌木。刺短，基部宽扁，先端通常弯曲。三回羽状复叶；托叶和叶柄基部合生，先端截形或斜形；小叶片纸质，长圆状卵形，先端渐尖，基部圆形或心形，歪斜，两面脉上疏生小刺，边缘有锯齿、细锯齿或不整齐锯齿。圆锥花序大；伞形花序有花多数。果实球形，有5棱。

分布于云南、贵州、广西、广东和江西。印度、缅甸、马来西亚和越南也有分布。

根皮为民间草药，有消肿散瘀，除风祛湿之效，治肝炎、肾炎、前列腺炎等症。

云勇分布：场部后山。

白簕

Eleutherococcus trifoliatus (L.) S. Y. Hu

五加科 五加属

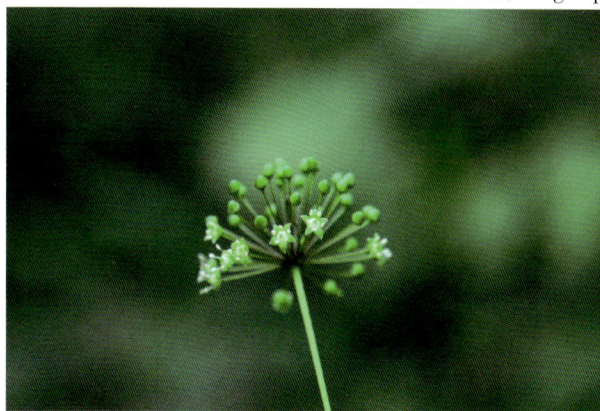

灌木。枝软弱铺散，老枝灰白色，疏生下向刺。叶有小叶 3，稀 4~5；小叶片纸质，稀膜质，椭圆状卵形至椭圆状长圆形，两侧小叶片基部歪斜，两面无毛，或上面脉上疏生刚毛，边缘有细锯齿或钝齿。伞形花序、复伞形花序或圆锥花序；花黄绿色；花瓣 5。果实扁球形，黑色。

广布于我国中部和南部。印度、越南和菲律宾也有分布。

民间常用草药，根有祛风除湿、舒筋活血、消肿解毒之效，可治感冒、咳嗽、风湿、坐骨神经痛等症。

云勇分布：一工区。

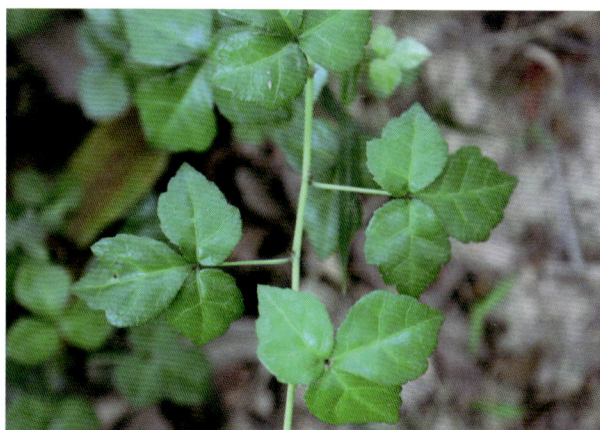

幌伞枫

Heteropanax fragrans (Roxb.) Seem.

五加科 幌伞枫属

常绿乔木。树皮淡灰棕色，枝无刺。叶大，三至五回羽状复叶；托叶小，和叶柄基部合生；小叶片在羽片轴上对生，纸质，椭圆形，先端短尖，基部楔形，两面均无毛，边缘全缘，侧脉明显。圆锥花序顶生；伞形花序头状；花淡黄白色，芳香；花瓣 5。果实卵球形，略侧扁，黑色。

分布于云南、广西、广东。印度、不丹、孟加拉国、缅甸和印度尼西亚亦有分布。

根皮治烧伤、疖肿、蛇伤及风热感冒，髓心利尿；树冠圆整，可栽培作为庭园风景树。

云勇分布：一工区。

鹅掌藤

Heptapleurum arboricola Hayata

五加科 鹅掌柴属

藤状灌木。小枝有不规则纵皱。叶有小叶 7~9，稀 5~6 或 10；托叶和叶柄基部合生成鞘状；小叶片革质，倒卵状长圆形或长圆形，基部渐狭或钝形，上面深绿色，有光泽，两面均无毛，边缘全缘；小叶柄有狭沟。圆锥花序顶生；伞形花序有花 3~10 朵；花白色；花瓣 5~6。果实卵形，有 5 棱。

产台湾、广西及广东。

民间常用草药，一般外用，止痛效果良好。

云勇分布：一工区。

花叶鹅掌藤

Heptapleurum arboricola 'Variegata'

五加科 鹅掌柴属

灌木，稀藤本。小枝无毛，具 5~6 棱。小叶 7~9，倒卵状长圆形，稀长圆形，长 6~10 cm，基部楔形或宽楔形，全缘，两面无毛，侧脉 4~6 对，网脉明显，叶面有不规则黄色斑纹；叶柄长 10~20 cm，小叶柄长 1.5~3 cm。伞形花序具 3~10 花；花白色，萼筒近全缘；花瓣 5~6，无毛；子房 5~6 室，柱头 5~6，无花柱。果近球形，果柄长 3~6 m。

园林栽培观赏。

云勇分布：一工区。

鹅掌柴

Heptapleurum heptaphyllum (L.) Y. F. Deng

五加科 鹅掌柴属

　　乔木或灌木。小枝粗壮，干时有皱纹，幼时密生星状短柔毛，不久毛渐脱稀。掌状复叶，互生；小叶纸质至革质，椭圆形或长圆状椭圆形，先端急尖或短渐尖，稀圆形，基部渐狭，楔形或钝形，全缘，但在幼树时常有锯齿或羽状分裂。圆锥花序顶生；花白色；花瓣5~6，开花时反曲。果实球形，黑色。

　　广布于西藏、云南、广西、广东、浙江、福建和台湾。日本、越南和印度也有分布。

　　南方冬季的蜜源植物；木材质软，为火柴杆及制作蒸笼原料；叶及根皮民间供药用，治疗流感、跌打损伤等症。

　　云勇分布：场部后山。

澳洲鸭脚木

Schefflera macrostachya (Benth.) Harms.

五加科 南鹅掌柴属

　　常绿乔木。茎秆直立，少分枝。叶为掌状复叶；叶柄红褐色；小叶数随树木的年龄而异，幼年时3~5片，长大时5~7片，至乔木状时可多达16片，小叶片革质，椭圆形，先端钝，有短突尖，叶缘波状，有光泽。圆锥状花序，花小型。浆果圆球形，熟时紫红色。

　　我国南部热带地区有分布。原产澳大利亚及太平洋中的一些岛屿。

　　云勇分布：一工区。

积雪草

Centella asiatica (L.) Urb.

伞形科 积雪草属

多年生草本。茎匍匐，细长，节上生根。单叶，互生，圆形、肾形或马蹄形，边缘有钝锯齿，基部阔心形，两面无毛或在背面脉上疏生柔毛；具掌状脉。伞形花序梗 2~4 个，聚生于叶腋；花瓣卵形，紫红色或乳白色。果实两侧扁压，圆球形，基部心形至平截形。

分布于陕西、江苏、安徽、浙江、江西、湖南等地。印度、斯里兰卡、马来西亚、日本、澳大利亚及中非、南非等也有分布。

全草入药，清热利湿、消肿解毒，治痧氤腹痛、暑泻、痢疾、湿热黄疸、砂淋、血淋、咳血、疔痈肿毒、跌打损伤等。

云勇分布：一工区。

红马蹄草

Hydrocotyle nepalensis Hook.

伞形科 天胡荽属

多年生草本。茎匍匐，有斜上分枝，节上生根。叶片圆形或肾形，常 5~7 浅裂，裂片有钝锯齿，基部心形，掌状脉 7~9，疏生短硬毛。伞形花序数个簇生于茎端叶腋；花无萼齿；花瓣卵形，白色或乳白色，有时有紫红色斑点。果基部心形，两侧扁压。花果期 5~11 月。

产于陕西、安徽、浙江、江西、湖南、湖北、广东、广西、四川、贵州、云南、西藏等地。印度、马来西亚、印度尼西亚也有分布。

全草入药，治跌打损伤、感冒、咳嗽痰血。

天胡荽

Hydrocotyle sibthorpioides Lam.

伞形科 天胡荽属

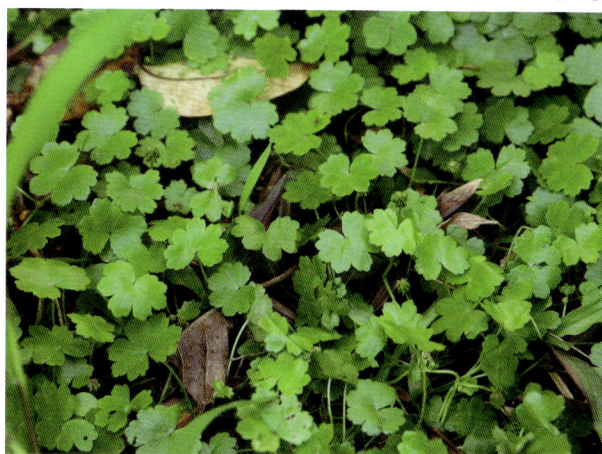

多年生草本。有气味。茎细长而匍匐，平铺地上成片，节上生根。叶片膜质至草质，圆形或肾圆形，基部心形，两耳有时相接，不分裂或 5~7 裂，裂片阔倒卵形，边缘有钝齿，表面光滑。伞形花序与叶对生，单生于节上，小伞形花序有花 5~18，花瓣卵形，绿白色，有腺点。果实略呈心形，两侧扁压，中棱在果熟时极为隆起，幼时表面草黄色，成熟时有紫色斑点。

产于陕西、江苏、安徽、浙江、江西、福建、湖南、湖北、广东、广西、台湾、四川、贵州、云南等地。朝鲜、日本及东南亚至印度也有分布。

全草入药，清热、利尿、消肿、解毒，治黄疸、赤白痢疾、目翳、喉肿、痈疽疔疮、跌打瘀伤。

云勇分布：一工区。

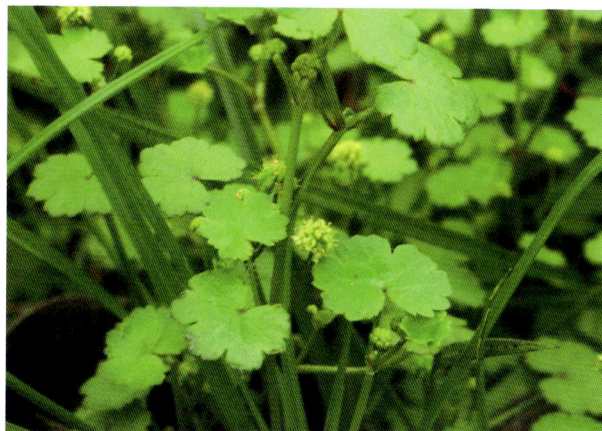

水芹

Oenanthe javanica (Bl.) DC.

伞形科 水芹属

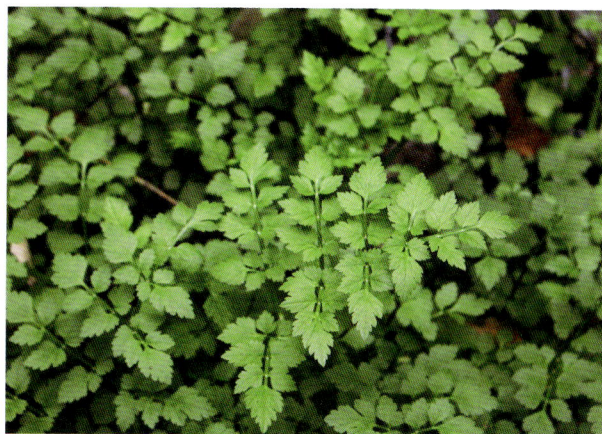

多年生草本。茎直立或基部匍匐。叶片轮廓三角形，1~2 回羽状分裂，末回裂片卵形至菱状披针形，边缘有牙齿或圆齿状锯齿。复伞形花序顶生；小伞形花序有花 20 余朵；花瓣白色，倒卵形，有一长而内折的小舌片。果实近于四角状椭圆形，侧棱较背棱和中棱隆起，木栓质，分生果横剖面近于五边状的半圆形；每棱槽内油管 1，合生面油管 2。

产我国各地。分布于印度、缅甸、越南、马来西亚、印度尼西亚的爪哇及菲律宾等地。

茎叶可作蔬菜食用；全草民间也作药用，有降低血压的功效。

云勇分布：一工区。

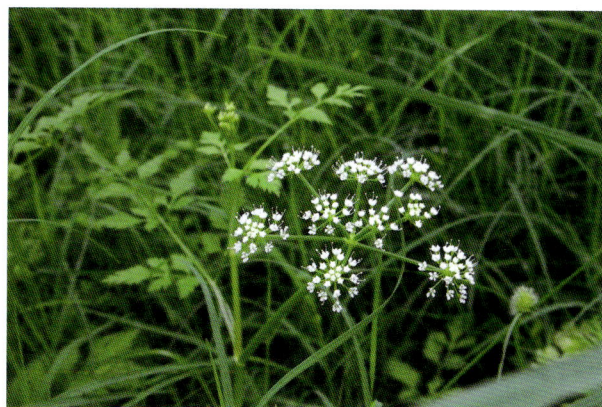

245

锦绣杜鹃

Rhododendron × pulchrum Sweet

杜鹃花科 杜鹃花属

半常绿灌木。幼枝密被淡棕色扁平糙伏毛。叶椭圆形或椭圆披针形，先端钝尖，基部楔形，上面初被伏毛，后近无毛，下面被微柔毛及糙伏毛；叶柄被糙伏毛。花芽芽鳞沿中部被淡黄褐色毛，内有黏质；顶生伞形花序有1~5花；花梗被红棕色扁平糙伏毛；花萼5裂，裂片披针形，被糙伏毛；花冠漏斗形，玫瑰色，有深紫红色斑点，5裂；雄蕊10。蒴果长圆状卵圆形，被糙伏毛，有宿萼。

我国多地均有种植。

园林观赏。

云勇分布：场部。

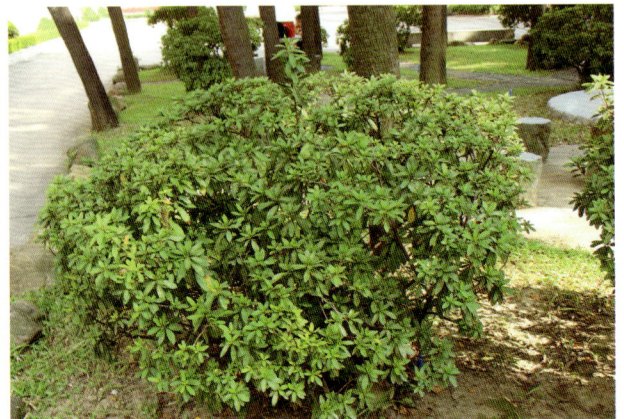

杜鹃（映山红）

Rhododendron simsii Planch.

杜鹃花科 杜鹃花属

落叶灌木。分枝密被亮棕褐色扁平糙伏毛。叶革质，常集生枝端，卵形、椭圆状卵形或倒卵形至倒披针形，边缘微反卷，具细齿，上面深绿色，疏被糙伏毛，下面淡白色，密被褐色糙伏毛，中脉在上面凹陷，下面凸出。花2~3（6）朵簇生枝顶；花冠阔漏斗形，玫瑰色、鲜红色或暗红色，裂片5，倒卵形，上部裂片具深红色斑点。蒴果卵球形，密被糙伏毛；花萼宿存。

产江苏、安徽、浙江、江西、福建、台湾、湖北、湖南、广东、广西、四川、贵州和云南。

本种全株供药用，有行气活血、补虚之功效，治内伤咳嗽、肾虚耳聋、月经不调、风湿等疾病；为著名的花卉植物，在国内外各公园中均有栽培。

云勇分布：缤纷林海。

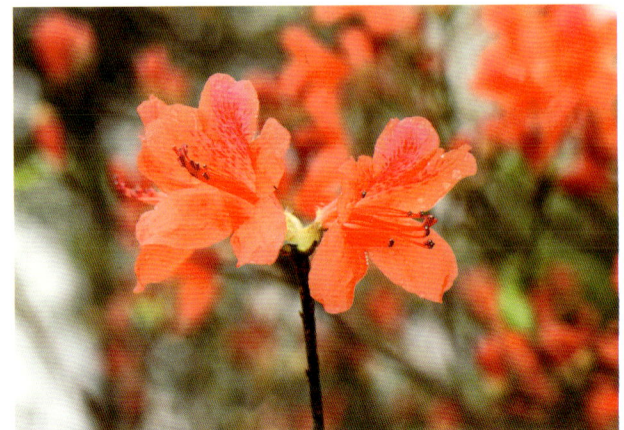

乌柿

Diospyros cathayensis Stew.

柿科 柿属

常绿或半常绿小乔木。叶薄革质，长圆状披针形，两端钝，中脉在上面稍凸起，有微柔毛，在下面突起，侧脉纤细，每边 5~8 条，小脉不甚明显，结成不规则的疏网状。雄花生于聚伞花序上，极少单生；花冠壶状，两面有柔毛，4 裂，裂片宽卵形，反曲；雌花单生，腋外生，白色，芳香。果球形，熟时黄色，变无毛；种子褐色，长椭圆形；宿存萼4 深裂，裂片革质，卵形。

产四川西部、湖北西部、云南东北部、贵州、湖南、安徽南部。

四川民间以根和果入药，治心气痛。

云勇分布：六工区。

柿

Diospyros kaki Thunb.

柿科 柿属

落叶乔木，高达 20 m。叶纸质，卵状椭圆形、倒卵形或近圆形，新叶疏被柔毛，老叶上面深绿色，有光泽，无毛，下面绿色，有柔毛或无毛，中脉在上面凹下，有微柔毛；花雌雄异株；花冠钟形，花黄白色；果形种种，有球形、扁球形、球形而略呈方形、卵形等，老熟时果肉柔软多汁，呈橙红色或大红色等。

原产我国长江流域，现在在辽宁西部、长城一线经甘肃南部，折入四川、云南，在此线以南，东至台湾，各地多有栽培。

果可食用；可提取柿漆做防腐剂；优良木材；园林观赏。

云勇分布：场部。

罗浮柿

Diospyros morrisiana Hance

柿科 柿属

乔木或小乔木。树皮呈片状剥落，表面黑色，除芽、花序和嫩梢外，各部分无毛。叶薄革质，长椭圆形或下部的为卵形，先端短渐尖或钝，基部楔形，上面有光泽，深绿色，下面绿色。雄花聚伞花序，短小；雌花腋生，单生。果球形，黄色，有光泽，4室，每室有1种子；种子近长圆形，栗色。

产广东、广西、福建、台湾、浙江、江西、湖南南部、贵州东南部、云南东南部、四川盆地等地。越南北部也有分布。

未成熟果实可提取柿漆；木材可制家具；茎皮、叶、果入药，有解毒消炎之功效；绿果熬成膏，晒干研粉，敷治水火烫伤；树皮水煎服，治腹泻、赤白痢。

云勇分布：一工区。

人心果

Manilkara zapota (L.) P. Roy.

山榄科 铁线子属

乔木。小枝叶痕明显。叶互生，密聚枝顶，革质，长圆形或卵状椭圆形，全缘或微波状，侧脉纤细，平行，网脉细密。花萼裂片外轮3枚；内轮3枚，稍短，背肉密被毛；花冠白色，花冠裂片先端具不规则细齿，背面两侧具2枚花瓣状附属物，能育雄蕊着生花冠筒喉部，退化雄蕊花瓣状；子房圆锥状，密被毛。浆果纺锤形、卵圆形或球形，褐色，果肉黄褐色；种子扁。

我国广东、广西、云南（西双版纳）有栽培。原产美洲热带地区。

果可食，味甜可口；树干之乳汁为口香糖原料；种仁可榨油；树皮含植物碱，可治热症。

云勇分布：场部。

香榄（伊兰芷硬胶）

Mimusops elengi L.

山榄科 香榄属

常绿乔木。单叶互生，薄革质，皱卷，卵形或椭圆状卵形，顶端钝头，叶两面均光亮。花常簇生于叶腋；花白色，芳香。浆果长卵状，有托，熟时橙黄色，似奶牛的乳头；种子1粒。

台湾、广东、福建、广西、云南、海南有栽培。原产印度半岛，在印度和缅甸广泛种植。

抗大气污染力强，是城市和工厂园林极佳树种。

云勇分布：一工区。

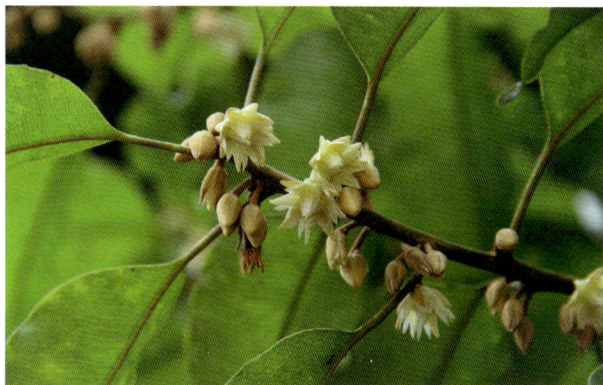

肉实树（水石梓）

Sarcosperma laurinum (Benth.) Hook. f.

山榄科 肉实树属

乔木。树皮灰褐色，薄，近平滑，板根显著。小枝具棱，无毛。单叶，互生，枝顶的则通常轮生，近革质，通常倒卵形或倒披针形，先端通常骤然急尖，基部楔形，上面深绿色，具光泽，下面淡绿色，两面无毛。总状花序或为圆锥花序腋生；花芳香。核果长圆形或椭圆形，由绿至红至紫红转黑色。

产浙江、福建、广东海南、广西。越南北部也有分布。

木材作农具、家具及建筑用材。

云勇分布：十二沥。

朱砂根

Ardisia crenata Sims.

紫金牛科 紫金牛属

灌木。除花枝外不分枝；有匍匐根状茎。叶坚纸质，狭椭圆形、椭圆形或倒披针形，边缘皱波状或波状，两面有突起腺点。伞形花序，单一着生于特殊侧生或腋生花枝顶端，此花枝除花序基部具1~2叶外，其余无叶，有时全部无叶。果球形，有稀疏黑腺点，熟时红色。

分布于广东、广西、福建、云南、贵州、台湾和西藏等地。印度、日本和印度尼西亚也有分布。

果红色，供观赏；根药用，用于上呼吸道感染、咽喉肿痛、扁桃体炎、气管炎。

云勇分布：十二沥。

罗伞树

Ardisia quinquegona Blume

紫金牛科 紫金牛属

灌木或灌木状小乔木。小枝细，无毛，有纵纹，嫩时被锈色鳞片。叶互生，坚纸质，长圆状披针形，顶端渐尖，基部楔形，全缘，两面无毛，中脉明显。聚伞花序或亚伞形花序，腋生；花白色。果扁球形，具钝5棱，熟时黑色。

产云南、广西、广东、福建、台湾。从马来半岛至日本都有分布。

全株入药，有消肿、清热解毒之功效，用于治跌打损伤；亦作兽用药；嫩叶可做茶叶的代替品。

云勇分布：一工区。

酸藤子

Embelia laeta (L.) Mez.

紫金牛科 酸藤子属

攀缘灌木或藤本。幼枝无毛。叶倒卵形或长圆状倒卵形，先端圆钝，长 3~4（7）cm，下面常被白粉；叶柄长 5~8 mm；总状花序，腋生或侧生，生于前年无叶枝上，长 3~8 mm，基部具 1~2 轮苞片；花梗长约 1.5 mm；花 4 数，花萼基部连合 1/2 或 1/3，萼片卵形或长圆形；花瓣白或带黄色；雄蕊在雄花中略超出花瓣；雌蕊在雌花中较花瓣略长，柱头扁平或近盾状；果径 5 mm，腺点不明显。

产云南、广西、广东、江西、福建、台湾。越南、老挝、泰国、柬埔寨均有分布。

根、叶可散瘀止痛、收敛止泻，治跌打肿痛、肠炎腹泻、咽喉炎、胃酸少、痛经闭经等症；叶煎水亦作外科洗药；嫩尖和叶可生食，味酸；果亦可食，有强壮补血之功效；兽用，根、叶治牛伤食腹胀、热病口渴。

云勇分布：五工区。

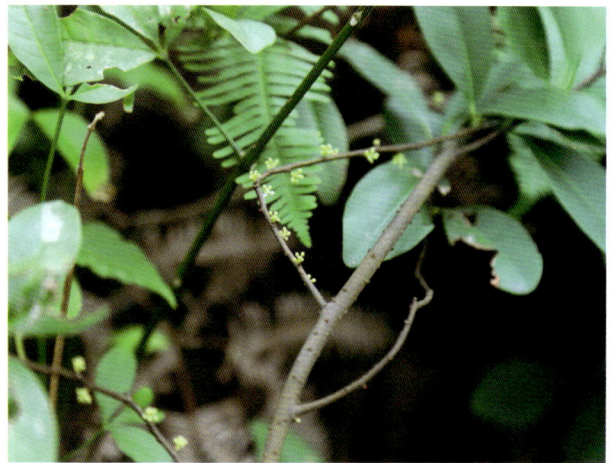

白花酸藤果

Embelia ribes Burm. f.

紫金牛科 酸藤子属

攀缘灌木或藤本。枝条无毛，老枝有明显的皮孔。单叶，互生，坚纸质，倒卵状椭圆形或长圆状椭圆形，顶端钝渐尖，基部楔形或圆形，全缘，两面无毛，背面有时被薄粉。圆锥花序，顶生；花淡绿色或白色。果球形或卵形，红色或深紫色。

产贵州、云南、广西、广东、福建。印度以东至印度尼西亚也有分布。

根可药用，治急性肠胃炎、赤白痢、腹泻、刀枪伤、外伤出血等，亦有用于蛇咬伤；果可食，味甜；嫩尖可生吃或作蔬菜，味酸。

云勇分布：白石岗、飞马山、一工区。

平叶酸藤子（大叶酸藤子）

Embelia undulata (Wall.) Mez.

紫金牛科 酸藤子属

攀缘灌木、藤本或小乔木。小枝无毛，通常无皮孔，稀具皮孔。叶片纸质至坚纸质，椭圆形或长圆状椭圆形，全缘；总状花序，侧生或腋生，被微柔毛，基部具覆瓦状排列的苞片；花4数，花萼基部连合达1/3；花瓣淡黄色或绿白色，分离，密布腺点，里面和边缘密被乳头状突起；雄蕊在雌花中较花瓣短，退化，在雄花中长过花瓣，基部与花瓣合生，花药背部具腺点。果球形或扁球形，有明显的纵肋及腺点，宿存萼紧贴果。

产云南。印度、尼泊尔亦有分布。

云勇分布：一工区。

密齿酸藤子

Embelia vestita Roxb.

紫金牛科 酸藤子属

攀缘灌木。分枝多；枝条无毛，密布皮孔。叶互生，坚纸质，长圆状卵形或卵形，顶端急尖或渐尖，基部圆或钝，边缘具细或粗锯齿，有时具重锯齿或几乎全缘，两面无毛，腺点疏而不明显。总状花序，腋生；花淡绿色或白色。果球形，蓝黑色或带红色，具腺点。

产浙江、江西、福建、台湾、湖南、广西、广东、四川、贵州及云南。

根、茎可供药用，有清凉解毒、滋阴补肾之功效，治经闭、月经不调、风湿等症。

云勇分布：十二沥。

鲫鱼胆

Maesa perlarius (Lour.) Merr.

紫金牛科 杜茎山属

　　小灌木。分枝多，小枝被长硬毛或短柔毛，有时无毛。叶片纸质或近坚纸质，广椭圆状卵形至椭圆形，顶端急尖或突然渐尖，基部楔形，边缘从中下部以上具粗锯齿，下部常全缘，幼时两面被密长硬毛，中脉隆起。总状花序或圆锥花序，腋生；花冠白色，钟形。果球形，具脉状腺条纹。

　　产四川、贵州至台湾以南沿海各地。越南、泰国也有分布。

　　全株供药用，有消肿去腐、生肌接骨之功效，治跌打刀伤、疔疮、肺病。

　　云勇分布：场部后山。

台湾安息香

Styrax formosanus Matsum.

安息香科 安息香属

　　灌木。嫩枝纤细，密被黄褐色星状短柔毛，老枝无毛，暗褐色。叶互生，纸质，倒卵形或椭圆形，顶端尾尖或急渐尖，基部楔形，中部以上边缘有不整齐粗锯齿，嫩叶两面均疏被黄褐色星状短柔毛。总状花序顶生，有花 3~5 朵；花白色。果实卵形，顶端有喙或具短尖头；种子长卵形，褐色。

　　产安徽、江西、湖南、广西、广东、福建、浙江、台湾。

　　云勇分布：一工区。

华山矾

Symplocos chinensis (Lour.) Druce

山矾科 山矾属

　　灌木。嫩枝、叶柄、叶背均被灰黄色皱曲柔毛。叶纸质，椭圆形或倒卵形，先端急尖或短尖，基部楔形或圆形，边缘有细尖锯齿，叶面有短柔毛。圆锥花序顶生或腋生；花冠白色。核果卵状圆球形，歪斜，熟时蓝色。

　　产浙江、福建、台湾、安徽、江西、湖南、广东、广西、云南、贵州、四川等地。

　　根、叶药用，有清热解毒、祛风除湿、截疟、止痢、止血等功效；种子油制作肥皂。

　　云勇分布：一工区。

光叶山矾

Symplocos lancifolia Sieb. et Zucc.

山矾科 山矾属

　　小乔木。芽、嫩枝、嫩叶背面脉上、花序均被黄褐色柔毛，小枝细长，黑褐色，无毛。叶纸质或近膜质，卵形至阔披针形，先端尾状渐尖，基部阔楔形或稍圆，边缘具稀疏的浅钝锯齿。穗状花序；花冠淡黄色。核果近球形，顶端宿萼裂片直立。

　　产浙江、台湾、福建、广东、广西、江西、湖南、湖北、四川、贵州、云南。日本也有分布。

　　叶可作茶；根药用，治跌打。

　　云勇分布：一工区。

白檀

Symplocos tanakana Nakai

山矾科 山矾属

　　落叶灌木或小乔木。嫩枝有灰白色柔毛，老枝无毛。叶阔倒卵形、椭圆状倒卵形或卵形。圆锥花序，常有柔毛，花冠白色，5深裂几乎达基部；子房2室，花盘具5凸起的腺点。核果熟时蓝色，卵状球形，顶端宿萼裂片直立。

　　产东北、华北、华中、华南、西南各地。朝鲜、日本、印度也有分布。北美有栽培。

　　叶药用；根皮与叶作农药用。

　　云勇分布：四工区。

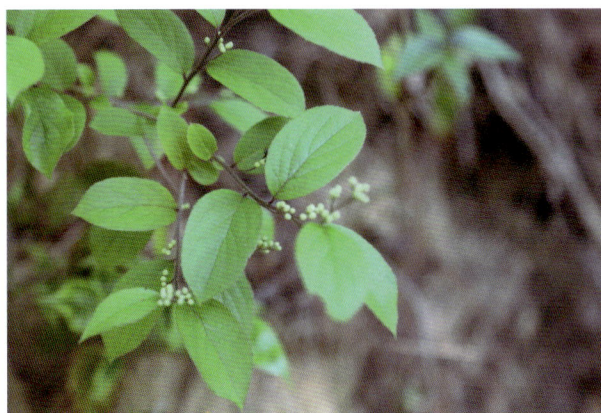

黄牛奶树

Symplocos theophrastifolia Sieb. et Zucc.

山矾科 山矾属

　　乔木。小枝无毛，芽被褐色柔毛。叶革质，倒卵状椭圆形或狭椭圆形，先端急尖或渐尖，基部楔形或宽楔形，边缘有细小的锯齿。穗状花序长3~6 cm；花冠白色。核果球形，顶端宿萼裂片直立。

　　产西藏、云南、四川、贵州、湖南、广西、广东、福建、台湾、江苏、浙江等地。印度、斯里兰卡也有分布。

　　木材作板料、木尺；种子油作滑润油或制肥皂；树皮药用，治感冒。

　　云勇分布：一工区。

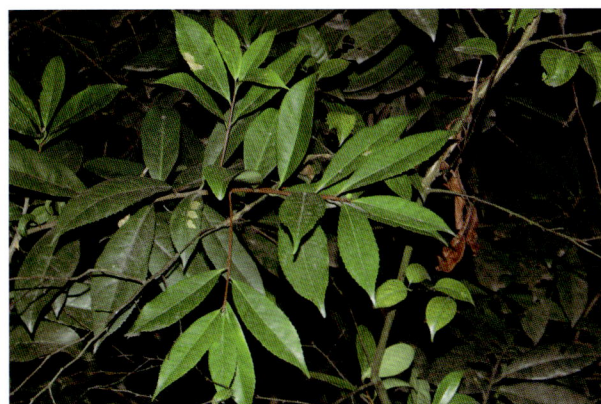

灰莉

Fagraea ceilanica Thunb.

马钱科 灰莉属

乔木或攀缘灌木状。叶稍肉质,椭圆形、倒卵形或卵形,侧脉不明显;叶柄基部具鳞片状托叶。花单生或为顶生二歧聚伞花序,花序梗基部具披针形苞片;花萼肉质;花冠漏斗状,稍肉质,白色,芳香,裂片倒卵形,长 2.5~3 cm;雄蕊内藏;子房 2 室,每室多数胚珠,花柱细长。浆果卵圆形或近球形,具尖喙,基部具宿萼;种子椭圆状肾形。

产台湾、海南、广东、广西和云南南部。分布于印度、斯里兰卡、缅甸、泰国、老挝、越南、柬埔寨、印度尼西亚、菲律宾、马来西亚。

花大形,芳香,枝叶深绿色,为庭园观赏植物。

云勇分布:场部。

钩吻(断肠草)

Gelsemium elegans (Gardn. et Champ.) Benth.

马钱科 钩吻属

常绿木质藤本。小枝圆柱形,幼时具纵棱;除苞片边缘和花梗幼时被毛外,全株均无毛。单叶,对生,膜质,卵形、卵状长圆形或卵状披针形,顶端渐尖,基部阔楔形至近圆形。花密集,组成顶生和腋生的三歧聚伞花序;花冠黄色,漏斗状,内面有淡红色斑点。蒴果卵形或椭圆形,成熟时通常黑色。

产于江西、福建、台湾、湖南、广东、海南、广西、贵州、云南等地。印度、缅甸、泰国、老挝、越南、马来西亚和印度尼西亚等也有分布。

全株有大毒;供药用,有消肿止痛、拔毒杀虫之功效;华南地区常用作中兽医草药;亦可作农药,防治水稻螟虫。

云勇分布:一工区。

华马钱（三脉马钱）

Strychnos cathayensis Merr.

马钱科 马钱属

　　木质藤本。小枝常变态成为成对的螺旋状曲钩。叶片近革质，长椭圆形至窄长圆形，顶端急尖至短渐尖，基部钝至圆，上面有光泽，无毛，下面通常无光泽而被疏柔毛。聚伞花序顶生或腋生；花5数；花冠白色，无毛或有时外面有乳头状凸起。浆果圆球状，果皮薄而脆壳质，内有种子2~7粒；种子圆盘状。

　　产台湾、广东、海南、广西、云南。越南北部也有分布。

　　叶、种子含有马钱子碱；根、种子供药用，有解热止血之功效；果实可作农药，毒杀鼠类等。

　　云勇分布：六工区。

牛屎果

Chengiodendron matsumuranum (Hayata) C. B. Shang, X. R. Wang, Yi F. Duan et Yong F. Li

木樨科 万钧木属

　　常绿灌木或乔木。叶片薄革质或厚纸质，倒披针形，稀为倒卵形或狭椭圆形，全缘或上半部有锯齿，两面无毛，具针尖状突，起腺点，中脉在上面稍凹入，下面明显凸起，侧脉（7）10~12（15）对，纤细，在上面略凹入，下面凸起。聚伞花序组成短小圆锥花序，着生于叶腋；花芳香；花冠淡绿白色或淡黄绿色，裂片反折，边缘具极短的睫毛。果椭圆形，绿色，成熟时紫红色至黑色。

　　产安徽、浙江、江西、台湾、广东、广西、贵州、云南等地。越南、老挝、柬埔寨、印度等地也有分布。

　　云勇分布：六工区。

扭肚藤

Jasminum elongatum (Berg.) Willd.

木樨科 素馨属

攀缘灌木。小枝圆柱形，疏被短柔毛至密被黄褐色茸毛。单叶，对生，纸质、卵形、狭卵形或卵状披针形，先端短尖或锐尖，基部圆形、截形或微心形，两面被短柔毛，或除下面脉上被毛外，其余近无毛。聚伞花序密集，顶生或腋生；花冠白色。果长圆形或卵圆形，呈黑色。

产广东、海南、广西、云南。越南、缅甸至喜马拉雅山一带也有分布。

叶在民间用来治疗外伤出血、骨折。

云勇分布：场部后山。

野迎春

Jasminum mesnyi Hance

木樨科 素馨属

常绿直立亚灌木。枝条下垂，小枝四棱形，具沟。叶对生，三出复叶或小枝基部具单叶；叶柄具沟；叶片和小叶片近革质，叶缘反卷，具睫毛；小叶片长卵形或披针形，先端具小尖头；单叶为宽卵形或椭圆形。花通常单生于叶；花冠黄色，漏斗状。果椭圆形，两心皮基部愈合。

产四川西南部、贵州、云南。

花大、美丽，供观赏。

云勇分布：一工区。

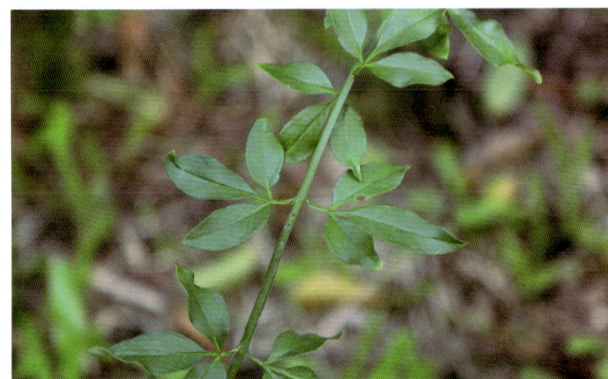

厚叶素馨

Jasminum pentaneurum Hand.-Mazz.

木樨科 素馨属

　　攀缘灌木。小枝黄褐色，节处稍压扁，枝中空。单叶，对生，革质，干时呈黄褐色或褐色，宽卵形、卵形或椭圆形，先端渐尖或尾状渐尖，基部圆形或宽楔形，叶缘反卷，两面无毛，常具褐色腺点，基出脉5条。聚伞花序密集似头状，顶生或腋生，有花多朵；花冠白色。果球形、椭圆形或肾形，呈黑色。

　　产广东、海南、广西。越南也有分布。

　　植株药用可治口腔炎。

　　云勇分布：场部后山。

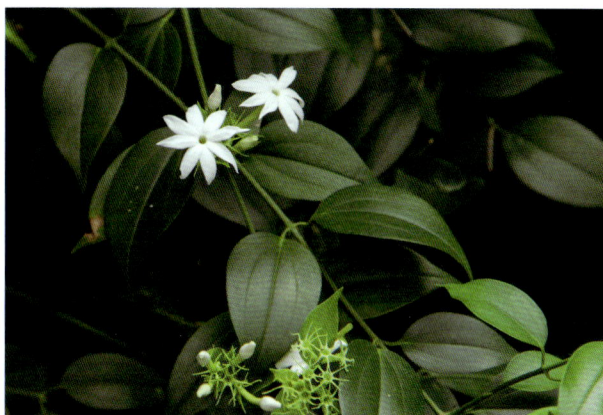

茉莉花

Jasminum sambac (L.) Aiton

木樨科 素馨属

　　直立或攀缘灌木。小枝圆柱形或稍压扁状，有时中空，疏被柔毛。单叶，对生，纸质，圆形、椭圆形、卵状椭圆形或倒卵形，两端圆或钝，细脉在两面常明显；叶柄具关节。聚伞花序顶生，通常3朵；花冠白色，极芳香。果球形，呈紫黑色。

　　原产印度，我国南方和世界各地广泛栽培。

　　花极香，为著名的花茶原料及重要的香精原料；花、叶药用治目赤肿痛，并有止咳化痰之功效。

　　云勇分布：一工区。

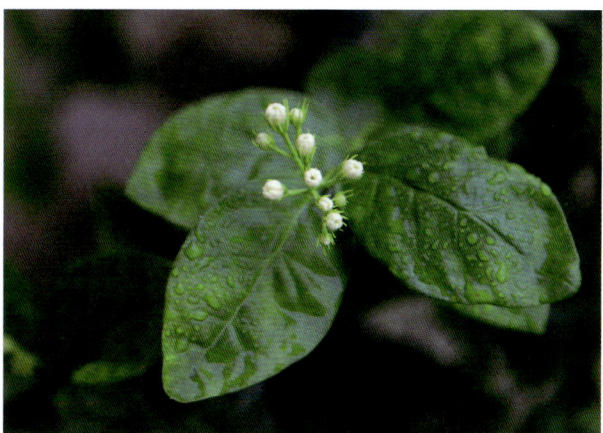

小蜡

Ligustrum sinense Lour.

木樨科 女贞属

　　落叶灌木或小乔木。幼枝被淡黄色短柔毛或柔毛，老时近无毛。叶片纸质或薄革质，卵形、长圆形或披针形，先端锐尖、短渐尖至渐尖，基部宽楔形至近圆形，上面深绿色，下面淡绿色，侧脉在叶上面微凹入，下面略凸起。圆锥花序顶生或腋生，塔形。果近球形。

　　产江苏、浙江、安徽、江西、福建、台湾、湖北、湖南、广东、广西、贵州、四川、云南。越南也有分布。

　　果实可酿酒；种子榨油供制肥皂；树皮和叶入药，具清热降火等功效，治吐血、牙痛、口疮、咽喉痛等。

　　云勇分布：一工区、二工区。

木樨（桂花）

Osmanthus fragrans (Thunb.) Lour.

木樨科 木樨属

　　常绿乔木或灌木。树皮灰褐色，小枝黄褐色，无毛。叶片革质，椭圆形、长椭圆形或椭圆状披针形，先端渐尖，基部渐狭呈楔形或宽楔形，全缘或通常上半部具细锯齿，两面无毛，中脉在上面凹入。聚伞花序簇生于叶腋，或近于帚状；花冠黄白色、淡黄色、黄色或橘红色。果歪斜，椭圆形，呈紫黑色。

　　产我国西南部。

　　花为名贵香料，并作食品香料。

　　云勇分布：白石岗、飞马山。

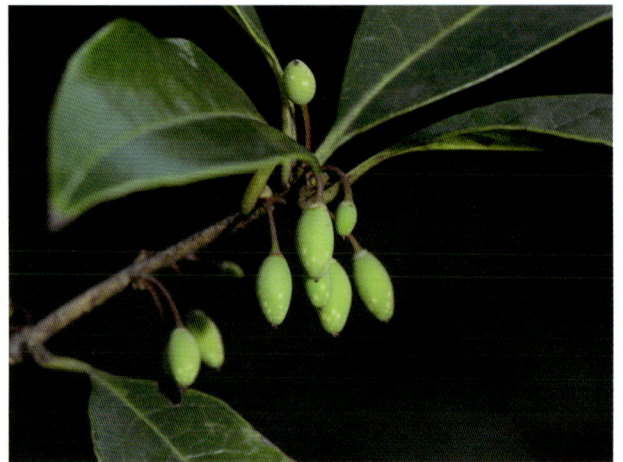

四季桂

Osmanthus fragrans var. *semperflorens*

木樨科 木樨属

常绿小灌木，树皮灰褐色。叶对生，革质，多呈椭圆或长椭圆形，叶面光滑，叶边缘有锯齿。花颜色稍白或淡黄色，香气较淡。核果成熟后为紫黑色。一年开花数次，但仍以秋季为主。

我国多地栽培。原产地中海一带。

叶和果含芳香油，用于食品及皂用香精；叶片可作调味香料或作罐头矫味剂；种子含植物油约30%，油供工业用。

云勇分布：一工区、二工区。

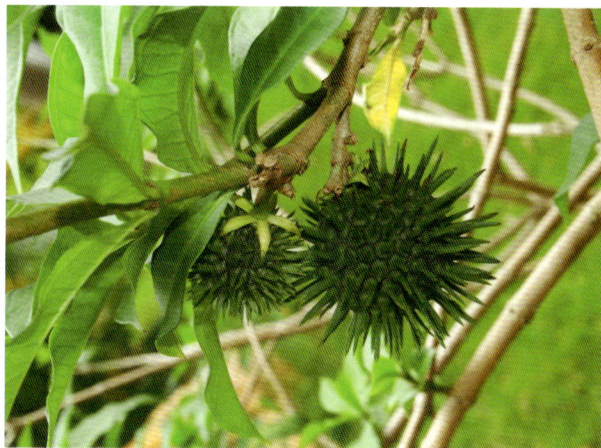

黄蝉

Allamanda schottii Pohl

夹竹桃科 黄蝉属

直立灌木。具乳汁；枝条灰白色。叶3~5枚轮生，椭圆形或倒卵状长圆形，先端渐尖或急尖，基部楔形，全缘，叶面深绿色，叶背浅绿色；叶脉在叶背凸起，侧脉未达边缘即行网结；叶柄极短，基部及腋间具腺体。聚伞花序顶生；花冠漏斗状，橙黄色。蒴果球形，具长刺；种子扁平，具薄膜质边缘。

广东、广西、福建、台湾有栽培。原产巴西，现广泛栽培于热带地区。

花黄色，大型，植于庭园及道路旁作观赏用；植株乳汁有毒。

云勇分布：一工区。

糖胶树

Alstonia scholaris (L.) R. Br.

夹竹桃科 鸡骨常山属

乔木。枝轮生，具乳汁，无毛。叶 3~8 片轮生，倒卵状长圆形、倒披针形或匙形，无毛，顶端圆形、钝或微凹，基部楔形；侧脉密生而平行，近水平横出至叶缘连结。聚伞花序顶生；花冠白色，高脚碟状。蓇葖 2，细长，线形，外果皮近革质，灰白色；种子长圆形，红棕色。

广西南部、西部和云南南部野生。尼泊尔、斯里兰卡、缅甸、泰国、柬埔寨、马来西亚、菲律宾和澳大利亚热带地区等地也有分布。

根、树皮、叶均含多种生物碱，供药用；树形美观，常作行道树或公园栽培观赏；乳汁丰富，可提制口香糖原料。

云勇分布：一工区。

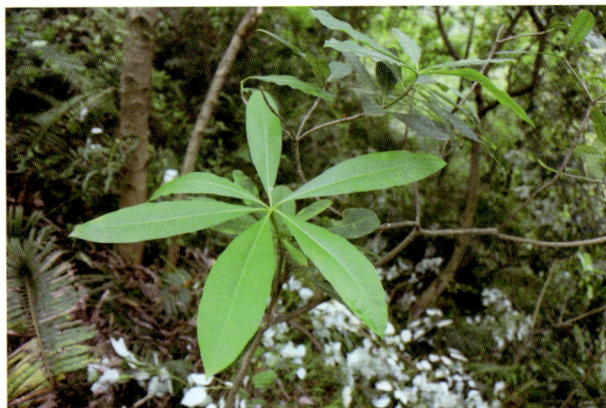

长春花

Catharanthus roseus (L.) G. Don

夹竹桃科 长春花属

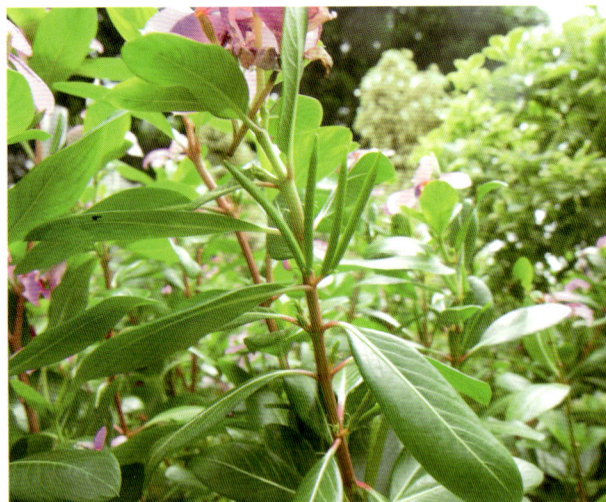

半灌木，有水液。茎近方形，有条纹，灰绿色。叶膜质，倒卵状长圆形，叶脉在叶面扁平，在叶背略隆起，侧脉约 8 对。聚伞花序腋生或顶生，有花 2~3 朵；花萼 5 深裂；花冠红色，高脚碟状，花冠筒圆筒状；花冠裂片宽倒卵形。蓇葖双生，直立，平行或略叉开；外果皮厚纸质，有条纹，被柔毛；种子黑色，具有粒粒状小瘤。

我国栽培于西南、中南及华东等地。原产非洲东部，现栽培于各热带和亚热带地区。

植株含长春花碱，可药用，有降低血压之功效；国外用来治白血病、淋巴肿瘤、肺癌、绒毛膜上皮癌、血癌和子宫癌等。

云勇分布：办公区域。

蕊木

Kopsia arborea Blume

夹竹桃科 蕊木属

乔木。叶坚纸质，椭圆状长圆形或椭圆形，端部短渐尖，基部楔形；中脉在叶面凹陷，在叶背凸起，侧脉每边约20条，在叶面上不明显，在叶背略为凸起，小脉网状。聚伞花序复总状，伸长二叉，着花约42朵；花冠白色，高脚碟状，花冠筒比花萼为长，近端部膨大，内面具长柔毛，花冠裂片向右覆盖，披针形。核果椭圆形，成熟后黑色；种子2粒。

产云南南部。

云南民间有用其树皮煎水治水肿；果实、叶有消炎止痛、舒筋活络之功效，可治咽喉炎、扁桃腺炎、风湿骨痛、四肢麻木等病。

云勇分布：六工区。

尖山橙

Melodinus fusiformis Champ. ex Benth.

夹竹桃科 山橙属

粗壮木质藤本。具乳汁；茎皮灰褐色；幼枝、嫩叶、叶柄、花序被短柔毛，老渐无毛。叶近革质，椭圆形或长椭圆形，端部渐尖，基部楔形至圆形。聚伞花序生于侧枝的顶端；花冠白色。浆果橙红色，椭圆形，顶端短尖；种子压扁，近圆形或长圆形，边缘不规则波状。

产广东、广西和贵州等地。

全株供药用，民间称可活血、祛风、补肺、通乳和治风湿性心脏病等。

云勇分布：一工区。

鸡蛋花

Plumeria rubra 'Acutifolia'

夹竹桃科 鸡蛋花属

落叶小乔木。枝条粗壮，带肉质，具丰富乳汁，无毛。叶厚纸质，长圆状倒披针形或长椭圆形，顶端短渐尖，基部狭楔形，叶面深绿色，叶背浅绿色，侧脉未达叶缘网结成边。聚伞花序顶生；花冠外面白色，内面黄色，花冠筒圆筒形。蓇葖双生，广歧，圆筒形，绿色；种子斜长圆形，扁平。

广东、广西、云南、福建等地有栽培。原产墨西哥。

花白色黄心，芳香，叶大深绿色，树冠美观，常栽作观赏；广东、广西民间常采其花晒干泡茶饮，可治湿热下痢，解毒、润肺。

云勇分布：一工区。

红鸡蛋花

Plumeria rubra L.

夹竹桃科 鸡蛋花属

小乔木。枝条粗壮，带肉质，无毛，具丰富乳汁。叶厚纸质，长圆状倒披针形，顶端急尖，基部狭楔形，叶面深绿色，叶背浅绿色，中脉凹陷，侧脉未达叶缘网结。聚伞花序顶生；花冠深红色，花冠筒圆筒形。蓇葖双生，广歧，长圆形，淡绿色；种子长圆形，扁平，浅棕色，顶端具膜质的翅。

我国南部有栽培。原产于南美洲，现广植于亚洲热带和亚热带地区。

花鲜红色，枝叶青绿色，树形美观，是一种很好的观赏植物。

云勇分布：一工区。

羊角拗

Strophanthus divaricatus (Lour.) Hook. et Arn.

夹竹桃科 羊角拗属

灌木。全株无毛，有乳汁，小枝棕褐色，有白色皮孔。叶对生，薄纸质，椭圆状长圆形或椭圆形，顶端短渐尖或急尖，基部楔形，边缘全缘或有时略带微波状，两面无毛。聚伞花序顶生，通常着花3朵；花黄色；花冠漏斗状。蓇葖果木质，两个平展，形似"羊角"；种子多数，顶端有一束丝状白色长毛。

产于贵州、云南、广西、广东和福建等地。越南、老挝也有分布。

全株植物含毒，尤其种子；药用强心剂，治血管硬化、跌打、扭伤、风湿性关节炎、蛇咬伤等症。

云勇分布：一工区。

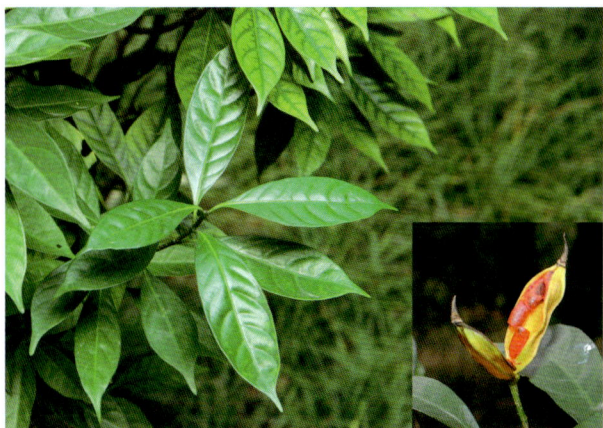

狗牙花

Tabernaemontana divaricata (L.) R. Br. ex Roem. et Schult.

夹竹桃科 狗牙花属

灌木或小树。除花萼被毛外，其余无毛。叶对生，坚纸质，椭圆形或椭圆状矩圆形，先端渐尖，基部楔形，上面深绿色，下面淡绿色。聚伞花序腋生，通常双生，在小枝端部集成假二歧状；花冠白色，重瓣，边缘有皱褶。蓇葖果极叉开或外弯，内有种子3~6粒；种子矩圆形，无种毛。

栽培于我国南部各地。

叶可药用，有降低血压之功效，民间称可清凉解热利水消肿，治眼病、疮疥、乳疮、癫狗咬伤等症；根可治头痛和骨折等。

云勇分布：一工区。

黄花夹竹桃

Thevetia peruviana (Pers.) K. Schum.

夹竹桃科 黄花夹竹桃属

　　乔木。全株无毛；树皮棕褐色，皮孔明显；多枝柔软，小枝下垂；全株具丰富乳汁。叶互生，近革质，无柄，线形或线状披针形，两端长尖，光亮，全缘，边稍背卷。顶生聚伞花序；花大；花冠黄色，漏斗状，具香味。核果扁三角状球形，内果皮木质，生时绿色而亮，干时黑色；种子2~4粒。

　　台湾、福建、广东、广西、云南有栽培。原产美洲热带地区，现世界热带和亚热带地区均有栽培。

　　花期几乎全年，为美丽的绿化植物；树液和种子有毒，误食可致命；种子可榨油；果仁含有黄花夹竹桃素，有强心、利尿、催吐等功效。

　　云勇分布：一工区。

络石

Trachelospermum jasminoides (Lindl.) Lem.

夹竹桃科 络石属

　　常绿木质藤本。具乳汁；茎赤褐色，圆柱形，有皮孔。叶革质或近革质，椭圆形至卵状椭圆形，顶端锐尖至渐尖，基部渐狭至钝，叶面无毛，叶背被疏短柔毛，老渐无毛。二歧聚伞花序腋生或顶生，花多朵组成圆锥状；花白色，芳香。蓇葖双生，叉开，无毛，线状披针形；种子多粒，褐色，线形。

　　山东、江苏、福建、台湾、河北、湖北、广东、云南、贵州、陕西等地都有分布。日本、朝鲜和越南也有分布。

　　根、茎、叶、果实供药用，有祛风活络、清热解毒等功效；乳汁有毒；茎皮可制绳索、造纸及人造棉；花芳香，可提取"络石浸膏"。

　　云勇分布：各工区。

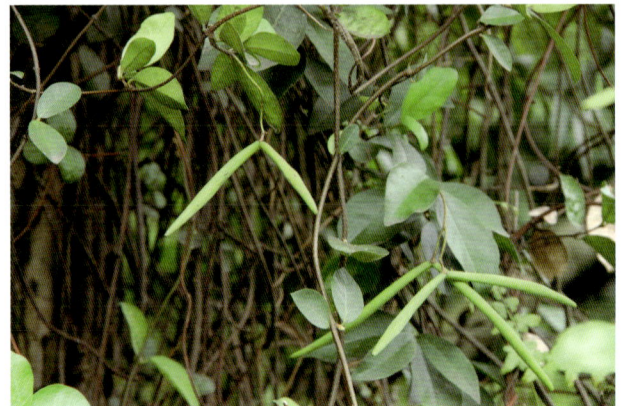

花叶络石

Trachelospermum jasminoides 'Flame'

夹竹桃科 络石属

　　常绿木质藤蔓植物。具乳汁；茎具气生根，匍匐生长；小枝、嫩叶柄及叶背面被有短茸毛，老枝叶无茸毛；叶对生，卵形，革质，新叶一般为粉红色，老叶近绿色或淡绿色，在新叶与老叶间有数对斑状花叶，叶面有不规则白色或乳黄色斑点。

　　分布于我国长江流域以南地区。

　　是优良的攀缘植物和地被植物，又是优良的盆栽植物，广泛应用于园林绿化中。

　　云勇分布：缤纷林海。

倒吊笔

Wrightia pubescens R. Br.

夹竹桃科 倒吊笔属

　　乔木。含乳汁。叶坚纸质，每小枝有叶片 3~6 对，长圆状披针形、卵圆形或卵状长圆形，顶端短渐尖，基部急尖至钝，叶脉在叶面扁平，在叶背凸起，侧脉每边 8~15 条。聚伞花序，花冠漏斗状，白色、浅黄色或粉红色，裂片长圆形，顶端钝；副花冠分裂为 10 鳞片，呈流苏状。蓇葖 2 个黏生，线状披针形，灰褐色，斑点不明显；种子线状纺锤形，黄褐色，顶端具淡黄色绢质种毛。

　　产广东、广西、贵州和云南等地。也分布于印度、泰国、越南、柬埔寨、马来西亚、印度尼西亚、菲律宾和澳大利亚。

　　木材适于作轻巧的上等家具、乐器用材；树皮纤维可制人造棉及造纸；庭园可作栽培观赏；根和茎皮可药用，广西民间有用来治颈淋巴结、风湿性关节炎。

　　云勇分布：六工区。

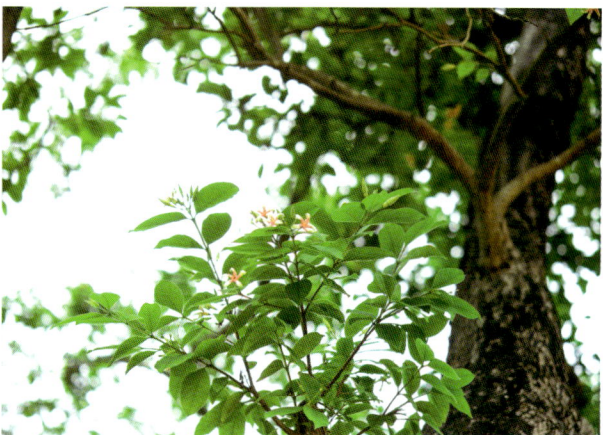

白叶藤

Cryptolepis sinensis (Lour.) Merr.

萝藦科 白叶藤属

柔弱木质藤本。具乳汁；小枝通常红褐色，无毛。单叶，对生，叶长圆形，两端圆形，顶端具小尖头，叶面深绿色，叶背苍白色。聚伞花序顶生或腋生，比叶为长；花冠淡黄色。蓇葖长披针形或圆柱状。种子长圆形，棕色。

产贵州、云南、广西、广东和台湾等地。印度、越南、马来西亚和印度尼西亚等也有分布。

叶、茎和乳汁有小毒，但可供药用，可清凉败毒、治蛇伤、跌打刀伤、疮疥；茎皮纤维坚韧，可编绳索、犁缆；种毛作填充物。

云勇分布：场部后山。

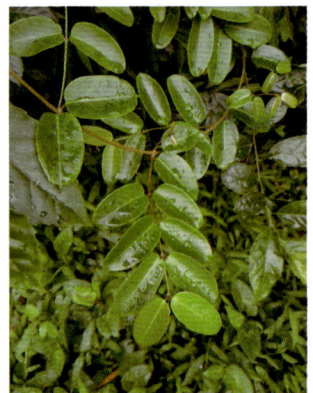

刺瓜

Cynanchum corymbosum Wight

萝藦科 鹅绒藤属

多年生草质藤本。块根粗壮；茎的幼嫩部分被两列柔毛。叶薄纸质，卵形或卵状长圆形，顶端短尖，基部心形，叶面深绿色，叶背苍白色，除脉上被毛外无毛。伞房状或总状聚伞花序腋外生；花冠绿白色，近辐状；副花冠大形，杯状或高钟状。蓇葖大形，纺锤状，具弯刺；种子卵形，种毛白色绢质。

产福建、广东、广西、四川和云南等地。印度、缅甸、老挝、越南、柬埔寨和马来西亚等地也有分布。

全株可催乳解毒，民间用来治神经衰弱、慢性肾炎、睾丸炎、血尿闭经、肺结核、肝炎等。

云勇分布：六工区白鹤守滩。

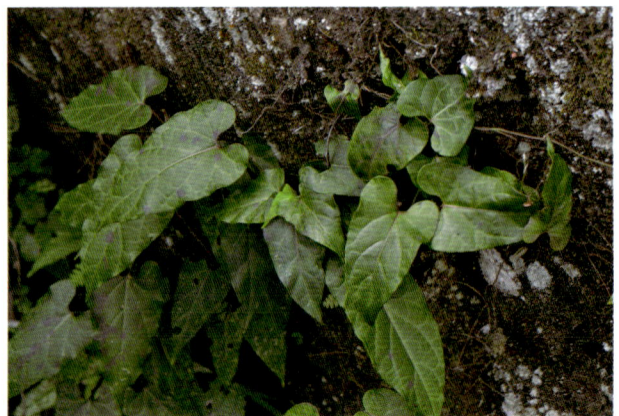

天星藤

Cynanchum graphistemmatoides Lied. et Khan.

萝藦科 鹅绒藤属

　　木质藤本。具乳汁，全株无毛。托叶叶状，抱茎，圆形或卵圆形，有明显的脉纹。叶长圆形，顶端渐尖或急尖，基部近心形或圆形；叶柄顶端丛生小腺体。花序开始为伞形状聚伞花序，后伸长为单歧或二歧总状式聚伞花序；花冠外面绿色，内面紫红色。蓇葖通常单生，木质，披针状圆柱形；种子卵圆形，棕色，顶端具白色绢质种毛。

　　产广东和广西。越南也有分布。

　　全株可药用，华南地区民间用作治驳骨、催乳、治喉痛、跌打。

　　云勇分布：十二沥。

眼树莲

Dischidia chinensis Champ. ex Benth.

萝藦科 眼树莲属

　　藤本。全株含有乳汁；茎肉质，节上生根，绿色，无毛。叶肉质，卵圆状椭圆形，顶端圆形，无短尖头，基部楔形。聚伞花序腋生，近无柄；花极小；花冠黄白色，坛状；副花冠裂片锚状。蓇葖披针状圆柱形；种子顶端具白色绢质种毛。

　　产广东和广西。

　　全株供药用，有清肺热、化疟、凉血解毒之功效，民间用作治肺燥咳血、小儿疳积、跌打肿痛、毒蛇咬伤等。

　　云勇分布：四工区。

南山藤

Dregea volubilis (L. f.) Benth. ex Hook. f.

萝藦科 南山藤属

木质大藤本。茎具皮孔，枝条灰褐色，具小瘤状凸起。叶宽卵形或近圆形，顶端急尖或短渐尖，基部截形或浅心形，无毛或略被柔毛。花多朵，组成伞形状聚伞花序，腋生，倒垂；花冠黄绿色，夜吐清香。蓇葖披针状圆柱形，外果皮被白粉；种子广卵形，扁平，棕黄色。

产贵州、云南、广西、广东及台湾等地。印度、孟加拉国、泰国、越南、印度尼西亚和菲律宾也有分布。

茎皮纤维可作人造棉、绳索；种毛作填充物；根可药用，作催吐药；茎利尿、止肚痛，除郁湿；全株可治胃热和胃痛。

云勇分布：一工区。

娃儿藤

Tylophora ovata (Lindl.) Hook. ex Steud.

萝藦科 娃儿藤属

攀缘灌木。叶卵形，顶端急尖，具细尖头，基部浅心形；侧脉明显，每边约4条。聚伞花序伞房状，丛生于叶腋，通常不规则两歧；花小，淡黄色或黄绿色；花冠辐状，裂片长圆状披针形，两面被微毛；副花冠裂片卵形，贴生于合蕊冠上，背部肉质隆肿，顶端高达花药一半。蓇葖双生，圆柱状披针形，无毛；种子卵形，顶端截形，具白色绢质种毛。

产云南、广西、广东、湖南和台湾。分布于越南、老挝、缅甸、印度。模式标本采自广东。

根及全株可药用，能祛风、止咳、化痰、催吐、散瘀，可治风湿腰痛、跌打损伤、胃痛、哮喘、毒蛇咬伤等。

云勇分布：六工区。

香楠

Aidia canthioides (Champ. ex Benth.) Masam.

茜草科 茜树属

无刺灌木或乔木。叶纸质或薄革质，对生，长圆状椭圆形、长圆状披针形，顶端渐尖至尾状渐尖，基部阔楔形或有时稍圆，侧脉 3~7 对，在下面明显，在上面平。聚伞花序腋生，有花数朵至十余朵，紧缩成伞形花序状，花冠高脚碟形，白色或黄白色，花冠裂片 5，开放时外反。浆果球形，有紧贴的锈色疏毛或无毛，顶端有环状的萼檐残迹；种子 6~7 粒，压扁，有棱。

产福建、台湾、广东、香港、广西、海南、云南。国外分布于日本和越南。

云勇分布：六工区。

多毛茜草树

Aidia pycnantha (Drake) Tirv.

茜草科 茜树属

无刺灌木或乔木。嫩枝、叶下面和花序被锈色柔毛。叶革质或纸质，对生，长圆形、长圆状披针形或长圆状倒披针形，顶端渐尖至尾状渐尖，基部楔形，两侧有时稍不对称，侧脉 10~14 对，与网脉均在下面凸起。聚伞花序与叶对生，多花，花冠白色或淡黄色，高脚碟形，花冠裂片 5，开放时反折。浆果球形，有锈色疏毛或近无毛，干时黑色，顶部有环状的萼檐残迹。

产福建、广东、海南、云南。国外分布于越南。

云勇分布：六工区。

猪肚木

Canthium horridum Blume

茜草科 鱼骨木属

　　有刺灌木。小枝纤细，被紧贴土黄色柔毛；刺对生，劲直。叶纸质，卵形，椭圆形或长卵形，顶端钝、急尖或近渐尖，基部圆或阔楔形，无毛或沿中脉略被柔毛。花小，具短梗或无花梗，单生或数朵簇生于叶腋内；花冠白色，近瓮形。核果卵形，单生或孪生。

　　产广东、香港、海南、广西、云南。印度、马来西亚、印度尼西亚、菲律宾及中南半岛等地也有分布。

　　本种木材适作雕刻；成熟果实可食；根可作利尿药用。

　　云勇分布：场部后山。

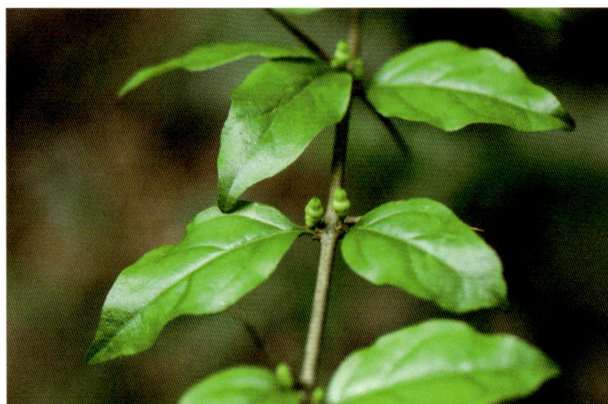

风箱树

Cephalanthus tetrandrus (Roxb.) Ridsd. et Badh. F.

茜草科 风箱树属

　　落叶灌木或小乔木。嫩枝近四棱柱形，被短柔毛，老枝无毛。叶对生或轮生，近革质，卵形至卵状披针形，顶端短尖，基部圆形至近心形，无毛或被柔毛；托叶阔卵形，顶部常有一黑色腺体。头状花序顶生或腋生；花冠白色。坚果长 4~6 mm；种子褐色，具翅状苍白色假种皮。

　　产广东、海南、广西、湖南、福建、江西、浙江、台湾。印度、孟加拉国、缅甸、泰国、老挝和越南北部也有分布。

　　木材做扁担杆和农具；根和花序药用，有清热利湿、收敛止泻、祛痰止咳之功效；又可栽培作护堤植物。

　　云勇分布：一工区。

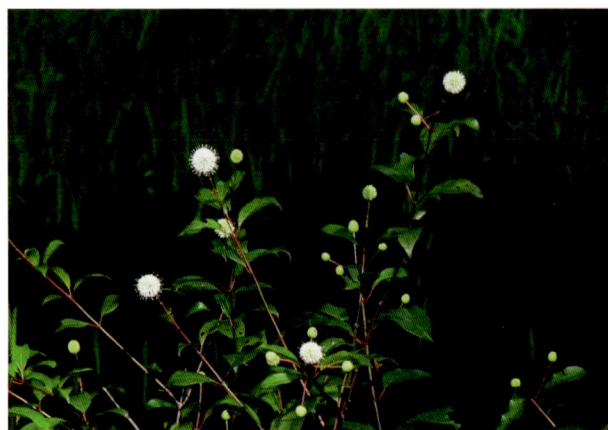

栀子

Gardenia jasminoides J. Ellis

茜草科 栀子属

灌木。叶对生，革质，稀为纸质，少为3枚轮生，叶形多样，通常为长圆状披针形、倒卵形或椭圆形，顶端渐尖、骤然长渐尖或短尖而钝，基部楔形或短尖，两面常无毛，上面亮绿色，下面色较暗。花芳香，通常单朵生于枝顶；花冠白色或乳黄色，高脚碟状。果卵形、近球形或椭圆形，黄色或橙红色。

产山东、江苏、安徽、浙江、江西、福建等地。日本、朝鲜、越南、老挝、柬埔寨和美洲北部等也有分布。

花大而美丽、芳香，广植于庭园供观赏；干燥成熟果实是常用中药，能清热利尿、泻火除烦、凉血解毒、散瘀；叶、花、根亦可作药用。

云勇分布：一工区。

金草

Hedyotis acutangula Champ. ex Benth.

茜草科 耳草属

直立、无毛、通常亚灌木状草本。基部木质；茎方柱形，有4棱或具翅。叶对生，无柄或近无柄，革质，卵状披针形或披针形，顶端短尖或短渐尖，基部圆形或楔形。聚伞花序复作圆锥花序式或伞房花序式排列，顶生；花白色。蒴果倒卵形，成熟时开裂为2个果片；种子近圆形，具棱，干后黑色。

产广东、海南和香港等地。越南也有分布。

全株入药，有清热解毒和利水之功效，对淋病、赤浊亦有一定疗效。

云勇分布：一工区。

拟金草

Hedyotis consanguinea Hance

茜草科 耳草属

　　直立草本。茎不分枝，纤细，无毛，干后变灰黄色，具微棱。叶对生，近无柄，披针形或长卵形，顶端渐尖，基部楔形，两面无毛，干后边缘微背卷。花序顶生和生于上部叶腋，为聚伞花序排成圆锥花序式或总状式。蒴果椭圆形，成熟时开裂为两个果爿；种子细小，具微棱，干后种皮黑褐色。

　　产广东、福建、香港和澳门。

　　可药用，用于治疗支气管炎、咳血、疳积。

　　云勇分布：一工区。

牛白藤

Hedyotis hedyotidea (DC.) Merr.

茜草科 耳草属

　　藤状灌木。触之有粗糙感；嫩枝方柱形，被粉末状柔毛，老时圆柱形。叶对生，膜质，长卵形或卵形，顶端短尖或短渐尖，基部楔形或钝，上面粗糙，下面被柔毛。花序腋生和顶生，由10~20朵花集聚而成一伞形花序；花冠白色，管形。蒴果近球形，成熟时室间开裂为2果爿；种子数粒，具棱。

　　产广东、广西、云南、贵州、福建和台湾等地。越南也有分布。

　　对治疗风湿、感冒咳嗽和皮肤湿疹等疾病有一定疗效。

　　云勇分布：场部后山。

粗毛耳草

Hedyotis mellii Tutch.

茜草科 耳草属

直立粗壮草本。茎和枝近方柱形，幼时被毛，老时光滑，干后暗黄色。叶对生，纸质，卵状披针形，两面均被疏短毛。聚伞花序顶生和腋生，多花。蒴果椭圆形，脆壳质，成熟时开裂为两个果爿；种子数粒，具棱，黑色。

产广东、广西、福建、江西和湖南等地。

全草药用，有清热解毒、消食化积、消肿、止血等功效。

云勇分布：场部后山。

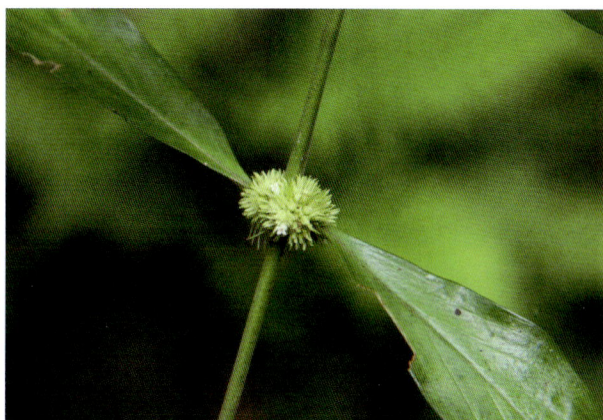

长节耳草

Hedyotis uncinella Hook. et Arn.

茜草科 耳草属

直立多年生草本。茎通常单生，粗壮，四棱柱形。叶对生，纸质，具柄或近无柄，卵状长圆形或长圆状披针形，顶端渐尖，基部渐狭或下延。花序顶生和腋生，密集成头状；花冠白色或紫色。蒴果阔卵形，成熟时开裂为 2 个果爿；种子数粒，具棱，浅褐色。

产广东、海南、湖南、贵州、台湾和香港等地。印度也有分布。

药用，有祛风、散寒、除湿之功效，主治风湿关节疼痛。

云勇分布：十二沥、场部后山。

龙船花

Ixora chinensis Lam.

茜草科 龙船花属

灌木。小枝初时深褐色，有光泽，老时呈灰色，具线条。叶对生，有时几成4枚轮生，披针形、长圆状披针形至长圆状倒披针形，顶端钝或圆形，基部短尖或圆形；托叶基部阔，合生成鞘形。花序顶生，多花，具短总花梗；花冠红色或红黄色。果近球形，双生，成熟时红黑色。

产福建、广东、香港、广西。越南、菲律宾、马来西亚、印度尼西亚等热带地区也有分布。

全株药用，有活血散瘀、清热解毒、止血生新等功效；也是优良观赏植物。

云勇分布：场部。

粗叶木

Lasianthus chinensis (Champ.) Benth.

茜草科 粗叶木属

灌木。枝和小枝被褐色短柔毛。叶薄革质或厚纸质，通常为长圆形或长圆状披针形，很少椭圆形，顶端常骤尖或有时近短尖，基部阔楔形或钝，上面无毛或近无毛，下面中脉、侧脉和小脉上均被较短的黄色短柔毛。花无梗，常3~5朵簇生叶腋；花冠通常白色，有时带紫色，近管状，被茸毛，裂片6(或有时5)。核果近卵球形，成熟时蓝色或蓝黑色，通常有6个分核。

产福建中部和南部、台湾、广东中部和南部、香港、广西东部和南部、云南南部（勐腊）。也分布于越南、泰国和马来半岛。

云勇分布：六工区。

大果巴戟

Morinda cochinchinensis DC.

茜草科 巴戟天属

木质藤本。幼枝圆或略呈四棱柱形，密被锈黄色长柔毛。叶对生，纸质，椭圆形、长圆形或倒卵状长圆形，基部圆或有时略呈心形，顶端尾状渐尖或短渐尖。顶生头状花序 3~18 排列成伞形；花冠白色。聚花核果近球形或长圆球形或不规则，熟时由橙黄色变橘红色。

产广东中部、香港、海南、广西东南部。越南也有分布。

根有清热解毒、祛风除湿之功效。

云勇分布：十二沥、四工区。

巴戟天

Morinda officinalis F. C. How

茜草科 巴戟天属

藤本。肉质根不定位肠状缢缩。叶薄或稍厚，纸质，干后棕色，长圆形、卵状长圆形或倒卵状长圆形，顶端急尖或具小短尖，基部纯、圆或楔形，边全缘，有时具稀疏短缘毛。花序 3~7 伞形排列于枝顶；花冠白色，近钟状。聚花核果由多花或单花发育而成，熟时红色，扁球形或近球形。

产福建、广东、海南、广西等地的热带和亚热带地区。中南半岛也有分布。

根药用，有健脾补肾、壮阳、强健筋骨等功效。现为国家二级保护野生植物。

云勇分布：一工区。

鸡眼藤

Morinda parvifolia Bartl. ex DC.

茜草科 巴戟天属

攀缘、缠绕或平卧藤本。嫩枝密被短粗毛，老枝棕色或稍紫蓝色，具细棱。叶形多变，生于旱阳裸地者叶为倒卵形，生于疏阴旱裸地者叶为线状倒披针形或近披针形，攀缘于灌木者叶为倒卵状倒披针形或倒卵状长圆形，顶端急尖、渐尖或具小短尖，基部楔形，边全缘或具疏缘毛。花序伞状排列于枝顶；花冠白色。聚花核果近球形，熟时橙红色至橘红色。

产江西、福建、台湾、广东、香港、海南、广西等地。菲律宾和越南也有分布。

全株药用，有清热利湿、化痰止咳等药效。

云勇分布：一工区。

羊角藤

Morinda umbellata subsp. *obovata* Y. Z. Ruan

茜草科 巴戟天属

藤本。叶纸质或革质，倒卵形、倒卵状披针形或倒卵状长圆形，全缘，上面常具蜡质，光亮。头状花序具花6~12朵，呈3~11伞状排列于枝顶，花冠白色，稍呈钟状，檐部4~5裂，顶部向内钩状弯折。聚花核果，成熟时红色，近球形或扁球形；核果具分核2~4；分核近三棱形，外侧弯拱，具种子1粒；种子角质，棕色，与分核同形。

产江苏、安徽、浙江、江西、福建、台湾、湖南、广东、香港、海南、广西等地。

根可入药，有祛风除湿、补肾止血之功效。

云勇分布：一工区。

玉叶金花

Mussaenda pubescens W. T. Aiton

茜草科 玉叶金花属

攀缘灌木。嫩枝被贴伏短柔毛。叶对生或轮生，膜质或薄纸质，卵状长圆形或卵状披针形，顶端渐尖，基部楔形，上面近无毛或疏被毛，下面密被短柔毛。聚伞花序顶生，密花；花冠黄色。浆果近球形，干时黑色。

产广东、香港、海南、广西、福建、湖南、江西、浙江和台湾。

茎叶味甘、性凉，有清凉消暑、清热疏风之功效，供药用或晒干代茶叶饮用。

云勇分布：场部后山。

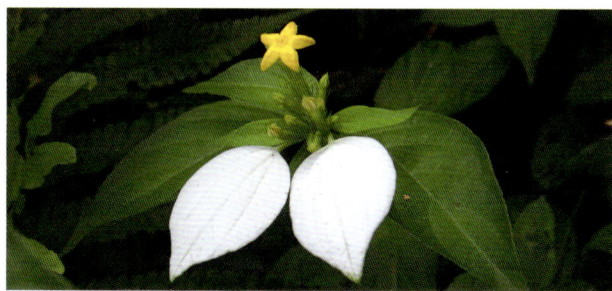

白花玉叶金花

Mussaenda pubescens var. *alba* X. F. Deng et D. X. Zhang

茜草科 玉叶金花属

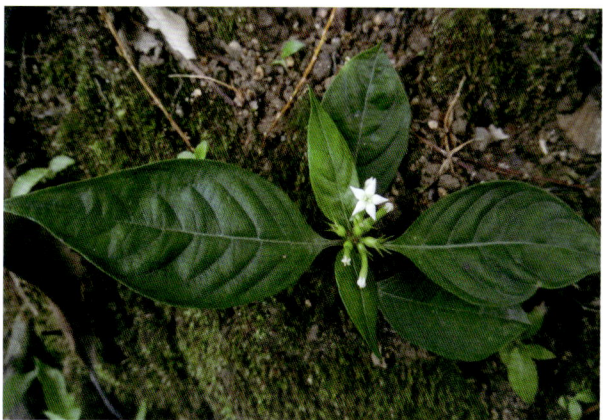

本种与玉叶金花相似，不同之处在于其花叶完全退化或仅少量个体保留高度退化的白色花叶；花冠管较短而粗，长 1~1.5 cm，上端膨大，膨大处长 0.3~0.5 cm，宽 0.2 cm。

广东鼎湖山、罗浮山等地有分布。

云勇分布：一工区。

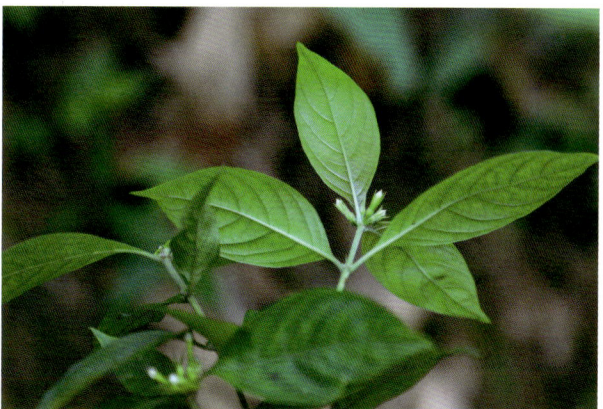

团花

Neolamarckia cadamba (Roxb.) Boss.

茜草科 团花属

　　落叶大乔木。树干通直，基部略有板状根；树皮薄，老时有裂隙且粗糙；枝平展，幼枝略扁。叶对生，薄革质，椭圆形或长圆状椭圆形，顶端短尖，基部圆形或截形，上面有光泽；托叶披针形，脱落。头状花序单个顶生；花冠黄白色，漏斗状。果序成熟时黄绿色；种子近三棱形，无翅。

　　产广东、广西和云南。越南、马来西亚、缅甸、印度和斯里兰卡也有分布。

　　为著名速生树种；木材供建筑和制板用。

　　云勇分布：一工区。

短小蛇根草

Ophiorrhiza pumila Champ. ex Benth.

茜草科 蛇根草属

　　矮小草本。叶纸质，卵形、披针形、椭圆形或长圆形，干时上面灰绿色或深灰褐色，近无毛或散生糙伏毛，下面苍白色，被极密的糙硬毛状柔毛，或仅上面被毛。花序顶生，多花，花冠白色，近管状，花冠裂片卵状三角形。蒴果僧帽状或略呈倒心状，干时褐黄色，被短硬毛。

　　产广西、广东、香港、江西、福建和台湾。也分布于越南北部。

　　全草可入药，有清热解毒之功效。

　　云勇分布：三工区－深坑。

鸡屎藤

Paederia foetida L.

茜草科 鸡屎藤属

　　藤状灌木。叶对生，膜质，卵形或披针形；圆锥花序腋生或顶生。花萼钟形，萼檐裂片钝齿形；花冠紫蓝色，通常被茸毛，裂片短。果阔椭圆形，压扁，长和宽 6~8 mm，光亮，顶部冠以圆锥形的花盘和微小宿存的萼檐裂片；小坚果浅黑色，具 1 阔翅。

　　产福建、广东等地。生于低海拔的疏林内。也分布于越南和印度。

　　可食用。

　　云勇分布：一工区。

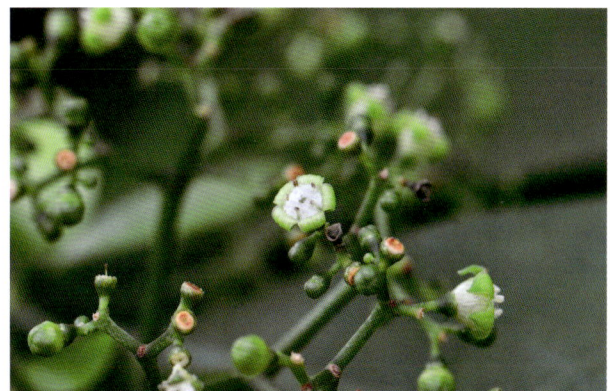

九节

Psychotria asiatica Wall.

茜草科 九节属

　　灌木或小乔木。叶对生，纸质或革质，长圆形、椭圆状长圆形或倒披针状长圆形，有时稍歪斜，顶端渐尖、急渐尖或短尖而尖头常钝，基部楔形，全缘。聚伞花序通常顶生，无毛或极稀有极短的柔毛，多花；花冠白色。核果球形或宽椭圆形，有纵棱，红色。

　　产浙江、福建、台湾、湖南、广东、香港、海南、广西、贵州、云南。日本、越南、老挝、柬埔寨、马来西亚、印度等地也有分布。

　　嫩枝、叶、根可药用，有清热解毒、消肿拔毒、祛风除湿、跌打损伤、感冒发热、咽喉肿痛、胃痛、痢疾、痔疮等功效。

　　云勇分布：一工区。

溪边九节

Psychotria fluviatilis Chun ex W. C. Chen

茜草科 九节属

灌木。叶对生，纸质或薄革质，倒披针形或椭圆形，稀倒卵形，顶端渐尖、短尖或稍钝，基部渐狭或楔形，全缘，无毛，稍光亮；侧脉 4~8 对，纤细，不明显或在下面稍明显。聚伞花序顶生或腋生，少花，花冠白色，管状，花冠裂片 4~5，开放时下弯。果长圆形或近球形，红色，无毛，具棱，顶部有宿存萼；种子 2 粒，背面凸，具棱，腹面平坦。

产广东、广西。

云勇分布：六工区。

蔓九节

Psychotria serpens L.

茜草科 九节属

多分枝、攀缘或匍匐藤本。常以气根攀附于树干或岩石上。叶对生，纸质或革质，叶形变化很大，年幼植株的叶多呈卵形或倒卵形，年老植株的叶多呈椭圆形、披针形或倒卵状长圆形。聚伞花序顶生，圆锥状或伞房状；花冠白色。浆果状核果球形或椭圆形，具纵棱，常呈白色。

产浙江、福建、台湾、广东、香港、海南、广西。日本、朝鲜、越南、柬埔寨、老挝、泰国也有分布。

全株药用，有舒筋活络、壮筋骨、祛风止痛、凉血消肿之功效，治风湿痹痛、坐骨神经痛、痈疮肿毒、咽喉肿痛。

云勇分布：场部后山。

白花蛇舌草

Scleromitrion diffusum (Willd.) R. J. Wang

茜草科 蛇舌草属

一年生、披散、纤细、无毛草本。叶无柄，线形，先端短尖，边缘干后常背卷，上面中脉凹下，侧脉不明显；托叶长 1~2 mm，基部合生，先端芒尖。花单生或双生叶腋，花序梗长 2~5（10）mm；花无梗或具短梗；萼筒球形，萼裂片长 1.5~2 mm；花冠白色，筒状，冠筒喉部无毛，花冠裂片长约 2 mm；雄蕊生于冠筒喉部，花药伸出。蒴果扁球形，成熟时顶部室背开裂。

产广东、香港、广西、海南、安徽、云南等地。也分布于热带亚洲，西至尼泊尔，日本亦产。

据《广西中药志》记载全草入药，内服治肿瘤、蛇咬伤、小儿疳积，外用主治泡疮、刀伤、跌打等症。

云勇分布：桃花谷。

丰花草

Spermacoce pusilla Wall.

茜草科 钮扣草属

直立、纤细草本。茎单生，四棱柱形。叶近无柄，革质，线状长圆形，顶端渐尖，基部渐狭，两面粗糙，干时边缘背卷，鲜时深绿色。花多朵丛生成球状生于托叶鞘内，无梗；花冠白色，近漏斗形。蒴果长圆形或近倒卵形，成熟时从顶部开裂至基部；种子狭长圆形。

产安徽、浙江、江西、台湾、广东、香港、海南、广西、四川、贵州、云南。热带非洲和亚洲也有分布。

可药用，主治跌打损伤、骨折、痈疽肿毒、毒蛇咬伤。

云勇分布：一工区。

白花苦灯笼

Tarenna mollissima (Hook. et Arn.) B. L. Rob.

茜草科 乌口树属

灌木或小乔木。全株密被灰色或褐色柔毛或短茸毛，但老枝毛渐脱落。叶纸质，披针形、长圆状披针形或卵状椭圆形，顶端渐尖或长渐尖，基部楔尖、短尖或钝圆，干后变黑褐色；托叶卵状三角形。伞房状的聚伞花序顶生；花冠白色。果近球形，被柔毛，黑色。

产浙江、江西、福建、湖南、广东、香港、广西、海南、贵州、云南。越南也有分布。

根和叶入药，有清热解毒、消肿止痛之功效。

云勇分布：六工区－白鹤守滩。

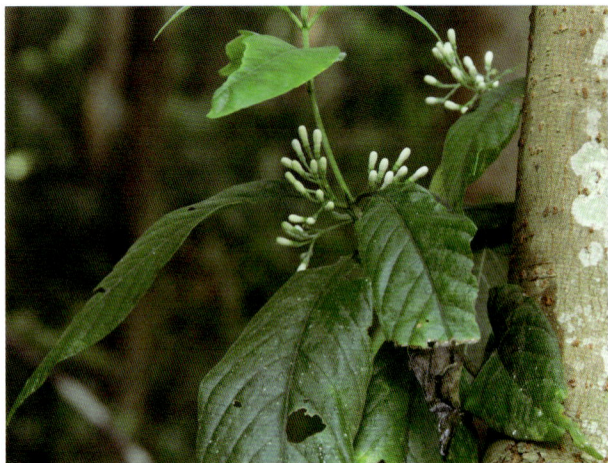

毛钩藤

Uncaria hirsuta Havil.

茜草科 钩藤属

藤本。嫩枝纤细，圆柱形或略具4棱角，被硬毛。叶革质，卵形或椭圆形，上面稍粗糙，被稀疏硬毛，下面被稀疏或稠密糙伏毛；侧脉7~10对，下面具糙伏毛，脉腋窝陷有黏腋毛。头状花序单生叶腋，或成单聚伞状排列，总花梗腋生，花冠淡黄或淡红色，花冠裂片长圆形，外面有密毛。蒴果纺锤形有短柔毛。

我国特有，产广东、广西、贵州、福建及台湾。

带钩枝条可药用，有清热平肝、熄风止痉之功效。

云勇分布：四工区。

大叶钩藤

Uncaria macrophylla Wall.

茜草科 钩藤属

大藤本。嫩枝方柱形或略有棱角，疏被硬毛。叶对生，近革质，卵形或阔椭圆形，顶端短尖或渐尖，基部圆、近心形或心形，上面仅脉上有黄褐色毛，下面被黄褐色硬毛；托叶卵形，深2裂。头状花序单生叶腋；花冠裂片长圆形。小蒴果有苍白色短柔毛；种子两端有白色膜质的翅，仅一端的翅2深裂。

产云南、广西、广东、海南。印度、不丹、孟加拉国、缅甸、泰国北部、老挝、越南也有分布。

在云南亦作中药钩藤使用。

云勇分布：四工区 – 乌坑。

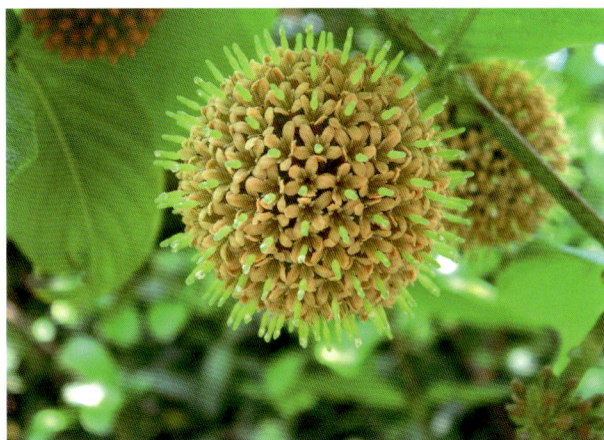

钩藤

Uncaria rhynchophylla (Miq.) Miq.

茜草科 钩藤属

藤本。叶纸质，椭圆形或椭圆状长圆形，两面均无毛，顶端短尖或骤尖，基部楔形至截形，有时稍下延；侧脉4~8对，脉腋窝陷有黏液毛。头状花序单生叶腋，总花梗具一节，苞片微小，或成单聚伞状排列，总花梗腋生，花冠裂片卵圆形。小蒴果被短柔毛，宿存萼裂片近三角形，长1 mm，星状辐射。

产广东、广西、云南、贵州、福建、湖南、湖北及江西。也分布于日本。

本种带钩藤茎为著名中药（钩藤），清血平肝，息风定惊，治风热头痛，感冒夹惊，惊痛抽搐等症，所含钩藤碱有降血压作用。

云勇分布：六工区。

侯钩藤

Uncaria rhynchophylloides F. C. How

茜草科 钩藤属

　　藤本。嫩枝方柱形，无毛，干时常黑色。叶薄纸质，卵形或椭圆状卵形，两面均无毛；侧脉5对，脉腋窝陷有黏腋毛。头状花序单生叶腋，或成单聚伞状排列，总花梗腋生，萼裂片长圆形，密被金黄色绢毛，花冠裂片倒卵形或长圆状倒卵形。小蒴果无柄，倒卵状椭圆形，被紧贴黄色长柔毛，有宿存萼裂片。

　　我国特有，产广东和广西，生于林中或林缘。模式标本采自广东云浮。

　　云勇分布：四工区。

水锦树

Wendlandia uvariifolia Hance

茜草科 水锦树属

　　灌木或乔木。小枝被锈色硬毛。叶纸质，宽椭圆形、卵形或长圆状披针形，顶端短渐尖或骤然渐尖，基部楔形或短尖，上面散生短硬毛，下面密被灰褐色柔毛，侧脉近边缘处消失或与小横脉联结；托叶宿存，有硬毛。圆锥状的聚伞花序顶生，多花；花冠漏斗状，白色。蒴果小，球形。

　　产台湾、广东、广西、海南、贵州、云南。越南也有分布。

　　叶和根可作药用，有活血散瘀之功效。

　　云勇分布：各工区。

华南忍冬

Lonicera confusa (Sweet) DC.

忍冬科 忍冬属

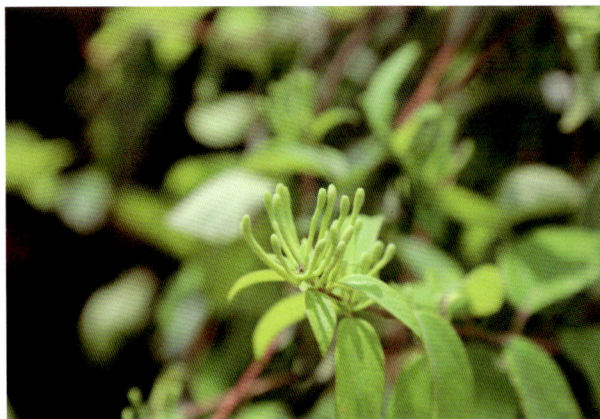

　　半常绿藤本。叶纸质，卵形至卵状矩圆形，顶端尖或稍钝而具小短尖头，基部圆形、截形或带心形，幼时两面有短糙毛，老时上面变无毛。花有香味，双花腋生或于小枝或侧生短枝顶集合成具 2~4 节的短总状花序，有明显的总苞叶；花冠白色，后变黄色。果实黑色，椭圆形或近圆形。

　　产广东、海南和广西。越南北部和尼泊尔也有分布。

　　本种花供药用，有清热解毒之功效；藤和叶也可入药。

　　云勇分布：十二沥。

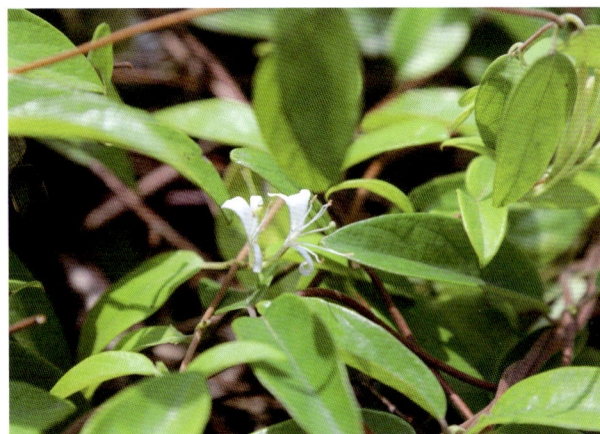

长花忍冬

Lonicera longiflora (Lindl.) DC.

忍冬科 忍冬属

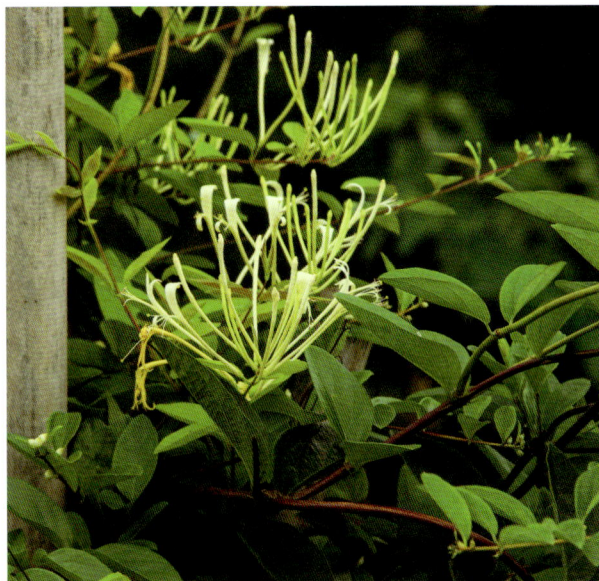

　　藤本。全株几乎无毛；枝与小枝红褐色或紫褐色，平滑。叶纸质或薄革质，卵状矩圆形至矩圆状披针形，顶端渐尖，基部圆至宽楔形，上面光亮，下面侧脉均显著凸起而呈网格状。双花常集生于小枝顶呈疏散的总状花序；花冠白色，后变黄色。果实成熟时白色。

　　产广东南部、海南和云南。

　　云勇分布：四工区 - 乌坑。

大花忍冬

Lonicera macrantha (D. Don) Spreng.

忍冬科 忍冬属

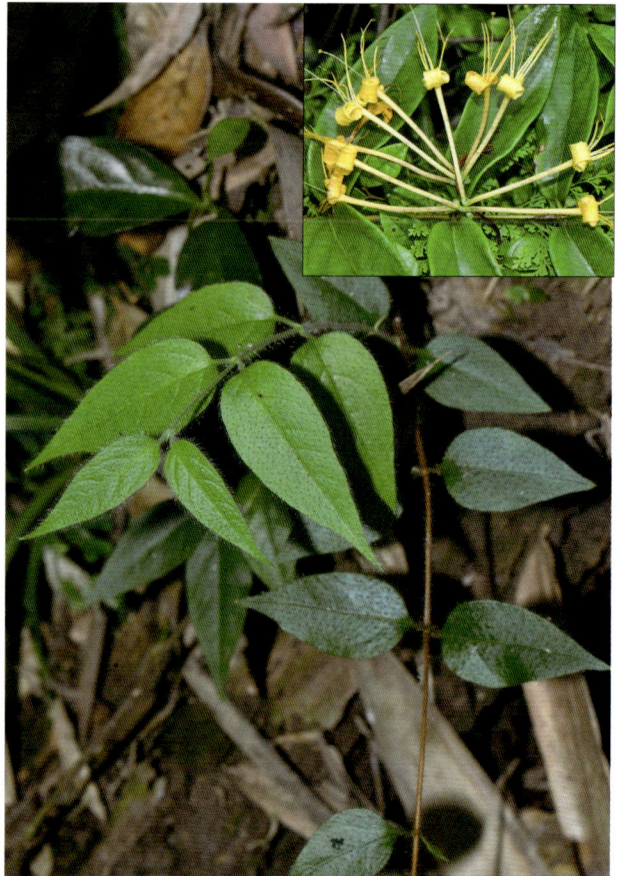

半常绿藤本。幼枝、叶柄和总花梗均被开展金黄色糙毛，并散生短腺毛；枝条赭红色。叶近革质或厚纸质，卵形至卵状矩圆形或长圆状披针形至披针形，边缘有长糙睫毛。花微香，双花腋生，常于小枝稍密集成多节的伞房状花序，花冠白色，后变黄色，唇形，上唇裂片长卵形，下唇反卷。果实黑色，圆形或椭圆形。

产浙江南部、江西、福建、台湾、湖南、广东、广西东部、四川、贵州、云南东南部和西藏。尼泊尔、不丹、印度北部至缅甸和越南也有分布。

云勇分布：四工区。

南方荚蒾

Viburnum fordiae Hance

忍冬科 荚蒾属

灌木或小乔木。幼枝、芽、叶柄、花序、萼和花冠外面均被由暗黄色或黄褐色簇状毛组成的茸毛。叶纸质至厚纸质，宽卵形或菱状卵形，顶端钝或短尖至短渐尖，基部圆形至截形或宽楔形，边缘基部除外常有小尖齿，侧脉直达齿端。复伞形式聚伞花序顶生或生于具1对叶的侧生小枝之顶；花冠白色，辐状。果实红色，卵圆形；核扁。

产安徽南部、浙江南部、江西西部至南部、福建、湖南东南部至西南部、广东、广西、贵州及云南。

云勇分布：一工区。

珊瑚树

Viburnum odoratissimum Ker Gawl.

忍冬科 荚蒾属

　　常绿灌木或小乔木。叶对生，革质，椭圆形至矩圆形或矩圆状倒卵形至倒卵形，顶端短尖至渐尖而钝头，基部宽楔形，边缘上部有不规则浅波状锯齿或近全缘，上面深绿色有光泽，脉腋常有集聚簇状毛。圆锥花序顶生或生于侧生短枝上；花白色后变黄白色，芳香。核果倒卵形，先红后黑；核有1深腹沟。

　　产福建东南部、湖南南部、广东、海南和广西。印度东部、缅甸北部、泰国和越南也有分布。

　　可作森林防火树；木材细软，可做工具柄等；抗有毒气体能力强；园林观赏。

　　云勇分布：十二沥。

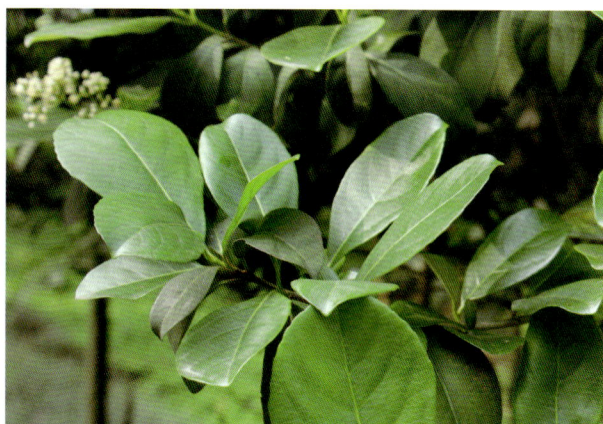

金钮扣

Acmella paniculata (Wall. ex DC.) R. K. Jansen

菊科 金钮扣属

　　一年生草本。茎直立或斜升，带紫红色，有明显的纵条纹。叶对生，卵形、宽卵圆形或椭圆形，顶端短尖或稍钝，基部宽楔形至圆形，全缘，波状或具波状钝锯齿。头状花序单生，或圆锥状排列，卵圆形；总苞片2层；舌状花少数，舌片黄色；管状花多数。瘦果长圆形，稍扁压，暗褐色。

　　产云南、广东、广西及台湾。东南亚等国家也有分布。

　　全草供药用，有解毒、消炎、消肿、祛风除湿、止痛、止咳定喘等功效。

　　云勇分布：一工区。

艾

Artemisia argyi H. Lév. et Van.

菊科 蒿属

多年生草本或稍亚灌木状。植株有浓香；茎有少数短分枝；茎、枝被灰色蛛丝状柔毛。叶上面被灰白色柔毛，兼有白色腺点与小凹点，下面密被白色蛛丝状线毛；基生叶具长柄；茎下部叶近圆形或宽卵形，羽状深裂；中部叶卵形、三角状卵形或近菱形，一（二）回羽状深裂或半裂，每侧裂片2~3，裂片卵形、卵状披针形或披针形；上部叶与苞片叶羽状半裂、浅裂、3深裂或不裂。头状花序椭圆形，排成穗状花序或复穗状花序。瘦果长卵圆形或长圆形。

分布广，除极干旱与高寒地区外，几乎遍及全国。

全草入药、此外全草作杀虫的农药或薰烟作房间消毒、杀虫药；嫩芽及幼苗作菜蔬。

云勇分布：场部。

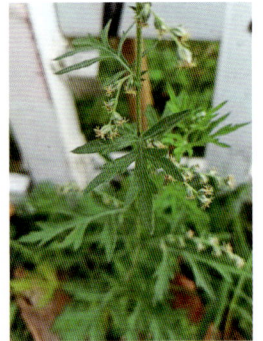

白苞蒿

Artemisia lactiflora Wall. ex DC.

菊科 蒿属

多年生草本。叶薄纸质或纸质，中部叶卵圆形或长卵形，二回或一至二回羽状全裂，每侧有裂片3~4（5）枚，边缘常有细裂齿或锯齿或近全缘；上部叶与苞片叶略小，羽状深裂或全裂，边缘有小裂齿或锯齿。头状花序，在分枝上排成复穗状花序，而在茎上端组成开展的圆锥花序；雌花3~6朵，花冠狭管状，檐部具2裂齿；两性花4~10朵，花冠管状。瘦果倒卵形或倒卵状长圆形。

产秦岭山脉以南的陕西、甘肃、江苏、安徽、浙江、江西、福建、台湾、河南、湖北、湖南、广东、广西、四川、贵州、云南等地。越南、老挝、柬埔寨、新加坡、印度、印度尼西亚也有分布。

含挥发油，还含氨基酸及香豆素等物质；全草入药，有清热、解毒、止咳、消炎、活血、散瘀、通经等功效，治肝、肾疾病，近年也用于治血丝虫病。

云勇分布：二工区。

鬼针草

Bidens pilosa L.

菊科 鬼针草属

一年生草本。茎直立,钝四棱形。茎下部叶较小,3裂或不分裂;中部叶具无翅的柄,三出,小叶3枚,两侧小叶椭圆形或卵状椭圆形,边缘有锯齿,顶生小叶较大,长椭圆形或卵状长圆形,边缘有锯齿;上部叶小,3裂或不分裂,条状披针形。头状花序;总苞基部被柔毛;无舌状花。瘦果熟时黑色,线形,具棱,顶端芒刺3~4,具倒刺毛。

产华东、华中、华南、西南各地。亚洲和美洲的热带和亚热带地区也有分布。

为我国民间常用草药,有清热解毒、散瘀活血之功效,主治上呼吸道感染、急性阑尾炎、疟疾等,外用治疮疖、毒蛇咬伤、跌打肿痛。

云勇分布:各工区。

长圆叶艾纳香

Blumea oblongifolia Kitam.

菊科 艾纳香属

多年生草本。主根粗壮,纺锤状。基部叶花期宿存或凋萎,常小于中部叶;中部叶长圆形或狭椭圆状长圆形,近无柄,边缘有不规则的硬重锯齿;上部叶渐小,无柄,长圆状披针形或长圆形,边缘具齿,稀全缘。头状花序多数,排列成顶生开展的疏圆锥花序;花黄色。瘦果圆柱形,具条棱,冠毛白色。

产浙江西南部、江西东部和南部、福建中部和西南部、广东东北部和东南部及台湾。

全草药用,有清热解毒、利尿消肿之功效。

云勇分布:十二沥。

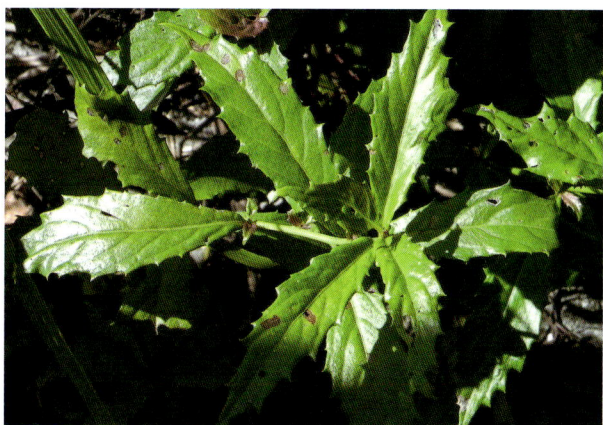

野茼蒿

Crassocephalum crepidioides (Benth.) S. Moore

菊科 野茼蒿属

　　直立草本。茎有纵条棱。叶椭圆形或长圆状椭圆形，顶端渐尖，基部楔形，边缘有不规则锯齿或重锯齿。头状花序数个在茎端排成伞房状，总苞钟状，有数枚不等长的线形小苞片；花冠红褐色或橙红色，檐部5齿裂，花柱基部呈小球状。瘦果狭圆柱形，赤红色，有肋。

　　产江西、福建、湖南、湖北、广东、广西、贵州、云南、四川、西藏。泰国及东南亚和非洲也有分布。

　　全草入药，有健脾、消肿之功效，治消化不良、脾虚浮肿等症。嫩叶可食。

　　云勇分布：一工区。

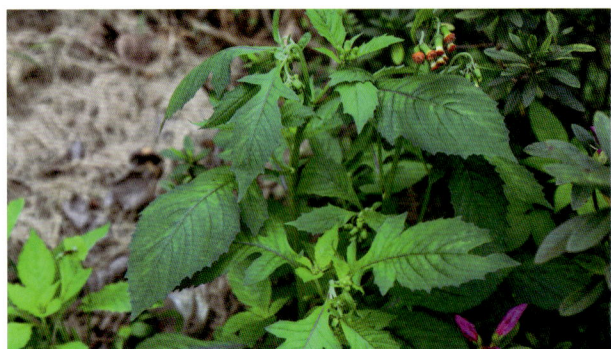

夜香牛

Cyanthillium cinereum (L.) H. Rob.

菊科 夜香牛属

　　一年生或多年生草本。下部和中部叶具柄，菱状卵形，菱状长圆形或卵形，顶端尖或稍钝，基部楔状狭成具翅的柄，边缘有具小尖的疏锯齿，或波状，侧脉3~4对，上面绿色，被疏短毛，下面特别沿脉被灰白色或淡黄色短柔毛，两面均有腺点。头状花序，具19~23朵花，在茎枝端排列成伞房状圆锥花序，花淡红紫色，花冠管状。瘦果圆柱形，被密短毛和腺点，冠毛白色。

　　广泛分布于浙江、江西、福建、台湾、湖北、湖南、广东、广西、云南和四川等地。印度至中南半岛、日本、印度尼西亚及非洲也有分布。

　　全草入药，有疏风散热、拔毒消肿、安神镇静、消积化滞之功效，治感冒发热、神经衰弱、失眠、痢疾、跌打扭伤、蛇伤、乳腺炎、疮疖肿毒等症。

　　云勇分布：三工区。

蔓斑鸠菊（毒根斑鸠菊）

Decaneuropsis cumingiana (Benth.) H. Rob. et Skvarla

菊科 蔓斑鸠菊属

攀缘灌木或藤本。枝被锈色或灰褐色密茸毛。叶厚纸质，卵状长圆形、长圆状椭圆形或长圆状披针形，顶端尖或短渐尖，基部楔形或近圆形，两面均有树脂状腺。头状花序较多数，通常在枝端或上部叶腋排成顶生或腋生疏圆锥花序；花淡红色或淡红紫色，花冠管状。瘦果近圆柱形，冠毛红色或红褐色。

产云南、四川、贵州、广西、广东、福建和台湾。泰国、越南、老挝、柬埔寨也有分布。

据记载此种的干根或茎藤可治风湿痛、腰肌劳损、四肢麻痹等症，亦治感冒发热、疟疾、牙痛、结膜炎。

云勇分布：一工区。

小鱼眼草（鱼眼菊）

Dichrocephala benthamii C. B. Clarke

菊科 鱼眼草属

一年生草本。近直立或铺散；茎单生或簇生，通常粗壮，茎枝被白色长或短柔毛。叶倒卵形或匙形；中部茎叶羽裂或大头羽裂，侧裂片 1~3 对，耳状抱茎；自中部向上或向下的叶渐小，匙形或宽匙形，边缘深圆锯齿。头状花序小，扁球形；外围雌花多层，白色；中央两性花少数，黄绿色，花冠管状。瘦果压扁，光滑倒披针形。

产云南、四川、贵州、广西、湖北西部。印度也有分布。

药用消炎止泻，治小儿消化不良。

云勇分布：各工区。

羊耳菊

Duhaldea cappa (Buch.-Ham. ex D. Don) Pruski et Anderb.

菊科 羊耳菊属

亚灌木。根状茎粗壮，多分枝；茎、叶、花和总苞片背面密被白色或浅褐色绢质厚茸毛。叶长圆形或长圆状披针形；中部叶长，上部叶渐小近无柄；全部叶基部圆形或近楔形，顶端钝或急尖，上面被基部疣状的密糙毛。头状花序倒卵圆形，多数密集于茎和枝端成聚伞圆锥花序。瘦果长圆柱形，被白色长绢毛。

产四川、云南、贵州、广西、广东、江西、福建、浙江等地。越南、缅甸、泰国、马来西亚、印度等地也有分布。

全草或根供药用，有除痰定喘、活血调经及治跌打损伤等功效。

云勇分布：一工区、四工区。

鳢肠

Eclipta prostrata (L.) L.

菊科 醴肠属

一年生草本。茎直立，斜升或平卧，常自基部分枝，被贴生糙毛。叶长圆状披针形或披针形，无柄或有极短的柄，顶端尖或渐尖，边缘有细锯齿或有时仅波状，两面被密硬糙毛。头状花序腋生或顶生；舌状花两层，管状花多数，花冠白色。管状花的瘦果三棱状，舌状花的扁瘦果四棱形。

产全国各地。世界热带及亚热带地区也有分布。

全草入药，有凉血、止血、消肿、强壮之功效。

云勇分布：一工区。

白花地胆草

Elephantopus tomentosus L.

菊科 地胆草属

　　多年生硬质草本。叶散生于茎上，长圆形至广椭圆形，具有小尖的锯齿，稀近全缘。头状花序12~20个在茎枝顶端密集成团球状复头状花序；花冠白色，漏斗状。瘦果长圆状线形；冠毛污白色。

　　产福建、台湾和广东沿海地区。各热带地区也有分布。

　　全草药用，治痛经、喉痛。

　　云勇分布：一工区。

一点红

Emilia sonchifolia (L.) DC.

菊科 一点红属

　　一年生草本。根垂直；茎直立或斜升，无毛或被疏短毛。叶质较厚，下部叶密集，大头羽状分裂，上面深绿色，下面常变紫色；中部茎叶疏生，较小，卵状披针形或长圆状披针形，基部箭状抱茎，全缘或有细齿；上部叶少数，线形。头状花序，花前下垂，花后直立；小花粉红色或紫色。瘦果圆柱形，具5棱。

　　产云南、四川、湖北、湖南、江苏、浙江、安徽、广东、海南、福建、台湾。亚洲热带、亚热带和非洲广布。

　　全草药用，主治腮腺炎、乳腺炎、小儿疳积、皮肤湿疹等症。

　　云勇分布：各工区。

败酱叶菊芹

Erechtites valerianifolius (Link ex Spreng.) DC.

菊科 菊芹属

草本。茎直立，具纵条纹，近无毛。叶具长柄，长圆形至椭圆形，顶端尖或渐尖，基部斜楔形，边缘有重锯齿或羽状深裂，叶脉羽状，两面无毛；叶柄具狭下延的翅。头状花序多数，直立或下垂；小花多数，淡黄紫色。瘦果圆柱形，具10~12条淡褐色的细肋。

我国台湾（台北、桃源、新竹、南屿、台南、花莲）有分布。原产南美洲。

云勇分布：一工区。

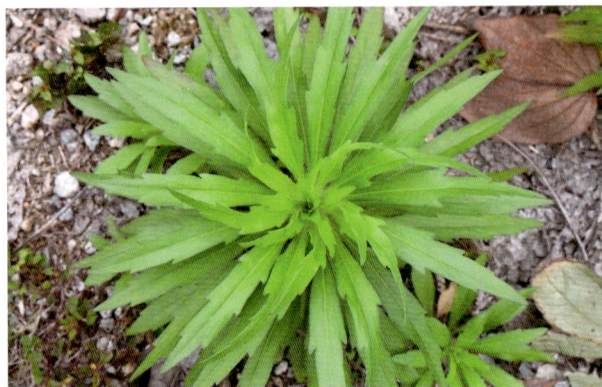

小蓬草

Erigeron acris L.

菊科 飞蓬属

二年生草本。基部叶较密集，倒披针形，顶端钝或尖，基部渐狭成长柄，全缘，中部和上部叶披针形，无柄，顶端急尖，最上部和枝上的叶极小，线形。头状花序多数，在茎枝端排列成圆锥花序；雌花外层舌状，舌片淡红紫色，少有白色；中央的两性花管状，黄色。瘦果长圆披针形；冠毛2层，白色。

产新疆、内蒙古、吉林、辽宁、河北、山西、陕西和西藏等地。高加索、蒙古国、日本以及中亚、西伯利亚、北美洲也有分布。

云勇分布：一工区。

佩兰

Eupatorium fortunei Turcz.

菊科 泽兰属

多年生草本。根茎横走，淡红褐色；茎直立，绿色或红紫色，全部茎枝被稀疏的短柔毛。中部茎叶较大，三全裂或三深裂；中裂片较大，长椭圆形或长椭圆状披针形或倒披针形，上部的茎叶常不分裂；或全部茎叶不裂。中部以下茎叶渐小，基部叶花期枯萎。头状花序多数在茎顶及枝端排成复伞房花序；花白色或带微红色。瘦果黑褐色，长椭圆形；冠毛白色。

产山东、江苏、浙江、江西、湖北、湖南、云南、四川、贵州、广西、广东及陕西。日本、朝鲜也有分布。

药用全草，性平，味辛，利湿，健胃，清暑热。

云勇分布：十二沥。

匙叶合冠鼠曲（匙叶鼠麴草）

Gamochaeta pensylvanica (Willd.) Cab.

菊科 合冠鼠曲属

一年生草本。茎直立或斜升，基部斜倾分枝或不分枝。下部叶无柄，倒披针形或匙形；上中部叶倒卵状长圆形或匙状长圆形，叶片于中上部向下渐狭而长下延，顶端钝、圆或中脉延伸呈刺尖状。头状花序多数，数个成束簇生，再排列成顶生或腋生、紧密的穗状花序。瘦果长圆形；冠毛绢毛状，污白色。

产台湾、浙江、福建、江西、湖南、广东、广西至云南、四川等地。美洲南部、非洲南部、亚洲热带地区及澳大利亚也有分布。

可药用，有清热解毒、宣肺平喘的功效，用于治疗感冒、风湿关节痛。

云勇分布：一工区。

微甘菊

Mikania micrantha Kunth.

菊科 假泽兰属

　　多年生草质或木质藤本。茎细长，匍匐或攀缘，多分枝，被短柔毛或近无毛。茎中部叶三角状卵形至卵形，基部心形，先端渐尖，边缘具粗齿或浅波状圆锯齿，两面无毛；上部的叶渐小，叶柄亦短。头状花序多数，在枝端常排成复伞房花序状；花冠白色，脊状。瘦果黑色，被毛，具5棱。

　　分布于广东、台湾。原产于中南美洲，现广布于印度、斯里兰卡、泰国、马来西亚、印度尼西亚、毛里求斯、澳大利亚和太平洋诸岛屿等地。

　　恶性杂草。

　　云勇分布：各工区。

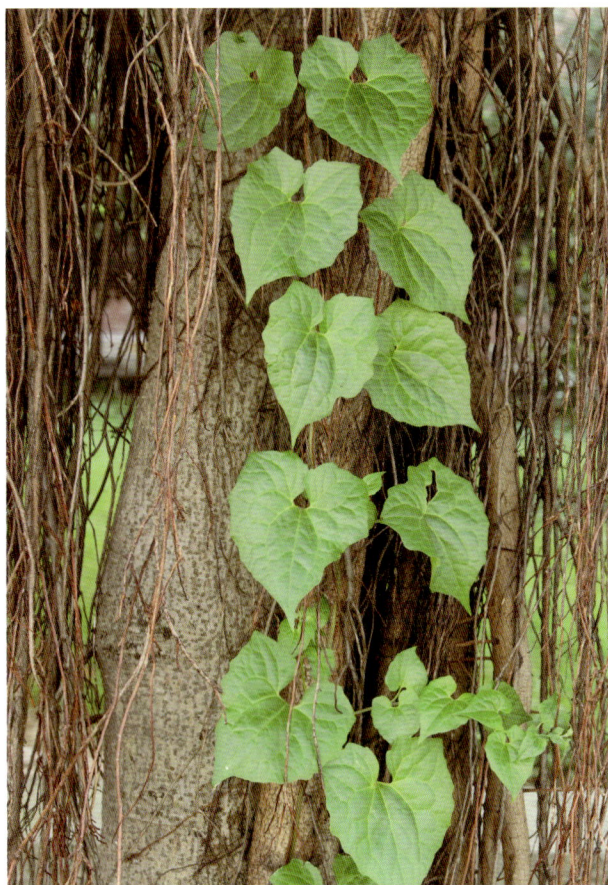

翼茎阔苞菊

Pluchea sagittalis (Lam.) Cab.

菊科 阔苞菊属

　　一年生草本。茎直立，全株具浓厚的芳香气味。叶互生，广披针形，上下两面具茸毛，无柄，尖锐的锯齿缘。花序呈伞房花序状，顶生或腋生，具花梗；花冠白，顶点凸出呈紫色。瘦果褐色，圆柱形。

　　分布于广东、台湾。原产南美。

　　云勇分布：十二沥。

假臭草

Praxelis clematidea (Hieron. ex Kuntze) R. M. King et H. Rob.

菊科 假臭草属

一年生或多年生草本。全株被长柔毛，多分枝。叶对生，卵圆形至菱形，先端急尖，基部圆楔形，具三脉，边缘明显齿状，具腺点。头状花序生于茎、枝端，总苞钟形；花冠藏蓝色或淡紫色。瘦果黑色，条状，具 3~4 棱。

在我国主要分布于华南的热带和亚热带地区。原产南美洲。

云勇分布：一工区。

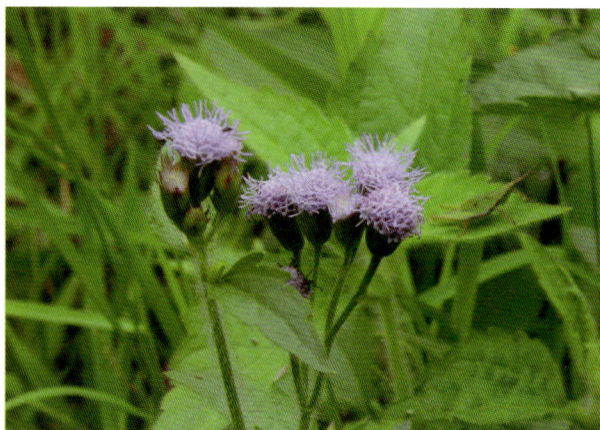

千里光

Senecio scandens Buch.-Ham. ex D. Don

菊科 千里光属

多年生攀缘草本。叶具柄，叶片卵状披针形至长三角形，顶端渐尖，基部宽楔形，通常具浅或深齿，向基部至少具 1~3 对较小的侧裂片，羽状脉，侧脉 7~9 对，弧状，叶脉明显。头状花序有舌状花，多数，在茎枝端排列成顶生复聚伞圆锥花序；舌状花 8~10，舌片黄色，长圆形；管状花多数；花冠黄色，檐部漏斗状。瘦果圆柱形，被柔毛，冠毛白色。

产西藏、陕西、湖北、四川、贵州、云南、安徽、浙江、江西、福建、湖南、广东、广西、台湾等地。印度、尼泊尔、不丹、缅甸、泰国、中南半岛、菲律宾和日本也有分布。

千里光以全草入药，性苦、辛，寒，有清热解毒、明目退翳、杀虫止痒之功效。

云勇分布：一工区、二工区。

299

豨莶

Siegesbeckia orientalis L.

菊科 豨莶属

　　一年生草本。茎直立，被灰白色短柔毛，上部的分枝常成复二歧状。中部叶三角状卵圆形或卵状披针形，基部阔楔形，下延成具翼的柄，具腺点，上部叶渐小，卵状长圆形。头状花序多数聚生于枝端，排列成具叶的圆锥花序，总苞片背面被紫褐色头状具柄的腺毛，花黄色。瘦果倒卵圆形，有4棱，顶端有灰褐色环状突起。

　　产我国多地。还广布于高加索、朝鲜、日本、欧洲，东南亚，北美热带、亚热带及温带地区。

　　云勇分布：三工区。

裸柱菊

Soliva anthemifolia (Juss.) R. Br.

菊科 裸柱菊属

　　一年生矮小草本。茎极短，平卧。叶互生，有柄，二至三回羽状分裂，裂片线形，全缘或3裂，被长柔毛或近于无毛。头状花序近球形，无梗；边缘的雌花多数，无花冠；中央的两性花少数，花冠管状，黄色。瘦果倒披针形，扁平。

　　我国广东、台湾、福建、江西，见于荒地、田野。原产南美洲，大洋洲也有分布。

　　可药用，有解毒散结之功效。

　　云勇分布：一工区。

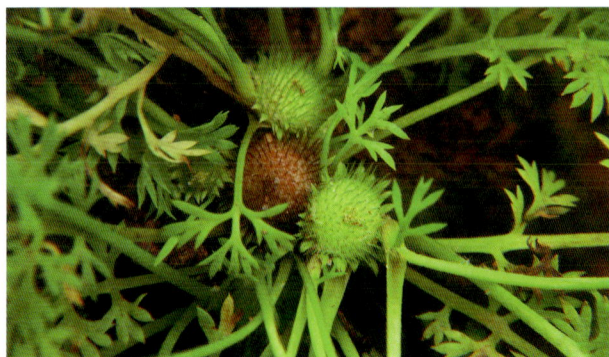

苣荬菜

Sonchus wightianus DC.

菊科 苦苣菜属

多年生草本。根垂直直伸，多少有根状茎。基生叶多数，与中下部茎叶全形倒披针形或长椭圆形，羽状或倒向羽状深裂、半裂或浅裂，偏斜；全部叶裂片边缘有小锯齿或无锯齿而有小尖头，两面光滑无毛。头状花序在茎枝顶端排成伞房状花序；舌状小花多数，黄色。瘦果稍压扁，长椭圆形；冠毛白色。

几乎遍全球分布。

可药用，有清热解毒、凉血利湿、消肿排脓、祛瘀止痛、补虚止咳之功效。

云勇分布：一工区。

南美蟛蜞菊

Sphagneticola trilobata (L.) Pruski

菊科 蟛蜞菊属

多年生草本。匍匐状，被短而压紧的毛。叶对生，矩圆状披针形，先端短尖或钝，基部狭而近无柄，主脉 3 条，边近全缘或有锯齿。头状花序腋生或顶生；总苞片 2 列，披针形或矩圆形；边缘舌状花 1 列，雌性，黄色；中央管状花，两性，先端 5 裂齿。瘦果扁平，无冠毛。

分布于广东、台湾，逸为野生。原产热带美洲中南部。

云勇分布：一工区。

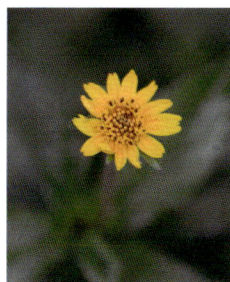

茄叶斑鸠菊

Strobocalyx solanifolia Sch. Bip.

菊科 斑鸠菊属

直立灌木或小乔木。枝开展或有时援攀，圆柱形，被黄褐色或淡黄色密茸毛。叶卵形或卵状长圆形，顶端钝或短尖，基部圆形或近心形，全缘、浅波状或具疏钝齿，细脉稍平行。头状花序小；花有香气，花冠管状，粉红色或淡紫色。瘦果4~5棱，稍扁压。

分布于广东、广西、福建、云南。印度、缅甸、越南、老挝、柬埔寨也有分布。

全草入药，治腹痛、肠炎、疹气等症。

云勇分布：一工区。

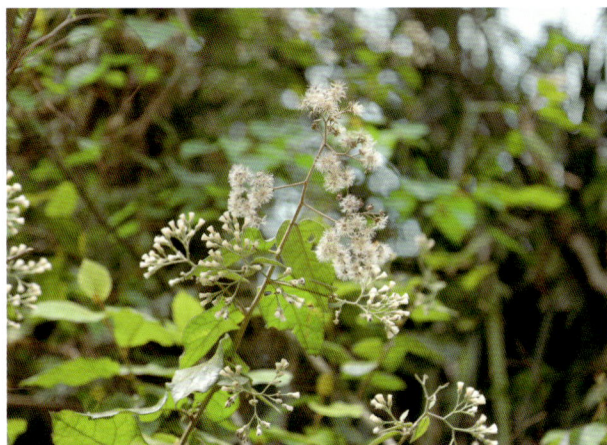

钻叶紫菀

Symphyotrichum subulatum (Michx.) G. L. Nesom

菊科 联毛紫菀属

一年生草本。基生叶倒披针形，花后凋落，茎中部叶线状披针形，先端尖或钝，有时具钻形尖头，全缘，无柄，无毛。头状花序小，排成圆锥状，总苞钟状；舌状花细狭，淡红色；管状花多数。瘦果长圆形或椭圆形，有5纵棱。

广东、广西、福建、安徽和河南等地逸生。原产北美洲，现广布于世界温暖地区。

可药用，有清热解毒之功效。

云勇分布：一工区。

黄鹌菜

Youngia japonica (L.) DC.

菊科 黄鹌菜属

一年生草本。茎直立，单生或少数茎成簇生，下部被稀疏的皱波状长或短毛。基生叶全形倒披针形、椭圆形、长椭圆形或宽线形，大头羽状深裂或全裂，叶柄有狭或宽翼或无翼，常无茎叶。头花序在茎枝顶端排成伞房花序，舌状小花黄色，花冠管外面有短柔毛。瘦果纺锤形，向顶端有收缢，顶端无喙。

分布我国多地，日本、印度、菲律宾、朝鲜以及中南半岛、马来半岛也有分布。

云勇分布：一、三工区。

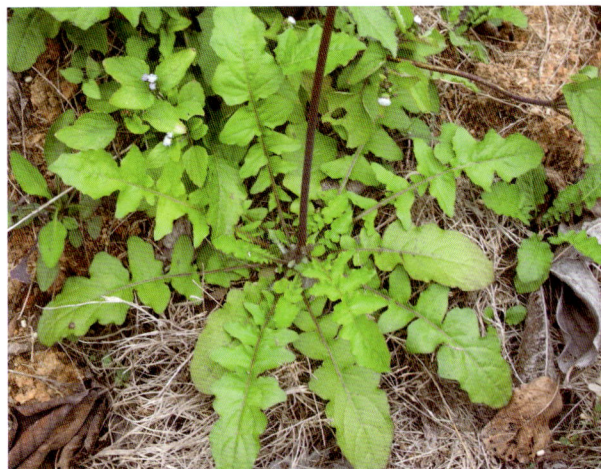

延叶珍珠菜

Lysimachia decurrens G. Forst.

报春花科 珍珠菜属

多年生草本。叶互生，有时近对生，叶片披针形或椭圆状披针形，先端锐尖或渐尖，基部楔形，下延至叶柄成狭翅，上面绿色，下面淡绿色，两面均有不规则的黑色腺点。总状花序顶生，花冠白色或带淡紫色，基部合生，裂片匙状长圆形，先端圆钝。蒴果球形或略扁。

产云南（南部）、贵州、广西、广东、湖南（南部）、江西（南部）、福建、台湾。分布于中南半岛各国以及日本、菲律宾。

全草药用，有消肿止痛之功效，广西民间用以治跌打损伤、疗毒等。

云勇分布：一工区、三工区。

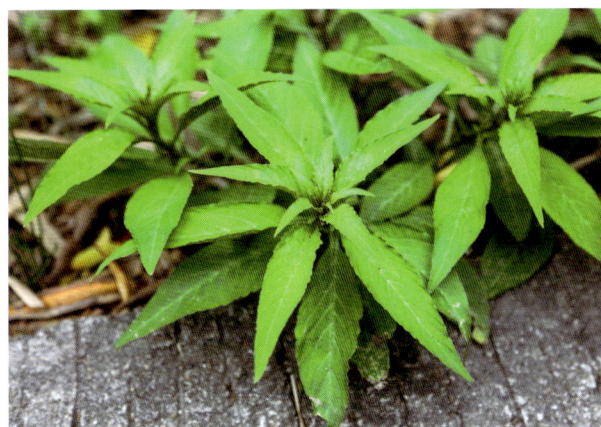

车前

Plantago asiatica L.

车前科 车前属

二年生或多年生草本。植株干后绿色或褐绿色，或局部带紫色；根茎短，稍粗。叶基生呈莲座状，薄纸质或纸质，宽卵形或宽椭圆形，先端钝圆或急尖，基部宽楔形或近圆，边缘波状、全缘或中部以下具齿。穗状花序3~10个，细圆柱状，紧密或稀疏，下部常间断，花冠白色，花冠筒与萼片近等长；雄蕊与花柱明显外伸，花药白色。蒴果纺锤状卵形、卵球形或圆锥状卵形，于基部上方周裂；种子具角，背腹面微隆起；子叶背腹排列。

我国多地有分布。朝鲜、俄罗斯（远东）、日本、尼泊尔、马来西亚、印度尼西亚也有分布。

云勇分布：一工区。

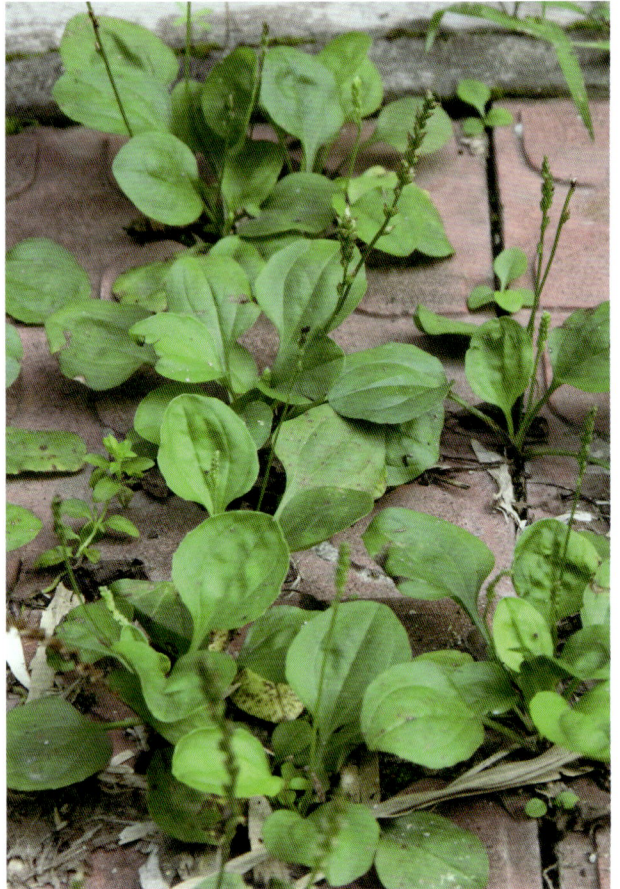

中华沙参

Adenophora sinensis A. DC.

桔梗科 沙参属

草本。茎单生或数支发自一条茎基上，不分枝。基生叶卵圆形，茎生叶互生，叶片长椭圆形至狭披针形，边缘具尖或钝的细锯齿，两面无毛。花序常有纤细的分枝，组成狭圆锥花序，花冠钟状，紫色或紫蓝色。蒴果椭圆状球形或圆球状；种子椭圆状，棕黄色，有一条狭翅状棱。

产安徽、江西、福建、广东、湖南。

根可入药，有养阴清热、润肺化痰、益胃生津之功效。

云勇分布：四工区。

假半边莲

Lobelia alsinoides subsp. *hancei* (H. Hara) Lam.

桔梗科 半边莲属

　　直立草本。茎有分枝，四棱状，无毛，常带紫色。叶几乎无柄，稀疏地螺旋状排列，卵形或卵状披针形，顶端急尖或渐尖，基部圆形至阔楔形，边缘具稀疏小圆齿或全缘，无毛，常带紫色。花 2~15 朵，在茎的上部呈稀疏的总状花序；花冠蓝色、紫蓝色或白色，二唇形。蒴果倒卵状球形；种子多数，棕红色。

　　产广东、广西、云南和台湾。东南亚地区及巴布亚新几内亚、日本也有分布。

　　可药用，有清热解毒、利尿消肿之功效。

　　云勇分布：十二沥。

铜锤玉带草

Lobelia nummularia Lam.

桔梗科 半边莲属

　　多年生草本。有白色乳汁；茎平卧，被开展的柔毛，节上生根。叶互生，叶片圆卵形、心形或卵形，先端钝圆或急尖，基部斜心形，边缘有牙齿，两面疏生短柔毛，叶脉掌状至掌状羽脉。花单生叶腋；花冠紫红色、淡紫色、绿色或黄白色。果为浆果，紫红色，椭圆状球形。

　　产西南、华南、华东地区及湖南、湖北、台湾、西藏。印度、尼泊尔、缅甸至巴布亚新几内亚也有分布。

　　全草供药用，治风湿、跌打损伤等。

　　云勇分布：十二沥。

卵叶半边莲

Lobelia zeylanica L.

桔梗科 半边莲属

　　草本。茎平卧，四棱状，基部的节上生根。叶螺旋状排列，叶片三角状阔卵形或卵形，边缘锯齿状，上面变无毛，下面沿叶脉疏生短糙毛。花单生叶腋，花冠紫色、淡紫色或白色，二唇形，唇裂片倒卵状矩圆形，下唇裂片阔椭圆形。蒴果倒锥状至矩圆状，具明显的脉络；种子三棱状，红褐色。

　　产云南、广西、广东、福建和台湾。中南半岛及斯里兰卡、巴布亚新几内亚也有。

　　云勇分布：一工区。

基及树

Carmona microphylla (Lam.) G. Don

紫草科 基及树属

　　灌木。具褐色树皮，多分枝；分枝细弱；腋芽圆球形，被淡褐色茸毛。叶革质，倒卵形或匙形，先端圆形或截形，具粗圆齿，基部渐狭为短柄，上面有短硬毛或斑点，下面近无毛。团伞花序开展；花冠钟状，白色或稍带红色。核果内果皮圆球形，具网纹，先端有短喙。

　　产广东西南部、海南及台湾。

　　适于制作盆景。

　　云勇分布：一工区。

长花厚壳树

Ehretia longiflora Champ. ex Benth.

紫草科 厚壳树属

　　乔木。树皮深灰色至暗褐色，片状剥落；枝褐色，小枝紫褐色，均无毛。叶椭圆形、长圆形或长圆状倒披针形，先端急尖，基部楔形，稀圆形，全缘，无毛。聚伞花序生侧枝顶端，呈伞房状；花冠白色，筒状钟形。核果淡黄色或红色，核具棱。

　　产广西、广东及其沿海岛屿、福建、台湾。越南也有分布。

　　嫩叶可代茶用。

　　云勇分布：一工区、四工区。

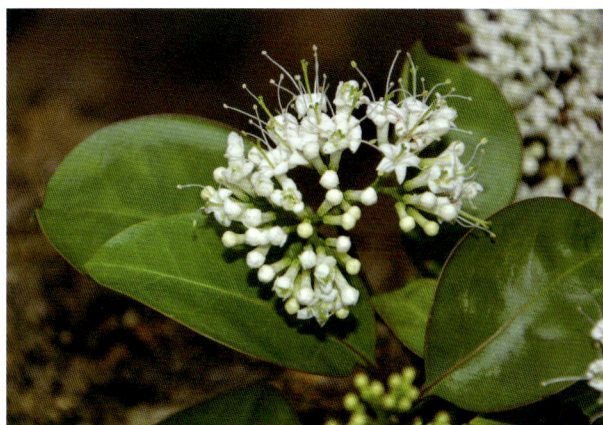

鸳鸯茉莉

Brunfelsia brasiliensis (Spreng.) L. B. Sm. et Downs

茄科 鸳鸯茉莉属

　　常绿灌木，高 50~100 cm。单叶互生，矩圆形或椭圆状矩形，先端渐尖，全缘；花单生或呈聚伞花序，高脚蝶状，初开时淡紫色，随后变成淡雪青色，再后变成白色。浆果。

　　分布于云南、福建。原产巴西，在热带地区广为栽培。

　　园林栽培。

　　云勇分布：场部、缤纷林海。

苦蘵

Physalis angulata L.

茄科 洋酸浆属

　　一年生草本。茎疏被短柔毛或近无毛。叶卵形或卵状椭圆形。花梗纤细,被短柔毛;花萼短柔毛,裂片披针形,具缘毛;花冠淡黄色,喉部具紫色斑纹,花药蓝紫色或黄色;宿萼卵球状,薄纸质。浆果;种子盘状。

　　分布于我国华东、华中、华南及西南地区。日本、印度、澳大利亚和美洲亦有分布。

　　云勇分布:一工区。

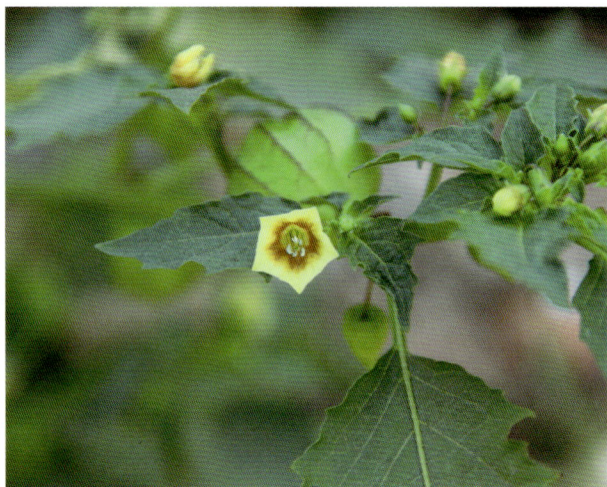

少花龙葵

Solanum americanum Mill.

茄科 茄属

　　纤弱草本。叶薄,卵形至卵状长圆形,先端渐尖,基部楔形下延至叶柄而成翅,叶缘近全缘,波状或有不规则的粗齿,两面均具疏柔毛。花序近伞形,着生1~6朵花,花小;萼绿色,具缘毛;花冠白色,5裂,裂片卵状披针形;花丝极短,花药黄色。浆果球状,直径约5 mm,幼时绿色,成熟后黑色;种子近卵形,两侧压扁。

　　产云南南部、江西、湖南、广西、广东、台湾等地,生于溪边、密林阴湿处或林边荒地。也分布于马来群岛。

　　叶可供蔬食,有清凉散热之功效,兼治喉痛。

　　云勇分布:场部。

水茄

Solanum torvum Sw.

茄科 茄属

灌木。小枝、叶下面、叶柄及花序柄均被尘土色星状毛。叶单生或双生，卵形至椭圆形，先端尖，基部心脏形或楔形，两边不相等，边缘半裂或作波状，裂片通常5~7，上面绿色，下面灰绿。伞房花序腋外生，2~3歧；花白色。浆果黄色，光滑无毛，圆球形。

产云南、广西、广东、台湾。东经缅甸、泰国，南至菲律宾、马来西亚和热带美洲也有分布。

果实可明目；叶可治疮毒；嫩果煮熟可供蔬食。

云勇分布：十二沥。

白鹤藤

Argyreia acuta Lour.

旋花科 银背藤属

攀缘灌木。小枝通常圆柱形，被银白色绢毛，老枝黄褐色，无毛。叶椭圆形或卵形，先端锐尖或钝，基部圆形或微心形，叶面无毛，背面密被银色绢毛，全缘。聚伞花序腋生或顶生；花冠漏斗状，白色，外面被银色绢毛。果球形，红色；种子4~2，卵状三角形。

广东、广西有分布。印度东部、越南、老挝亦有分布。

全藤药用，有化痰止咳、润肺、止血、拔毒之功效，治急慢性支气管炎、肝硬化、疮疖、皮肤湿疹、水火烫伤、血崩等。

云勇分布：各工区。

头花银背藤

Argyreia capitiformis (Poir.) Oost.

旋花科 银背藤属

　　攀缘灌木。茎及分枝被褐色或黄色开展的长硬毛。叶卵形至圆形，稀长圆状披针形，两面被黄色长硬毛。聚伞花序密集成头状，花冠漏斗形，淡红色至紫红色，外面被长硬毛，冠檐近全缘或浅裂。果球形，橙红色，无毛；种子4粒或更少，卵状三角形，种脐明显，肾形。

　　广东及其沿海岛屿、广西、贵州及云南南部有分布。广布于印度、缅甸、泰国、越南、老挝、柬埔寨，南至马来半岛及印度尼西亚（苏门答腊、爪哇）。

　　广西民间叶药用，用于生肌止痛及伤口愈合。

　　云勇分布：三工区－深坑。

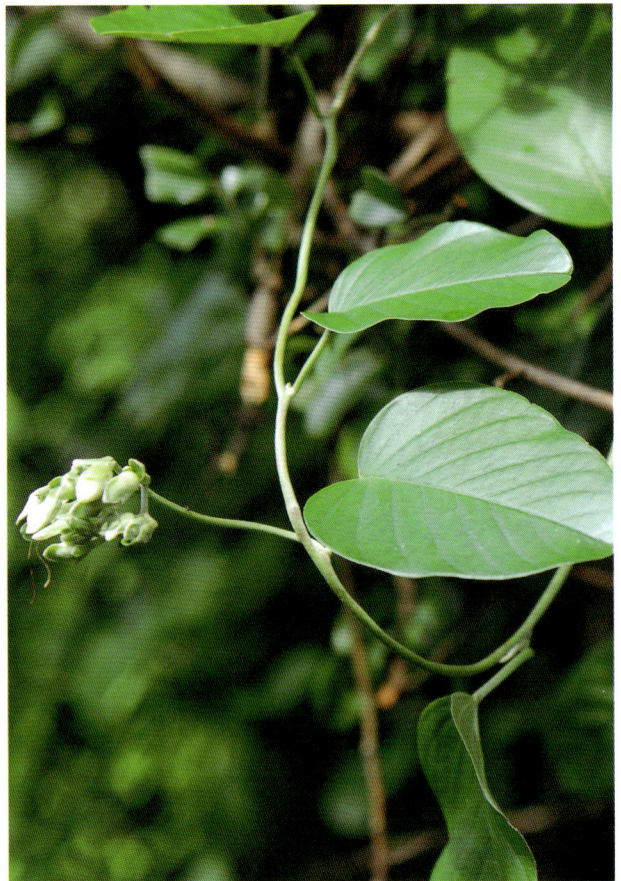

五爪金龙

Ipomoea cairica (L.) Sweet.

旋花科 番薯属

　　多年生缠绕草本。全体无毛；老时根上具块根；茎细长，有时有小疣状突起。叶掌状5深裂或全裂，裂片卵状披针形、卵形或椭圆形，顶端渐尖或稍钝，具小短尖头，基部楔形渐狭，全缘或不规则微波状。聚伞花序腋生；花冠紫红色、紫色或淡红色，偶有白色，漏斗状。蒴果近球形，2室，4瓣裂；种子黑色，边缘被褐色柔毛。

　　台湾、福建、广东及其沿海岛屿、广西、云南有产。原产热带亚洲或非洲。

　　块根供药用，外敷治热毒疮，有清热解毒之功效。

　　云勇分布：一工区。

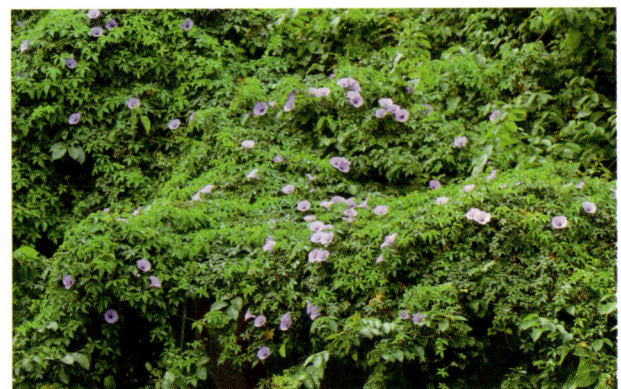

茑萝

Ipomoea quamoclit L.

旋花科 番薯属

一年生柔弱缠绕草本。无毛。叶卵形或长圆形，羽状深裂至中脉，裂片先端锐尖；叶柄基部常具假托叶。花序腋生，由少数花组成聚伞花序；花冠高脚碟状，深红色，无毛。蒴果卵形，4室，4瓣裂，隔膜宿存，透明；种子4，卵状长圆形，黑褐色。

我国广泛栽培（陕西、河南、山东、浙江、江西、广东、四川、云南等）。原产热带美洲，现广布于全球温带及热带。

美丽的庭园观赏植物。

云勇分布：一工区。

篱栏网

Merremia hederacea (Burm. f.) Hall. f.

旋花科 鱼黄草属

缠绕或匍匐草本。匍匐时下部茎上生须根。茎细长，无毛或疏被长硬毛。叶心状卵形；叶柄细长，具小疣状突起。聚伞花序腋生，具3~5花或更多，稀单花，花梗与花序梗均被小疣；花冠黄色，钟状；雄蕊与花冠近等长，花丝疏被长柔毛。蒴果扁球形或宽圆锥形，4瓣裂，果瓣有皱纹，内含种子4粒。种子三棱状球形，长3.5 mm，表面被锈色短柔毛，种脐处毛簇生。

产台湾、广东（包括海南）、广西、江西、云南。分布于热带非洲，马斯克林群岛，热带亚洲自印度、斯里兰卡，东经缅甸、泰国、越南，经整个马来西亚，加罗林群岛至澳大利亚的昆士兰，也见于太平洋中部的圣诞岛。

全草及种子药用，有消炎之功效。

云勇分布：场部。

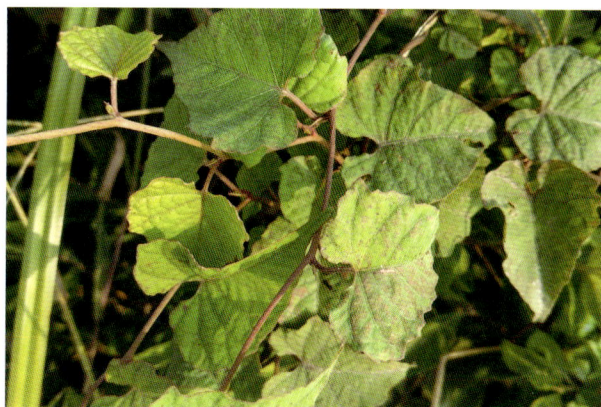

山猪菜

Merremia umbellata subsp. *orientalis* (Hall. f.) Oost.

旋花科 鱼黄草属

缠绕或平卧草本。平卧者下部节上生须根。叶形及大小有变化，卵形、卵状长圆形或长圆状披针形，全缘，叶面疏或密被灰白色或黄白色短柔毛。聚伞花序腋生，花冠白色，有时黄色或淡红色，漏斗状，瓣中带明显具 5 脉，冠檐浅 5 裂。蒴果圆锥状球形，具花柱基形成的尖头，无毛，4 瓣裂；种子 4 或较少，灰黑色，密被开展的淡褐色长硬毛。

产广东、海南、广西、云南。分布于热带东非、塞舌耳群岛、印度、斯里兰卡、泰国、老挝、柬埔寨、越南，经马来西亚至澳大利亚东北的昆士兰。

广西民间以根入药，外敷治疮毒。

云勇分布：一工区。

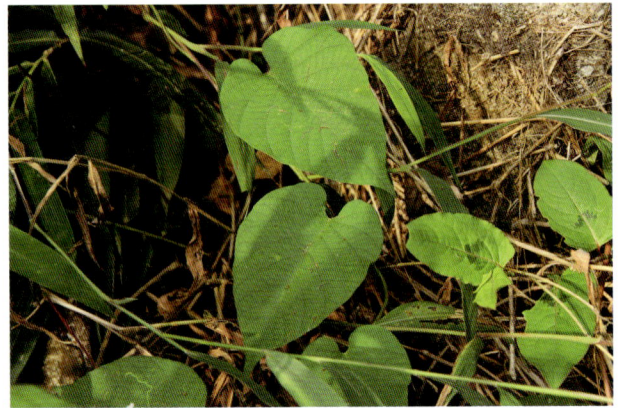

毛麝香

Adenosma glutinosa (L.) Druce

玄参科 毛麝香属

直立草本。密被多细胞长柔毛和腺毛；茎圆柱形，上部四方形，中空。叶对生，上部的多少互生，叶片披针状卵形至宽卵形，其形状、大小均多变异，先端锐尖，基部楔形至截形或亚心形，边缘具不整齐的齿，下面有稠密的黄色腺点。总状花序；花冠紫红色或蓝紫色。蒴果卵形；种子矩圆形，褐色至棕色。

分布于江西南部、福建、广东、广西及云南等地。南亚、东南亚及大洋洲也有分布。

全株可供观赏；枝叶提取芳香油；全草药用，有消肿止痛、散瘀止血、杀虫止痒、祛风等功效。

云勇分布：场部后山。

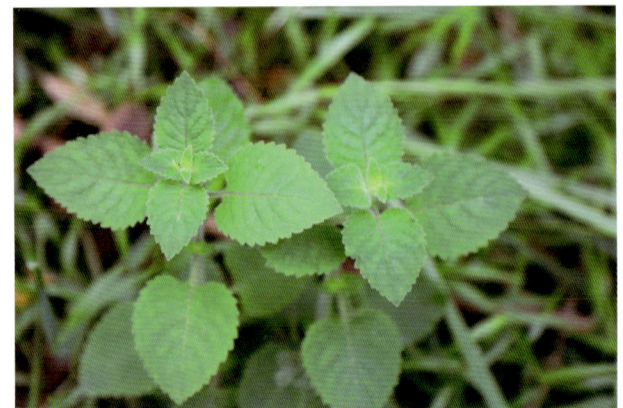

中华石龙尾

Limnophila chinensis (Osb.) Merr.

玄参科 石龙尾属

草本。叶对生或 3~4 枚轮生，无柄，卵状披针形至条状披针形，多少抱茎，边缘具锯齿；叶脉羽状，不明显；上面近于无毛至疏被多细胞柔毛，下面脉上被多细胞长柔毛。花单生叶腋或排列成顶生的圆锥花序，花冠紫红色、蓝色、稀为白色。蒴果宽椭圆形，两侧扁，浅褐色。

分布于广东、广西、云南等地。南亚、东南亚及澳大利亚也有分布。

云勇分布：四工区。

长蒴母草

Lindernia anagallis (Burm. F.) Penn.

玄参科 母草属

一年生草本。根须状；茎始简单，不久即分枝，节上生根，并有根状茎。叶仅下部者有短柄；叶片三角状卵形、卵形或矩圆形，顶端圆钝或急尖，基部截形或近心形，边缘有不明显的浅圆齿，上下两面均无毛。花单生于叶腋；花冠白色或淡紫色，卵形。蒴果条状披针形，室间 2 裂；种子卵圆形，有疣状突起。

分布于四川、云南、贵州、广西、广东、湖南、江西、福建、台湾等地。亚洲东南部也有分布。

全草可药用。

云勇分布：三工区 – 深坑。

旱田草

Lindernia ruellioides (Colsm.) Penn.

玄参科 母草属

　　一年生矮小草本。分枝长蔓，节上生根。叶长圆形、椭圆形、卵状长圆形或圆形，边缘除基部外密生整齐而急尖的细锯齿，两面有粗涩的短毛或近无毛，叶脉羽状。总状花序顶生，有2~10花，花冠紫红色，上唇直立，2裂，下唇开展，3裂，裂片几相等，或中间稍大；前方2枚雄蕊不育，后方2枚能育；花柱有宽扁的柱头。蒴果圆柱形。

　　分布于台湾、福建、江西、湖北、湖南、广东、广西、贵州、四川、云南、西藏。印度至印度尼西亚、菲律宾也有分布。

　　全草可药用。

　　云勇分布：五工区。

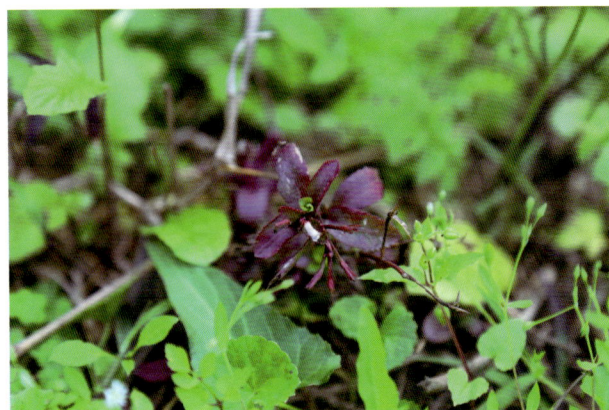

通泉草

Mazus pumilus (Burm. f.) Steen.

玄参科 通泉草属

　　一年生草本。基生叶有时成莲座状或早落，倒卵状匙形至卵状倒披针形，膜质至薄纸质，边缘具不规则的粗齿或基部有1~2片浅羽裂；茎生叶对生或互生，少数，与基生叶相似。总状花序生于茎、枝顶端，常在近基部即生花，通常3~20朵，花稀疏；花冠白色、紫色或蓝色。蒴果球形；种子小而多数，黄色。

　　遍布全国。越南、苏联、朝鲜、日本、菲律宾也有分布。

　　全草入药，可用于止痛、健胃、解毒消肿。

　　云勇分布：四工区。

伏胁花

Mecardonia procumbens (Mill.) Small

玄参科 伏胁花属

直立或铺散草本。多分枝，无毛。茎有棱。叶对生，叶缘有锯齿，具腺点，基部渐狭而无柄。花腋生，黄色，苞片叶状；小苞2，位于纤细的花梗基部，远短于苞片；萼片5，不等，外轮远大于内轮；花冠假面状，裂片短于花冠管；雄蕊唇状。蒴果椭圆球形或卵球形，先端急尖，无毛，室间开裂，果片仅在顶端轻微开裂；种子多数，椭圆球形，具网纹，无翅。

分布于广东、台湾。也分布于美洲温带和热带地区。

云勇分布：四工区。

白花泡桐

Paulownia fortunei (Seem.) Hemsl.

玄参科 泡桐属

乔木。幼枝、叶、花序各部和幼果均被黄褐色星状茸毛。叶片长卵状心脏形，有时为卵状心脏形，顶端长渐尖或锐尖头，新枝上的叶有时2裂，下面有星毛及腺。花序枝几乎无或仅有短侧枝，小聚伞花序有花3~8朵，花冠管状漏斗形，白色仅背面稍带紫色或浅紫色，内部密布紫色细斑块。蒴果长圆形或长圆状椭圆形，宿萼开展或漏斗状，果皮木质。

分布于安徽、浙江、福建、台湾、江西、湖北、湖南、四川、云南、贵州、广东、广西，野生或栽培。越南、老挝也有分布。

本种树干直，生长快，适应性较强，适宜于南方发展。

云勇分布：一工区。

台湾泡桐

Paulownia kawakamii T. Itô

玄参科 泡桐属

　　小乔木。树冠伞形，主干矮；小枝褐灰色，有明显皮孔。叶片心脏形，大者长达 48 cm，顶端锐尖头，全缘或 3~5 裂或有角，叶面常有腺。花序枝的侧枝发达而几乎与中央主枝等势或稍短，故花序为宽大圆锥形；花冠近钟形，浅紫色至蓝紫色。蒴果卵圆形，顶端有短喙；种子长圆形。

　　分布于湖北、湖南、江西、浙江、福建、台湾、广东、广西、贵州。

　　本种主干低矮，不太适宜造林，但因叶有黏质，不受虫害。

　　云勇分布：十二沥。

野甘草

Scoparia dulcis L.

玄参科 野甘草属

　　直立草本或半灌木状。茎多分枝，枝有棱角及窄翅，无毛。叶菱状卵形或菱状披针形。花单朵或更多成对生于叶腋；花萼分生，萼齿 4；花冠小，白色，有极短的管，喉部生有密毛，瓣片 4，边缘有啮痕状细齿；雄蕊 4。蒴果卵圆形或球形。

　　分布于广东、广西、云南、福建。原产美洲热带，现已广布于全球热带。

　　云勇分布：三工区。

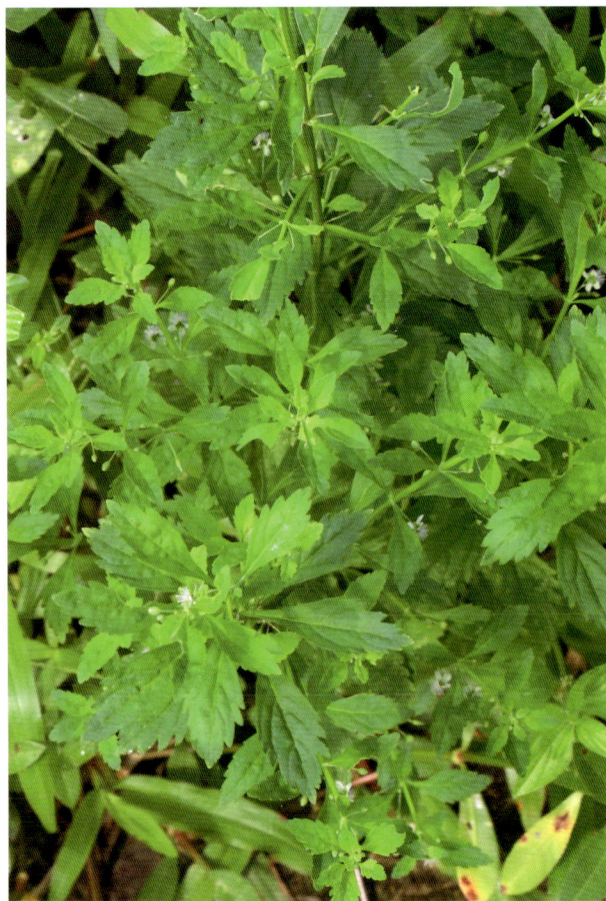

紫斑蝴蝶草

Torenia fordii Hook. f.

玄参科 蝴蝶草属

直立粗壮草本。叶具长柄；叶片宽卵形至卵状三角形，上面疏被白色柔毛，下面以脉上较多，边缘具三角状急尖的粗锯齿。总状花序顶生，萼倒卵状纺锤形，具5翅，翅宽彼此不等；花冠黄色，上唇浅裂或微凹，下唇两侧裂片先端蓝色，中裂片先端橙黄色。蒴果圆柱状，两侧扁，具4槽。

分布于广东、江西、湖南、福建等地。

云勇分布：四工区。

黄花风铃木

Handroanthus chrysanthus (Jacq.) S. O. Grose

紫葳科 风铃木属

落叶乔木。叶对生，掌状复叶，纸质；小叶4~5枚，卵状椭圆形，先端尖，全缘或疏齿缘，全叶被褐色细茸毛，叶面粗糙。圆锥花序顶生；花冠金黄色，漏斗形。果实为蓇葖果，长条形向下开裂；种子具翅。

我国华南地区有栽培。原产墨西哥及中美洲、南美洲。

花色和树形优美，是观赏树种中的上品。

云勇分布：一工区。

紫花风铃木

Handroanthus impetiginosus (Mart. ex DC.) Matt.

紫葳科 风铃木属

落叶乔木，其树皮灰白色，平滑或轻度纵裂。掌状复叶对生，小叶常5枚，两边小叶较小，小叶椭圆形至狭长椭圆形，无毛，叶缘有不规则锯齿或全缘。圆锥花序，花冠漏斗状，二唇形，5裂，紫红色至粉红色；能育雄蕊4枚。蒴果长条形；种子具翅。花期12月至翌年3月。

我国华南地区有栽培。原产中南美洲。

本种先花后叶，花色艳丽，是冬春季节优良的观花乔木树种。

云勇分布：一工区。

蓝花楹

Jacaranda mimosifolia D. Don

紫葳科 蓝花楹属

落叶乔木。叶对生，2回羽状复叶，羽片通常在16对以上；小叶椭圆状披针形至椭圆状菱形，顶端急尖，基部楔形，全缘。花序长达30 cm；花冠筒细长，蓝色。朔果木质，扁卵圆形，中部较厚，四周逐渐变薄。

我国广东、海南、广西、福建、云南南部有栽培。原产南美洲巴西、玻利维亚、阿根廷。

木材质软而轻，纹理通直，加工容易，可作家具用材。

云勇分布：一工区。

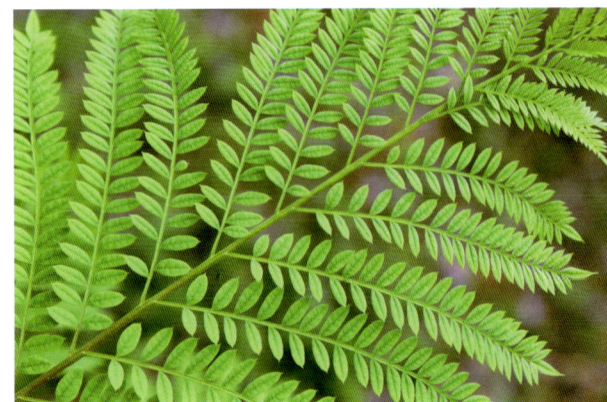

吊瓜树

Kigelia africana (Lam.) Benth.

紫葳科 吊瓜树属

　　乔木。奇数羽状复叶交互对生或轮生；小叶近革质，7~9枚，长圆形或倒卵形，顶端急尖，基部楔形，全缘，叶面光滑，亮绿色，背面淡绿色，被微柔毛，羽状脉明显。圆锥花序生于小枝顶端，花序轴下垂；花冠橘黄色或褐红色，裂片卵圆形。果下垂，圆柱形，坚硬，肥硕，不开裂；种子多数，无翅。

　　我国广东、海南、福建、台湾、云南均有栽培。原产热带非洲、马达加斯加。

　　为优美园林树种，供观赏；果肉可食；树皮入药可治皮肤病。

　　云勇分布：一工区。

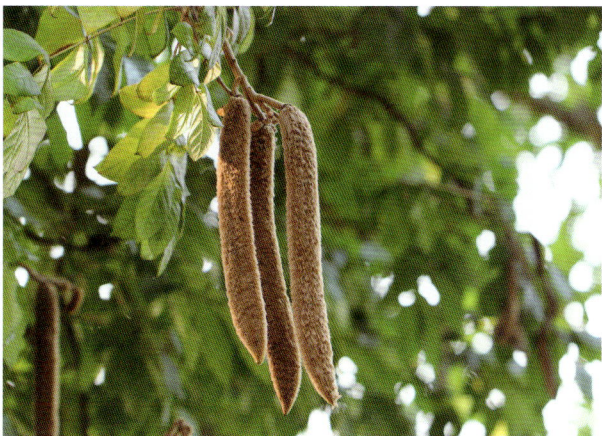

猫尾木

Markhamia stipulata (Wall.) Seem.

紫葳科 猫尾木属

　　乔木。叶近于对生，奇数羽状复叶，幼嫩时叶轴及小叶两面密被平伏细柔毛，老时近无毛；小叶6~7对，无柄，长椭圆形或卵形，全缘，纸质。花大，组成顶生、具数花的总状花序。花萼密被褐色茸毛，顶端有黑色小瘤体数个，内面无毛；花冠黄色，漏斗形，下部紫色，花冠外面具多数微凸起的纵肋，花冠裂片椭圆形。蒴果极长，悬垂，密被褐黄色茸毛；种子长椭圆形，极薄，具膜质翅。

　　产广东（茂名）、海南、广西（那坡、临桂、宁明）、云南（河口、金平、墨江、勐腊）。在泰国老挝、越南北部至中部也有分布。

　　本种可作庭园观赏的绿化树种；木材纹理通直，结构细致，材质稍硬而轻，加工容易，适于作梁、柱、门、窗、家具等用材。

　　云勇分布：一工区。

火烧花

Mayodendron igneum (Kurz.) Kurz.

紫葳科 火烧花属

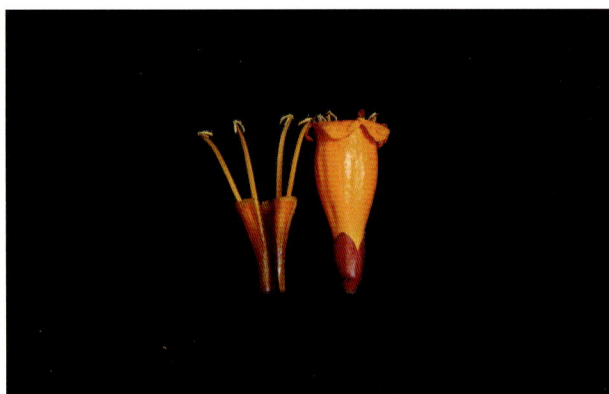

常绿乔木。树皮光滑，嫩枝具长椭圆形白色皮孔。大型奇数2回羽状复叶；小叶偏斜，全缘，无毛。短总状花序着生于老茎或侧枝上；花萼佛焰苞状，外面密被微柔毛；花冠橙黄色至金黄色，筒状，檐部裂片5，反折；花丝基部被细柔毛。蒴果长线形，下垂，种子具白色透明的膜质翅。花期2-5月，果期5-9月。

产台湾、广东、广西、云南，在广东、云南等省有栽培。越南、老挝、缅甸、印度也有分布。

花可作蔬食；可作庭园观赏树及行道树。

云勇分布：四工区。

炮仗藤（炮仗花）

Pyrostegia venusta (Ker Gawl.) Mier.

紫葳科 炮仗藤属

藤本。具有3叉丝状卷须。叶对生；小叶2~3枚，卵形，顶端渐尖，基部近圆形，上下两面无毛，下面具有极细小分散的腺穴，全缘。圆锥花序着生于侧枝的顶端；花冠筒状，橙红色。果瓣革质，舟状，内有种子多列；种子具翅，薄膜质。

广东、海南、广西、福建、台湾、云南等地均有栽培。原产南美洲巴西。

多种植于庭院、栅架、花门和栅栏，作垂直绿化；花叶可药用，有润肺止咳、清热利咽之功效。

云勇分布：一工区。

菜豆树

Radermachera sinica (Hance) Hemsl.

紫葳科 菜豆树属

　　小乔木。高达 10 m。二（稀三）回羽状复叶；小叶卵形或卵状披针形，全缘，侧生小叶片在近基部一侧疏生盘状腺体。花序长 25~35 cm：苞片线状披针形，早落；花萼蕾时锥形，萼齿 5，卵状披针形；花冠钟状漏斗形，白或淡黄色，裂片 5，圆形，具皱纹。蒴果下垂，圆柱形，长达 85 cm，径约 1 cm，果皮薄革质，隔膜细圆柱形，微扁；种子椭圆形，连翅长。

　　产台湾、广东、广西、贵州、云南。

　　根、叶、果入药，可凉血消肿，治高热、跌打损伤、毒蛇咬伤；木材黄褐色，质略粗重，年轮明显，可供建筑用材；枝、叶及根又治牛炭疽病。

　　云勇分布：缤纷林海。

火焰树

Spathodea campanulata P. Beauv.

紫葳科 火焰树属

　　乔木。树皮平滑，灰褐色。奇数羽状复叶，对生；小叶 13~17 枚，叶片椭圆形至倒卵形，顶端渐尖，基部圆形，全缘，背面脉上被柔毛，基部具 2~3 枚脉体。伞房状总状花序顶生，密集；花冠一侧膨大，橘红色，具紫红色斑点。蒴果黑褐色；种子具周翅，近圆形。

　　广东、福建、台湾、云南均有栽培。原产非洲。

　　花美丽，树形优美，是风景观赏树种。

　　云勇分布：一工区。

爵床

Justicia procumbens L.

爵床科 爵床属

草本。茎基部匍匐，通常有短硬毛。叶椭圆形至椭圆状长圆形，两面常被短硬毛。穗状花序顶生或生上部叶腋，花冠粉红色，2唇形，下唇3浅裂。蒴果上部具4粒种子，下部实心似柄状；种子表面有瘤状皱纹。

产秦岭以南，东至江苏、台湾，南至广东，西南至云南、西藏（吉隆）。亚洲南部至澳大利亚广布。

全草入药，治腰背痛、创伤等。

云勇分布：四工区。

蓝花草（翠芦莉）

Ruellia simplex C.Wright

爵床科 芦莉草属

多年生草本，似丛生状。单叶对生，线状披针形，长8~15 cm，叶宽0.5~1 cm，上面浓绿色，全缘或边缘具疏锯齿，有宽叶种和细叶种。花腋生；花冠漏斗状，5裂，具放射状条纹，细波浪状，有紫色、粉色、白色等品种。蒴果长形，先为绿色，成熟后转为褐色。

我国华南地区有引种栽培。原产于墨西哥。

园林栽培。

云勇分布：场部。

金脉爵床

Sanchezia oblonga Ruiz et Pav.

爵床科 黄脉爵床属

常绿灌木。高达1~2 m，茎鲜红色。叶对生，长椭圆形，长9~15 cm，宽3.7~5.2 cm，顶端渐尖或尾尖，叶缘有钝锯齿，深绿色，中脉黄色，侧脉乳白色至黄色，叶色鲜明清丽；叶柄长1~2.5 cm。穗状花序顶生，苞片橙红色，长1.5 cm，宽8 mm；花黄色，管状，长达5 cm；雄蕊4，花丝细长；花柱细长，伸出冠外。

我国华南地区常见栽培；原产厄瓜多尔、巴西。园林观赏。

云勇分布：场部。

叉柱花

Staurogyne concinnula (Hance) Kuntz.

爵床科 叉柱花属

草本。茎极缩短，被长柔毛。叶对生丛生，成莲座状；叶片匙形、匙状长圆形或匙状披针形，近全缘或稍波状，上面具小凸点及被稀疏柔毛，背面苍白色，被稀疏柔毛。总状花序顶生或近顶腋生，疏花；花萼5深裂至基部，裂片线形，近等长，侧裂片稍短，并先端异色（黄至白色）；花冠红色，芳香，前裂片长圆形，其余裂片近圆形。

产广东、海南、福建及台湾，生于低海拔林下。日本也有分布。

云勇分布：四工区。

枇杷叶紫珠

Callicarpa kochiana Mak.

马鞭草科 紫珠属

灌木。小枝、叶柄与花序密生黄褐色分枝茸毛。叶片长椭圆形、卵状椭圆形或长椭圆状披针形，顶端渐尖或锐尖，基部楔形，边缘有锯齿，两面被不明显的黄色腺点。聚伞花序；花冠淡红色或紫红色。果实圆球形，几乎全部包藏于宿存的花萼内。

产台湾、福建、广东、浙江、江西、湖南、河南南部。越南也有分布。

根药用，治风湿性关节炎；叶可提取芳香油。

云勇分布：场部后山。

红紫珠

Callicarpa rubella Lindl.

马鞭草科 紫珠属

灌木。小枝被黄褐色星状毛并杂有多细胞的腺毛。叶片倒卵形或倒卵状椭圆形，顶端尾尖或渐尖，基部心形，有时偏斜，边缘具细锯齿或不整齐的粗齿，表面稍被多细胞的单毛，背面被星状毛并杂有单毛和腺毛，有黄色腺点。聚伞花序；花冠紫红色、黄绿色或白色。果实紫红色。

产安徽、浙江、江西、湖南、广东、广西、四川、贵州、云南。印度、缅甸、越南、泰国、印度尼西亚、马来西亚也有分布。

全株药用，叶用于治跌打、接骨；根用于治白带等。

云勇分布：一工区。

灰毛大青

Clerodendrum canescens Wall.

马鞭草科 大青属

灌木。小枝略四棱形、具不明显的纵沟，全株密被长柔毛。叶片心形或宽卵形，少为卵形，顶端渐尖，基部心形至近截形。聚伞花序密集成头状；花冠白色或淡红色。核果近球形，绿色，成熟时深蓝色或黑色，藏于红色增大的宿萼内。

产浙江、江西、湖南、福建、台湾、广东、广西、四川、贵州、云南。印度和越南北部等地也有分布。

全株药用，可治毒疮、风湿病，有退热止痛之功效。

云勇分布：十二沥。

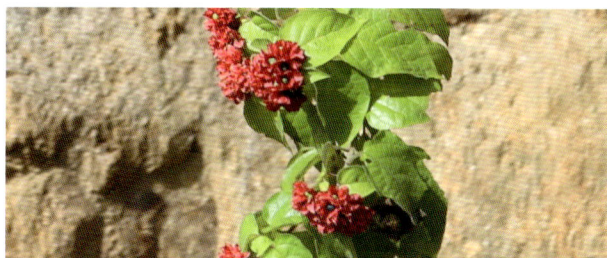

腺茉莉

Clerodendrum colebrookianum Walp.

马鞭草科 大青属

灌木或小乔木。植物体除叶片外都密被黄褐色微毛，老时脱落。叶片厚纸质，宽卵形或椭圆状心形，全缘或微呈波状，基部三出脉，脉腋有数个盘状腺体。聚伞花序着生于枝上部叶腋和顶端，通常4~6枝排列成伞房状，花冠白色，极少为红色，顶端5裂。果近球形，蓝绿色，干后黑色，分裂为3~4个分核，宿存花萼增大，紫红色，如碟状托于果底部。

产广东、广西、云南、西藏。尼泊尔、印度东北部和锡金、孟加拉国、缅甸、泰国、老挝、越南、马来西亚、印度尼西亚和帝汶岛等地也有分布。

云勇分布：四工区。

白花灯笼

Clerodendrum fortunatum L.

马鞭草科 大青属

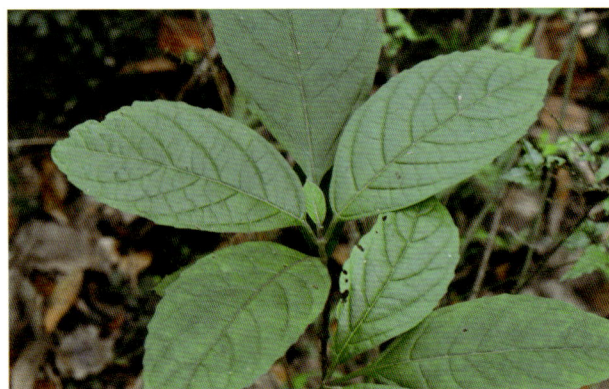

　　灌木。嫩枝密被黄褐色短柔毛，小枝暗棕褐色，髓疏松，干后不中空。叶纸质，长椭圆形或倒卵状披针形，顶端渐尖，基部楔形或宽楔形，全缘或波状。聚伞花序腋生；花冠淡红色或白色稍带紫色。核果近球形，熟时深蓝绿色。

　　产江西南部、福建、广东、广西。

　　根或全株入药，有清热降火、消炎解毒、止咳镇痛、止痛等功效。

　　云勇分布：场部后山。

红萼龙吐珠

Clerodendrum × speciosum Domb.

马鞭草科 大青属

　　常绿木质藤本。叶对生，纸质，卵状椭圆形，长 10~15 cm，全缘，先端渐尖，基部圆钝至近心形。圆锥状聚伞花序顶生，多花；萼粉红色至淡紫色，间有白色带紫红色斑点；花冠深红色，花冠筒长约2.5 cm，雌雄蕊细长，突出花冠外，花丝常白色，花药带紫色。

　　我国华南地区广泛栽培。非洲热带地区也有分布。

　　园林观赏。

　　云勇分布：三工区。

假连翘

Duranta erecta L.

马鞭草科 假连翘属

灌木。枝条有皮刺，幼枝有柔毛。叶对生，少有轮生，纸质，叶片卵状椭圆形或卵状披针形，顶端短尖或钝，基部楔形，全缘或中部以上有锯齿，有柔毛。总状花序顶生或腋生，常排成圆锥状；花冠通常蓝紫色，5裂。核果球形、无毛、有光泽、熟时红黄色。

我国南部常见栽培，常逸为野生。原产热带美洲。

花期长而花美丽，是一种很好的绿篱植物；广西用根、叶止痛、止渴；福建用果治疟疾和跌打胸痛；叶治痈肿初起和脚底挫伤瘀血或脓肿。

云勇分布：一工区。

花叶假连翘

Duranta erecta 'Variegata'

马鞭草科 假连翘属

常绿灌木。枝下垂或平展。叶对生，叶面近三角形，叶缘有黄白色条纹，中部以上有粗齿。总状花序呈圆锥状；花冠蓝色或淡蓝紫色。核果橙黄色，有光泽。

我国南方广为栽培。原产墨西哥至巴西。

云勇分布：一工区。

苦梓

Gmelina hainanensis Oliv.

马鞭草科 石梓属

乔木。树皮灰褐色，呈片状脱落；幼枝被黄色茸毛，老枝无毛，枝条有明显的叶痕和皮孔。叶对生，厚纸质，卵形或宽卵形，全缘，稀具1~2粗齿，基生脉三出，侧脉3~4对，在背面隆起。聚伞花序排成顶生圆锥花序，花冠漏斗状，黄色或淡紫红色，两面均有灰白色腺点，呈二唇形，下唇3裂，中裂片较长，上唇2裂。核果倒卵形，顶端截平，肉质，着生于宿存花萼内。

产江西南部、广东、广西等地。

木材纹理通直，结构细致，材质韧而稍硬，干后少开裂、不变形，很耐腐，适于造船、建筑、家具等用。

云勇分布：一工区。

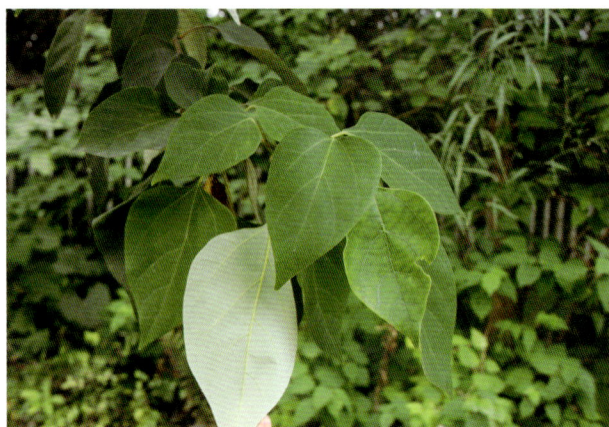

马缨丹

Lantana camara L.

马鞭草科 马缨丹属

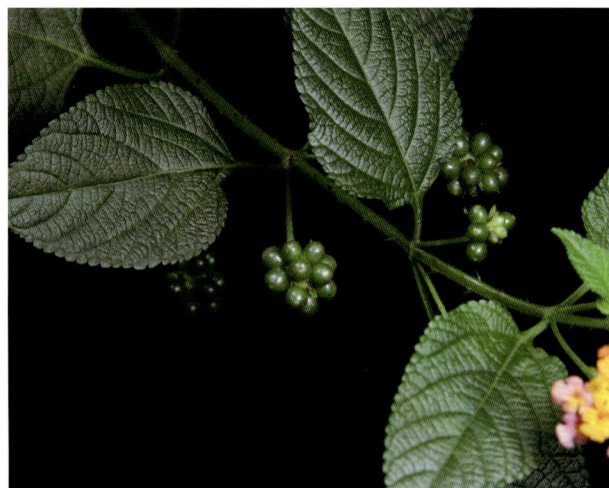

灌木或蔓性灌木。高达2 m。茎枝常被倒钩状皮刺。叶卵形或卵状长圆形，长3~8.5 cm，先端尖或渐尖，基部心形或楔形，具钝齿，上面具触纹及短柔毛，下面被硬毛，侧脉约5对；叶柄长约1cm。花序径1.5~2.5 cm，花序梗粗，长于叶柄；苞片披针形；花萼管状，具短齿；花冠黄或橙黄色，花后深红色。果球形，径约4 mm，紫黑色。

台湾、福建、广东、广西见有逸生。原产美洲热带地区。世界热带地区均有分布。

花美丽，我国各地庭园常栽培供观赏。根、叶、花药用，有清热解毒、散结止痛、祛风止痒之功效；可治疟疾、肺结核、颈淋巴结核、腮腺炎、胃痛、风湿骨痛等。

云勇分布：缤纷林海。

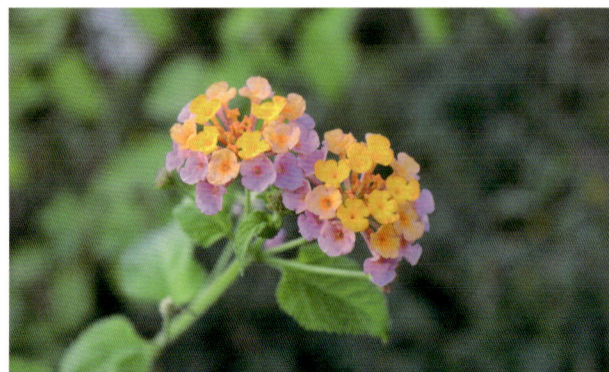

蔓马缨丹

Lantana montevidensis (Spreng.) Briq.

马鞭草科 马缨丹属

　　蔓性灌木，铺地。单叶对生，表面粗糙起皱，边缘有粗锯齿；揉碎有独特气味。头状花序，花冠管状，淡紫或淡红色。果球形。

　　广东、广西有分布。原产南美洲。

　　园林绿化。

　　云勇分布：一工区。

柚木

Tectona grandis L. f.

马鞭草科 柚木属

　　大乔木。小枝淡灰色或淡褐色，四棱形，具4槽，被星状茸毛。叶对生，厚纸质，卵状椭圆形或倒卵形，顶端钝圆或渐尖，基部楔形下延，全缘，表面粗糙，有白色突起，沿脉有微毛，侧脉在背面显著隆起。圆锥花序顶生；花冠白色，有香气。核果球形，外果皮茶褐色，被毡状细毛，内果皮骨质。

　　云南、广东、广西、福建、台湾等地普遍引种。印度、缅甸、马来西亚和印度尼西亚也有分布。

　　世界著名的木材之一，适于造船、车辆、建筑、雕刻及家具之用；木屑浸水可治皮肤病或煎水治咳嗽；花和种子利尿。

　　云勇分布：一工区。

山牡荆

Vitex quinata (Lour.) F. N. Will.

马鞭草科 牡荆属

常绿乔木。树皮灰褐色至深褐色；小枝四棱形。掌状复叶，对生，有3~5小叶，小叶片倒卵形至倒卵状椭圆形，通常全缘，表面通常有灰白色小窝点，背面有金黄色腺点。聚伞花序对生于主轴上，排成顶生圆锥花序式；花冠淡黄色。核果球形或倒卵形，幼时绿色，成熟后呈黑色。

产浙江、江西、福建、台湾、湖南、广东、广西。日本、印度、马来西亚、菲律宾也有分布。

木材适于作桁、桶、门、窗、天花板、文具、胶合板等用材。

云勇分布：白石岗、飞马山。

细风轮菜

Clinopodium gracile (Benth.) Kuntz.

唇形科 风轮菜属

纤细草本。茎多数，四棱形，具槽，被倒向的短柔毛。最下部的叶圆卵形，细小，较下部或全部叶均为卵形，较大，薄纸质，上面榄绿色，近无毛；上部叶及苞叶卵状披针形，先端锐尖，边缘具锯齿。轮伞花序分离，或密集于茎端成短总状花序，疏花；花冠白至紫红色。小坚果卵球形，褐色，光滑。

产江苏、浙江、福建、台湾、安徽、江西等地。印度、缅甸、老挝、泰国、越南、马来西亚至印度尼西亚及日本（南部）也有分布。

全草入药，治感冒头痛、中暑腹痛、痢疾、乳腺炎、痈疽肿毒、荨麻疹、过敏性皮炎、跌打损伤等症。

云勇分布：一工区。

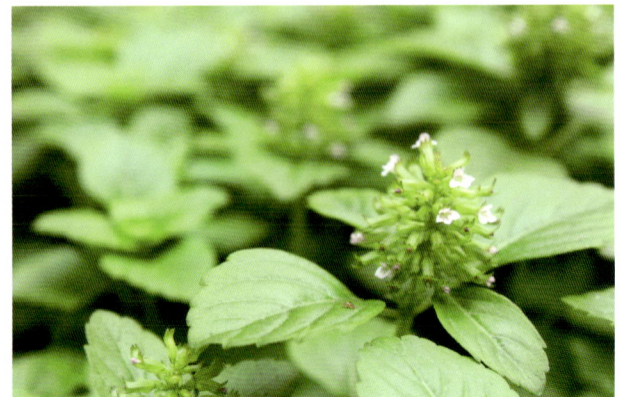

排香草（排草）

Coleus strobilifer (Roxb.) A. J. Paton

唇形科 鞘蕊花属

一年生草本。茎直立，粗壮，具分枝，四棱形，被长柔毛。叶卵状长圆形或圆形，先端钝至圆，基部心形或圆形，边缘具细圆齿，肉质，具皱纹，两面被白色茸毛，满布血红色腺点但上面较密集。穗状花序；花冠淡紫色。成熟小坚果未见。

我国广州及南宁见栽培。印度、斯里兰卡、缅甸也有分布。

根茎入药，治水肿、浮肿病；香芳烈如麝香，亦用以合香，诸草香无及之者。

云勇分布：十二沥。

香茶菜

Isodon amethystoides (Benth.) H. Hara

唇形科 香茶菜属

直立草本。根茎肥大，疙瘩状，木质，向下密生纤维状须根。叶卵状圆形，卵形至披针形，大小不一，边缘除基部全缘外具圆齿，草质，密被白色或黄色小腺点。花序为由聚伞花序组成的顶生圆锥花序，花冠白、蓝白或紫色，上唇带紫蓝色，冠筒在基部上方明显浅囊状突起，冠檐二唇形，上唇先端具4圆裂，下唇阔圆形。成熟小坚果卵形，黄栗色，被黄色及白色腺点。

产广东、广西、贵州、福建、台湾、江西、浙江、江苏、安徽及湖北。

全草入药，治闭经、乳痈、跌打损伤；根入药，治劳伤、筋骨酸痛、疮毒、蕲蛇咬伤等症，为治蛇伤要药。

云勇分布：四工区。

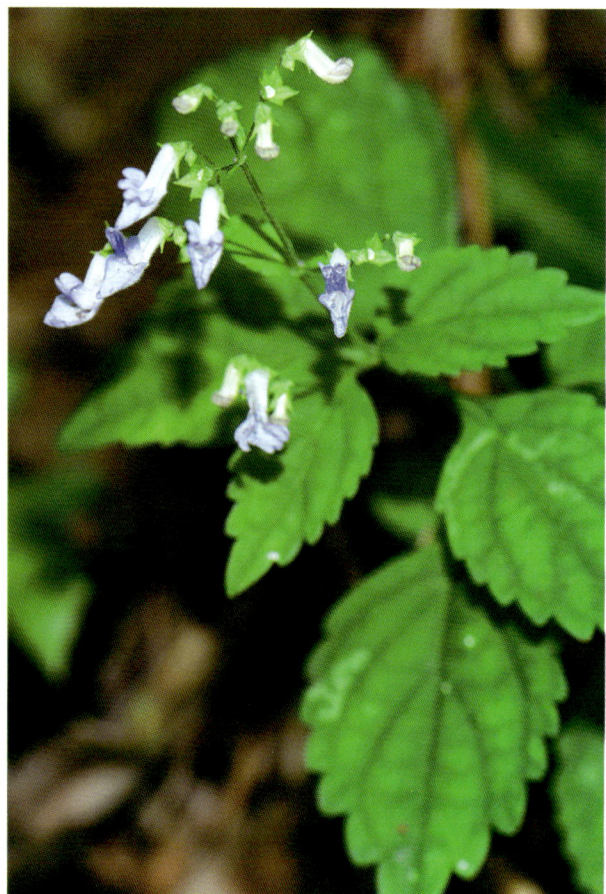

益母草

Leonurus japonicus Houtt.

唇形科 益母草属

一年生或二年生草本。有于其上密生须根的主根；茎直立，钝四棱形，有倒向糙伏毛。叶轮廓变化很大，茎下部叶轮廓为卵形，掌状 3 裂，裂片上再分裂；茎中部叶轮廓为菱形，较小，通常分裂成3 个；花序最上部的苞叶近于无柄，线形或线状披针形。轮伞花序腋生，轮廓为圆球形；花冠粉红色至淡紫红色。小坚果长圆状三棱形，淡褐色，光滑。

产我国各地。苏联、朝鲜、日本、热带亚洲、非洲以及美洲各地也有分布。

全草入药，有效成分为益母草素，内服可使血管扩张而使血压下降，并有拮抗肾上腺素的作用。

云勇分布：二工区。

疏毛白绒草

Leucas mollissima var. *chinensis* Benth.

唇形科 绣球防风属

直立草本。茎纤细，扭曲，多分枝，四棱形，略具沟槽。叶卵圆形，纸质，较原种薄，叶背毛较疏，边缘有具微尖头的圆齿状锯齿。轮伞花序腋生，分布于枝条中部至上部，球状，多花密集；花萼管状，萼口平截，齿 10，5 长 5 短，稍尖而长。花冠白色、淡黄色至粉红色，冠檐二唇形，上唇直伸，盔状，下唇开张，3 裂，中裂片最大，倒心形，侧裂片长圆形。小坚果卵珠状三棱形，黑褐色。

产湖北、湖南、四川、广东、福建、台湾、广西、贵州及云南。

全草入药，研成粉末，冲开水服，有驱寒发表之功效，外用可洗疮毒。

云勇分布：三工区 – 深坑。

小鱼仙草

Mosla dianthera (Buch.-Ham. ex Roxb.) Maxim.

唇形科 石荠苎属

一年生草本。叶卵状披针形或菱伏披针形，有时卵形，先端渐尖或急尖，基部渐狭，边缘具锐尖的疏齿，近基部全缘，纸质，上面榄绿色，无毛或近无毛，下面灰白色，无毛，散布凹陷腺点。总状花序生于主茎及分枝的顶部，花冠淡紫色，冠檐二唇形，上唇微缺，下唇3裂，中裂片较大。小坚果灰褐色，近球形，具疏网纹。

产江苏、浙江、江西、福建、台湾、湖南、湖北、广东、广西、云南、贵州、四川及陕西。印度、巴基斯坦、尼泊尔、不丹、缅甸、越南、马来西亚、日本（南部）也有。

民间用全草入药，治感冒发热、中暑头痛、恶心、无汗、热痱、皮炎、湿疹、疮疥、痢疾、肺积水、肾炎水肿、多发性疖肿、外伤出血、鼻衄、痔瘘下血等症；亦可灭蚊。

云勇分布：四工区。

石荠苎

Mosla scabra (Thunb.) C. Y. Wu et H. W. Li

唇形科 石荠苎属

一年生草本。茎、枝四棱形，具细条纹，密披短柔毛。叶纸质，卵形或卵状披针形，顶端短尖或钝，基部圆或宽楔形，边缘有锯齿。总状花序，苞片卵形；花冠粉红色。小坚果黄褐色，球形。

产华东、华中、华南至西南各地。越南和日本也有分布。

全草入药，有祛风退热、止血等功效；枝叶含芳香油。

云勇分布：一工区。

紫苏

Perilla frutescens (L.) Britton

唇形科 紫苏属

　　一年生直立草本。茎绿色或紫色，钝四棱形，具四槽，密被长柔毛。叶膜质或草质，阔卵形或圆形，先端短尖或突尖，基部圆形或阔楔形，边缘有粗锯齿，两面绿色或紫色，上面被疏柔毛，下面被贴生柔毛。轮伞花序2花，组成顶生及腋生总状花序；花冠白色至紫红色。小坚果近球形，灰褐色，具网纹。

　　我国各地广泛栽培。不丹、印度、印度尼西亚、日本、朝鲜及中南半岛也有分布。

　　茎叶及子实可药用；叶可供食用；种子油可食用和工业用。

　　云勇分布：一工区。

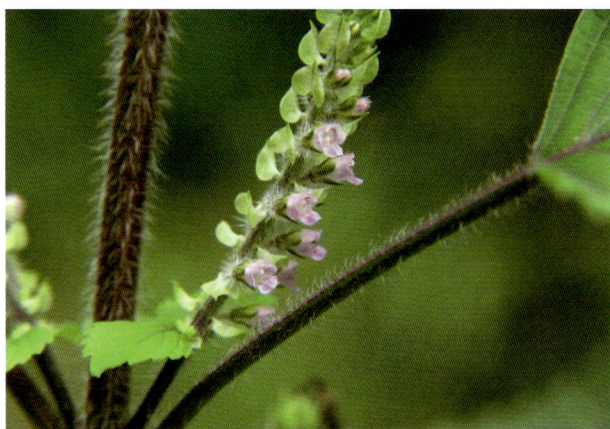

半枝莲

Scutellaria barbata D. Don

唇形科 黄芩属

　　草本。叶具短柄或近无柄，叶片三角状卵圆形或卵圆状披针形，有时卵圆形，先端急尖，基部宽楔形或近截形，边缘生有疏而钝的浅牙齿，下面淡绿有时带紫色，侧脉2~3对，与中脉在上面凹陷下面凸起。花单生于茎或分枝上部叶腋内，花冠紫蓝色，冠筒基部囊大，冠檐2唇形，上唇盔状，半圆形，下唇中裂片梯形，全缘，2侧裂片三角状卵圆形。小坚果褐色，扁球形，具小疣状突起。

　　产河北、山东、陕西、河南、江苏、浙江、台湾、福建、江西、湖北、湖南、广东、广西、四川、贵州、云南等地。印度、尼泊尔、缅甸、老挝、泰国、越南、日本及朝鲜也有分布。

　　民间用全草煎水服，治壮女病；热天生痱子可用全草泡水洗；亦用于治各种炎症、咯血、尿血、胃痛、疮痈肿毒、跌打损伤、蚊虫咬伤。

　　云勇分布：六工区。

韩信草

Scutellaria indica L.

唇形科 黄芩属

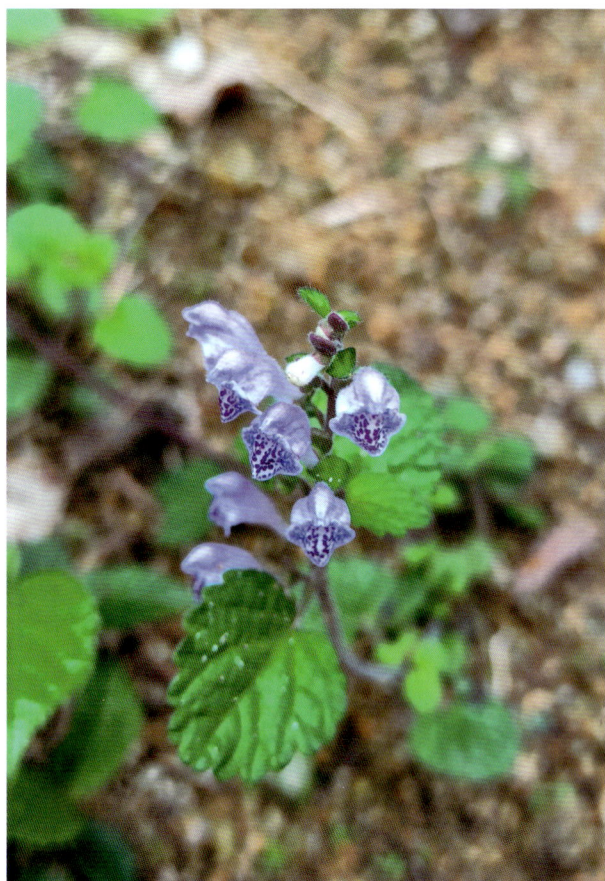

多年生草本。根茎短；茎四棱形，通常带暗紫色，被微柔毛。叶草质至近坚纸质，心状卵圆形或椭圆形，先端钝或圆，基部圆形或心形，边缘密生整齐圆齿，两面被微柔毛或糙伏毛。花对生，在茎或分枝顶上排列成总状花序；花冠蓝紫色。成熟小坚果栗色或暗褐色，卵形，具瘤，腹面近基部具一果脐。

产江苏、安徽、福建、台湾、广东、河南、贵州及云南等地。朝鲜、日本、印度、印度尼西亚及中南半岛等地也有分布。

据《贵阳民间药草》载："全草入药，苦、寒、无毒，有平肝消热之功效"。

云勇分布：一工区。

地蚕

Stachys geobombycis C. Y. Wu

唇形科 水苏属

多年生草本。叶长圆状卵圆形，先端钝，基部浅心形或圆形，边缘有整齐的粗大圆齿状锯齿，上面绿色，散布疏柔毛状刚毛，下面较淡，主沿脉上密被余部疏被疏柔毛状刚毛，侧脉约4对，上面不明显，下面显著。轮伞花序腋生，4~6花，组成穗状花序，花冠淡紫至紫蓝色，亦有淡红色，冠檐二唇形，上唇直伸，下唇水平开展，3裂。

产浙江、福建、湖南、江西、广东及广西。

肉质的根茎可供食用。全草又可入药，治跌打、疮毒、去风毒。

云勇分布：三工区。

黄花蔺

Limnocharis flava (L.) Buch.

花蔺科 黄花蔺属

　　水生草本。叶丛生，挺出水面；叶片卵形至近圆形，亮绿色，先端圆形或微凹，基部钝圆或浅心形，背面近顶部具1个排水器；叶脉横脉极多数，平行，几乎与中肋垂直；叶柄三棱形。伞形花序；内轮花瓣状花被片淡黄色。果圆锥形，为宿存萼片状花被片所包；种子多数，褐色或暗褐色，马蹄形，具横生薄翅。

　　产云南和广东沿海岛屿。缅甸南部、泰国、斯里兰卡、印度尼西亚及马来半岛、亚南巴斯群岛、加里曼丹岛也有分布。

　　优秀的水生观赏花卉；还可食用或作家畜饲料。

　　云勇分布：一工区。

大苞鸭跖草

Commelina paludosa Blume

鸭跖草科 鸭跖草属

　　多年生粗壮大草本。叶无柄；叶片披针形至卵状披针形，顶端渐尖，两面无毛或有时上面生粒状毛而下面相当密地被细长硬毛；叶鞘通常在口沿及一侧密生棕色长刚毛。蝎尾状聚伞花序有花数朵，几不伸出，花瓣蓝色，匙形或倒卵状圆形，内面2枚具爪。蒴果卵球状三棱形，3室，3爿裂，每室有1粒种子；种子椭圆状，黑褐色，腹面稍压扁，具细网纹。

　　产西藏南部（墨脱）、云南、贵州、广西、湖南南部、江西、广东、福建和台湾。尼泊尔、印度至印度尼西亚也有分布。

　　可供药用。

　　云勇分布：六工区。

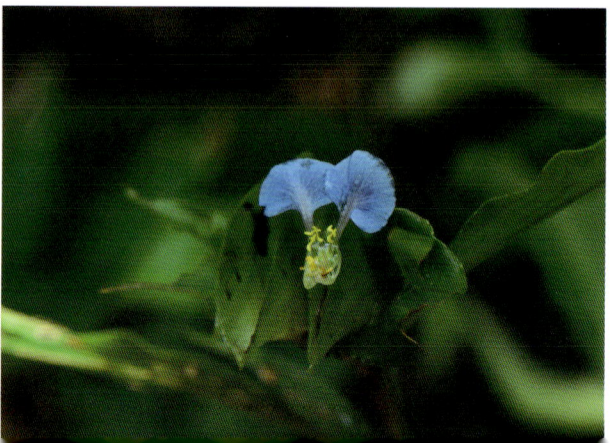

聚花草

Floscopa scandens Lour.

鸭跖草科 聚花草属

多年生草本。叶无柄或有带翅的短柄；叶片椭圆形至披针形，上面有鳞片状突起。圆锥花序多个，顶生并兼有腋生；花瓣蓝色或紫色，少白色，倒卵形。蒴果卵圆状，侧扁；种子半椭圆状，灰蓝色。

产浙江南部、福建、江西、湖南、广东、海南、广西、云南、四川、西藏和台湾。亚洲热带及大洋洲热带也有分布。

全草药用，苦凉，有清热解毒、利尿消肿之功效，可治疮疖肿毒、淋巴结肿大、急性肾炎。

云勇分布：一工区、三工区 - 深坑。

牛轭草

Murdannia loriformis (Hassk.) R. S. Rao et Kam.

鸭跖草科 水竹叶属

多年生草本。主茎不发育，主茎上的叶密集，成莲座状，禾叶状或剑形，仅下部边缘有睫毛；可育茎上的叶较短。蝎尾状聚伞花序单支顶生或有2~3支集成圆锥花序，花瓣紫红色或蓝色，倒卵圆形。蒴果卵圆状三棱形；种子黄棕色，具以胚盖为中心的辐射条纹，并具细网纹，无孔，亦无白色乳状突出。

产西藏、云南东南部、四川、贵州、安徽、浙江、台湾、福建、江西、湖南、广东、香港、海南、广西。日本、菲律宾、巴布亚新几内亚、印度尼西亚、越南、泰国、印度东部和斯里兰卡也有分布。

云勇分布：一工区。

水竹叶

Murdannia triquetra (Wall. ex C. B. Clark.) G. Brückn.

鸭跖草科 水竹叶属

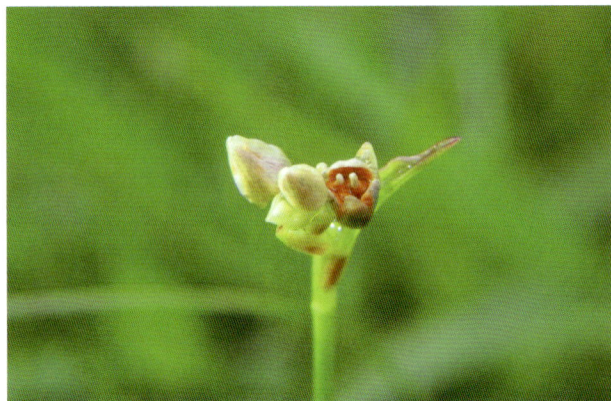

多年生草本。具长而横走根状茎。叶无柄，仅叶片下部有睫毛和叶鞘合缝处有一列毛，叶片竹叶形，平展或稍折。花序通常仅有单朵花，顶生并兼腋生，花瓣粉红色，紫红色或蓝紫色，倒卵圆形，稍长于萼片。蒴果卵圆状三棱形，每室有种子3粒，有时仅1~2粒；种子短柱状，不扁，红灰色。

产云南南部、四川、贵州、广西、海南、广东、湖南、湖北、陕西、河南南部、山东、江苏、安徽、江西、浙江、福建、台湾。印度至越南、老挝、柬埔寨也有分布。

本种是南方相当普遍的稻田杂草，蛋白质含量颇高，可用作饲料；幼嫩茎叶可供食用；全草有清热解毒、利尿消肿之功效；亦可治蛇虫咬伤。

云勇分布：一工区。

紫竹梅

Tradescantia pallida (Rose.) D. R. Hunt

鸭跖草科 紫露草属

多年生草本。全体紫色；茎上部斜伸，下部匍匐。叶片长圆形或长圆状披针形，先端急尖或渐尖，基部抱茎，边缘有长柔毛；叶鞘边缘和鞘口有睫毛。聚伞花序缩短成近头状花絮；总苞片2枚，舟状；花冠淡紫色，离生；花丝有念珠状长柔毛。蒴果。

我国各地有引种栽培。原产于墨西哥。

云勇分布：一工区。

紫背万年青

Tradescantia spathacea Sw.

鸭跖草科 紫露草属

　　多年生草本。株高50 cm。茎直立，不分枝，无毛。叶互生，无柄；叶鞘有时口部有长柔毛；叶片上面深绿色，下面紫色，长圆状披针形，长20~40 cm，宽3~6 cm，无毛，多少肉质，基部窄，半抱茎。花腋生，具总梗，形成不分叉或分叉的、多花伞形花序，下面托有2个大而对折的卵状苞片，苞片长3 cm；花瓣白色、卵形，长5~8 cm，先端突尖。蒴果；种子多皱。

　　浙江、广东、广西、海南、香港有分布。原产墨西哥。

　　园林观赏。

　　云勇分布：场部。

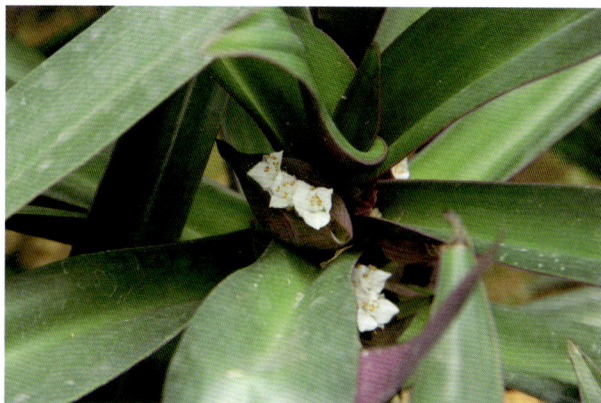

吊竹梅

Tradescantia zebrina Boss.

鸭跖草科 紫露草属

　　多年生草本。茎匍匐或外倾；节上生根，无毛或具柔毛。叶互生，无梗；叶鞘薄膜质；纵向的叶片具2片，稍肉质，卵形，基部圆形，先端锐尖或渐尖，正面有银条纹，背面紫色，两面疏生柔毛。花簇生；花冠玫瑰红色，卵形。种子微皱。

　　广东、广西、云南、台湾有分布。原产于美洲热带。

　　叶药用，治消肿。

　　云勇分布：一工区。

黄蝎尾蕉

Heliconia subulata Ruiz. et Pav.

芭蕉科 蝎尾蕉属

　　株高 1~3 m。叶形似美人蕉，长圆形或卵状披针形，革质，长 50~60 cm，宽 10~15 cm。叶具柄，柄长短不一，有些近无柄。花序直立或下垂，多从株顶抽出，少数种类花从叶腋抽出，花橙黄色。
　　园林观赏。
　　云勇分布：一工区。

野蕉

Musa balbisiana Coll.

芭蕉科 芭蕉属

　　假茎丛生。叶片卵状长圆形，基部耳形，两侧不对称，叶面微被蜡粉。雌花的苞片脱落，中性花及雄花的苞片宿存，苞片外面暗紫红色，被白粉，内面紫红色，开放后反卷；合生花被片具条纹，外面淡紫白色，内面淡紫色；离生花被片乳白色，透明，倒卵形。果丛共 8 段，每段有果 2 列，约 15~16 个。浆果灰绿色，棱角明显，果内具多数种子；种子扁球形，褐色，具疣。
　　产云南西部、广西、广东。亚洲南部、东南部均有分布。
　　假茎可作猪饲料；本种是目前世界上栽培香蕉的亲本种之一。
　　云勇分布：一工区、三工区。

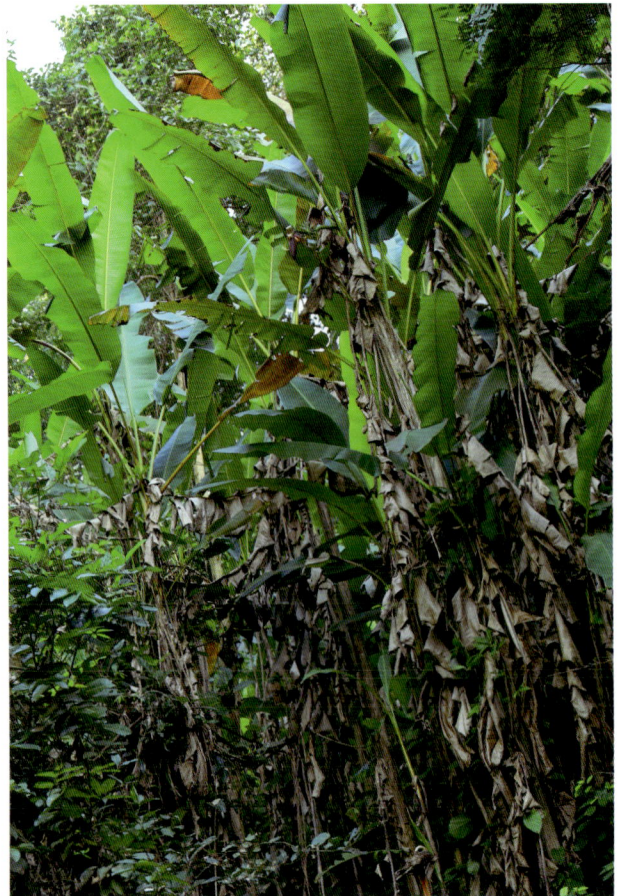

大蕉

Musa × paradisiaca L.

芭蕉科 芭蕉属

多植株丛生。叶直立或上举，长圆形，叶背被明显的白粉，基部近心形或耳形，叶柄甚伸长，多白粉，叶翼闭合。穗状花序下垂，外面呈紫红色，内面深红色，每苞片有花二列，雄花脱落。花被片黄白色。果序由 7~8 段至数十段的果束组成果身直或微弯曲，棱角明显，无种子或具少数种子。剑头芽假茎红色，带有极多白粉而呈浅黄绿色。

福建、台湾、广东、广西及云南等地均有栽培。原产印度、马来西亚等地。

可作为庭院园林植物。

云勇分布：一工区、四工区。

旅人蕉

Ravenala madagascariensis Adans.

旅人蕉科 旅人蕉属

树干像棕榈，高 5~6 m（原产地高可达 30 m）。叶 2 行排列于茎顶，叶片长圆形，似蕉叶。花序腋生，花序轴每边有佛焰苞 5~6 枚，佛焰苞长 25~35 cm，宽 5~8 cm，内有花 5~12 朵，排成蝎尾状聚伞花序。蒴果开裂为 3 瓣；种子肾形，长 10~12 cm，宽 7~8 mm；被碧蓝色、撕裂状假种皮。

广东、台湾有少量栽培。原产非洲马达加斯加。

为园庭绿化树种。

云勇分布：缤纷林海。

红豆蔻

Alpinia galanga (L.) Willd.

姜科 山姜属

多年生丛生草本。根茎块状，稍有香气。叶片长圆形或披针形，顶端短尖或渐尖，基部渐狭，两面均无毛或于叶背被长柔毛，干时边缘褐色。圆锥花序密生多花；花绿白色，有异味。果长圆形，中部稍收缩，熟时棕色或枣红色。

产台湾、广东、广西和云南等地。亚洲热带地区也有分布。

有祛湿、散寒、醒脾、消食之功效；根茎亦供药用，能散寒、暖胃、止痛，用于治胃脘冷痛、脾寒吐泻。

云勇分布：一工区。

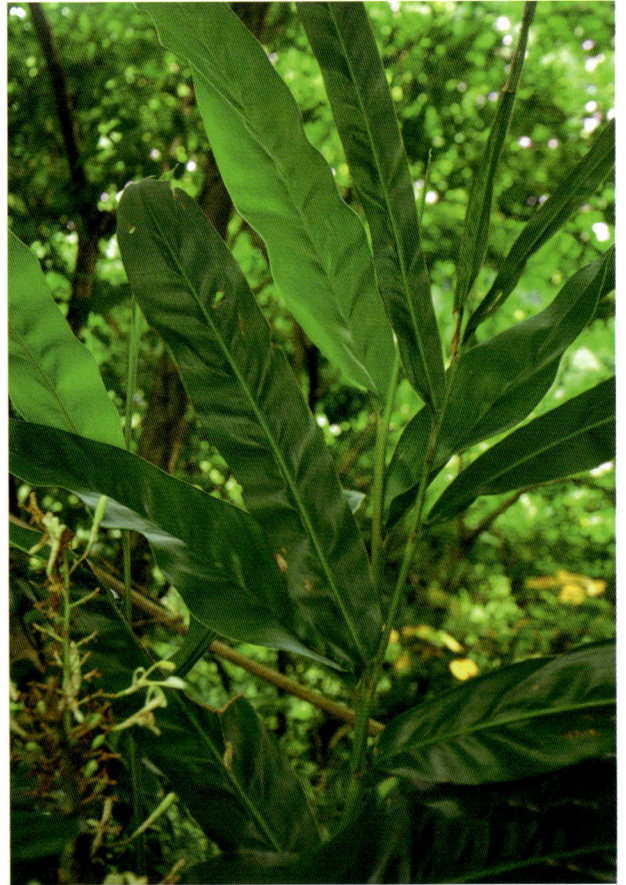

海南山姜

Alpinia hainanensis K. Schum.

姜科 山姜属

多年生草本。叶片带形，顶端渐尖并有一旋卷的尾状尖头，基部渐狭，两面均无毛；无柄或因叶片基部渐狭而成一假柄。总状花序中等粗壮，花序轴"之"字形，被黄色、稍粗硬的绢毛；花冠管无毛，裂片长 2.5~3 cm，喉部及侧生退化雄蕊被黄色小长柔毛；唇瓣倒卵形，顶浅 2 裂。

产广东、海南。

是著名的观叶植物，可盆栽于室内观赏。

云勇分布：各工区遍布。

华山姜

Alpinia oblongifolia Hayata

姜科 山姜属

多年生草本。叶披针形或卵状披针形，顶端渐尖和尾尖，基部渐狭。圆锥花序；花白色，有红色小斑点。果球形，熟时红色。

产我国东南部至西南部各地。越南和老挝也有。

根茎药用，有温中暖胃、散寒之功效。

云勇分布：场部后山。

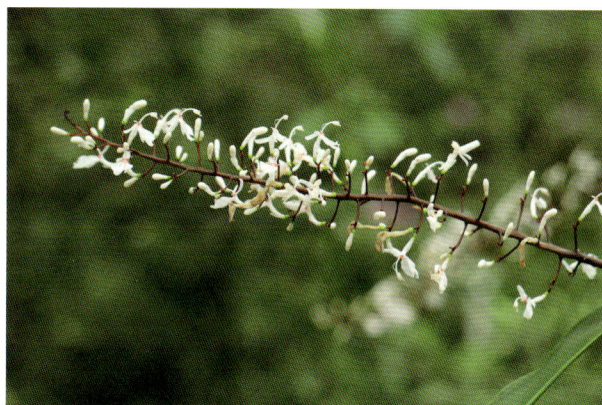

益智

Alpinia oxyphylla Miq.

姜科 山姜属

多年生草本。茎丛生；根茎短。叶片披针形，顶端渐狭，具尾尖，基部近圆形，边缘具脱落性小刚毛；叶舌膜质，2裂，被淡棕色疏柔毛。总状花序在花蕾时藏于帽状总苞片中，花时整个脱落；花冠裂片长圆形，白色。蒴果鲜时球形，干时纺锤形；种子不规则扁圆形，被淡黄色假种皮。

产广东、广西，近年来云南、福建亦有少量试种。

果实供药用，有益脾胃、理元气、补肾虚滑沥之功效。

云勇分布：一工区。

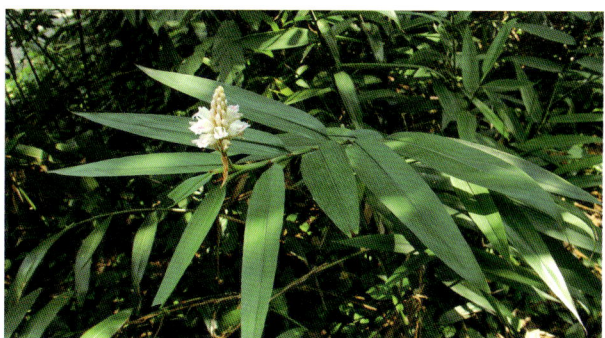

花叶艳山姜

Alpinia zerumbet 'Variegata'

姜科 山姜属

叶具金黄色纵斑纹。圆锥花序顶生，花序轴紫红色，被茸毛，分枝极短；唇瓣匙状宽卵形，顶端皱波状，黄色而有紫红色纹彩。蒴果，被稀疏的粗毛，具显露的条纹，顶端常冠以宿萼，熟时朱红色。

我国东南部至南部有分布。原产于亚热带地区。园林观赏。

云勇分布：场部。

姜黄

Curcuma longa L.

姜科 姜黄属

多年生草本。根茎很发达，分枝很多，橙黄色，极香；根粗壮，末端膨大呈块根。叶每株 5~7 片，叶片长圆形或椭圆形，顶端短渐尖，基部渐狭，绿色，两面均无毛。花葶由叶鞘内抽出；穗状花序圆柱状；花冠淡黄色，裂片三角形；子房被微毛。

产台湾、福建、广东、广西、云南、西藏等地。东亚及东南亚广泛栽培。

根茎供药用，能行气破瘀、通经止痛；可提取黄色食用染料；所含姜黄素可作分析化学试剂。

云勇分布：一工区。

莪术

Curcuma phaeocaulis Val.

姜科 姜黄属

多年生草本。根茎圆柱形，肉质，具樟脑般香味，淡黄色或白色；根细长或末端膨大成块根。叶直立，椭圆状长圆形至长圆状披针形，中部常有紫斑，无毛；叶柄较叶片为长。花莲由根茎单独发出，常先叶而生；穗状花序阔椭圆形；花冠裂片长圆形，黄色；子房无毛。

产台湾、福建、江西、广东、广西、四川、云南等地。印度至马来西亚亦有分布。

根茎供药用，有祛风行气、活血止血之功效；块根有行气解郁、破瘀、止痛之功效。

云勇分布：一工区。

姜花

Hedychium coronarium J. Koen.

姜科 姜花属

多年生草本。叶片长圆状披针形或披针形，顶端长渐尖，基部急尖，叶面光滑，叶背被短柔毛；无柄；叶舌薄膜质。穗状花序顶生，椭圆形；苞片呈覆瓦状排列，卵圆形；花冠管纤细，裂片披针形；唇瓣倒心形，白色；子房被绢毛。

产我国四川、云南、广西、广东、湖南和台湾。印度、越南、马来西亚至澳大利亚亦有分布。

花美丽、芳香，常栽培供观赏；亦可浸提姜花浸膏，用于调和香精；根茎能解表、散风寒，治头痛、风湿痛及跌打损伤等症。

云勇分布：一工区。

闭鞘姜

Hellenia speciosa (J. Koen.) S. R. Dutta

姜科 闭鞘姜属

多年生草本。基部近木质，顶部常分枝，旋卷。叶片长圆形或披针形，顶端渐尖或尾状渐尖，基部近圆形，叶背密被绢毛。穗状花序顶生，椭圆形或卵形；花冠管短，裂片长圆状椭圆形，白色或顶部红色；唇瓣宽喇叭形，纯白色。蒴果稍木质，红色；种子黑色。

产台湾、广东、广西、云南等地。热带亚洲也有分布。

根茎供药用，有消炎利尿、散瘀消肿之功效。

云勇分布：十二沥。

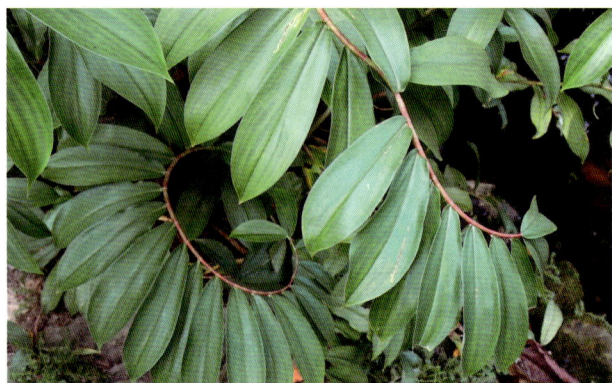

粉美人蕉

Canna glauca L.

美人蕉科 美人蕉属

多年生直立草本，有块状的地下茎。叶大，互生，披针形，绿色，被白粉。总状花序疏花，花两性；萼片卵形，绿色；花冠裂片线状披针形，直立；退化雄蕊花瓣状，外轮 3；唇瓣狭，顶端 2 裂，中部卷曲，淡黄色；发育雄蕊的花丝亦增大呈花瓣状，顶端急尖，内卷。蒴果长圆形，有小瘤体。花期夏、秋季。

我国南北均有栽培。原产南美洲及西印度群岛。供观赏。

云勇分布：场部。

四色栉花竹芋

Ctenanthe oppenheimiana 'Quadricolor'

竹芋科 栉花芋属

多年生常绿草本，根出叶，叶长椭圆状披针形，全缘，叶面深绿色，具有淡绿色、白色至淡粉红色羽状斑彩，叶柄及叶背暗红色。圆锥花序，苞片及萼片红色，花白色。

园林观赏。

云勇分布：桃花谷。

紫背竹芋

Stromanthe sanguinea Sond.

竹芋科 紫背竹芋属

多年生常绿草本。株高 30~100 cm，有时可达150 cm。叶基生，叶柄短，叶长椭圆形至宽披针形，叶正面绿色，背面紫红色，全缘。圆锥花序，苞片及萼片红色，花白色。

广东、重庆有分布。原产巴西。

园林观赏。

云勇分布：场部。

小花吊兰

Chlorophytum laxum R. Br.

百合科 吊兰属

草本。叶近两列着生，禾叶状，常弧曲。花葶从叶腋抽出，常2~3个，直立或弯曲，纤细，有时分叉，长短变化较大；花单生或成对着生，绿白色，很小。蒴果三棱状扁球形，长约3 mm，宽约5 mm，每室通常具单粒种子。

产广东南部（云浮、东平、高要、徐闻和海南岛）。广布于非洲和亚洲的热带、亚热带地区。

有毒植物；药用，治毒蛇咬伤、跌打肿痛，用鲜品捣烂敷患处。

云勇分布：四工区。

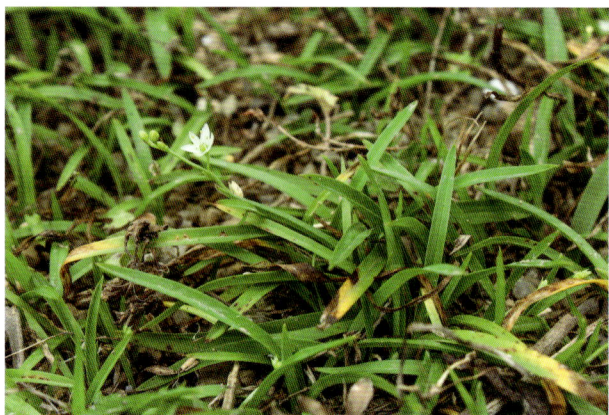

山菅兰

Dianella ensifolia (L.) Red.

百合科 山菅兰属

多年生草本。根状茎圆柱状，横走。叶狭条状披针形，基部稍收狭成鞘状，套叠或抱茎，边缘和背面中脉具锯齿。顶端圆锥花序，分枝疏散；花梗常稍弯曲；花被片条状披针形，绿白色、淡黄色至青紫色。浆果近球形，深蓝色。

产云南、四川、贵州、广西、广东、江西、浙江、福建和台湾。亚洲热带地区至非洲的马达加斯加岛也有分布。

根药用，治疥疮、淋巴腺炎；茎、叶可毒鼠；全株有毒。

云勇分布：场部后山。

花叶长果山菅（银边山菅兰）

Dianella tasmanica 'Variegata'

百合科 山菅兰属

多年生草本。根状茎横走，结节状，节上生纤细而硬的须根；茎挺直、坚韧、近圆柱形。叶近基生，2列，叶片革质，线状披针形，边缘有淡黄色边。花莛从叶丛中抽出；圆锥花序；花冠淡紫色、绿白色至淡黄色；苞片匙形；花被裂片6，二轮，披针形；子房上位。浆果蓝紫色。

分布于热带亚洲和大洋洲。

有极高的观赏价值，是优良的彩叶观赏地被。

云勇分布：一工区。

沿阶草

Ophiopogon bodinieri H. Lév.

百合科 沿阶草属

多年生草本。根纤细，近末端有时具纺锤形小块根；地下走茎长，节上具膜质的鞘；茎很短。叶基生成丛，禾叶状，先端渐尖，边缘具细锯齿。花莛较叶稍短或几等长；总状花序具几朵至十几朵花；花被片卵状披针形、披针形或近矩圆形，内轮三片宽于外轮三片，白色或稍带紫色。种子近球形或椭圆形。

产云南、贵州、四川、湖北、河南、陕西、甘肃、西藏和台湾。

全株入药，主治肺燥干咳、津伤口渴、心烦失眠、咽喉疼痛等；叶色终年常绿，花莛直挺，是一种良好的地被植物。

云勇分布：一工区。

玉龙草

Ophiopogon japonicus 'Nanus'

百合科 沿阶草属

多年生草本。具有块根，根系发达，乳白色，略粗，几无茎；植株矮小，簇生成半球团状。单叶，丛生，狭线形，叶基锐，叶尖钝，叶缘粗糙，墨绿色，上下表面光滑，下表面多少带白粉状，叶脉5~7条。总状花序；花茎直立；花冠淡紫色至白色。蒴果；种子深蓝色。

产云南西北部 (维西、大理、丽江一带)。

生长及分生迅速，是极佳的地被植材。

云勇分布：一工区。

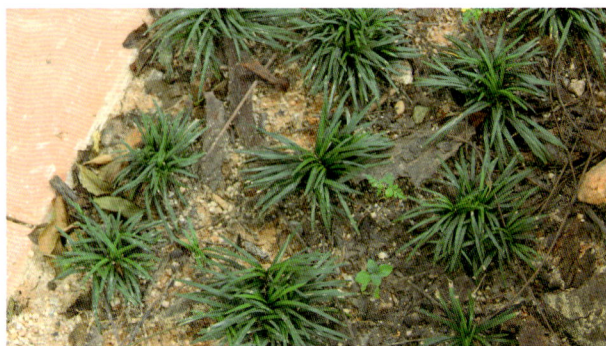

假金丝马尾

Ophiopogon jaburan 'Aurea Variegata'

百合科 沿阶草属

多年生常绿草本。叶基生，禾叶状，先端渐尖，基部叶柄不明显，边缘具膜质叶鞘，长 30~50 cm，宽约 1 cm，绿色。叶边缘或中间有白色纵纹，叶缘斑条纹较宽。地下有根状茎，多年生植株可抽生匍匐茎。须根可膨大成块根。花莛比叶短，总状花序，花白色、紫色、淡紫色或淡绿白色。果紫黑色。

原产亚洲东南部，栽培变种。

园林绿化观赏。

云勇分布：桃花谷、缤纷林海。

滇黄精

Polygonatum kingianum Coll. et Hemsl.

百合科 黄精属

根状茎近圆柱形或近连珠状，结节有时作不规则菱状，肥厚。茎顶端作攀缘状。叶轮生，每轮3~10枚，条形、条状披针形或披针形，先端拳卷。花序具（1）2~4（6）花，总花梗下垂，花被粉红色。浆果红色，具7~12粒种子。

产云南、四川、贵州。越南、缅甸也有分布。

根状茎作黄精用。

云勇分布：缤纷林海。

鸭舌草

Monochoria vaginalis (Burm. f.) C. Presl ex Kunth

雨久花科 雨久花属

水生草本。全株光滑无毛。叶基生和茎生；叶片形状和大小变化较大，由心状宽卵形、长卵形至披针形，顶端短突尖或渐尖，基部圆形或浅心形，全缘，具弧状脉。总状花序从叶柄中部抽出，该处叶柄扩大成鞘状；花通常3~5朵，蓝色。蒴果卵形至长圆形。

产我国南北各地。日本、马来西亚、菲律宾、印度、尼泊尔、不丹也有分布。

嫩茎和叶可作蔬食，也可作猪饲料。

云勇分布：十二沥。

尖叶菝葜

Smilax arisanensis Hayata

菝葜科 菝葜属

攀缘灌木。具粗短的根状茎；茎无刺或具疏刺。叶纸质、矩圆形、矩圆状披针形或卵状披针形，先端渐尖或长渐尖，基部圆形，干后常带古铜色。伞形花序或生于叶腋，或生于披针形苞片的腋部；花绿白色。浆果熟时紫黑色。

产江西、浙江、福建、台湾、广东、广西、四川、贵州和云南。越南也有分布。

云勇分布：白石岗、飞马山。

圆锥菝葜

Smilax bracteata C. Presl.

菝葜科 菝葜属

攀缘灌木。枝条疏生刺或无刺。叶纸质，椭圆形或卵形，先端微凸，基部圆形至浅心形，上面无光泽，下面淡绿色；叶柄具狭鞘，一般有卷须，脱落点位于上部。圆锥花序，通常具3~7个伞形花序；伞形花序具多数花，花暗红色；雄花外花被片长约5 mm，宽约1.3 mm，内花被片宽约0.5 mm；雌花比雄花小，具3枚短的退化雄蕊。浆果球形。

产台湾、福建（南部）、广东（海南岛）、广西（南部）、贵州（南部）和云南（南部）。也分布于日本、菲律宾、越南和泰国。

云勇分布：六工区。

菝葜

Smilax china L.

菝葜科 菝葜属

攀缘灌木。根状茎粗厚，坚硬，为不规则的块状。叶薄革质或坚纸质，干后通常红褐色或近古铜色，圆形、卵形或其他形状，下面通常淡绿色，较少苍白色。伞形花序生于叶尚幼嫩的小枝上；花绿黄色。浆果，熟时红色，有粉霜。

产山东、江苏、浙江、福建、台湾、江西、安徽、广西和广东等地。缅甸、越南、泰国、菲律宾也有分布。

根状茎可以提取淀粉和栲胶，或用来酿酒。

云勇分布：一工区、十二沥。

土茯苓

Smilax glabra Roxb.

菝葜科 菝葜属

攀缘灌木。根状茎粗厚，块状，常由匍匐茎相连接；茎无刺。叶薄革质，狭椭圆状披针形至狭卵状披针形，先端渐尖，下面通常绿色，有时带苍白色。伞形花序通常具10余朵花；花绿白色，六棱状球形。浆果熟时紫黑色，具粉霜。

产甘肃和长江流域以南各地。直到台湾、海南岛和云南。越南、泰国和印度也有分布。

根状茎可入药，称土茯苓，性甘平，利湿热解毒，健脾胃，制糕点或酿酒。

云勇分布：白石岗、飞马山。

粉背菝葜

Smilax hypoglauca Benth.

菝葜科 菝葜属

攀缘灌木。枝条无刺。叶革质，卵状矩圆形、卵形至狭椭圆形，先端短渐尖，基部近圆形，下面苍白色，主脉5条，网脉在上面明显；枝条基部的叶柄有卷须，鞘占叶柄全长的一半，并向前延伸成一对耳。伞形花序腋生，具10~20朵花；总花梗长1~5 mm，通常不到叶柄长度的一半；花绿黄色，花被片直立，不展开；雄花外花被片舟状，内花被片稍短，肥厚，背面稍凹陷。浆果熟时暗红色。

产江西（南部）、福建（中部至南部）、广东（除雷州半岛和海南岛以外的地区）和贵州（南部）。

云勇分布：四工区。

马甲菝葜（暗色菝葜）

Smilax lanceifolia Roxb.

菝葜科 菝葜属

攀缘灌木。枝条具细条纹，无刺或少有具疏刺。叶通常革质，卵状矩圆形、狭椭圆形至披针形，表面有光泽。伞形花序单生于叶腋；总花梗一般与叶柄等长；花黄绿色。浆果球形熟时黑色。

产湖南、江西、浙江、福建、台湾、广东、广西、贵州和云南。越南、老挝、柬埔寨至印度尼西亚的亚洲热带地区也有分布。

根、茎药用，有祛湿解毒作用。

云勇分布：一工区。

牛尾菜

Smilax riparia A. DC.

菝葜科 菝葜属

多年生草质藤本。茎长 1~2 m，中空，有少量髓，干后凹瘪并具槽。叶形状变化较大，下面绿色，无毛；叶柄长 7~20 mm，通常在中部以下有卷须。伞形花序总花梗较纤细；雌花比雄花略小，不具或具钻形退化雄蕊。浆果直径 7~9 mm。

除内蒙古、新疆、西藏、青海、宁夏以及四川、云南高山地区外，全国都有分布。也分布于朝鲜、日本和菲律宾。

根状茎有止咳祛痰之功效；嫩苗可供蔬食。

云勇分布：五工区。

金钱蒲（石菖蒲）

Acorus gramineus Aiton

天南星科 菖蒲属

多年生草本。根茎芳香，外部淡褐色。叶无柄，叶片薄，两行排列，线形，基部对折，无明显的终面。肉穗花序圆柱状；花序柄腋生，三棱形；花白色。成熟果序长 7~8 cm，幼果绿色，成熟时黄绿色或黄白色。

产黄河以南各地。印度东北部至泰国北部也有分布。

园林观赏、盆栽；根茎药用，有开窍益智、理气逐痰祛风消肿、祛湿解毒、杀虫等功效；又可提取精油。

云勇分布：十二沥。

355

海芋

Alocasia odora (Roxb.) K. Koch

天南星科 海芋属

　　大型常绿草本。具匍匐根茎；有直立地上茎。叶多数；亚革质，草绿色，箭状卵形，边缘波状，后裂片连合1/5~1/10，侧脉斜升；叶柄粗厚。花序梗2~3丛生，圆柱形，绿色，有时污紫色；佛焰苞管部绿色，檐部黄绿色舟状，长圆形；肉穗花序芳香：雌花序白色，不育雄花序绿白色；能育雄花序淡黄色；附属器淡绿或乳黄色，圆锥状，具不规则槽纹。浆果红色。

　　产江西、福建、台湾、湖南、广东、广西、四川、贵州、云南等地的热带和亚热带地区。

　　根茎供药用；鲜草汁、茎、叶等误食有毒；根茎富含淀粉，可作工业上代用品，但不能食用。

　　云勇分布：各工区。

魔芋

Amorphophallus konjac K. Koch

天南星科 魔芋属

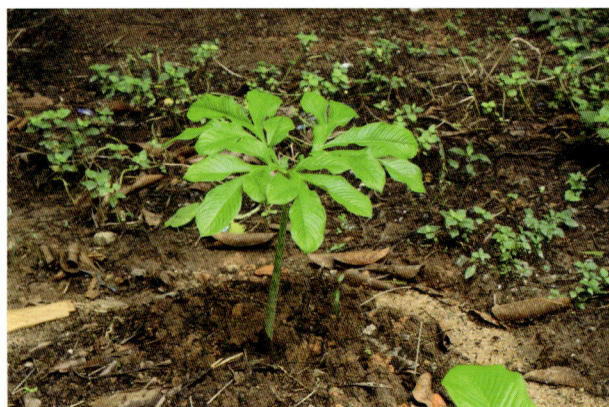

　　草本。先花后叶，叶一枚，具3小叶，小叶二歧分叉，裂片再羽状深裂，小裂片椭圆形至卵状矩圆形。花莛长50~70 cm；佛焰苞长20~30 cm，卵形，下部呈漏斗状筒形，外面绿色而有紫绿色斑点，里面黑紫色；肉穗花序几乎2倍长于佛焰苞。

　　产陕西、甘肃、宁夏至江南各地。喜马拉雅山至泰国、越南也有分布。

　　块茎药用，治积滞、疟疾、痈肿和烫火伤等；块茎可加工成魔芋豆腐供疏食；全株有毒，中毒后民间用醋加姜汁内服或含漱解毒。

　　云勇分布：一工区。

芋

Colocasia esculenta (L.) Schott

天南星科 芋属

湿生草本。块茎通常卵形，常生多数小球茎，均富含淀粉。叶2~3枚或更多；叶柄长于叶片，绿色，叶片卵状，先端短尖或短渐尖，侧脉4对；花序柄常单生，短于叶柄；佛焰苞长短不一，管部绿色，长卵形；檐部披针形或椭圆形，展开成舟状，边缘内卷，淡黄色至绿白色。

原产我国和印度、马来半岛等地的热带地区。我国南北长期以来有栽培。埃及、菲律宾、印度尼西亚爪哇等热带地区也栽种。

块茎可食用。

云勇分布：缤纷林海。

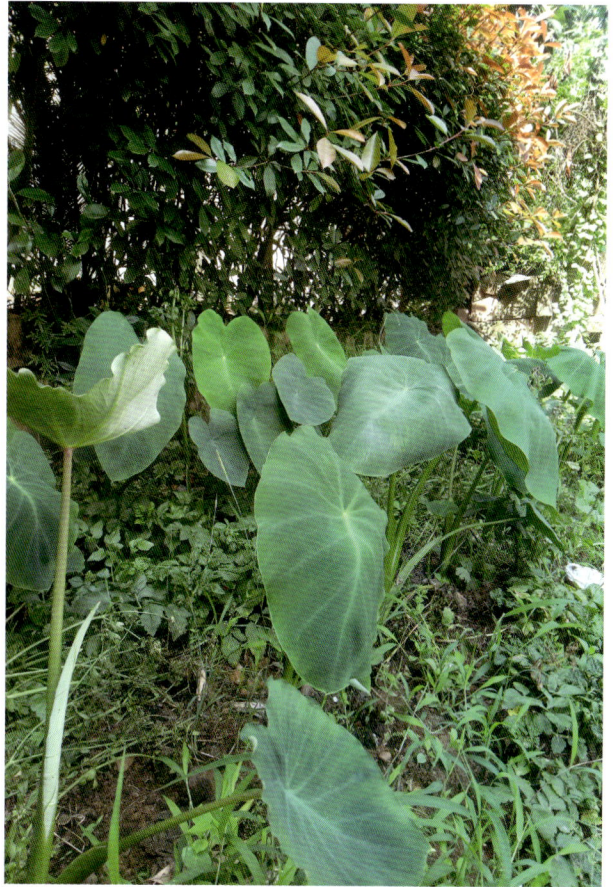

春羽

Philodendron selloum K. Koch.

天南星科 喜林芋属

多年生常绿草本。成年株茎常匍匐生长；老叶不断脱落，新叶主要生于茎的顶端。叶宽心脏形，羽状深裂，裂片宽披针形，边缘浅波状，有时皱卷；叶柄粗壮，较长。佛焰苞外面绿色，内面黄白色；肉穗花序总梗甚短，白色；花单性，无花被。浆果。

我国华南、东南、西南等热带和亚热带地区有引种栽培。原产于南美洲。

叶形奇特，四季常绿，是南方常用的地被植物，也可作盆栽布置室内。

云勇分布：一工区。

石柑子

Pothos chinensis (Raf.) Merr.

天南星科 石柑属

附生藤本。茎亚木质，淡褐色。叶片纸质，椭圆形，披针状卵形至披针状长圆形，先端渐尖至长渐尖，常有芒状尖头，基部钝。花序腋生，基部具苞片4~5枚；佛焰苞卵状，绿色；肉穗花序短，椭圆形至近圆球形，淡绿色、淡黄色。浆果黄绿色至红色，卵形或长圆形。

产台湾、湖北、广东、广西、四川、贵州、云南等地。越南、老挝、泰国也有分布。

园林观赏，全株入药，能清热解毒。

云勇分布：白石岗、飞马山。

狮子尾

Rhaphidophora hongkongensis Schott

天南星科 崖角藤属

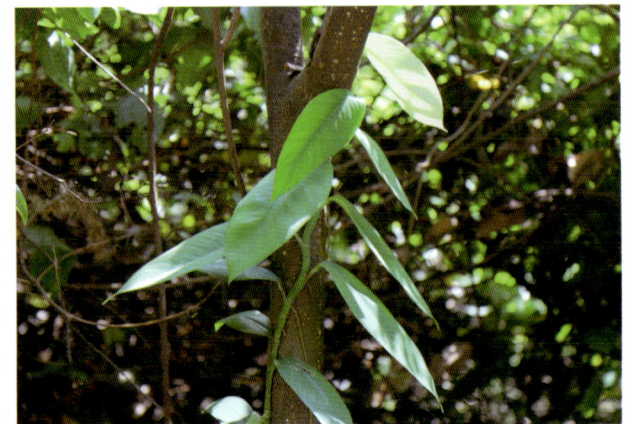

附生藤本。气生根与叶柄对生，污黄色，肉质。叶片纸质或亚革质，通常镰状椭圆形，由中部向叶基渐狭，先端锐尖至长渐尖，表面绿色，背面淡绿色，中肋表面平坦，背面隆起。肉穗花序顶生和腋生；粉绿色或黄绿色；花序柄圆柱形；佛焰苞绿色至淡黄色，卵形。浆果黄绿色。

产福建、广东及其沿海岛屿、广西、贵州、云南。缅甸、越南、老挝、泰国以至加里曼丹岛也有分布。

全株供药用，可治脾肿大、高烧、风湿腰痛；外用治跌打损伤、骨折、烫火伤；本种有毒，内服仅能用微量。

云勇分布：羊棚。

合果芋

Syngonium podophyllum Schott

天南星科 合果芋属

多年生攀缘草本。茎节有气生根。单叶互生，叶异型，箭形或戟形或5~9掌状裂，叶面常有银色、奶黄色或白色斑块。佛焰苞绿白色。浆果。

广东、广西有分布。原产于热带美洲地区；在世界各地广泛栽培。

园林观赏。

云勇分布：场部。

犁头尖

Typhonium blumei Nicol. et Sivad.

天南星科 犁头尖属

多年生草本。块茎近球形，褐色，具环节。幼株叶1~2，叶片深心形、卵状心形至戟形，多年生植株有叶4~8枚，叶片绿色，背淡，戟状三角形。花序柄单1，从叶腋抽出。佛焰苞管部绿色；檐部绿紫色。肉穗花序无柄，雌花序圆锥形；中性花序淡绿色；雄花序橙黄色；附属器深紫色，具强烈的粪臭。

产浙江、江西、湖南、广东、四川、云南等地。印度、越南、泰国及帝汶岛、日本均有分布。

块茎入药，能解毒消肿、散结、止血，一般外用，不作内服。

云勇分布：三工区。

马蹄犁头尖

Typhonium trilobatum (L.) Schott

天南星科 犁头尖属

多年生草本。叶 2~4，下部具宽鞘；幼株叶片戟形；多年生植株叶片轮廓宽心状卵形，3 浅裂或深裂，中裂片卵形或菱状卵形，侧裂片斜卵形，外侧常耳状外展，中裂片侧脉约 10 对，斜伸，常分叉，集合脉 2 条。佛焰苞淡紫色带绿色，内面紫色；肉穗花序；雌花序短圆柱形；中性花序下半部具花，上半部无花，中性花黄色；雄花序粉红色；附属器紫红色，长圆锥形，具短柄，直立。

产广东、广西、云南等地的热带地区。孟加拉国、印度东北部、斯里兰卡、缅甸、泰国、老挝、越南、柬埔寨、马来西亚、新加坡、印度尼西亚也有分布。

块茎入药，能解毒消肿、散结、止血，一般外用，不作内服。

云勇分布：四工区。

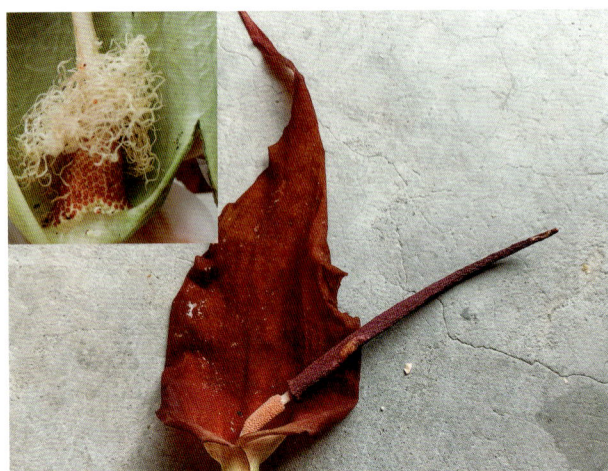

葱莲

Zephyranthes candida (Lindl.) Herb.

石蒜科 葱莲属

多年生草本。鳞茎卵形。叶线形，肥厚。花梗长约 1 cm；花白色，外面稍带淡红色，几无花被筒；花被片 6，近离生或基部连合成极短的花被筒，长 3~5 cm，宽约 1 cm，近喉部常具小鳞片；雄蕊 6，长约为花被 1/2；花柱细长，柱头 3 凹缺。

天津、江苏、浙江、江西、湖北、广西、重庆、云南、西藏、陕西、新疆有分布。原产南美。

我国引种栽培供观赏。

云勇分布：场部。

韭莲

Zephyranthes carinata Herb.

石蒜科 葱莲属

多年生草本。鳞茎卵球形。基生叶常数枚簇生，线形，扁平。花单生于花茎顶端，下有佛焰苞状总苞，总苞片常带淡紫红色，下部合生成管；花玫瑰红色或粉红色；花被裂片6，裂片倒卵形，顶端略尖；雄蕊6，花药丁字形着生；子房下位，3室，胚珠多数，花柱细长，柱头深3裂。蒴果近球形；种子黑色。

原产南美。

我国引种栽培供观赏。

云勇分布：场部。

射干

Belamcanda chinensis (L.) Red.

鸢尾科 射干属

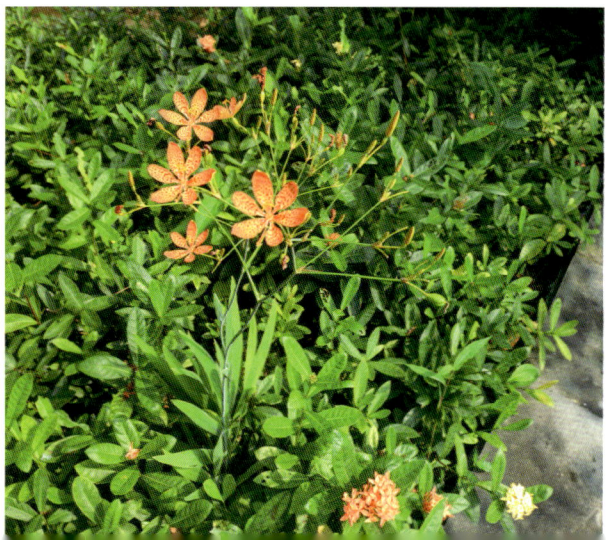

多年生草本。根状茎斜伸，黄褐色。叶互生，剑形，无中脉，嵌迭状2列。花序叉状分枝；花梗及花序的分枝处有膜质苞片；花橙红色，有紫褐色斑点；花被裂片倒卵形或长椭圆形；雄蕊花药线形外向开裂；柱头有细短毛，子房倒卵形。蒴果倒卵圆形，室背开裂果瓣外翻，中央有直立果轴；种子球形，黑紫色，有光泽。

产我国多地。也分布于朝鲜、日本、印度、越南、苏联。

根状茎药用，味苦、性寒、微毒，能清热解毒、散结消炎、消肿止痛、止咳化痰，用于治疗扁桃腺炎及腰痛等症。

云勇分布：缤纷林海。

巴西鸢尾

Neomarica gracilis Sprag.

鸢尾科 巴西鸢尾属

多年生草本。株高 30~40 cm。叶片两列，带状剑形，自短茎处抽生。花茎高于叶片，花被片 6，外 3 片白色，基部褐色，带浅黄色斑纹，3 片前端蓝紫色，带白色条纹，基部褐色，带黄色斑纹。蒴果。

我国南方引种栽培。产巴西。

园林观赏。

云勇分布：一工区。

参薯

Dioscorea alata L.

薯蓣科 薯蓣属

缠绕草质藤本。野生的块茎多数为长圆柱形；茎右旋，无毛。单叶，在茎下部的互生，中部以上的对生；叶片绿色或带紫红色，纸质，卵形至卵圆形，两面无毛；叶柄绿色或带紫红色。叶腋内有大小不等的珠芽。雌雄异株。穗状花序。蒴果不反折，三棱状扁圆形，有时为三棱状倒心形。

浙江、江西、福建、台湾、湖北、湖南、广东、广西、贵州、四川、云南、西藏等地常有栽培。

块茎作蔬菜食用；部分地区作"淮山药"入药，有滋补强壮之功效。

云勇分布：一工区。

黄独

Dioscorea bulbifera L.

薯蓣科 薯蓣属

　　缠绕草质藤本。块茎卵圆形或梨形，表面密生须根；茎左旋。单叶互生；叶片宽卵状心形或卵状心形，顶端尾状渐尖，边缘全缘或微波状，两面无毛。雄花序穗状，下垂，常数个丛生于叶腋；雌花常2至数个丛生叶腋。蒴果反折下垂，三棱状长圆形，成熟时草黄色，表面密被紫色小斑点。

　　分布于广东、香港、台湾、福建、江西和浙江等地。日本、朝鲜、印度、缅甸以及大洋洲、非洲也有分布。

　　块茎药用，治甲状腺肿大、淋巴结核、咽喉肿痛等。

　　云勇分布：一工区。

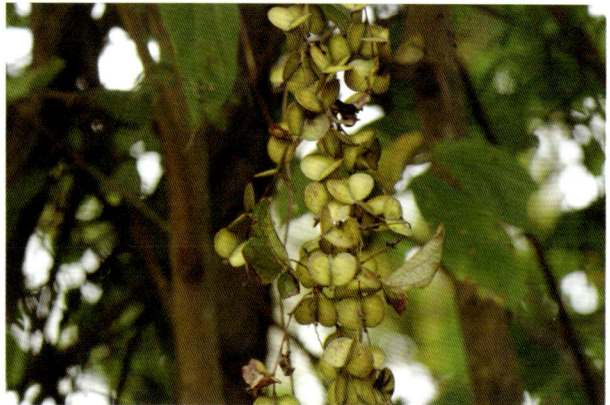

薯莨

Dioscorea cirrhosa Lour.

薯蓣科 薯蓣属

　　藤本。块茎一般生长在表土层，为卵形、球形、长圆形或葫芦状，断面新鲜时红色。单叶，在茎下部的互生，中部以上的对生；叶片革质或近革质，长椭圆状卵形至卵圆形，或为卵状披针形至狭披针形，全缘，基出脉3~5条，两面无毛。雌雄异株。穗状花序。蒴果不反折，近三棱状扁圆形。

　　产浙江、江西、福建、台湾、湖南、广东、广西、贵州、四川、云南、西藏墨脱。越南也有分布。

　　块茎可提制栲胶，或用作染丝绸、棉布、鱼网；也可作酿酒的原料；入药能活血、补血等。

　　云勇分布：一工区、三工区 – 深坑。

薯蓣

Dioscorea polystachya Turcz.

薯蓣科 薯蓣属

　　缠绕草质藤本。块茎长圆柱形，垂直生长，断面干时白色。单叶，在茎下部的互生，中部以上的对生，很少3叶轮生；叶片变异大，卵状三角形至宽卵形或戟形，顶端渐尖，基部深心形、宽心形或近截形，边缘常3浅裂至3深裂。叶腋内常有珠芽。雌雄异株。穗状花序。蒴果不反折，三棱状扁圆形或三棱状圆形。

　　分布于东北、河北、山东、河南、安徽淮河以南、江苏等地。朝鲜、日本也有分布。

　　块茎为常用中药"淮山药"，有强壮、祛痰之功效；亦能食用。

　　云勇分布：十二沥。

朱蕉

Cordyline fruticosa (L.) A. Chev.

龙舌兰科 朱蕉属

　　灌木状，直立。高1~3 m。茎有时稍分枝。叶长圆形或长圆状披针形，长25~50 cm，宽5~10 cm，绿或带紫红色；叶柄有槽，长10~30 cm，基部宽，抱茎；花序长30~60 cm，侧枝基部有大苞片，每花有3枚苞片；花淡红、青紫或黄色；花梗常很短，稀长3~4 mm；外轮花被片下部紧贴内轮形成花被筒，上部盛开时外弯或反折；雄蕊生于筒的喉部，稍短于花被；花柱细长。

　　原产地不详，广东、广西、福建、台湾等地常见栽培。今广泛栽种于亚洲温暖地区。

　　广西民间曾用来治咯血、尿血、菌痢等症。

　　云勇分布：一工区。

龙血树

Dracaena draco (L.) L.

龙舌兰科 龙血树属

　　乔木。树干短粗；茎木质，表面为浅褐色，较粗糙，能抽出很多短小粗壮的树枝；树液深红色。叶子聚生于枝的顶端，剑形。圆锥花序大，盛开于枝端；花小，白绿色；花被片6，不同程度的合生。浆果近球形，具1~3粒种子，橙色。

　　我国华南地区有引种栽培。原产于佛得角、摩洛哥、葡萄牙、西班牙。

　　木质部提取出来的血竭为名贵中药材品种，深红色，有活血祛瘀、消肿止痛、收敛止血之功效。

　　云勇分布：一工区。

金边虎尾兰

Sansevieria trifasciata var. *laurentii* (De Wild.) N. E. Br.

龙舌兰科 虎尾兰属

　　多年生草本。有横走根状茎。叶基生，常1~2枚，也有3~6枚成簇的，直立，硬革质，扁平，长条状披针形，有白绿色相间的横带斑纹，边缘绿色，向下部渐狭成长短不等的、有槽的柄。花葶基部有淡褐色的膜质鞘；总状花序；花淡绿色或白色。浆果。

　　我国各地有栽培。原产非洲西部和亚洲南部。

　　叶纤维强韧，可供编织用；可作室内观叶盆栽。

　　云勇分布：一工区。

象腿丝兰

Yucca gigantea Lem.

龙舌兰科 丝兰属

　　多年生常绿木本小乔木或灌木。茎干粗壮直立，棕褐色，具有明显的叶痕；茎基部膨大成近球形。叶革质，坚韧，窄披针形，末端急尖、锋利，绿色，全缘，无柄，数十枚集生于茎顶，排列成莲座状。圆锥花序；花冠白色。蒴果，肉质。

　　我国华南地区有较多栽培观赏。原产墨西哥、危地马拉。

　　株形规整，易栽培管理，是室内外绿化装饰的理想材料。

　　云勇分布：一工区。

三药槟榔

Areca triandra Roxb. ex Buch.-Ham.

棕榈科 槟榔属

　　丛生常绿小乔木。茎丛生，具明显的环状叶痕。叶羽状全裂，下部和中部的羽片披针形，镰刀状渐尖，上部及顶端羽片较短而稍钝，具齿裂。佛焰苞1个，革质，压扁，开花后脱落。花序和花与槟榔相似，但雄花更小。果实比槟榔小，卵状纺锤形，果熟时由黄色变为深红色；种子椭圆形至倒卵球形。

　　台湾、广东、云南等地有栽培。产印度及中南半岛、马来半岛等亚洲热带地区。

　　树形美丽，可作庭园绿化植物；槟榔碱能有效地驱虫。

　　云勇分布：四工区 – 乌坑。

桄榔

Arenga westerhoutii Griff.

棕榈科 桄榔属

乔木状。茎粗壮，有疏离环状叶痕。叶簇生茎顶，羽状全裂；羽片 2 列，线形，基部有 1 或 2 耳垂，顶端有啮蚀状齿或 2 裂，上面绿色，下面苍白色；叶鞘具黑色网状纤维和针刺状纤维。花序腋生，最下部花序的果成熟时，植株死亡；佛焰苞多个，螺旋状排列于花序轴。果近球形，成熟时灰褐色；种子 3，黑色，卵状三棱形。

产海南、广西南部、云南及西藏。中南半岛及东南亚有分布。

花序汁液可制糖、酿酒；树干髓心含淀粉，供食用；幼嫩种子胚乳可用糖制成蜜饯；幼嫩茎尖作蔬菜食用；叶鞘纤维强韧，耐湿耐腐，可制绳缆。

云勇分布：一工区。

霸王棕

Bismarckia nobilis Hild. et H. Wendl.

棕榈科 霸王棕属

乔木状。茎干光滑。叶片巨大，扇形，多裂，蓝灰色，覆被白色蜡及淡红色鳞秕。雌雄异株，穗状花序，雌花序较短粗，雄花序较长。核果褐色似李子，种子较大，近球形。

我国华南地区有栽培。原产马达加斯加。

园林观赏。

云勇分布：缤纷林海。

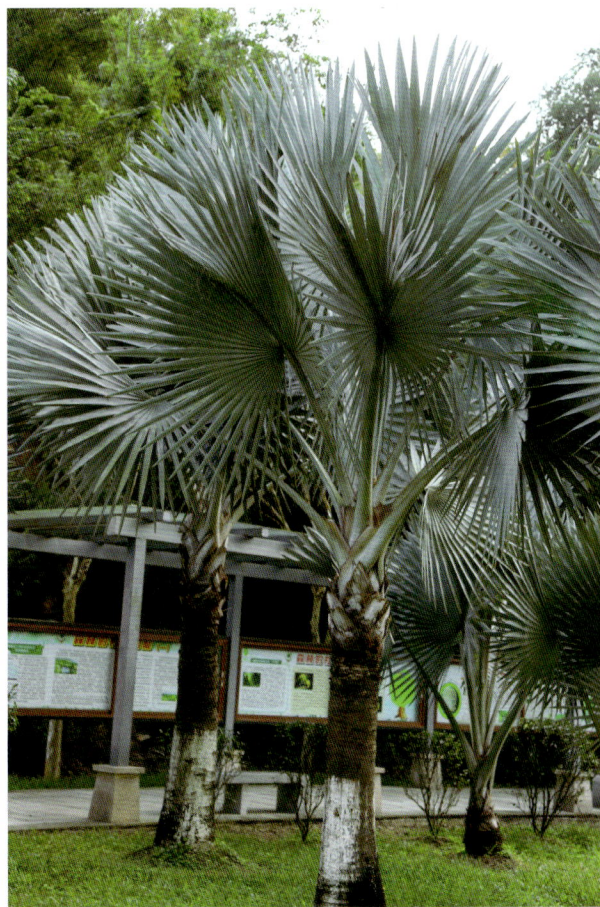

鱼尾葵

Caryota maxima Blume

棕榈科 鱼尾葵属

乔木状。茎绿色，被白色的毡状茸毛，具环状叶痕。幼叶近革质，老叶厚革质；羽片互生，最上部的1羽片大，楔形，先端2~3裂，侧边的羽片小，菱形，外缘笔直。佛焰苞与花序无糠秕状的鳞秕；花序具多数穗状的分枝花序。果实球形，成熟时红色。种子1粒，罕为2粒。

产福建、广东、海南、广西、云南等地。亚热带地区有分布。

树形美丽，可作庭园绿化植物；茎髓含淀粉，可作桄榔粉的代用品。

云勇分布：四工区–乌坑、三工区–深坑。

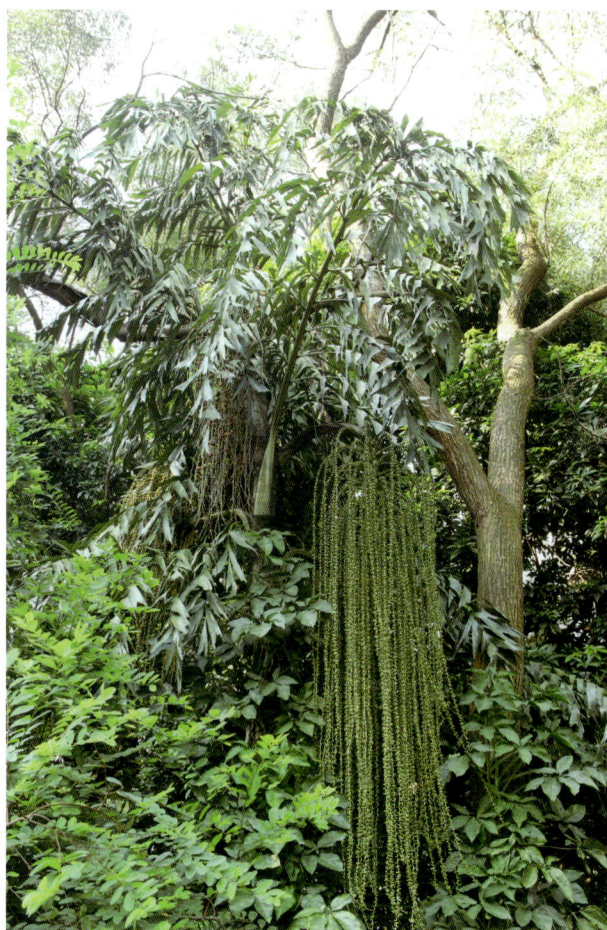

董棕

Caryota obtusa Griff.

棕榈科 鱼尾葵属

乔木状。茎黑褐色，具明显的环状叶痕。叶弓状下弯；羽片宽楔形或狭的斜楔形，幼叶近革质，老叶厚革质，最下部的羽片紧贴于分枝叶轴的基部，基部以上的羽片渐成狭楔形，最顶端的1羽片为宽楔形；叶柄背面凸圆，上面凹；叶鞘边缘具网状的棕黑色纤维。花序具多数、密集的穗状分枝花序。果实球形至扁球形，成熟时红色；种子1~2粒，近球形或半球形。

产广西、云南等地。印度、斯里兰卡、缅甸至中南半岛亦有分布。

木质坚硬，可作水槽与水车；髓心含淀粉，可代西谷米；叶鞘纤维坚韧可制棕绳；幼树茎尖可作蔬菜；树形美丽，可作绿化观赏树种。

云勇分布：四工区–乌坑。

散尾葵

Dypsis lutescens (H. Wendl.) Been. et J. Dransf.

棕榈科 金果椰属

丛生。茎干光滑，黄绿色嫩时被蜡粉，有环状叶痕。叶羽状全裂，平展而稍下弯，黄绿色，披针形。肉穗花序圆锥状，花小，金黄色，螺旋状着生于小穗轴上。果近椭圆形，鲜时土黄色，干时紫黑色。

我国南方常见栽培。原产马达加斯加。

园林观赏。

云勇分布：场部。

国王椰子

Ravenea rivularis Jum. et H. Perr.

棕榈科 国王椰属

乔木。茎有环状叶痕。羽状复叶，小叶线型，排列整齐。佛焰花序通常大型多分枝，被一个佛焰苞所包围；花小，单性或两性，雌雄同株。果实细小，红色。

我国华南地区广泛种植。原产马达加斯加中部河谷一带。

树形优美，可在开阔地带作为园景树，也可作为室内盆栽观赏。

云勇分布：四工区－乌坑。

大王椰

Roystonea regia (Kunth.) O. F. Cook

棕榈科 大王椰属

　　乔木状。茎幼时基部膨大，老时近中部不规则地膨大。叶羽状全裂，弓形并常下垂，羽片呈 4 列排列，线状披针形，渐尖，顶端浅 2 裂。花序多分枝，佛焰苞在开花前像 1 根垒球棒；花小，雌雄同株，雌花长约为雄花之半。果实近球形至倒卵形，暗红色至淡紫色；种子歪卵形，一侧压扁。

　　我国南部热带地区常见栽培。

　　树形优美，广泛作行道树和庭园绿化树种；果实含油，可作猪饲料。

　　云勇分布：四工区 – 乌坑。

丝葵（老人葵）

Washingtonia filifera (Lind ex And.) H. Wendl.

棕榈科 丝葵属

　　乔木状。树干为圆柱状，顶端稍细，被覆许多下垂的枯叶；去掉枯叶可见纵向裂缝和环状叶痕。叶大型，约分裂至中部而成 50~80 个裂片，每裂片先端又再分裂，在裂片之间及边缘具灰白色的丝状纤维；叶柄约与叶片等长；叶轴三棱形；戟突三角形，边缘干膜质。花序大型，弓状下垂。果实卵球形，亮黑色；种子卵形，两端圆。

　　福建、台湾、广东及云南一些园林单位有引种栽培。原产美国西南部的加利福尼亚和亚利桑那及墨西哥的下加利福尼亚。

　　叶片可用于编织工艺品和建筑简易房屋；果实和顶芽可供食用；叶柄纤维可制作牙签；为亚热带干旱地区优良园林树种。

　　云勇分布：四工区 – 乌坑。

狐尾椰子

Wodyetia bifurcata A. Irv.

棕榈科 狐尾椰属

　　乔木状。茎部光滑，有环状叶痕。羽状复叶聚生于茎端，复羽片分裂为小羽片，羽片披针形或羽片再深裂，螺旋状于叶轴上，蓬松向外呈放射状伸出，形似狐尾；叶柄粗短；叶鞘管状。粉红色穗状花序，分枝多；花常3朵一组，中央为雌花，两侧为雄花。果椭圆形至卵圆形，熟时橙红色；种子一枚，橄榄状椭圆形，表面有花纹。

　　我国南方有引种栽培。原产于澳大利亚昆士兰州及澳大利亚东南、西南及南部地区。

　　植株高大、树形优美，是珍贵的园林树种。

　　云勇分布：四工区 – 乌坑。

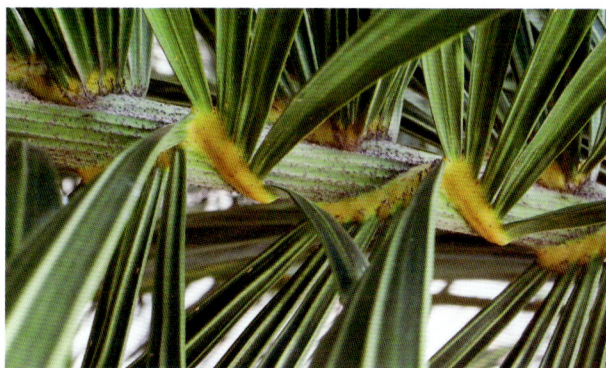

露兜草

Pandanus austrosinensis T. L. Wu

露兜树科 露兜树属

　　多年生常绿草本。叶近革质，带状，先端渐尖成三棱形、具细齿的鞭状尾尖，基部折叠，边缘具向上的钩状锐刺，背面中脉隆起，疏生弯刺，除下部少数刺尖向下外，其余刺尖多向上，沿中脉两侧各有1条明显的纵向凹陷。花单性，雌雄异株。聚花果椭圆状圆柱形或近圆球形，由多达250余个核果组成，成熟核果的果皮变为纤维，核果倒圆锥状，5~6棱，宿存柱头刺状，向上斜钩。

　　产广东、海南、广西等地。

　　作棕叶和纤维制品。

　　云勇分布：车子道。

美冠兰

Eulophia graminea Lindl.

兰科 美冠兰属

多年生草本。假鳞茎卵球形或近球形，直立，多少露出地面。叶 3~5 枚，花后出现，线形或线状披针形，先端渐尖，基部收狭成柄；叶柄套叠而成短的假茎，外有数枚鞘。花葶从假鳞茎一侧节上发出；总状花序直立，疏生多数花；花橄榄绿色，唇瓣白色而具淡紫红色褶片。蒴果下垂，椭圆形。

产安徽、台湾、广东、香港、海南、广西、贵州和云南。尼泊尔、斯里兰卡、老挝、马来西亚和日本等地也有分布。

假鳞茎可供药用，有止血定痛之功效。

云勇分布：一工区 – 羊棚。

无叶美冠兰

Eulophia zollingeri (Rchb. f.) J. J. Sm.

兰科 美冠兰属

腐生植物，无绿叶。假鳞茎块状。花葶粗壮，褐红色；总状花序直立，疏生数朵至 10 余朵花；花褐黄色；花瓣倒卵形，先端具短尖；唇瓣生于蕊柱足上，3 裂；中裂片上面有 5~7 条粗脉下延至唇盘上部，脉上密生乳突状腺毛；唇盘上其他部分亦疏生乳突状腺毛，中央有 2 条近半圆形的褶片。花期 4~6 月。

产江西、福建、台湾、广东、广西和云南。斯里兰卡、印度、马来西亚、印度尼西亚、新几内亚岛、澳大利亚以及日本也有分布。

云勇分布：四工区。

鹤顶兰

Phaius tancarvilleae (L'Her.) Blume

兰科 鹤顶兰属

　　粗壮草本。茎丛生，基部常增厚成圆锥形或卵形的假鳞茎，具2~6叶。叶大型，长圆状披针形，长30~70 cm，宽达10 cm，先端渐尖，基部渐窄成一长柄，具折扇状叶脉。花莛侧生于假鳞茎上或从叶腋抽出，圆柱形，总状花序具多数花；花苞片舟形，早落；花背面白色，内面暗棕色，萼片具7条脉，花瓣也有7条脉，唇瓣贴生蕊柱基部，背面白色带茄紫色的前端，内面茄紫色带白色条带，距细圆柱形呈弯钩状。

　　分布于我国华南、西南地区。广泛分布于亚洲热带和亚热带地区以及大洋洲。

　　园林观赏；假鳞茎入药，用以祛痰止咳、活血止血。

　　云勇分布：六工区。

十字薹草

Carex cruciata Wahl.

莎草科 薹草属

　　草本。秆丛生，三棱形，平滑。叶基生和秆生，长于秆，扁平，下面粗糙，上面光滑，边缘具短刺毛，基部具暗褐色、分裂成纤维状的宿存叶鞘。圆锥花序复出，支圆锥花序数个，通常单生。小穗多数，全部从枝先出叶中生出，横展，两性，雄雌顺序；雄花部分与雌花部分近等长。小坚果卵状椭圆形，三棱形，成熟时暗褐色。

　　产浙江、江西、福建、台湾、湖北、湖南、广东、广西、海南、四川、贵州、云南、西藏。也分布于喜马拉雅山地区(锡金至克什米尔地区)、印度、马达加斯加、印度尼西亚、日本南部和中南半岛。

　　全草可入药，具有解表透疹、理气健脾之功效。

　　云勇分布：三工区－深坑。

砖子苗

Cyperus cyperoides (L.) Kuntz.

莎草科 莎草属

　　根状茎短。秆疏丛生，锐三棱形，基部膨大，具稍多叶。叶短于秆或几与秆等长，下部常折合，向上渐成平张，边缘不粗糙；叶鞘褐色或红棕色。叶状苞片5~8枚，通常长于花序，斜展；长侧枝聚伞花序简单，具6~12个或更多些辐射枝；穗状花序圆筒形或长圆形，具多数密生的小穗。具1~2个小坚果，小坚果狭长圆形，三棱形，初期麦秆黄色，表面具微突起细点。

　　产陕西、湖北、湖南、江苏、浙江、安徽、江西、福建、台湾、广东、海南、广西、贵州、云南、四川。也分布于日本、朝鲜以及非洲、东南亚各国、澳洲、热带美洲、喜马拉雅山区。

　　全草入药，有祛风解表，止咳化痰，解郁调经的功效。

　　云勇分布：一工区。

异型莎草

Cyperus difformis L.

莎草科 莎草属

　　一年生草本。秆丛生，扁三棱形，平滑。叶短于秆，平张或折合；叶鞘稍长，褐色。苞片2枚，叶状，长于花序。长侧枝聚伞花序简单，少数为复出，具3~9个辐射枝；头状花序球形，具极多数小穗，小穗密聚，披针形或线形，具8~28朵花。小坚果倒卵状椭圆形，三棱形，几乎与鳞片等长，淡黄色。

　　东北各省及河北、山西、陕西、甘肃、云南、四川、湖南、湖北、浙江、江苏、安徽、福建、广东、广西、海南均常见到。也分布于苏联、日本、朝鲜、印度，喜马拉雅山区、非洲、中美洲。

　　全草可入药，具有行气活血、利尿通淋之功效。

　　云勇分布：四工区。

疏穗莎草

Cyperus distans L. f.

莎草科 莎草属

　　根状茎短，具根出苗。秆稍粗壮，扁三棱形，基部稍膨大。叶短于秆，平张，边缘稍粗糙，叶鞘长，棕色。叶状苞片 4~6 枚；长侧枝聚伞花序复出或多次复出；穗状花序轮廓宽卵形；小穗轴极细，具白色透明的翅；鳞片背面稍具绿色龙骨状突起，两侧暗血红色。小坚果长圆形，三棱形，黑褐色，具稍突起细点。

　　产广西、广东、海南岛、云南等地。东南亚地区、喜马拉雅山区、非洲、澳洲热带地区以及美洲沿大西洋区域也有分布。

　　云勇分布：十二沥。

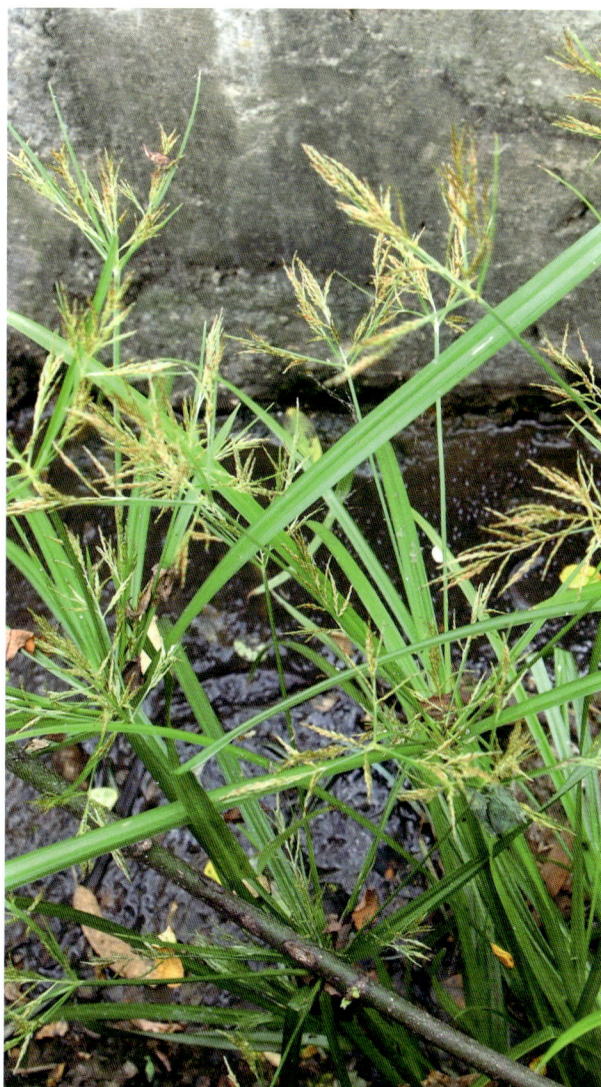

叠穗莎草

Cyperus imbricatus Retz.

莎草科 莎草属

　　草本。秆粗壮，钝三棱形，具少数叶。叶短于秆，基部折合，上部平张；叶鞘长，红褐色或深褐色。复出长侧枝聚伞花序具 6~10 个第一次辐射枝，辐射枝长短不等，每个辐射枝具 3~10 个第二次辐射枝呈辐射展开；穗状花序，小穗多列，斜展，稍压扁，具 8~20 朵花；鳞片紧贴的复瓦状排列，背面的龙骨状突起绿色。小坚果倒卵形或椭圆形，三棱形，平滑。

　　产台湾、广东。也分布于日本、越南、印度、马来西亚、马尔加什以及非洲、美洲。

　　秆可供织席用。

　　云勇分布：十二沥。

风车草

Cyperus involucratus Rottb.

莎草科 莎草属

　　根状茎短，粗大，须根坚硬。秆稍粗壮，上部稍粗糙，基部包裹以无叶的鞘，鞘棕色。苞片 20 枚，向四周展开，平展；多次复出长侧枝聚伞花序具多数第一次辐射枝，每个第一次辐射枝具 4~10 个第二次辐射枝；小穗密集于第二次辐射枝上端，具 6~26 朵花；鳞片紧密的复瓦状排列，膜质，苍白色，具锈色斑点，或为黄褐色，具 3~5 条脉。小坚果椭圆形，近于三棱形，褐色。

　　我国南北各地均见栽培。原产于非洲。

　　是园林水体造景常用的观叶植物。

　　云勇分布：缤纷林海。

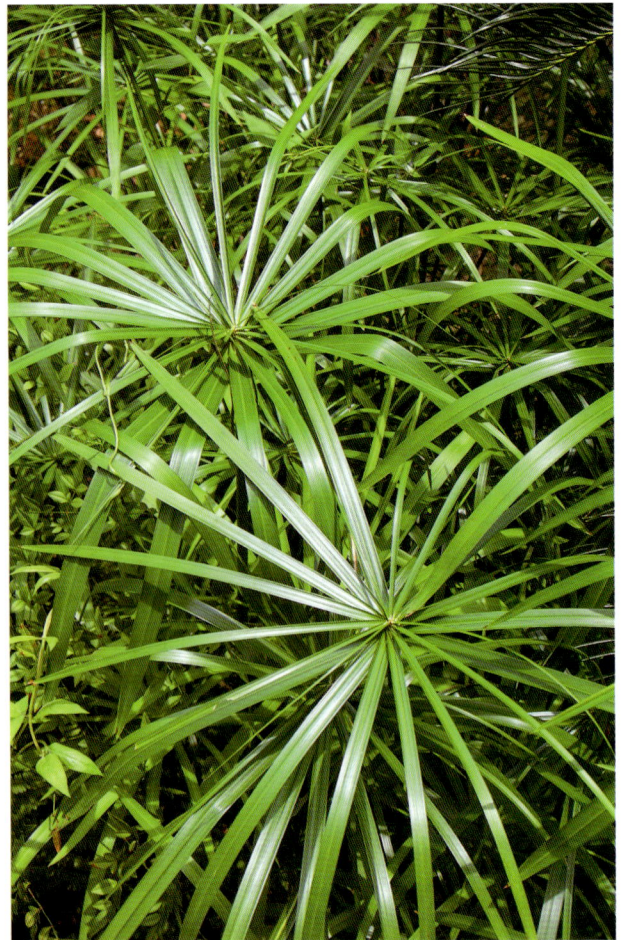

两歧飘拂草

Fimbristylis dichotoma (L.) Vahl.

莎草科 飘拂草属

　　丛生草本植物。秆丛生，无毛或被疏柔毛。叶线形，顶端急尖或钝；鞘革质，上端近于截形，膜质部分较宽而呈浅棕色。苞片 3~4 枚，叶状；长侧枝聚伞花序复出，少有简单；小穗单生于辐射枝顶端，卵形、椭圆形或长圆形，具多数花。小坚果宽倒卵形，双凸状。

　　产云南、四川、广东、广西、福建、台湾、贵州、江苏、江西、浙江、河北、山西、东北各省等广大地区。印度及中印半岛、澳洲、非洲等地也有分布。

　　云勇分布：十二沥。

五棱秆飘拂草

Fimbristylis quinquangularis (Vahl.) Kunth.

莎草科 飘拂草属

无根状茎或具很短的根状茎。秆丛生，由叶腋抽出。叶 1~3，短于或等长于秆，平张，先端急尖或钝，边缘具细齿；鞘前面膜质，锈色，鞘口斜裂，无叶舌。苞片 4 枚，刚毛状；长侧枝聚伞花序多次复出；鳞片卵形，栗褐色。小坚果倒卵形，三棱形。

产云南西北部和中部、西双版纳。老挝、越南、印度、斯里兰卡、马来西亚以及大洋洲也有分布。

云勇分布：一工区。

黑莎草

Gahnia tristis Nees

莎草科 黑莎草属

丛生草本植物。秆粗壮，圆柱状，空心。叶基生和秆生，具鞘，鞘红棕色，叶片狭长，硬纸质或几乎革质，从下而上叶渐狭，顶端成钻形，边缘及背面具刺状细齿。苞片叶状，具长鞘；圆锥花序紧缩成穗状。小坚果倒卵状长圆形，三棱形，未成熟时为白色或淡棕色，成熟时为黑色。

产福建、海南岛、广东、广西和湖南。日本也有分布。

可作小茅屋顶的盖草和墙壁材料；小坚果可榨油。

云勇分布：五工区 – 十二沥。

割鸡芒

Hypolytrum nemorum (Vahl.) Spreng.

莎草科 割鸡芒属

多年生草本。根状茎木质。秆三棱柱形。基生叶 3~5，秆生叶 1，近革质。叶状苞片 1~2；小苞片鳞片状；先出叶鞘状。伞房状圆锥花序由多数穗状花序组成；穗状花序单生，圆形，具多数鳞片和小穗；小穗具 2 小鳞片和 3 朵单性花。小坚果圆卵形，双凸状。

分布于广东、广西、台湾、云南。印度、泰国、斯里兰卡、缅甸和越南也有分布。

云勇分布：四工区 – 乌坑。

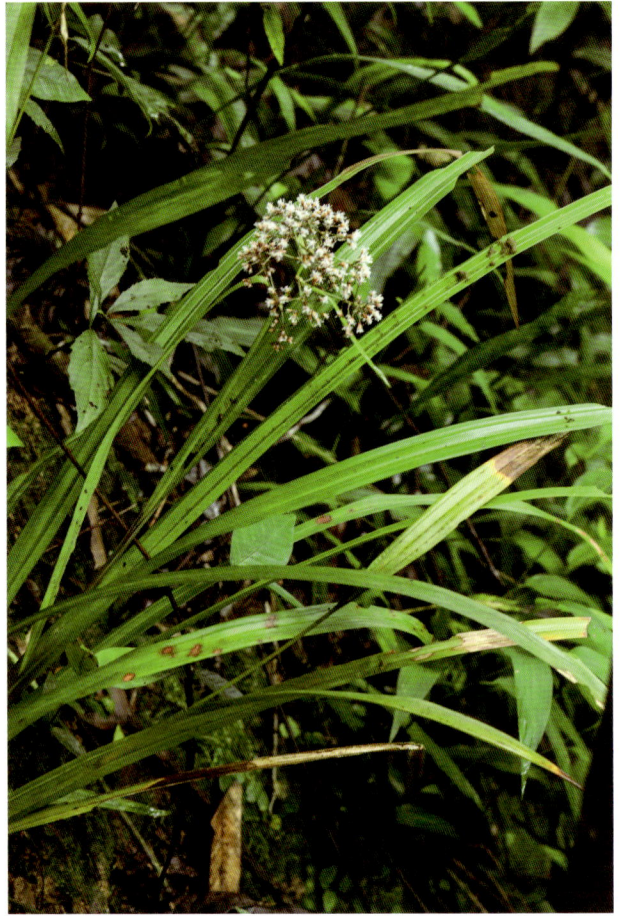

短叶水蜈蚣

Kyllinga brevifolia Rottb.

莎草科 水蜈蚣属

多年生草本。根状茎长而匍匐，外被膜质、褐色的鳞片。叶狭长线形，平张，上部边缘和背面中肋上具细刺。叶状苞片 3 枚。穗状花序单个，极少 2 或 3 个，球形或卵球形，具极多数密生的小穗。鳞片背面具绿色龙骨状突起。小坚果倒卵状长圆形，扁双凸状，表面具密的细点。

产湖北、湖南、贵州、四川、云南、安徽、浙江、江西、福建以至广东、海南、广西。非洲西部热带地区及印度、缅甸、越南、马来西亚等也有分布。

全草药用，治感冒、支气管炎、百日咳、痢疾等。

云勇分布：一工区。

二花珍珠茅

Scleria biflora Roxb.

莎草科 珍珠茅属

一年生草本。茎直立，柔弱，三棱形。叶秆生，线形，向顶端渐狭，顶端略钝或急尖，纸质，边缘粗糙。圆锥花序由 2~4 个顶生和侧生枝花序所组成，支花序互相远离。小坚果近球形或倒卵状圆球形，顶端具白色短尖。

产浙江、福建、湖南、广东、贵州、云南。印度、锡兰、尼泊尔、越南、老挝、马来西亚、日本、朝鲜及澳洲也有分布。

云勇分布：场部后山。

黑鳞珍珠茅

Scleria hookeriana Boeck.

莎草科 珍珠茅属

草本。匍匐根状茎木质，密被紫红色、长圆状卵形的鳞片。秆直立，三棱形，稍粗糙。叶线形，纸质，无毛或多少被疏柔毛，稍粗糙。圆锥花序顶生，具多数小穗；小穗通常 2~4 个紧密排列，多数为单性；雄小穗长圆状卵形，顶端截形或钝；雌小穗通常生于分枝的基部，披针形或窄卵形，顶端渐尖。小坚果卵珠形，钝三棱形，顶端具短尖，白色，其上常呈锈色并疏被微硬毛。

产福建、湖南、湖北、贵州、四川、云南、广东、广西。也分布于东喜马拉雅山地区和越南。

云勇分布：三工区 – 深坑。

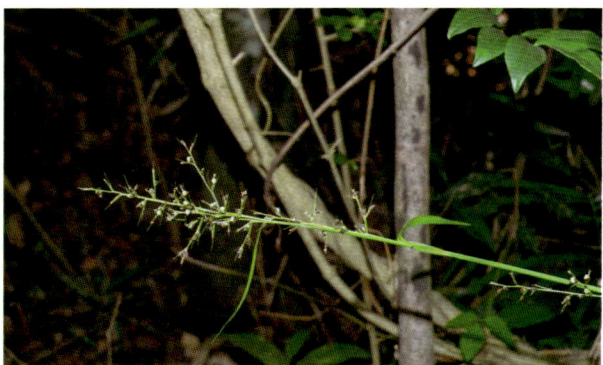

高秆珍珠茅

Scleria terrestris (L.) Fassett.

莎草科 珍珠茅属

多年生草本。匍匐根状茎木质，被深紫色鳞片。叶线形，向顶端渐狭，纸质，无毛，稍粗糙。圆锥花序由顶生和 1~3 个相距稍远的侧生枝圆锥花序组成；小苞片刚毛状，基部具耳；鳞片具绿色龙骨状突起。小坚果球形或近卵形，有时多少呈三棱形，白色或淡褐色。

产广东、广西、海南、福建、台湾、云南、四川。印度、锡兰、马来西亚、印度尼西亚、泰国、越南也有分布。

云勇分布：一工区。

花叶芦竹

Arundo donax 'Versicolor'

禾本科 芦竹属

多年生挺水草本。具发达根状茎。秆粗大直立，具多数节，常生分枝。叶鞘长于节间；叶舌截平，先端具短纤毛；叶片扁平，上面与边缘微粗糙，基部白色，抱茎。圆锥花序极大型，分枝稠密，斜升；小穗含 2~4 小花；颖果细小黑色。

产广东、广西、云南、湖南、福建、浙江、江苏等地，南方各地庭园引种栽培。亚洲、非洲、大洋洲热带地区广布。

茎干高大挺拔，形状似竹，可作水景园林背景材料；花序可作切花。

云勇分布：一工区。

地毯草

Axonopus compressus (Sw.) P. Beauv.

禾本科 地毯草属

多年生草本。具长匍匐枝。秆压扁，节密生灰白色柔毛；叶鞘松弛，基部者互相跨复；叶片扁平，质地柔薄。总状花序 2~5 枚，最长两枚成对而生；小穗长圆状披针形；第一颖缺；第二颖与第一外稃等长；第一内稃缺；第二外稃革质，短于小穗；鳞片 2，折叠，具细脉纹。

台湾、广东、广西、云南有分布。原产热带美洲，世界各热带、亚热带地区有引种栽培。

根有固土作用，是一种良好的保土植物；又因秆叶柔嫩，为优质牧草。

云勇分布：一工区。

粉单竹

Bambusa chungii McClure

禾本科 簕竹属

秆高达 18 m，径 6~8 cm，节间幼时有显著白粉，无毛。箨片淡黄绿色，强烈外翻，脱落性，卵状披针形。叶片质地较厚，披针形乃至线状披针形。花枝极细长，无叶，通常每节仅生 1 或 2 枚假小穗，含 4 到 5 朵小花。成熟颖果呈卵形，长 8~9 mm，深棕色，幅面有沟槽。

我国华南特产，分布于湖南南部、福建（厦门）、广东、广西。

竹材韧性强，节间长，节平，适合劈篾编织精巧竹器、绞制竹绳等，是两广主要篾用竹种；亦是造纸业的上等原料；竹丛疏密适中，挺秀优姿，宜作为庭园绿化之用。

云勇分布：一工区。

佛肚竹

Bambusa ventricosa McClure

禾本科 簕竹属

乔木状。竿二型，正常竿高 8~10 m，尾梢略下弯；节间圆柱形，幼时无白蜡粉，下部略微肿胀；分枝常自竿基部第三、四节开始。畸形竿通常高 25~50 cm，节间短缩而其基部肿胀，呈瓶状。箨鞘早落；箨耳不相等；箨片易脱落。叶鞘无毛；叶片线状披针形至披针形，上表面无毛，下表面密生短柔毛。假小穗单生或以数枚簇生于花枝各节，稍扁；小穗含两性小花 6~8 朵。颖果未见。

产广东，我国南方各地以及亚洲的马来西亚和美洲均有引种栽培。

本种常作盆栽，施以人工截顶培植，形成畸形植株以供观赏。

云勇分布：一工区。

黄金间碧竹

Bambusa vulgaris f. *vittata* (Riv. et C. Riv.) T. P. Yi

禾本科 簕竹属

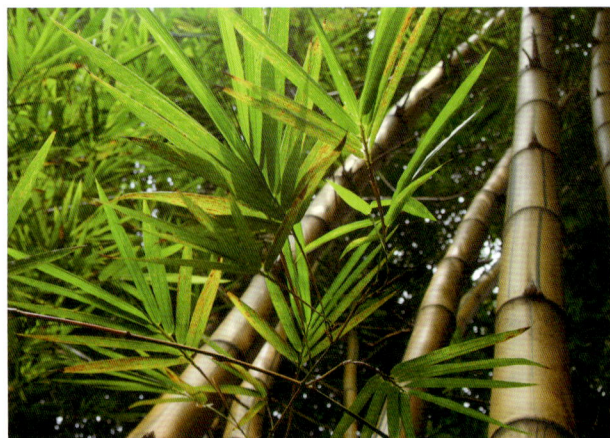

乔木状。竿黄色，高 8~15 m，尾梢下弯；节间具宽窄不等的绿色纵条纹，幼时稍被白蜡粉；分枝常自竿下部节开始，每节数枝至多枝簇生。箨鞘在新鲜时为绿色而具宽窄不等的黄色纵条纹，早落；箨耳甚发达；箨舌边缘细齿裂。叶鞘初时疏生棕色糙硬毛，后变无毛；叶片窄被针形，两面均无毛。假小穗以数枚簇生于花枝各节；小穗稍扁，含小花 5~10 朵。

广西、海南、云南、广东和台湾等地的南部地区庭园中有栽培。原产印度。

竿为建筑、造纸用材，也可作果园的香蕉支柱用材；有观赏价值，宜选作我国南方园林的观赏竹种。

云勇分布：四工区 – 乌坑。

酸模芒（假淡竹叶）

Centotheca lappacea (L.) Desv.

禾本科 酸模芒属

多年生草本。秆直立，高 40~100 cm。叶鞘平滑，一侧边缘具纤毛；叶舌干膜质；叶片长椭圆状披针形，具横脉，上面疏生硬毛，顶端渐尖，基部渐窄，成短柄状或抱茎。圆锥花序，分枝斜升或开展；小穗含 2~3 小花。颖果椭圆形。

产台湾、福建、广东、海南、云南、广西、香港。印度、泰国、马来西亚和非洲、大洋洲也有分布。

云勇分布：场部后山。

狗牙根

Cynodon dactylon (L.) Pers.

禾本科 狗牙根属

低矮草本。具根茎。秆细而坚韧，下部匍匐地面蔓延甚长，秆壁厚。叶鞘微具脊，鞘口常具柔毛；叶舌仅为一轮纤毛；叶片线形，通常两面无毛。穗状花序；小穗灰绿色或带紫色；第二颖稍长；外稃舟形。颖果长圆柱形。

广布于我国黄河以南各地。全世界温暖地区均有。

根茎可喂猪，牛、马、兔、鸡等喜食其叶；全草可入药，有清血、解热、生肌之功效。

云勇分布：一工区。

小画眉草

Eragrostis minor Host

禾本科 画眉草属

一年生草本。秆纤细，丛生，膝曲上升，具3~4节，节下具有一圈腺体。叶鞘较节间短，松裹茎，叶鞘脉上有腺体，鞘口有长毛；叶舌为一圈长柔毛；叶片线形，平展或卷缩，下面光滑，上面粗糙并疏生柔毛。圆锥花序开展而疏松，每节一分枝，分枝平展或上举，腋间无毛，花序轴、小枝以及柄上都有腺体；小穗长圆形，含3~16小花，绿色或深绿色。颖果红褐色，近球形。

产我国各地。分布于全世界温暖地带。

饲料植物，马、牛、羊均喜食。

云勇分布：三工区 – 深坑。

画眉草

Eragrostis pilosa (L.) P. Beauv.

禾本科 画眉草属

一年生。秆丛生，直立或基部膝曲，通常具4节，光滑。叶鞘松裹茎，长于或短于节间，扁压，鞘缘近膜质，鞘口有长柔毛；叶舌为一圈纤毛；叶片线形扁平或卷缩，无毛。圆锥花序开展或紧缩，分枝单生，簇生或轮生，多直立向上，腋间有长柔毛，小穗具柄，含4~14小花。颖果长圆形。

产我国各地。分布全世界温暖地区。

为优良饲料；药用治跌打损伤。

云勇分布：一工区。

白茅

Imperata cylindrica (L.) P. Beauv.

禾本科 白茅属

多年生草本。具粗壮的长根状茎。秆直立，具1~3节，节无毛。叶鞘聚集于秆基，甚长于其节间；叶舌膜质，紧贴其背部或鞘口具柔毛，分蘖叶片扁平，质地较薄；秆生叶片窄线形，通常内卷，顶端渐尖呈刺状，下部渐窄，质硬，被有白粉，基部上面具柔毛。圆锥花序稠密。颖果椭圆形，胚长为颖果之半。

产辽宁、河北、山西、山东、陕西、新疆等北方地区。也分布于土耳其、伊拉克、伊朗、高加索及中亚、非洲北部、地中海区域。

可入药，有凉血止血、清热通淋、利湿退黄、疏风利尿、清肺止咳之功效。

云勇分布：一工区。

箬竹

Indocalamus tessellatus (Munro) Keng f.

禾本科 箬竹属

灌木状。竿高 0.75~2 m，鲜时绿色，微披白粉，具黄棕色疣基刺毛，尤以节下较密；竿环较箨环略隆起，节下方有红棕色贴竿的毛环。箨鞘长于节间，具纵肋；箨耳无；箨舌厚膜质，截形；箨片大小多变化，窄披针形，竿下部者较窄，竿上部者稍宽，易落。叶片在成长植株上稍下弯，宽披针形或长圆状披针形，背面中脉基部具毛。

产浙江西天目山、衢江区和湖南零陵阳明山。

叶多用以衬垫茶篓或装作各种防雨用品；亦可包裹粽子。

云勇分布：一工区。

平颖柳叶箬

Isachne truncata A. Cam.

禾本科 柳叶箬属

多年生草本。具短根状茎，须根粗韧。叶鞘长于节间，基部呈跨覆状排列；叶舌纤毛状；叶片披针形，宽 0.5~1 cm，顶端渐尖，基部最宽，略呈心形，两面被细毛。圆锥花序开展，每节具 1~4 个分枝，互生或近轮生状；小穗绿色或带紫色，倒卵形或近球形。颖果近球形。

产浙江、江西、福建、贵州、四川、广东、广西。

云勇分布：十二沥。

细毛鸭嘴草

Ischaemum ciliare Retz.

禾本科 鸭嘴草属

多年生草本。秆直立或基部平卧至斜升，节上密被白色髯毛。叶鞘疏生疣毛；叶舌膜质，上缘撕裂状；叶片线形，两面被疏毛。总状花序 2；花序轴节间和小穗柄的棱上均有长纤毛；无柄小穗倒卵状矩圆形，第一颖革质；第二颖较薄，舟形；有柄小穗具膝曲芒。

产浙江、福建、台湾、广东、广西、云南等地。印度及中南半岛和东南亚各国都有分布。

幼嫩时可作饲料。

云勇分布：三工区 – 深坑。

淡竹叶

Lophatherum gracile Brongn.

禾本科 淡竹叶属

　　多年生草本。秆直立，疏丛生，高 40~80 cm。叶鞘平滑或外侧边缘具纤毛；叶舌质硬，褐色，背有糙毛；叶对生，披针形，具横脉，有时被柔毛或疣基小刺毛，基部收窄成柄状。圆锥花序，分枝斜升或开展；小穗线状披针形。颖果长椭圆形。

　　产长江流域以南各地。印度、斯里兰卡、缅甸、马来西亚、印度尼西亚、巴布亚新几内亚及日本也有分布。

　　叶为清凉解热药；小块根作药用。

　　云勇分布：一工区、三工区 – 深坑。

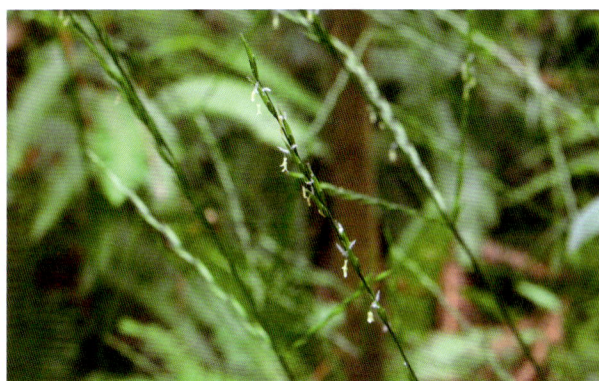

蔓生莠竹

Microstegium fasciculatum (L.) Henrard

禾本科 莠竹属

　　多年生草本。秆高达 1 m，多节，下部节着土生根并分枝。叶鞘无毛或鞘节具毛；叶片顶端丝状渐尖，基部狭窄，不具柄，两面无毛，微粗糙。总状花序 3~5 枚，带紫色；花序轴节间呈棒状；无柄小穗长圆形；第一颖纸质；第二颖膜质；有柄小穗与其无柄小穗相似，但第一颖脊上粗糙而无毛。

　　产于广东、海南、云南。印度、缅甸、泰国、印度尼西亚爪哇、马来西亚也有分布。

　　云勇分布：各工区。

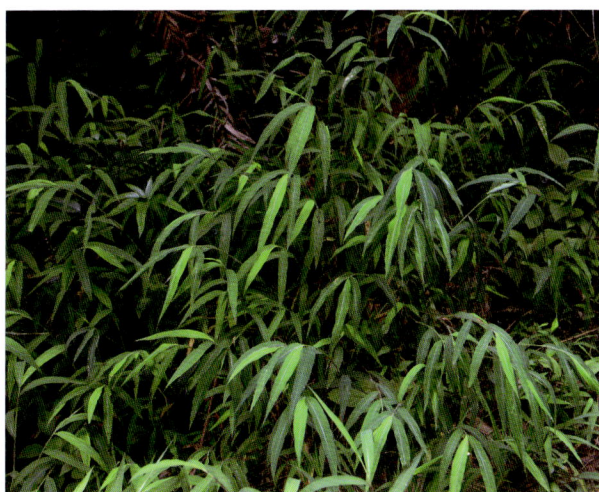

五节芒

Miscanthus floridulus (Lab.) Warb. ex K. Schum. et Laut.

禾本科 芒属

多年生草本。具发达根状茎。秆高大似竹，无毛，节下具白粉。叶鞘无毛，鞘节具微毛；叶舌顶端具纤毛；叶片披针状线形，扁平，基部渐窄或呈圆形，顶端长渐尖，中脉粗壮隆起，两面无毛，边缘粗糙。圆锥花序大型，稠密；小穗柄无毛；小穗卵状披针形，黄色；第一颖无毛；第二颖等长于第一颖。

产江苏、浙江、福建、台湾、广东、海南、广西等地。亚洲东南部、太平洋诸岛屿至波利尼西亚也有分布。

幼叶作饲料；秆可作造纸原料；根状茎有利尿之效。

云勇分布：一工区。

类芦

Neyraudia reynaudiana (Kunth.) Keng ex Hitchc.

禾本科 类芦属

多年生草本。具木质根状茎，须根粗而坚硬。秆直立，通常节具分枝，节间被白粉。叶鞘无毛，仅沿颈部具柔毛；叶舌密生柔毛；叶片扁平或卷折，顶端长渐尖，无毛或上面生柔毛。圆锥花序，分枝细长，开展或下垂；小穗含5~8小花，第一外稃不孕，无毛；颖片短小；内稃短于外稃。

产海南、广东、贵州、四川、湖南、福建、浙江和江苏等地。印度、缅甸、马来西亚及亚洲东南部均有分布。

全草可入药，有解毒利湿之功效。

云勇分布：六工区－白鹤守滩。

小花露籽草

Ottochloa nodosa var. *micrantha* (Bal. ex A. Camus) S. M. Phillips et S. L. Chen

禾本科 露籽草属

多年生草本。秆下部横卧地面并于节上生根，上部倾斜直立。叶鞘短于节间，边缘仅一侧具纤毛；叶舌膜质；叶片披针形，质较薄，先端长渐尖，基部圆形至近心形，两面近平滑，边缘稍粗糙。圆锥花序多少开展，分枝上举，纤细，疏离，互生或下部近轮生，分枝粗糙具棱，小穗有短柄，椭圆形。

产云南及华南等地区。生于山谷、林边湿地。印度、马来西亚也有分布。

云勇分布：一工区。

短叶黍

Panicum brevifolium L.

禾本科 黍属

一年生草本。秆基部常伏卧地面，节上生根。叶鞘短于节间，松弛，被柔毛或边缘被纤毛；叶舌膜质，顶端被纤毛；叶片卵形或卵状披针形，顶端尖，基部心形，包秆，两面疏被粗毛，边缘粗糙或基部具疣基纤毛。圆锥花序卵形，开展，主轴直立，常被柔毛，通常在分枝和小穗柄的着生处下具黄色腺点；小穗椭圆形。鳞被薄而透明，局部折叠，具3脉。

产福建、广东、广西、贵州、江西、云南等地。非洲和亚洲热带地区也有分布。

云勇分布：一工区。

大罗湾草（大罗网草）

Panicum luzonense J. Presl.

禾本科 黍属

　　一年生草本。秆单生或丛生，直立或膝曲，节上密生硬刺毛。植株除小穗外，多少被疣基毛。叶鞘松弛，短于或下部的长于节间；叶舌极短，顶端被睫毛；叶片披针形至线状披针形。圆锥花序开展，小穗椭圆形，绿色或带紫色，无毛，顶端尖，具柄。

　　产广东、广西和台湾等地。印度、斯里兰卡、缅甸、柬埔寨、菲律宾、印度尼西亚等地也有分布。

　　云勇分布：四工区。

心叶稷

Panicum notatum Retz.

禾本科 黍属

　　缘被纤毛；叶舌极短，为一圈毛；叶片披针形，边缘粗糙，近基部常具疣基毛，脉间具横脉，有时主脉偏斜，在下面明显。圆锥花序开展，分枝纤细，下部裸露，上部疏生小穗；小穗椭圆形，绿色，后变淡紫色，无毛或贴生微毛，具长柄。

　　产福建、台湾、广东、广西、云南和西藏等地。菲律宾、印度尼西亚等地也有分布。

　　云勇分布：三工区 – 深坑。

两耳草

Paspalum conjugatum P. J. Berg.

禾本科 雀稗属

多年生草本。植株具长的匍匐茎，秆直立部分高 30~60 cm。叶片披针状线形，质薄，无毛或边缘具疣柔毛。总状花序 2 枚，纤细；小穗柄长约 0.5 mm；小穗卵形，长 1.5~1.8 mm，复瓦状排列成两行；第二颖与第一外稃质地较薄，无脉，第二颖边缘具长丝状柔毛，毛长与小穗近等。

产台湾、云南、海南、广西。全世界热带及温暖地区有分布。

可作草坪及保土植物。

云勇分布：一工区。

圆果雀稗

Paspalum scrobiculatum var. *orbiculare* (G. Forst.) Hack.

禾本科 雀稗属

多年生草本。秆直立，高 30~90 cm。叶鞘长于其节间，无毛；叶片长披针形至线形，宽 5~10 mm。总状花序，分枝腋间有长柔毛；小穗椭圆形或倒卵形，单生于穗轴一侧，覆瓦状排列成二行。

产江苏、浙江、台湾、福建、江西、湖北、四川、贵州、云南、广西、广东。亚洲东南部至大洋洲也有分布。

可作牧草。

云勇分布：十二沥。

象草

Pennisetum purpureum Schuma.

禾本科 狼尾草属

多年生草本。常具地下茎。秆直立，节上光滑或具毛。叶鞘光滑或具疣毛；叶舌短小；叶片线形，扁平，质较硬，上面疏生刺毛，近基部有小疣毛，下面无毛，边缘粗糙。圆锥花序；小穗通常单生或2~3簇生，披针形；第一颖先端钝或不等2裂，脉不明显；第二颖披针形，长约为小穗的1/3。

江西、四川、广东、广西、云南等地已引种栽培成功。原产非洲。

为优良饲料。

云勇分布：各工区。

筒轴茅

Rottboellia cochinchinensis (Lour.) Clayton

禾本科 筒轴茅属

一年生草本。须根粗壮，常具支柱根。秆直立，无毛。叶鞘具硬刺毛或变无毛；叶舌长约2 mm，上缘具纤毛；叶片线形，中脉粗壮，无毛或上面疏生短硬毛，边缘粗糙。总状花序粗壮直立，上部渐尖；总状花序轴节间肥厚，易逐节断落。无柄小穗嵌生于凹穴中，有柄小穗绿色，通常较小。颖果长圆状卵形。

产福建、台湾、广东、广西、四川、贵州、云南等地。热带非洲、亚洲、大洋洲也有分布。

幼嫩时可做饲料；茎、叶药用，治小便不利。

云勇分布：场部后山、十二沥。

苗竹仔

Schizostachyum dumetorum (Hance ex Walp.) Munro

禾本科 思箣竹属

乔木状。竿细弱，长 3~10 m；节间近基部光滑无毛，其余部分具硅质，表面被有白色糙伏毛；竿环平，光亮；箨环突起；节处多少有些弯曲呈膝曲状。箨鞘早落，质硬脆，背面具微毛或无毛，顶端截平；箨耳常不明显，鞘口缝毛多数，近通直，淡棕色；箨舌高不及 1 mm，无毛，边缘波状；箨片外翻。小枝具叶 5~7 枚；叶鞘无毛；叶耳通常不明显，但具多条繸毛。

产广东。

本种宜植庭园中观赏；地下茎可入药。

云勇分布：场部后山。

棕叶狗尾草

Setaria palmifolia (J. Konig) Stapf.

禾本科 狗尾草属

多年生草本。具根茎，须根较坚韧。秆直立或基部稍膝曲，具支柱根。叶鞘松弛，具疣毛；叶舌具纤毛；叶片纺锤状宽披针形，先端渐尖，基部窄缩呈柄状，具纵深皱褶。圆锥花序主轴呈开展或稍狭窄的塔形；小穗卵状披针形；第一颖三角状卵形；第二颖先端尖。鳞被楔形微凹。颖果卵状披针形。

产浙江、福建、湖北、贵州、云南、广东、西藏等地。原产非洲，广布于大洋洲、美洲和亚洲的热带和亚热带地区。

颖果含丰富淀粉，可供食用；根可药用治脱肛、子宫脱垂。

云勇分布：三工区 – 深坑。

金色狗尾草

Setaria pumila (Poir.) Roem. et Schult.

禾本科 狗尾草属

一年生草本。叶鞘下部扁压具脊，上部圆形；叶舌具一圈长约 1 mm 的纤毛，叶片线状披针形或狭披针形，先端长渐尖，基部钝圆，上面粗糙，下面光滑，近基部疏生长柔毛。圆锥花序紧密呈圆柱状或狭圆锥状，直立，主轴具短细柔毛，刚毛金黄色或稍带褐色，通常在一簇中仅具一个发育的小穗。

产我国各地。美洲及澳大利亚等也有引入。

为田间杂草，秆、叶可作牲畜饲料；可作牧草。

云勇分布：场部后山。

鼠尾粟

Sporobolus fertilis (Steud.) Clayton

禾本科 鼠尾粟属

多年生草本。秆直立，高 25~120 cm，质较坚硬，平滑无毛。叶鞘疏松裹茎；叶舌极短，纤毛状；叶片质较硬，通常内卷，宽 2~5 mm。圆锥花序较紧缩呈线形，常间断，或稠密近穗形，分枝稍坚硬，直立，密生小穗；小穗灰绿色且略带紫色。囊果成熟后红褐色，长圆状倒卵形或倒卵状椭圆形。

产华东、华中、西南地区及陕西、甘肃、西藏等。印度、缅甸、斯里兰卡、泰国、越南、马来西亚、印度尼西亚、菲律宾、日本、苏联等地也有分布。

全草药用，治流行性脑炎、传染性肝炎、产后恶露不绝、月经不调和妇科诸症。

云勇分布：十二沥。

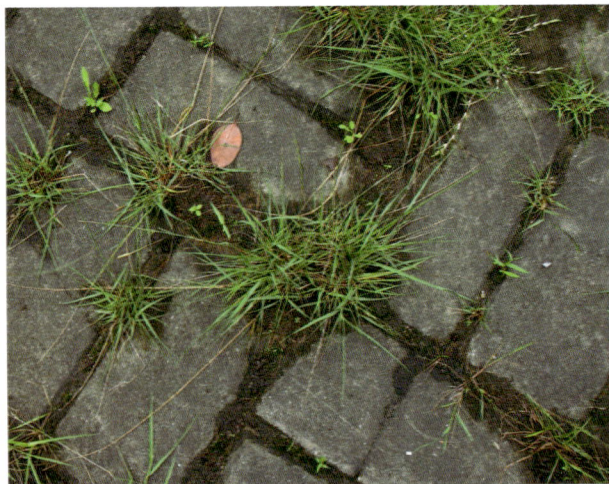

粽叶芦

Thysanolaena latifolia (Roxb. ex Horn.) Honda

禾本科 粽叶芦属

多年生草本。秆高 2~3 m，直立粗壮，具白色髓部，不分枝。叶鞘无毛；叶舌质硬，截平；叶片披针形，宽 3~8 cm，具横脉，顶端渐尖，基部心形，具柄。圆锥花序大型，柔软，分枝多，斜向上升；小穗长 1.5~1.8 mm，小穗柄长约 2 mm，具关节。颖果长圆形，长约 0.5 mm。

产台湾、广东、广西、贵州。印度、印度尼西亚、巴布亚新几内亚及中南半岛也有分布。

秆高大坚实，作篱笆或造纸；叶可裹粽；花序用作扫帚；栽培作绿化观赏用。

云勇分布：十二沥。

细叶结缕草

Zoysia pacifica (Goud.) M. Hotta et S. Kuroki

禾本科 结缕草属

多年生草本。具匍匐茎。秆纤细。叶鞘无毛，紧密裹茎；叶舌膜质，鞘口具丝状长毛。小穗窄狭，披针形，黄绿色，或有时略带紫色；第一颖退化；第二颖革质，顶端及边缘膜质；外稃与第二颖近等长，内稃退化。无鳞被。颖果与稃体分离。

产我国南部地区，其他地区亦有引种栽培。分布于热带亚洲。

是铺建草坪的优良禾草，因草质柔软，尤宜铺建儿童公园。

云勇分布：一工区。

参考文献

广东省林业局，广东省林学会，2003. 广东省商品林 100 种优良树种栽培技术 [M]. 广州：广东科技出版社：34-37.

金海湘，戴金宏，黄桂莲，等，2018. 华南风铃木类植物种质资源的形态与分子鉴定 [J]. 中国农学通报，35(7).

李敏莹，冯志坚，2014. 红千层属观赏植物介绍及其园林应用 [J]. 广东园林，36(1)：60-64.

中国科学院中国植物志编辑委员会，1959-2004. 中国植物志（1-80 卷）[M]. 北京：科学出版社.

Liu Bing, et al., 2022. China Checklist of Higher Plants, In the Biodiversity Committee of Chinese Academy of Sciences ed., Catalogue of Life China: 2022 Annual Checklist, Beijing, China[DB/OL].http://sp2000.org.cn/

中文名索引

A

阿江榄仁............ 114
艾.................. 290
艾胶算盘子.......... 139
暗色菝葜............ 354
凹萼木鳖............ 89
澳洲坚果............ 85
澳洲鸭脚木.......... 243

B

八宝树.............. 79
八角................ 40
八角枫.............. 238
巴豆................ 135
巴戟天.............. 277
巴西野牡丹.......... 113
巴西鸢尾............ 362
菝葜................ 353
霸王棕.............. 367
白苞蒿.............. 290
白背黄花稔.......... 127
白背算盘子.......... 139
白背叶.............. 141
白饭树.............. 138
白鹤藤.............. 309
白花地胆草.......... 295
白花灯笼............ 326
白花宫粉羊蹄甲...... 165
白花苦灯笼.......... 284
白花泡桐............ 315
白花蛇舌草.......... 283
白花酸藤果.......... 251
白花悬钩子.......... 154
白花油麻藤.......... 183
白花玉叶金花........ 279
白兰................ 35
白簕................ 241
白茅................ 385
白楸................ 141
白檀................ 255
白颜树.............. 194
白叶藤.............. 268
败酱叶菊芹.......... 296

板栗................ 190
半边旗.............. 14
半枝莲.............. 334
棒叶落地生根........ 68
薄叶卷柏............ 3
薄叶润楠............ 52
北江荛花............ 82
闭鞘姜.............. 346
碧桃................ 150
薜荔................ 205
边缘鳞盖蕨.......... 10
扁担藤.............. 219
变叶木.............. 135
变叶珊瑚花.......... 140
槟榔青冈............ 193
波罗蜜.............. 197

C

菜豆树.............. 321
参薯................ 362
苍白秤钩风.......... 57
糙毛蓼.............. 71
草胡椒.............. 60
草龙................ 80
草珊瑚.............. 62
叉柱花.............. 323
茶.................. 96
豺皮樟.............. 50
潺槁木姜子.......... 49
常山................ 147
长春花.............. 262
长萼堇菜............ 66
长花厚壳树.......... 307
长花忍冬............ 287
长节耳草............ 275
长蒴母草............ 313
长尾毛蕊茶.......... 94
长叶竹柏............ 31
长圆叶艾纳香........ 291
车前................ 304
沉水樟.............. 46
橙花羊蹄甲.......... 164
秤星树.............. 212

池杉................ 30
齿果草.............. 67
翅荚决明............ 173
垂柳................ 190
垂穗石松............ 2
垂叶榕.............. 199
垂枝红千层.......... 103
春花................ 152
春羽................ 357
刺瓜................ 268
刺果番荔枝.......... 41
刺果藤.............. 121
刺桐................ 181
刺叶桂樱............ 150
葱莲................ 360
粗喙秋海棠.......... 91
粗毛耳草............ 275
粗叶木.............. 276
粗叶榕.............. 202
粗壮润楠............ 53
酢浆草.............. 75
翠芦莉.............. 322

D

大苞鸭跖草.......... 336
大飞扬.............. 136
大果巴戟............ 277
大果核果茶.......... 99
大果榕.............. 199
大红花.............. 126
大花忍冬............ 288
大花五桠果.......... 86
大花紫薇............ 78
大花紫玉盘.......... 44
大蕉................ 341
大罗湾草............ 390
大罗网草............ 390
大头茶.............. 98
大王椰.............. 370
大叶臭花椒.......... 225
大叶钩藤............ 285
大叶桂樱............ 151

大叶山楝...........228
大叶酸藤子.........252
大叶土蜜树.........133
大叶相思...........156
单叶对囊蕨..........16
单叶双盖蕨..........16
单叶新月蕨..........18
淡竹叶............387
刀豆.............177
倒吊笔............267
地蚕.............335
地耳草............116
地稔.............110
地毯草............381
地桃花............128
滇黄精............351
吊瓜树............319
吊竹梅............339
叠穗莎草...........375
鼎湖双束鱼藤........175
董棕.............368
豆梨.............152
毒根斑鸠菊.........293
独行千里...........62
杜鹃.............246
杜鹃红山茶..........93
短萼仪花...........170
短小蛇根草.........280
短叶黍............389
短叶水蜈蚣.........378
断肠草............256
椴叶山麻秆.........129
对叶榕............202
多花红千层.........103
多毛茜草树.........271
多枝雾水葛.........212

E

莪术.............345
鹅掌柴............243
鹅掌藤............242
耳叶马兜铃..........59
二花珍珠茅.........379
二列叶枸............98
二乔玉兰...........40
二形卷柏............2

F

发财树............125
番木瓜............92
番石榴............106
翻白叶树...........123
方叶五月茶.........131
飞扬草............136
非洲棟............229
粉背菝葜...........354
粉花山扁豆.........168
粉美人蕉...........346
粪箕笃............58
丰花草............283
风车草............376
风箱树............272
枫香树............187
凤凰木............169
凤尾鸡冠...........74
伏胁花............315
佛肚竹............382
福建观音座莲.........5
复羽叶栾树.........232
傅氏凤尾蕨..........13

G

橄榄.............227
杠板归............70
高秆珍珠茅.........380
高盆樱桃...........149
高山榕............198
割鸡芒............378
格木.............170
葛.............185
葛麻姆............185
宫粉羊蹄甲.........165
钩藤.............285
钩吻.............256
狗脊.............19
狗牙根............383
狗牙花............265
栝楼.............89
观光木............39
管茎凤仙花..........76
光荚含羞草.........162
光叶山矾...........254

光叶山黄麻.........195
桃榔.............367
广东润楠...........52
广东蛇葡萄.........218
广寄生............216
广宁红花油茶.........96
鬼针草............291
桂花.............260
桂木.............197
国王椰子...........369

H

还亮草............56
海南海金沙..........7
海南红豆...........184
海南蒲桃...........107
海南山姜...........342
海桐.............87
海芋.............356
含笑.............37
含羞草............163
韩信草............335
旱田草............314
禾串树............133
合果木............35
合果芋............359
何首乌............71
荷花玉兰...........34
褐叶线蕨...........22
鹤顶兰............373
黑鳞珍珠茅.........379
黑面神............132
黑木相思...........158
黑莎草............377
红苞木............189
红背山麻秆.........129
红车.............108
红椿.............230
红豆蔻............342
红萼龙吐珠.........326
红果仔............105
红花荷............189
红花檵木...........188
红花青藤...........55
红花天料木..........88
红花羊蹄甲.........163

红花银桦.....................84
红花玉蕊....................110
红花酢浆草...................75
红鸡蛋花....................264
红马蹄草....................244
红毛山楠.....................54
红绒毛羊蹄甲.................171
红桑......................128
红腺悬钩子...................156
红叶藤.....................237
红枝蒲桃....................108
红锥......................193
红紫珠.....................324
侯钩藤.....................286
猴耳环.....................159
厚果崖豆藤...................180
厚果鱼藤....................180
厚叶素馨....................259
狐尾椰子....................371
葫芦茶.....................186
蝴蝶果.....................134
虎刺楤木....................240
虎克四季秋海棠.................90
花椒簕.....................226
花叶鹅掌藤...................242
花叶假连翘...................327
花叶芦竹....................380
花叶络石....................267
花叶艳山姜...................344
花叶长果山营..................349
华马钱.....................257
华南胡椒.....................60
华南鳞盖蕨.....................9
华南毛蕨.....................17
华南毛柃.....................97
华南忍冬....................287
华南吴萸....................224
华南云实....................166
华润楠.....................51
华山矾.....................254
华山姜.....................343
画眉草.....................384
黄鹌菜.....................303
黄蝉......................261
黄独......................363
黄花风铃木...................317

黄花夹竹桃...................266
黄花蔺.....................336
黄金间碧竹...................382
黄金榕.....................204
黄金香柳....................105
黄葵......................126
黄兰.......................36
黄毛楤木....................239
黄毛榕.....................201
黄缅桂......................36
黄牛木.....................117
黄牛奶树....................255
黄皮......................222
黄杞......................237
黄桐......................136
黄蝎尾蕉....................340
黄心树......................51
黄樟.......................47
幌伞枫.....................241
灰莉......................256
灰毛大青....................325
灰木莲......................34
火力楠......................38
火索藤.....................171
火炭母......................69
火焰树.....................321

J

鸡蛋花.....................264
鸡冠刺桐....................181
鸡屎藤.....................281
鸡眼藤.....................278
鸡爪槭.....................233
积雪草.....................244
基及树.....................306
棘茎楤木....................240
蕺菜.......................61
戟叶堇菜....................65
荠.......................64
荠菜.......................64
寄生藤.....................216
鲫鱼胆.....................253
加勒比松.....................27
嘉陵花......................43
嘉氏羊蹄甲...................164
假半边莲....................305

假臭草.....................299
假淡竹叶....................383
假地豆.....................182
假金丝马尾...................350
假连翘.....................327
假苹婆.....................123
假柿木姜子....................50
假斜叶榕....................206
假鹰爪......................42
尖山橙.....................263
尖叶菝葵....................352
尖叶杜英....................120
剑叶凤尾蕨....................12
江南卷柏......................4
姜花......................345
姜黄......................344
降香......................179
降真香.....................220
交趾黄檀....................178
绞股蓝......................88
节荚腊肠树...................168
节节草........................4
金边虎尾兰...................365
金草......................273
金柑......................221
金花茶......................95
金锦香.....................112
金脉爵床....................323
金毛狗........................8
金钮扣.....................289
金蒲桃.....................109
金钱蒲.....................355
金色狗尾草...................394
金樱子.....................154
锦绣杜鹃....................246
井栏边草....................14
九节......................281
九里香.....................223
韭莲......................361
苣荬菜.....................301
锯叶竹节树...................116
聚花草.....................337
绢毛杜英....................120
爵床......................322

K

榼藤..........................161
壳菜果........................189
空心蓪........................155
空心泡........................155
苦楝..........................229
苦蘵..........................308
苦梓..........................328
阔片短肠蕨....................17

L

腊肠树........................168
蓝花草........................322
蓝花楹........................318
榔榆..........................196
老虎刺........................172
老人葵........................370
老鼠拉冬瓜.....................90
乐昌含笑.......................36
箣欓花椒......................225
箣仔树........................162
了哥王.........................82
类芦..........................388
离瓣寄生......................215
犁头草.........................66
犁头尖........................359
篱栏网........................311
鬾葧锥........................192
荔枝..........................232
栗...........................190
莲...........................56
莲子草.........................73
楝...........................229
楝叶吴萸......................224
两耳草........................391
两面针........................226
两歧飘拂草....................376
亮叶猴耳环....................160
裂叶秋海棠.....................91
林下凤尾蕨.....................13
鳞果星蕨.......................22
鳞片水麻......................209
岭南山竹子....................117
柳杉...........................29
龙船花........................276

龙须藤........................172
龙血树........................365
龙眼..........................231
鹿藿..........................186
露兜草........................371
卵果榄仁......................114
卵叶半边莲....................306
罗浮柿........................248
罗浮锥........................192
罗汉松.........................31
罗伞树........................250
裸柱菊........................300
络石..........................266
落羽杉.........................30
旅人蕉........................341
绿冬青........................214

M

马瓟儿.........................90
马齿苋.........................68
马甲菝葜......................354
马拉巴栗......................125
马松子........................122
马蹄犁头尖....................360
马尾松.........................28
马缨丹........................328
马占相思......................157
蔓斑鸠菊......................293
蔓赤车........................211
蔓花生........................176
蔓九节........................282
蔓马缨丹......................329
蔓生莠竹......................387
芒萁...........................6
杧果..........................234
猫尾草........................187
猫尾木........................319
毛八角枫......................238
毛草龙.........................81
毛刺蒴麻......................118
毛冬青........................213
毛钩藤........................284
毛果杜英......................120
毛果算盘子....................138
毛稔..........................112

毛麝香........................312
毛相思子......................175
毛叶榄........................227
毛叶轮环藤.....................57
梅叶冬青......................212
美冠兰........................372
美花红千层....................102
美丽胡枝子....................183
美丽猕猴桃....................100
美丽异木棉....................125
米老排........................189
米碎花.........................97
米仔兰........................228
米槠..........................191
密齿酸藤子....................252
面包树........................196
苗竹仔........................393
闽楠..........................53
魔芋..........................356
茉莉花........................259
莫氏榄仁......................114
木荷...........................99
木蜡树........................236
木棉..........................124
木薯..........................142
木樨..........................260
木油桐........................146

N

南方荚蒾......................288
南美蟛蜞菊....................301
南山茶.........................96
南山藤........................270
南酸枣........................233
南天藤........................166
南五味子.......................41
南洋楹........................161
南紫薇.........................78
楠木..........................54
拟金草........................274
茑萝..........................311
柠檬..........................221
柠檬桉........................104
牛白藤........................274
牛轭草........................337
牛果藤........................218

牛筋藤.........................207
牛屎果.........................257
牛尾菜.........................355
扭肚藤.........................258
糯米团.........................210

P

排草.........................331
排香草.........................331
攀援星蕨.........................22
佩兰.........................297
枇杷.........................148
枇杷叶紫珠.........................324
平叶酸藤子.........................252
平颖柳叶箬.........................386
苹婆.........................124
瓶尔小草.........................5
坡垒.........................101
破布叶.........................118
匍匐大戟.........................137
菩提树.........................205
蒲桃.........................107
朴树.........................194
铺地草.........................137

Q

七星莲.........................65
千里光.........................299
千屈菜.........................79
钱氏鳞始蕨.........................10
茄叶斑鸠菊.........................302
琴叶榕.........................204
琴叶珊瑚.........................140
青果榕.........................207
青江藤.........................214
青梅.........................102
青藤公.........................203
青葙.........................73
青叶苎麻.........................209
秋枫.........................132
曲轴海金沙.........................7

R

人面子.........................234
人心果.........................248
任豆.........................174

榕树.........................203
肉实树.........................249
蕊木.........................263
箬竹.........................385

S

赛葵.........................127
三叉蕨.........................21
三脉马钱.........................257
三桠苦.........................223
三药槟榔.........................366
三羽新月蕨.........................18
散尾葵.........................369
桑.........................208
沙糖橘.........................222
山苍子.........................49
山茶.........................94
山杜英.........................121
山黄麻.........................195
山鸡椒.........................49
山菅兰.........................348
山椒子.........................44
山蒟.........................61
山棟.........................228
山牡荆.........................330
山乌桕.........................144
山油柑.........................220
山芝麻.........................122
山猪菜.........................312
杉木.........................29
珊瑚树.........................289
扇叶铁线蕨.........................15
少花龙葵.........................308
蛇莓.........................148
射干.........................361
深裂锈毛莓.........................155
深绿卷柏.........................3
深山含笑.........................38
肾蕨.........................21
狮子尾.........................358
湿地松.........................27
湿加松.........................28
十字薹草.........................373
石斑木.........................152
石菖蒲.........................355
石柑子.........................358

石荠苎.........................333
石栗.........................130
石岩枫.........................142
使君子.........................113
柿.........................247
匙叶合冠鼠曲.........................297
匙叶鼠麹草.........................297
疏花卫矛.........................215
疏毛白绒草.........................332
疏穗莎草.........................375
鼠刺.........................147
鼠尾粟.........................394
薯莨.........................363
薯蓣.........................364
双荚决明.........................174
水东哥.........................101
水锦树.........................286
水蕨.........................16
水蓼.........................69
水龙.........................80
水茄.........................309
水芹.........................245
水石榕.........................119
水石梓.........................249
水翁蒲桃.........................108
水竹叶.........................338
丝葵.........................370
斯里兰卡天料木.........................88
四季桂.........................261
四色栉花竹芋.........................347
四药门花.........................188
苏铁.........................26
酸模芒.........................383
酸模叶蓼.........................70
酸藤子.........................251
碎米荠.........................64
桫椤.........................9

T

台湾安息香.........................253
台湾泡桐.........................316
台湾榕.........................201
台湾相思.........................157
檀香.........................217
糖胶树.........................262
桃花心木.........................230

桃金娘..........................106
藤构............................198
藤槐............................166
天胡荽..........................245
天香藤..........................159
天星藤..........................269
贴生石韦.........................23
铁冬青..........................213
铁架木..........................167
通泉草..........................314
铜锤玉带草......................305
筒轴茅..........................392
头花银背藤......................310
土沉香...........................81
土茯苓..........................353
土蜜树..........................134
土牛膝...........................72
团花............................280
团叶鳞始蕨.......................11
臀果木..........................151
臀形果..........................151

W

娃儿藤..........................270
微甘菊..........................298
尾叶桉..........................104
乌桕............................145
乌蕨............................12
乌榄............................227
乌蔹莓..........................218
乌毛蕨..........................19
乌墨............................107
乌柿............................247
乌药............................48
无根藤..........................45
无叶美冠兰......................372
五节芒..........................388
五棱秆飘拂草....................377
五月茶..........................130
五爪金龙........................310
五指毛桃........................202

X

西南凤尾蕨.......................15
西南木荷........................100

锡叶藤..........................86
溪边九节........................282
豨莶............................300
喜旱莲子草.......................72
喜树............................239
细风轮菜........................330
细毛鸭嘴草......................386
细叶萼距花.......................77
细叶结缕草......................395
细轴荛花.........................83
虾钳菜..........................73
下延三叉蕨.......................20
仙人掌..........................92
显脉假地豆......................182
显脉山绿豆......................182
腺茉莉..........................325
香茶菜..........................331
香椿............................231
香港瓜馥木.......................43
香港黄檀........................179
香港算盘子......................140
香膏萼距花.......................76
香花鸡血藤......................177
香花崖豆藤......................177
香榄............................249
香楠............................271
香叶树..........................48
象草............................392
象腿丝兰........................366
小果葡萄........................220
小果蔷薇........................153
小果叶下珠......................143
小花吊兰........................348
小花露籽草......................389
小花远志........................67
小画眉草........................384
小蜡............................260
小盘木..........................146
小蓬草..........................296
小叶海金沙.......................8
小叶红叶藤......................236
小叶榄仁........................115
小叶冷水花......................211
小叶买麻藤.......................32
小鱼仙草........................333
小鱼眼草........................293

心叶稷..........................390
锈毛鱼藤........................180

Y

鸭舌草..........................351
崖姜............................24
亚里垂榕........................200
胭脂掌..........................92
延叶珍珠菜......................303
沿阶草..........................349
盐麸木..........................235
眼树莲..........................269
秧青............................178
羊耳菊..........................294
羊角拗..........................265
羊角藤..........................278
羊乳榕..........................206
羊蹄甲..........................164
阳桃............................74
洋蒲桃..........................109
野甘草..........................316
野蕉............................340
野牡丹..........................111
野漆............................235
野茼蒿..........................292
野迎春..........................258
叶下珠..........................144
叶子花..........................83
夜花藤..........................58
夜香牛..........................292
一品红..........................137
伊兰芷硬胶......................249
仪花............................171
异型莎草........................374
异叶地锦........................219
异叶鳞始蕨.......................11
异叶南洋杉.......................26
异叶双唇蕨.......................11
益母草..........................332
益智............................343
翼核果..........................217
翼茎阔苞菊......................298
阴香............................45
银边山菅兰......................349
银柴............................131
银合欢..........................162

银桦...................85
银叶金合欢............158
印度榕................200
鹰爪花.................42
映山红................246
硬壳桂.................47
油茶..................95
油麻藤................184
油桐..................145
柚木.................329
余甘子................143
鱼尾葵................368
鱼腥草.................61
鱼眼菊................293
羽裂鳞毛蕨.............20
玉兰..................39
玉龙草................350
玉叶金花..............279
芋...................357
鸳鸯茉莉..............307
圆果雀稗..............391
圆锥菝葜..............352
月季花................153
越南抱茎茶.............93

Z

杂色榕................207
展毛野牡丹............111
樟...................46
爪哇脚骨脆.............87
珍珠相思..............158
桢楠..................54
栀子.................273
中国无忧花............173
中华杜英..............119
中华里白...............6
中华青牛胆.............59
中华沙参..............304
中华石龙尾............313
中华锥...............191
钟花樱................149
皱子白花菜.............63
皱子鸟足菜.............63
朱蕉.................364
朱槿.................126
朱砂根................250

朱缨花................160
猪肚木................272
竹节树................115
苎麻.................208
柱果铁线莲.............55
砖子苗................374
锥...................191
紫斑蝴蝶草............317
紫背万年青............339
紫花地丁...............66
紫花风铃木............318
紫花含笑...............37
紫荆.................169
紫矿.................176
紫麻.................210
紫茉莉.................84
紫苏.................334
紫檀.................185
紫薇..................77
紫玉盘.................44
紫竹梅................338
棕叶狗尾草............393
棕叶芦................395
钻叶紫菀..............302
醉蝶花.................63
醉香含笑...............38

学名索引

A

Abelmoschus moschatus......................126
Abrus pulchellus subsp. mollis...........175
Acacia auriculiformis........................156
Acacia confusa................................157
Acacia mangium...............................157
Acacia melanoxylon...........................158
Acacia podalyriifolia 158
Acalypha wilkesiana 128
Acer palmatum 233
Achyranthes aspera 72
Acmella paniculata...........................289
Acorus gramineus 355
Acronychia pedunculata 220
Actinidia melliana............................100
Adenophora sinensis.........................304
Adenosma glutinosa 312
Adiantum flabellulatum........................15
Aganope dinghuensis 175
Aglaia odorata 228
Aidia canthioides 271
Aidia pycnantha 271
Alangium chinense 238
Alangium kurzii 238
Albizia corniculata...........................159
Alchornea tiliifolia...........................129
Alchornea trewioides 129
Aleurites moluccana..........................130
Allamanda schottii 261
Alocasia odora 356
Alpinia galanga 342
Alpinia hainanensis...........................342
Alpinia oblongifolia...........................343
Alpinia oxyphylla 343
Alpinia zerumbet 'Variegata'...............344
Alsophila spinulosa.............................9
Alstonia scholaris.............................262
Alternanthera philoxeroides 72
Alternanthera sessilis..........................73
Amorphophallus konjac 356
Angiopteris fokiensis............................5
Annona muricata...............................41
Antidesma bunius 130
Antidesma ghaesembilla......................131
Aphanamixis polystachya.....................228
Aporusa dioica 131
Aquilaria sinensis..............................81
Arachis duranensis 176
Aralia chinensis 239
Aralia echinocaulis 240

Aralia finlaysoniana..........................240
Araucaria heterophylla........................26
Archidendron clypearia.......................159
Archidendron lucidum.........................160
Ardisia crenata 250
Ardisia quinquegona 250
Areca triandra 366
Arenga westerhoutii...........................367
Argyreia acuta.................................309
Argyreia capitiformis 310
Aristolochia tagala..............................59
Artabotrys hexapetalus.........................42
Artemisia argyi................................290
Artemisia lactiflora 290
Artocarpus altilis 196
Artocarpus heterophyllus 197
Artocarpus parvus.............................197
Arundo donax 'Versicolor'.....................380
Averrhoa carambola 74
Axonopus compressus.........................381

B

Bambusa chungii...............................381
Bambusa ventricosa...........................382
Bambusa vulgaris f. vittata 382
Barringtonia acutangula.......................110
Bauhinia × blakeana...........................163
Bauhinia galpini...............................164
Bauhinia purpurea.............................164
Bauhinia variegata............................165
Bauhinia variegata var. candida........165
Begonia cucullata var. hookeri 90
Begonia longifolia 91
Begonia palmata 91
Belamcanda chinensis.........................361
Bidens pilosa..................................291
Bischofia javanica 132
Bismarckia nobilis.............................367
Blechnopsis orientalis..........................19
Blumea oblongifolia...........................291
Boehmeria nivea 208
Boehmeria nivea var. tenacissima........209
Bombax ceiba 124
Bougainvillea spectabilis.......................83
Bowringia callicarpa 166
Breynia fruticosa..............................132
Bridelia balansae.............................133
Bridelia retusa................................133
Bridelia tomentosa 134
Broussonetia kaempferi.......................198

Brunfelsia brasiliensis 307
Butea monosperma............................176
Byttneria grandifolia..........................121

C

Caesalpinia crista.............................166
Caesalpinia ferrea.............................167
Callerya dielsiana.............................177
Calliandra haematocephala...............160
Callicarpa kochiana...........................324
Callicarpa rubella.............................324
Callistemon citrinus...........................102
Callistemon speciosus........................103
Callistemon viminalis..........................103
Camellia amplexicaulis.........................93
Camellia azalea.................................93
Camellia caudata...............................94
Camellia japonica...............................94
Camellia oleifera................................95
Camellia petelotii...............................95
Camellia semiserrata 96
Camellia sinensis...............................96
Camptotheca acuminata 239
Canarium pimela 227
Canarium subulatum..........................227
Canavalia gladiata 177
Canna glauca..................................346
Canthium horridum...........................272
Capparis acutifolia 62
Capsella bursa-pastoris 64
Carallia brachiata 115
Carallia diplopetala 116
Cardamine occuta 64
Carex cruciata.................................373
Carica papaya..................................92
Carmona microphylla 306
Caryota maxima...............................368
Caryota obtusa................................368
Casearia velutina 87
Cassia fistula..................................168
Cassia javanica subsp. nodosa 168
Cassytha filiformis 45
Castanea mollissima 190
Castanopsis carlesii...........................191
Castanopsis chinensis.........................191
Castanopsis fissa..............................192
Castanopsis hystrix............................193
Castanopsis faberi............................192
Catharanthus roseus 262
Causonis japonica.............................218

Ceiba speciosa 125
Celastrus hindsii 214
Celosia argentea 73
Celosia cristata 'Plumosa' 74
Celtis sinensis.............................194
Centella asiatica 244
Centotheca lappacea.....................383
Cephalanthus tetrandrus................272
Ceratopteris thalictroides 16
Cercis chinensis 169
Chengiodendron matsumuranum......257
Chlorophytum laxum.....................348
Choerospondias axillaris................233
Cibotium barometz...........................8
Cinnamomum burmannii 45
Cinnamomum camphora...................46
Cinnamomum micranthum................46
Cinnamomum parthenoxylon.............47
Citrus × limon............................221
Citrus japonica............................221
Citrus reticulata 'Shatang'...............222
Clausena lansium.........................222
Cleidiocarpon cavaleriei 134
Clematis uncinata 55
Cleome rutidosperma........................63
Clerodendrum × speciosum.............326
Clerodendrum canescens................325
Clerodendrum colebrookianum.........325
Clerodendrum fortunatum...............326
Clinopodium gracile 330
Codiaeum variegatum.....................135
Coleus strobilifer.........................331
Colocasia esculenta 357
Combretum indicum 113
Commelina paludosa 336
Cordyline fruticosa 364
Crassocephalum crepidioides 292
Cratoxylum cochinchinense 117
Croton tiglium.............................135
Cryptocarya chingii 47
Cryptolepis sinensis 268
Cryptomeria japonica var. sinensis.........29
Ctenanthe oppenheimiana 'Quadricolor'...347
Cunninghamia lanceolata..................29
Cuphea carthagenensis.....................76
Cuphea hyssopifolia..........................77
Curcuma longa.............................344
Curcuma phaeocaulis 345
Cyanthillium cinereum....................292
Cycas revoluta.................................26
Cyclea barbata.................................57
Cyclosorus parasiticus......................17
Cynanchum corymbosum.................268
Cynanchum graphistemmatoides........269
Cynodon dactylon..........................383
Cyperus difformis..........................374
Cyperus distans............................375

Cyperus involucratus 376
Cyperus cyperoides 374
Cyperus imbricatus 375

D

Dalbergia assamica 178
Dalbergia cochinchinensis...............178
Dalbergia millettii 179
Dalbergia odorifera 179
Debregeasia squamata....................209
Decaneuropsis cumingiana...............293
Delonix regia...............................169
Delphinium anthriscifolium 56
Dendrotrophe varians 216
Deparia lancea...............................16
Derris ferruginea 180
Desmos chinensis 42
Dianella ensifolia 348
Dianella tasmanica 'Variegata' 349
Dichroa febrifuga..........................147
Dichrocephala benthamii.................293
Dicranopteris pedata 6
Dillenia turbinata 86
Dimocarpus longan........................231
Dioscorea alata 362
Dioscorea bulbifera 363
Dioscorea cirrhosa 363
Dioscorea polystachya....................364
Diospyros kaki.............................247
Diospyros morrisiana 248
Diospyros cathayensis.....................247
Diplazium matthewii 17
Diploclisia glaucescens 57
Diplopterygium chinense 6
Dischidia chinensis 269
Dracaena draco 365
Dracontomelon duperreanum............234
Dregea volubilis 270
Drynaria coronans...........................24
Dryopteris integriloba 20
Duabanga grandiflora 79
Duchesnea indica 148
Duhaldea cappa 294
Duranta erecta 327
Duranta erecta 'Variegata'..............327
Dypsis lutescens 369

E

Eclipta prostrata 294
Ehretia longiflora 307
Elaeocarpus chinensis 119
Elaeocarpus hainanensis 119
Elaeocarpus nitentifolius 120

Elaeocarpus rugosus......................120
Elaeocarpus sylvestris 121
Elephantopus tomentosus 295
Eleutherococcus trifoliatus 241
Embelia laeta...............................251
Embelia ribes...............................251
Embelia undulata..........................252
Embelia vestita.............................252
Emilia sonchifolia.........................295
Endospermum chinense 136
Engelhardtia roxburghiana...............237
Equisetum ramosissimum...................4
Eragrostis minor 384
Eragrostis pilosa 384
Erechtites valerianifolius 296
Erigeron acris..............................296
Eriobotrya japonica 148
Erythrina crista-galli 181
Erythrina variegata........................181
Erythrophleum fordii......................170
Eucalyptus citriodora.....................104
Eucalyptus urophylla......................104
Eugenia uniflora...........................105
Eulophia graminea........................372
Eulophia zollingeri........................372
Euonymus laxiflorus.......................215
Eupatorium fortunei.......................297
Euphorbia hirta.............................136
Euphorbia prostrata 137
Euphorbia pulcherrima....................137
Eurya chinensis...............................97
Eurya ciliata..................................97
Eurya distichophylla.........................98

F

Fagraea ceilanica 256
Falcataria falcata 161
Ficus altissima 198
Ficus auriculata 199
Ficus benjamina 199
Ficus binnendijkii 'Alii'...................200
Ficus elastica...............................200
Ficus esquiroliana.........................201
Ficus formosana...........................201
Ficus hirta..................................202
Ficus hispida...............................202
Ficus langkokensis........................203
Ficus microcarpa..........................203
Ficus microcarpa 'Golden Leaves'........204
Ficus pandurata...........................204
Ficus pumila...............................205
Ficus religiosa..............................205
Ficus sagittata.............................206
Ficus subulata.............................206
Ficus variegata 207

Fimbristylis quinquangularis............377
Fimbristylis dichotoma 376
Fissistigma uonicum 43
Floscopa scandens 337
Flueggea virosa..............................138

G

Gahnia tristis 377
Gamochaeta pensylvanica 297
Garcinia oblongifolia.....................117
Gardenia jasminoides 273
Gelsemium elegans 256
Gironniera subaequalis...................194
Glochidion eriocarpum 138
Glochidion lanceolarium 139
Glochidion wrightii 139
Glochidion zeylanicum....................140
Gmelina hainanensis 328
Gnetum parvifolium 32
Gonostegia hirta 210
Grevillea banksii 84
Grevillea robusta...............................85
Grona heterocarpos 182
Grona reticulata 182
Gynostemma pentaphyllum 88

H

Handroanthus chrysanthus 317
Handroanthus impetiginosus 318
Hedychium coronarium....................345
Hedyotis acutangula 273
Hedyotis consanguinea 274
Hedyotis hedyotidea 274
Hedyotis mellii 275
Hedyotis uncinella 275
Heliconia subulata 340
Helicteres angustifolia 122
Helixanthera parasitica 215
Hellenia speciosa 346
Heptapleurum arboricola 'Variegata'...242
Heptapleurum arboricola 242
Heptapleurum heptaphyllum............243
Heteropanax fragrans 241
Hibiscus rosa-sinensis.....................126
Homalium ceylanicum 88
Hopea hainanensis 101
Houttuynia cordata 61
Hydrocotyle nepalensis 244
Hydrocotyle sibthorpioides 245
Hypericum japonicum 116
Hypolytrum nemorum 378

Hypserpa nitida................................58

I

Ilex asprella 212
Ilex pubescens 213
Ilex rotunda 213
Ilex viridis 214
Illicium verum 40
Illigera rhodantha.............................55
Impatiens tubulosa 76
Imperata cylindrica.........................385
Indocalamus tessellatus 385
Ipomoea cairica 310
Ipomoea quamoclit 311
Isachne truncata 386
Ischaemum ciliare 386
Isodon amethystoides 331
Itea chinensis 147
Ixora chinensis 276

J

Jacaranda mimosifolia.....................318
Jasminum elongatum 258
Jasminum mesnyi 258
Jasminum pentaneurum 259
Jasminum sambac 259
Jatropha integerrima 140
Justicia procumbens.........................322

K

Kadsura longipedunculata..................41
Kalanchoe delagoensis 68
Khaya senegalensis..........................229
Kigelia africana 319
Koelreuteria bipinnata.....................232
Kopsia arborea 263
Kyllinga brevifolia 378

L

Lagerstroemia indica 77
Lagerstroemia speciosa 78
Lagerstroemia subcostata 78
Lantana camara 328
Lantana montevidensis.....................329
Lasianthus chinensis 276
Leonurus japonicus 332
Lepisorus buergerianus 22
Leptochilus wrightii 22
Lespedeza thunbergii subsp. formosa...183

Leucaena leucocephala.....................162
Leucas mollissima var. chinensis 332
Ligustrum sinense 260
Limnocharis flava 336
Limnophila chinensis 313
Lindera aggregata 48
Lindera communis 48
Lindernia anagallis 313
Lindernia ruellioides........................314
Lindsaea chienii 10
Lindsaea heterophylla 11
Lindsaea orbiculata 11
Liquidambar formosana...................187
Litchi chinensis 232
Litsea cubeba 49
Litsea glutinosa 49
Litsea monopetala 50
Litsea rotundifolia var. oblongifolia......50
Lobelia alsinoides subsp. hancei........305
Lobelia nummularia 305
Lobelia zeylanica 306
Lonicera confusa 287
Lonicera longiflora 287
Lonicera macrantha 288
Lophatherum gracile 387
Loropetalum chinense var. rubrum......188
Loropetalum subcordatum 188
Ludwigia adscendens 80
Ludwigia hyssopifolia 80
Ludwigia octovalvis 81
Lygodium circinnatum 7
Lygodium flexuosum............................7
Lygodium microphyllum 8
Lysidice brevicalyx...........................170
Lysidice rhodostegia 171
Lysimachia decurrens 303
Lythrum salicaria...............................79

M

Macadamia integrifolia 85
Machilus chinensis 51
Machilus gamblei 51
Machilus kwangtungensis 52
Machilus leptophylla 52
Machilus robusta................................53
Maesa perlarius 253
Magnolia grandiflora 34
Malaisia scandens 207
Mallotus apelta 141
Mallotus paniculatus 141
Mallotus repandus 142
Malvastrum coromandelianum 127
Mangifera indica.............................234
Manglietia glauca 34
Manihot esculenta............................142

Manilkara zapota 248
Markhamia stipulata 319
Mayodendron igneum 320
Mazus pumilus 314
Mecardonia procumbens 315
Melaleuca bracteata 'Golden Revolution' 105
Melastoma candidum 111
Melastoma dodecandrum 110
Melastoma sanguineum 112
Melastoma normale 111
Melia azedarach 229
Melicope pteleifolia 223
Melochia corchorifolia 122
Melodinus fusiformis 263
Merremia hederacea 311
Merremia umbellata subsp. *orientalis* ...312
Michelia champaca 36
Michelia chapensis 36
Michelia crassipes 37
Michelia figo 37
Michelia macclurei 38
Michelia maudiae 38
Michelia odora 39
Michelia × alba 35
Michelia baillonii 35
Microcos paniculata 118
Microdesmis caseariifolia 146
Microlepia hancei 9
Microlepia marginata 10
Microstegium fasciculatum 387
Mikania micrantha 298
Millettia pachloba 180
Mimosa bimucronata 162
Mimosa pudica 163
Mimusops elengi 249
Mirabilis jalapa 84
Miscanthus floridulus 388
Momordica subangulata 89
Monochoria vaginalis 351
Morinda officinalis 277
Morinda parvifolia 278
Morinda umbellata subsp. *obovata* ...278
Morinda cochinchinensis 277
Morus alba 208
Mosla dianthera 333
Mosla scabra 333
Mucuna birdwoodiana 183
Mucuna sempervirens 184
Murdannia loriformis 337
Murdannia triquetra 338
Murraya exotica 223
Musa balbisiana 340
Musa × paradisiaca 341
Mussaenda pubescens 279
Mussaenda pubescens var. *alba* 279
Mytilaria laosensis 189

N

Nageia fleuryi 31
Nekemias cantoniensis 218
Nelumbo nucifera 56
Neolamarckia cadamba 280
Neomarica gracilis 362
Nephrolepis cordifolia 21
Neyraudia reynaudiana 388

O

Odontosoria chinensis 12
Oenanthe javanica 245
Ophioglossum vulgatum 5
Ophiopogon bodinieri 349
Ophiopogon jaburan 'Aurea Variegata' ...350
Ophiopogon japonicus 'Nanus' 350
Ophiorrhiza pumila 280
Opuntia cochenillifera 92
Oreocnide frutescens 210
Ormosia pinnata 184
Osbeckia chinensis 112
Osmanthus fragrans 260
Osmanthus fragrans var. *semperflorens* ...261
Ottochloa nodosa var. *micrantha* 389
Oxalis corniculata 75
Oxalis corymbosa 75

P

Pachira glabra 125
Paederia foetida 281
Palhinhaea cernua 2
Pandanus austrosinensis 371
Panicum brevifolium 389
Panicum luzonense 390
Panicum notatum 390
Parthenocissus dalzielii 219
Paspalum conjugatum 391
Paspalum scrobiculatum var. *orbiculare* ...391
Paulownia fortunei 315
Paulownia kawakamii 316
Pellionia scabra 211
Pennisetum purpureum 392
Peperomia pellucida 60
Perilla frutescens 334
Persicaria chinense 69
Persicaria hydropiper 69
Persicaria lapathifolia 70
Persicaria perfoliata 70
Persicaria strigosa 71
Phaius tancarvilleae 373
Phanera aurea 171

Phanera championii 172
Philodendron selloum 357
Phoebe bournei 53
Phoebe hungmoensis 54
Phoebe zhennan 54
Phyllanthus emblica 143
Phyllanthus reticulatus 143
Phyllanthus urinaria 144
Physalis angulata 308
Pilea microphylla 211
Pinus caribaea 27
Pinus elliottii × *P. caribaea* 28
Pinus elliottii 27
Pinus massoniana 28
Piper austrosinense 60
Piper hancei 61
Pittosporum tobira 87
Plantago asiatica 304
Pleuropterus multiflorus 71
Pluchea sagittalis 298
Plumeria rubra 264
Plumeria rubra 'Acutifolia' 264
Podocarpus macrophyllus 31
Polygala telephioides 67
Polygonatum kingianum 351
Polyspora axillaris 98
Popowia pisocarpa 43
Portulaca oleracea 68
Pothos chinensis 358
Pouzolzia zeylanica var. *microphylla* ...212
Praxelis clematidea 299
Pronephrium triphyllum 18
Pronephrium simplex 18
Prunus campanulata 149
Prunus cerasoides 149
Prunus persica 'Duplex' 150
Prunus spinulosa 150
Prunus zippeliana 151
Psidium guajava 106
Psychotria asiatica 281
Psychotria fluviatilis 282
Psychotria serpens 282
Pteris ensiformis 12
Pteris fauriei 13
Pteris grevilleana 13
Pteris multifida 14
Pteris semipinnata 14
Pteris wallichiana 15
Pterocarpus indicus 185
Pterolobium punctatum 172
Pterospermum heterophyllum 123
Pueraria montana var. *lobata* 185
Pygeum topengii 151
Pyrenaria spectabilis 99
Pyrostegia venusta 320
Pyrrosia adnascens 23
Pyrus calleryana 152

Q

Quercus bella 193

R

Radermachera sinica 321
Ravenala madagascariensis 341
Ravenea rivularis 369
Rhaphidophora hongkongensis 358
Rhaphiolepis indica 152
Rhododendron × pulchrum 246
Rhododendron simsii 246
Rhodoleia championii 189
Rhodomyrtus tomentosa 106
Rhus chinensis 235
Rhynchosia volubilis 186
Rosa chinensis 153
Rosa cymosa 153
Rosa laevigata 154
Rottboellia cochinchinensis 392
Rourea microphylla 236
Rourea minor 237
Roystonea regia 370
Rubus leucanthus 154
Rubus reflexus var. lanceolobus 155
Rubus rosifolius 155
Rubus sumatranus 156
Ruellia simplex 322

S

Salix babylonica 190
Salomonia cantoniensis 67
Sanchezia oblonga 323
Sansevieria trifasciata var. laurentii 365
Santalum album 217
Saraca dives 173
Sarcandra glabra 62
Sarcosperma laurinum 249
Saurauia tristyla 101
Schefflera macrostachya 243
Schima superba 99
Schima wallichii 100
Schizostachyum dumetorum 393
Scleria biflora 379
Scleria hookeriana 379
Scleria terrestris 380
Scleromitrion diffusum 283

Scoparia dulcis 316
Scutellaria barbata 334
Scutellaria indica 335
Selaginella biformis 2
Selaginella delicatula 3
Selaginella doederleinii 3
Selaginella moellendorffii 4
Senecio scandens 299
Senna alata 173
Senna bicapsularis 174
Setaria palmifolia 393
Setaria pumila 394
Sida rhombifolia 127
Siegesbeckia orientalis 300
Smilax arisanensis 352
Smilax bracteata 352
Smilax china 353
Smilax glabra 353
Smilax hypoglauca 354
Smilax lanceifolia 354
Smilax riparia 355
Solanum americanum 308
Solanum torvum 309
Soliva anthemifolia 300
Sonchus wightianus 301
Spathodea campanulata 321
Spermacoce pusilla 283
Sphagneticola trilobata 301
Sporobolus fertilis 394
Stachys geobombycis 335
Staurogyne concinnula 323
Stephania longa 58
Sterculia lanceolata 123
Sterculia monosperma 124
Strobocalyx solanifolia 302
Stromanthe sanguinea 347
Strophanthus divaricatus 265
Strychnos cathayensis 257
Styrax formosanus 253
Swietenia mahagoni 230
Symphyotrichum subulatum 302
Symplocos chinensis 254
Symplocos lancifolia 254
Symplocos tanakana 255
Symplocos theophrastifolia 255
Syngonium podophyllum 359
Syzygium cumini 107
Syzygium jambos 107
Syzygium nervosum 108
Syzygium rehderianum 108
Syzygium samarangense 109

T

Tabernaemontana divaricata 265
Tadehagi triquetrum 186
Tarenaya hassleriana 63
Tarenna mollissima 284
Taxillus chinensis 216
Taxodium distichum 30
Taxodium distichum var. imbricatum 30
Tectaria subtriphylla 21
Tectaria decurrens 20
Tectona grandis 329
Terminalia arjuna 114
Terminalia muelleri 114
Terminalia neotaliala 115
Tetracera sarmentosa 86
Tetradium austrosinense 224
Tetradium glabrifolium 224
Tetrastigma planicaule 219
Thevetia peruviana 266
Thysanolaena latifolia 395
Tibouchina semidecandra 113
Tinospora sinensis 59
Toona ciliata 230
Toona sinensis 231
Torenia fordii 317
Toxicodendron sylvestre 236
Toxicodendron succedaneum 235
Trachelospermum jasminoides 266
Trachelospermum jasminoides 'Flame'
.... 267
Tradescantia pallid 338
Tradescantia spathacea 339
Tradescantia zebrina 339
Trema cannabina 195
Trema tomentosa 195
Triadica cochinchinensis 144
Triadica sebifera 145
Trichosanthes kirilowii 89
Triumfetta cana 118
Tylophora ovata 270
Typhonium blumei 359
Typhonium trilobatum 360

U

Ulmus parvifolia 196
Uncaria hirsuta 284
Uncaria macrophylla 285
Uncaria rhynchophylla 285
Uncaria rhynchophylloides 286
Uraria crinita 187
Urena lobata 128
Uvaria grandiflora 44

Uvaria macrophylla 44

V

Vatica mangachapoi 102
Ventilago leiocarpa 217
Vernicia fordii 145
Vernicia montana 146
Viburnum fordiae 288
Viburnum odoratissimum 289
Viola betonicifolia 65
Viola diffusa 65
Viola inconspicua 66
Viola philippica 66
Vitex quinata 330
Vitis balansana 220

W

Washingtonia filifera 370
Wendlandia uvariifolia 286
Wikstroemia indica 82
Wikstroemia monnula 82
Wikstroemia nutans 83
Wodyetia bifurcata 371
Woodwardia japonica 19
Wrightia pubescens 267

X

Xanthostemon chrysanthus 109

Y

Youngia japonica 303
Yucca gigantea 366
Yulania × *soulangeana* 40
Yulania denudata 39

Z

Zanthoxylum avicennae 225
Zanthoxylum myriacanthum 225
Zanthoxylum nitidum 226
Zanthoxylum scandens 226
Zehneria japonica 90
Zenia insignis 174
Zephyranthes candida 360
Zephyranthes carinata 361
Zoysia pacifica 395